U0250161

高等学校遥感信息工程实践与创新系列教材

遥感影像处理 综合应用教程

李刚　编著

高等学校遥感信息工程实践与创新系列教材编审委员会

顾　　　问　李德仁　张祖勋　龚健雅　郑肇葆
主 任 委 员　秦　昆
副主任委员　胡庆武
委　　　员　（按姓氏笔画排序）
　　　　　　马吉平　王树根　王　玥　付仲良　刘亚文　李　欣　李建松
　　　　　　巫兆聪　张　熠　周军其　胡庆武　胡翔云　秦　昆　袁修孝
　　　　　　高卫松　贾永红　贾　涛　崔卫红　潘　励

WUHAN UNIVERSITY PRESS

武汉大学出版社

图书在版编目(CIP)数据

遥感影像处理综合应用教程/李刚编著 . —武汉：武汉大学出版社,2017.4
高等学校遥感信息工程实践与创新系列教材
 ISBN 978-7-307-12920-7

Ⅰ.遥…　Ⅱ.李…　Ⅲ.遥感图象—图象处理—高等学校—教材
Ⅳ.TP751

中国版本图书馆 CIP 数据核字(2017)第 039904 号

责任编辑:顾素萍　　　责任校对:李孟潇　　　版式设计:马　佳

出版发行:**武汉大学出版社**　　(430072　武昌　珞珈山)
　　　　　(电子邮件:cbs22@ whu. edu. cn　网址:www. wdp. com. cn)
印刷:湖北民政印刷厂
开本:787×1092　1/16　印张:24.25　字数:574 千字　　插页:1
版次:2017 年 4 月第 1 版　　2017 年 4 月第 1 次印刷
ISBN 978-7-307-12920-7　　定价:46.00 元

序

　　实践教学是理论与专业技能学习的重要环节，是开展理论和技术创新的源泉。实践与创新教学是践行"创造、创新、创业"教育的新理念，是实现"厚基础、宽口径、高素质、创新型"复合型人才培养目标的关键。武汉大学遥感信息工程类(遥感、摄影测量、地理国情监测与地理信息工程)专业人才培养一贯重视实践与创新教学环节，"以培养学生的创新意识为主，以提高学生的动手能力为本"，构建了反映现代遥感学科特点的"分阶段、多层次、广关联、全方位"的实践与创新教学课程体系，夯实学生的实践技能。

　　从"卓越工程师计划"到"国家级实验教学示范中心"建设，武汉大学遥感信息工程学院十分重视学生的实验教学和创新训练环节，形成了一套针对遥感信息工程类不同专业和专业方向的实践和创新教学体系，形成了具有武大特色以及遥感学科特点的实践与创新教学体系、教学方法和实验室管理模式，对国内高等院校遥感信息工程类专业的实验教学起到了引领和示范作用。

　　在系统梳理武汉大学遥感信息工程类专业多年实践与创新教学体系和方法基础上，整合相关学科课间实习、集中实习和大学生创新实践训练资源，出版遥感信息工程实践与创新系列教材，服务于武汉大学遥感信息工程类在校本科生、研究生实践教学和创新训练，并可为其他高校相关专业学生的实践与创新教学以及遥感行业相关单位和机构的人才技能实训提供实践教材资料。

　　攀登科学的高峰需要我们沉下去动手实践，科学研究需要像"工匠"般细致入微实验，希望由我们组织的一批具有丰富实践与创新教学经验的教师编写的实践与创新教材，能够在培养遥感信息工程领域拔尖创新人才和专门人才方面发挥积极作用。

2017 年 1 月

前　言

　　遥感作为对地观测综合性学科，是以航空摄影技术为基础发展起来的一门新兴、先进的空间探测技术。当前遥感已形成了一个从地面到空中，乃至空间，从信息数据采集、处理到解译、分析和应用，从地表资源调查到全球探测、监测的多层次、多角度、立体的观测与应用体系，成为获取地球资源与环境信息的重要手段。遥感影像处理是计算机图像处理技术与遥感影像分析技术相结合而形成的综合性技术，既涉及遥感的理论知识又涉及遥感软件的应用，既涉及数字图像处理技术又涉及模式识别的理论知识，还涉及对遥感数据特点的掌握。

　　"摄影测量与遥感"是武汉大学的优势学科，是教育部审定的首批全国重点学科，也是 211 和 985 工程重点建设学科，在该学科基础上创办的"遥感科学与技术"专业是国家一类特色专业和湖北省高校人才培养质量与创新工程品牌专业。作为遥感科学与技术专业本科教学实践经验的总结，《遥感影像处理综合应用教程》一书的编纂，在吸取摄影测量与遥感学科部分相关科研成果的基础上，尝试将三种主流遥感软件引入教程并将遥感原理、遥感软件操作、遥感数字图像处理、遥感具体应用结合起来，力求在教程内容和编排表达方面有新的突破，便于学生掌握遥感影像处理的方法，提高综合应用多种遥感软件的技能，培养学生理论联系实际、解决遥感应用问题的实际能力。

　　全书共分 5 篇、19 章、22 个应用、4 个实习案例。第一篇遥感软件介绍，分别对三种商业主流软件 ERDAS、ENVI、PCI 的总体功能进行了讲解。第二篇遥感影像介绍，分别对 Landsat 卫星影像、SPOT 卫星影像、QuickBird/WorldView 卫星影像以及高分系列卫星影像的特点做了讲解。第三篇遥感基础应用，从遥感影像处理与解译方面，如遥感影像输入输出与格式转换、遥感影像波段叠加与波段分离、遥感影像辐射增强、遥感影像空间增强、遥感影像光谱增强、遥感影像几何纠正、遥感影像辐射校正、遥感影像裁剪、遥感影像镶嵌、遥感影像非监督分类、遥感影像监督分类、遥感影像分类效果评价等，分别讲解了三种软件的具体操作方法。第四篇综合应用，设置了影像判读、几何纠正、辐射校正、影像增强、影像分类、目标检测、信息提取、变化检测、定量反演等 22 个具体应用。第五篇实习案例，介绍了武汉大学遥感科学与技术专业遥感实验教学改革与创新的 4 个实验课程案例。

　　本书是湖北省教学研究项目"基于 CDIO 模式的遥感实践教学改革研究"（项目编号 2013016）、"以学生为中心的遥感科学与技术专业工程教育改革（项目编号 2016018）"，以及"遥感信息工程国家级实验教学示范中心"的成果，全书由李刚编写完成。本书可以作为遥感、GIS、测绘等专业本科生学习遥感技术的教材，也可供从事遥感影像处理和应用的人员参考。本书在编写过程中参考了网站的电子资料和三种软件的相关文档，引用的

1

资料未能在参考文献中一一列出，在此深表谢意。同时也得到了武汉大学出版社王金龙等老师的帮助，在此一并表示衷心感谢。

由于作者水平和时间有限，书中不足之处在所难免，恳请读者批评指正，使本书得以改进和完善。

作者

2017 年 1 月

目　　录

第四篇　综合应用

第五篇　实习案例

第一篇　遥感软件介绍

第一章　ERDAS IMAGINE 软件

1. ERDAS 软件概述

ERDAS IMAGINE 是美国 ERDAS 公司开发的遥感图像处理系统，该公司现已并入 Leica 公司。ERDAS 软件致力于遥感处理系统技术的开发应用和服务，为遥感及相关应用领域的用户提供了内容丰富而功能强大的图像处理工具，其遥感图像处理技术先进、用户界面友好、操作方式灵活，具有高度的遥感图像处理和地理信息系统集成功能和模型开发工具，代表了遥感图像处理系统未来的发展趋势。ERDAS 软件采用开放的功能体系结构，以模块化的方式面向不同需求的用户提供不同的功能模块及其组合，主要以 IMAGINE Essentials、IMAGINE Advantage、IMAGINE Professional 的形式为用户提供基本、高级、专业三级产品架构，并有丰富的功能扩充模块为用户提供选择，使产品模块的组合具有极大的灵活性。2003 年 6 月，在美国国家影像制图局(NIMA)等权威机构组织的历经 5 年的 Passfind 项目遥感影像系统评比当中，在 11 个项目评比中获得 9 个项目第一，最终综合功能性价比名列第一，在三维可视化分析领域更是处于领先地位。

（1）IMAGINE Essentials 级产品

IMAGINE Essentials 是 IMAGINE 的基本产品，包括影像的二维/三维显示、数据输入与输出、影像库管理、几何纠正、地图配准、影像/矢量编辑、影像分类、专题制图和三维可视化核心功能，可以集成使用多种数据类型并将不同类型的地理数据与影像连接在一起，快速地组织到项目中。IMAGINE Essentials 可扩充的模块如下：

① Vector 模块：直接采用 ArcInfo 的数据结构 Coverage，可对 Shapefile 和 Coverage 数据进行快速生成、显示、编辑和查询，建立和修改拓扑关系，在矢量图形和栅格图像之间进行转换等。

② Virtual GIS 模块：可有效地显示、组合、分析和表达不同的地理数据，具有强大的三维可视化分析功能，可进行 GIS 空间分析、空间视域分析以及矢量与栅格的三维叠加，建立虚拟世界、动态漫游、实时 3D 飞行模拟等。

③ Developer's Toolkit 模块：是 ERDAS IMAGINE 的 C 语言程序接口，包含了几百个处理函数的函数库。

（2）IMAGINE Advantage 级

IMAGINE Advantage 级在 IMAGINE Essentials 级基础之上，增加了栅格图像 GIS 分析和单张航片正射校正等功能，具有正射纠正(航片、卫片、传感器参数)、大比例尺镶嵌工具(定义切割线、灰度匹配)、高光谱处理、GIS 分析、高级 RGB 聚类、傅里叶正反变换/频域滤波、DEM 表面生成、应用等工具。IMAGINE Advantage 级是一个完整的影像地理信息系统(Imaging GIS)，除了 Essentials 级扩充模块外，可扩充模块还包括：

① Radar 模块：具有对雷达影像增强处理、影像解译等功能，包括调整雷达影像的亮度/对比度，对噪声进行平滑滤波、分析纹理特征、边缘检测、地形纠正等。

② OrthoMAX 模块：可自动提取 DEM，进行 DEM 交互编辑，对立体像对进行正射校正、立体地形显示等。

③ OrthoBase 模块：具有区域数字摄影测量功能，用于航空影像的空三测量和正射校正，包括基于传感器模型的正射校正和单景框幅式相机的正射校正。

④ OrthoRadar 模块：可进行 Radarsat、ERS 雷达影像的地理编码、正射校正等处理。

⑤ StereoSAR DEM 模块：采用类似于立体测量的方法，从雷达影像数据中提取 DEM。

⑥ IFSAR DEM 模块：采用干涉方法，以像对为基础从雷达影像数据中提取 DEM。

⑦ ATCOR 模块：用于大气校正和雾曦消除以及消除地形的影响。

（3）IMAGINE Professional 级

IMAGINE Professional 是针对高级影像处理、遥感、GIS 专家的功能最完整丰富的遥感影像处理系统，除了 Essentials 和 Advantage 级中包含的功能以外，IMAGINE Professional 以简单的图形化界面提供了空间建模工具、高级的参数/非参数分类器、专家分类器、分类优化和精度评价以及高光谱、雷达分析工具。其主要功能包括图解建模、高级分类（模糊分类、专家分类器及知识库建立工具）、雷达图像处理等。IMAGINE Professional 是首批用地理数据建立专家系统解决地理问题的商业软件，IMAGINE 专家分类器由两部分组成：知识工程师和知识分类器，知识工程师为专家提供了建立知识库的图形界面，使用已生成的专家知识库，经验不足的用户可使用知识分类器将知识库应用到自己的数据中进行分类。除了 Essentials 和 Advantage 级可扩充的模块，还具有 Subpixel Classifier 模块。该模块的子像元分类器利用先进的算法对多光谱影像进行信息提取，可提取混合像元中的地类目标。

另外，ERDAS IMAGINE 中还支持动态链接库（DLL），支持面向目标的设计开发以及目标共享技术，ERDAS 中支持的动态链接库有：

① 图像格式 DLL：可对多种图像格式文件，如 IMAGINE、GRID、LAN/GIS、TIFF（GeoTIFF）、GIF、JPG（JPEG）、FIT 和原始二进制格式等，无需转换可直接访问，从而提高易用性并节省磁盘空间。

② 地形模型 DLL：支持基于传感器平台的校正、定标和用户裁剪的模型，包括 Affine、Polynomial、Rubber Sheeting、TM、SPOT、Single Frame Camera 等。

③ 字体 DLL 库：对非拉丁语系国家字符集和商业公司开发的上千种字体，提供字体裁剪和直接访问，支持专业制图应用。

2. ERDAS IMAGINE 应用简介

在 Windows 系统中安装 ERDAS IMAGINE 后点击"开始"→"程序"，找到 Leica Geosystems 程序文件夹，进入到 ERDAS IMAGINE 文件夹中点击 ERDAS IMAGINE 按钮，可启动 ERDAS IMAGINE 软件，系统界面包括系统菜单条（menu bar）、图标面板（icon panel）和一个默认打开的视图窗口，如图 1-1 所示。

图 1-1　ERDAS IMAGINE 软件启动界面

（1）系统菜单

ERDAS IMAGINE 图标面板系统菜单中包括 5 项菜单，每项菜单由一系列命令组成，其主要功能如表 1-1 所示。

表 1-1　　　　　　　　　　　　**ERDAS IMAGINE 图标面板菜单**

命令	功　　能
Session （综合管理菜单）	包含系统配置、启动命令、批处理设置、日志管理、实用功能、环境变量设置、面板排列及帮助等，控制 ERDAS IMAGINE 的参数和默认值，配置外围设备，如磁带机、打印机、光盘驱动器
Main （主功能菜单）	含 ERDAS IMAGINE 产品中包括的所有模块，如创建视窗、数据输入输出、数据预处理、地图制图、影像解译、影像目录、影像分类、空间建模、栅格、矢量处理、虚拟 GIS、数字摄影测量、立体分析等
Tools （工具菜单）	包含编辑文本文件、编辑栅格属性、查看二进制数据、注释信息、栅格信息、矢量信息、影像命令工具、坐标计算、三维动画等
Utilities （实用菜单）	包含影像压缩、多种栅格数据格式设置转换、图像比较、字体选择、重置设置及 Oracle 空间数据表管理等
Help（帮助菜单）	提供 IMAGINE 在线文档、IMAGINE 的 DLL 信息等

（2）图标模块

在 ERDAS IMAGINE 9.2 的图标面板中有 15 个图标模块，图标面板模块的含义如表1-2所示。

表 1-2   **ERDAS IMAGINE 图标面板**

图标	含义	功能	图标	含义	功能
Viewer	视窗模块	打开、显示、存储影像、矢量数据及 AOI 操作	Classifier	分类模块	特征编辑器、非监督分类、监督分类、知识分类、影像分割、精度评估、光谱分析等
Import	输入输出模块	数据格式转换、输入数据到 ERDAS、输出数据到其他格式	Modeler	建模模块	模型制作、模型库、创建和运行影像处理、GIS 分析的模型
DataPrep	数据预处理模块	创建、裁剪、镶嵌影像，几何纠正，重投影等	Vector	矢量模块	矢量层数据操作
Composer	制图模块	新建、打开、编辑、打印地图等	Radar	雷达模块	干涉雷达、立体雷达、正射雷达、创建数字高程模型、纠正地形畸变等
Interpreter	解译模块	空间增强、光谱增强、辐射增强、傅里叶分析、GIS 分析、地形分析、高光谱工具等	VirtualGIS	虚拟 GIS 模块	虚拟 GIS、视域分析、三维动画、建立三角网等
Catalog	库管理模块	影像数据库管理	Stereo	立体量测模块	立体视觉特征分析
AutoSync	影像自动配准模块	精确配准、重叠区域匹配等	Subpixel	子像素模块	大气补偿和环境条件校正、子像素特征、MOI分类，将分类提取信息的空间分辨率提高到子像元级
DeltaCue	变化检测模块	数据预处理、变化检测、变化滤波、变化结果查看及解译			

（3）模块功能

在图标面板中点击各个图标按钮，即可启动相应的功能，弹出的菜单为该模块的各个功能命令。

① 视窗模块

每次启动 ERDAS IMAGINE 时，系统都会自动打开一个视窗，点击 Viewer 按钮，也会新打开一个视窗。视窗是用来显示、浏览影像、矢量数据、注记文件、AOI 操作的窗口，可以在视窗内对图像进行各种处理操作。

②　输入输出模块

点击输入/输出模块 Import/Export 按钮，打开 Import/Export 对话框，如图 1-2 所示。

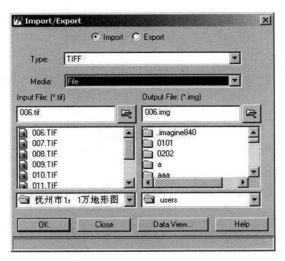

图 1-2　输入输出模块

此模块提供了多种栅格、矢量数据格式与 IMAGINE 内部数据格式的输入、输出转换功能，在这个对话框的下拉列表中完整地列出了 ERDAS 支持的各种输入输出格式。

③　数据预处理模块

点击数据预处理模块 DataPrep 按钮，弹出 Data Preparation 下拉菜单，其功能如表 1-3 所示。

表 1-3　　　　　　　　　　　　　数据预处理模块主要功能

命令	功能	命令	功能
Create New Image	创建新影像	Mosaic Images	镶嵌影像
Create Surface	创建表面	Unsupervised Classification	非监督分类
Subset Image	裁剪影像	Reproject Images	重投影影像
Image Geometric Correction	影像几何纠正		

④　专题制图模块

点击地图制图模块 Map Composer 按钮，弹出 Map Composer 下拉菜单，其功能如表1-4所示。

表 1-4　　　　　　　　　　　　专题制图模块主要功能

命令	功能	命令	功能
New Map Composition	创建新地图	Edit Composition Paths	编辑地图路径
Open Map Composition	打开地图	Map Series Tool	地图系列工具
Print Map Composition	打印地图		

⑤ 影像解译模块

点击影像解译模块 Image Interpreter 按钮，弹出 Image Interpreter 下拉菜单，其功能如表 1-5 所示。

表 1-5　　　　　　　　　　　　影像解译模块主要功能

命令	功能	命令	功能
Spatial Enhancement	空间增强	Fourier Analysis	傅里叶分析
Radiometric Enhancement	辐射增强	Topographic Analysis	地形分析
Spectral Enhancement	光谱增强	GIS Analysis	GIS 分析
Basic Hyperspectral Tools	基本高光谱工具	Utilities	实用工具

⑥ 影像数据库模块

点击影像数据库管理模块 Catalog 按钮，打开 Image Catalog 对话框，如图 1-3 所示。Image Catalog 对话框是一个组织影像的工具，可打开影像数据库目录，创建新目录，归档影像，将存档的影像还原到磁盘上，从影像数据库目录中删除影像或添加影像，查看目录中的影像及其统计数据等。

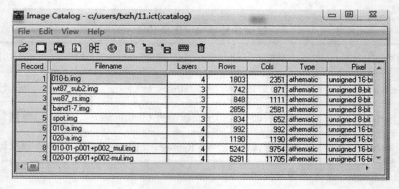

图 1-3　影像数据库目录

⑦ 影像分类模块

点击影像分类模块 Classifier 按钮，弹出 Classification 下拉菜单，其功能如表 1-6 所示。

表1-6　　　　　　　　　　　　　　　　　**影像分类模块主要功能**

命令	功能	命令	功能
Signature Editor	模板编辑器	Accuracy Assessment	精度评估
Unsupervised Classification	非监督分类	Feature Space Image	特征空间影像
Supervised Classification	监督分类	Feature Space Thematic	特征空间专题
Threshold	阈值分析，精练分类	Knowledge Classifier	专家分类器
Fuzzy Convolution	对分类结果模糊卷积	Knowledge Engineer	知识工程师
Grouping Tool	对聚类结果编组	Fuzzy Recode	对分类编组重编码

⑧ 空间建模模块

点击空间建模模块 Modeler 按钮，弹出 Spatial Modeler 下拉菜单，其功能如表 1-7 所示。

表1-7　　　　　　　　　　　**空间建模模块主要功能**

命令	功能
Modeler Maker	模型生成器
Model Librarian	模型库

⑨ 矢量处理模块

点击矢量处理模块 Vector 按钮，弹出 Vector Utilities 下拉菜单，其功能如表 1-8 所示。

表1-8　　　　　　　　　　　　　　　　　**矢量处理模块主要功能**

命令	功能	命令	功能
Clean Vector Layer	创建矢量层拓扑	Mosaic Polygon Layers	镶嵌矢量层
Build Vector Layer Topology	重建矢量层拓扑	Transform Vector Layer	转换矢量层
Copy Vector Layer	拷贝矢量层	Create Polygon Label	创建多边形标记
External Vector Layer	纠正外部文件路径	Raster to Vector	栅格矢量转换
Rename Vector Layer	重命名矢量层	Vector to Raster	矢量栅格转换
Delete Vector Layer	删除矢量层	Start Table Tool	管理 Info 文件
Display Vector Layer	显示矢量层	Zonal Attributes	提取区域统计
Subset Vector Layer	裁剪矢量层	ASCII to Point Vector Layer	ASCII 文件生成点矢量层
Recalculate Elevation Values	重计算高程值	Reproject Shapefile	创建重投影 Shape 文件

⑩ 雷达模块

点击雷达模块 Radar 按钮，弹出 Radar 下拉菜单，其功能如表 1-9 所示。

表 1-9　　　　　　　　　　　　　　　　雷达模块主要功能

命令	功能	命令	功能
InSAR	干涉雷达	Radar Interpreter	雷达解译
StereoSAR	立体雷达	Generic SAR Node	通用 SAR 节点参数编辑
OrthoRadar	正射雷达		

⑪ 虚拟 GIS 模块

点击虚拟地理信息模块 Virtual GIS，弹出 Virtual GIS 下拉菜单，其功能如表 1-10 所示。

表 1-10　　　　　　　　　　　　　　　虚拟 GIS 模块主要功能

命令	功能	命令	功能
Virtual GIS Viewer	虚拟 GIS 视窗	Create Movie	创建三维动画
Virtual World Editor	虚拟世界编辑器	Create Viewshed Layer	空间视域分析
Record Flight Path with GPS	用全球定位系统记录飞行路径	Create TIN Mesh	创建不规则三角网

第二章　ENVI 软件

1. ENVI 软件概述

ENVI（The Environment for Visualizing Images）是由美国 Exelis Visual Information Solutions 公司应用交互式数据语言 IDL（Interactive Data Language）开发的遥感软件处理系统。ENVI 遥感影像处理功能齐全，具有先进、可靠的影像处理功能，涵盖了影像增强、几何纠正、正射校正、辐射校正、影像镶嵌、数据融合以及信息提取、影像分类、DEM 及地形信息提取、雷达数据处理、三维景观生成、制图等功能；同时还具有专业的光谱分析工具，包括多光谱分析、高光谱分析，对高光谱数据的物质识别精度高、效果好。另外 ENVI 中还提供了多种数据分析功能，可进行雷达分析、地形地貌分析、矢量分析、神经网络分析、区域分析等。ENVI 具有较强可扩展性，提供了丰富的二次开发调用的函数库，利用 IDL 语言可以扩展 ENVI 的功能，开发全面的遥感图像处理系统，甚至可根据需要定制专业的遥感平台。通过与 ArcGIS 的整合，为遥感和 GIS 的一体化集成提供了较好的解决方案。ENVI 已经广泛应用于农业、林业、医学、水利、海洋等行业以及环境保护、矿产勘探、国防安全、设施管理、遥感工程、地球科学、测绘勘察和区域规划等领域，并在 2000 年、2001 年、2002 年连续三年获得美国权威机构 NIMA 遥感软件测评第一。

2. ENVI 应用简介

在 Windows 系统中安装 ENVI 后点击"开始"→"程序"，进入 ENVI 程序文件夹中点击 ENVI Classic 按钮，可启动 ENVI 软件，系统菜单条由 File、Basic Tools、Classification、Transform、Filter、Spectral、Map、Vector、Topographic、Radar 等子菜单组成，如图 2-1 所示。

图 2-1　ENVI 界面

① File 菜单

ENVI 的 File 菜单提供了打开影像文件、打开矢量文件、打开外部文件、存储文件、编辑头文件、编译 IDL 模块，以及 ENVI 队列管理、目录设置、ENVI 参数设置等功能。

② Basic Tools 菜单

Basic Tools 菜单提供了调整数据尺寸、裁剪数据、旋转数据、层叠加、数据格式转换、拉伸数据、特征统计、空间统计、变化检测、波段运算、光谱运算、影像分割、ROI 选取、影像镶嵌、掩膜生成、掩膜应用以及辐射定标、校正等功能。

11

③ Classification 菜单

Classification 菜单提供了非监督分类功能，包括 Isodata、K-means；监督分类功能，包括平行六面体、最小距离、最大似然、波谱角制图、光谱信息散度、二进制编码、神经网络、支持向量机、决策树分类、端元波谱收集、从 ROI 创建分类，以及多种分类后处理功能，包括分类颜色设置、规则分类器、分类结果统计、混淆矩阵分析、ROC 曲线、多数/少数分析、分类集群、分类叠加、影像分割、分类结果转换为矢量等。

④ Transform 菜单

Transform 菜单提供了影像融合功能，包括 Brovey 融合、Gram-Schmidt 融合、主成分分析光谱融合、CN 波谱融合；波段比运算功能；主分量变换功能，包括正、反主分量变换；独立主成分分析功能，包括正、反独立成分变换；最小噪声分离变换，包括正向、反向 MNF 变换；色彩空间变换功能；去相关拉伸功能；饱和度拉伸功能；合成彩色影像功能；NDVI 计算功能；缨帽变换功能等。

⑤ Filter 菜单

Filter 菜单提供了卷积滤波、形态学滤波、纹理分析、多种自适应滤波、傅里叶变换滤波等功能。

⑥ Spectral 菜单

Spectral 菜单提供了波谱处理与分析资源工具、流程化高光谱工具、目标检测向导工具、波谱库工具、波谱切割工具、纯净像元指数分析、n 维数据可视化、植被分析、植被抑制、目标查找、异常检测以及波谱分析、端元提取、FLAASH 大气校正等功能。

⑦ Map 菜单

Map 菜单提供了影像配准功能，包括影像到影像的配准、影像到地图的配准、影像的自动配准；严格的正射校正功能；多种影像的正射校正功能；影像镶嵌功能，包括基于像素的镶嵌、地理参考的镶嵌；多种影像的几何纠正功能；地图投影功能，包括自定义地图投影、投影转换；地图坐标转换功能；ASCII 坐标转换功能；GPS 连接功能等。

⑧ Vector 菜单

Vector 菜单提供了打开矢量文件、新建矢量层、创建边界、智能数字化、栅格转矢量、分类结果矢量化、离散点栅格化、等高线转为 DEM 等功能。

⑨ Topographic 菜单

Topographic 菜单提供了打开地形文件、地形建模、地貌特征分析、DEM 提取、等高线转为 DEM、山体阴影图生成、坏值替换、离散点栅格化、3D 曲面浏览等功能。

⑩ Radar 菜单

Radar 菜单提供了打开雷达数据文件、数据定标、天线阵列校正、斜地校正、入射角影像、自适应滤波、纹理滤波、合成彩色影像等功能，还提供了极化分析工具，包括 AIRSAR 数据合成、SIR-C 数据合成、极化信号提取、多视数据压缩、相位图像、AIRSAR 散射分类等功能。

3. ENVI 主要功能

（1）数据输入/输出

ENVI 能输入的数据格式比较多，包括不同传感器、不同波段和不同分辨率的数据，既能处理光学传感器数据，还能处理雷达传感器数据、海洋卫星数据、热红外数据、高光谱数据以及高程数据等。同时，ENVI 也可以处理通用格式的图像数据以及 ASCII 数据、二进制数据，或其他地理信息和遥感影像系统产生的数据，例如 ARC/Info 的 .e00、ArcView 的 .shp、ERDAS IMAGINE 的 .img、PCI 的 .pix、ER Mapper、ARC/Info 的 .bil 等格式的数据。ENVI 可将处理结果输出成 ERDAS、ERMAPPER、PCI、ARC/INFO Images 使用的数据格式或通用图像格式，如有地理坐标信息可输出成 GeoTIFF 文件等。

（2）影像预处理

ENVI 提供了多种影像预处理功能，不仅包括各种常规处理，如格式转换、影像裁剪、几何校正、辐射校正、坏行替换、去除条带等，还包括一些专门处理工具，如高光谱分析工具、雷达分析工具，还可对特定数据，如 TM、ETM、NOAA-AVHRR、MODIS 等，进行辐射定标处理、大气精校正、地形建模等。ENVI 能对 Landsat 7 数据进行内部平均相对反射率定标、平面场定标、地面定标、传感器通道电平及增益校正，定标时从头文件中获取成像时间、太阳高度角等信息。

（3）交互式分析

ENVI 打开影像时能同时在多个关联窗口以不同比例尺显示影像，浏览影像时在滚动窗口、影像窗口和缩放窗口之间交互地建立级联显示，在波段列表窗口中可便捷地控制波段组合、显示或删除，具有地理参考的图像可以相互间建立交互链接查询。利用 ROI 工具的多边形、矢量、像素点、GPS 等多种要素，可交互定义感兴趣区，感兴趣区可进行合并、求交、掩膜运算，感兴趣区可转换成点以及 ASCII 文件，也可由 ASCII 文件输出感兴趣区。任意兴趣区 ROI 可进行统计分析、生成二维散度和三维透视图、剖面处理、波谱提取、交互拉伸等处理。另外 ENVI 交互分类工具可以实现将分类结果叠合到影像上，交互编辑分类图像，ENVI 还能进行交互式傅里叶变换，包括傅里叶变换和反傅里叶变换，交互式频率域掩膜生成。在分类的后处理中，ENVI 可改变每类的阈值、类名、颜色，并快速交互式查询分类结果。

（4）几何处理

ENVI 支持影像到影像、影像到地图（或矢量图）的几何纠正，可对航空数据、SPOT 数据进行正射校正，可以用 AVHRR、MODIS 传感器自带的经纬度信息对影像进行纠正。ENVI 能进行基于像元的影像镶嵌和基于地理位置的影像镶嵌。ENVI 自动地按照影像的地理位置信息将影像镶嵌在一起，允许用户设置羽化、镶嵌线、色调调整。ENVI 几何处理时可以任意定制投影方式，并将自定义的投影方式增加到 ENVI 的投影集中。ENVI 的投影集，包括 38 种投影类型，如任意投影、地理经纬度投影、高斯-克吕格投影、北美大陆基准平面投影、UTM 投影等。

（5）分类功能

ENVI 支持多种影像分类方法，包括非监督分类、监督分类、决策树分类、从 ROI 创建分类等，还能实现亚像元分类。非监督分类包括 K-means 和 Isodata 算法；集成的监督分类算法比较丰富，除了一般遥感软件具备的平行六面体法、最小距离法、Mahalanobis 距离法、最大似然法，还包括波谱角法、光谱信息散度法、二进制编码法、神经网络法、支持向量机法等特定的分类算法。ENVI 的监督分类比较灵活，可对每一类单独设置阈值，因而能获得更好的分类结果。在分类后处理方面，ENVI 不仅具有其他遥感软件常规的类别合并、类别统计、集群分析、分类叠合、混淆矩阵评定误差等功能，还具备特别的 ROC 曲线检测功能，可与检测段错误报警率比较，分析分类结果的准确度。

（6）高光谱分析

ENVI 多光谱分析和高光谱分析工具比较先进，包括波谱库工具、波谱归一化工具、像元纯净指数（PPI）工具、N 维散度可视分析工具。波谱库工具能实现波谱库管理及编辑、波谱分割分析、波谱曲线编辑运算等。ENVI 拥有美国地质调查局（USGS）和喷气推进实验室（JPL）标准物质成分波谱库，以及 John Hopking 大学的 2~25 μm 热红外和植被波谱库，在 ENVI 中也可以自建立波谱库，对各波谱库均可查看、编辑和分析。波谱归一化工具可进行定标、噪声分析、像元纯度分析。N 维散度分析和提取终端单元，有助于识别地物、提取特定目标。像元纯净指数工具可用来识别出影像中所有纯度最高的纯净像元。N 维散度可视分析工具，可使用影像的所有波段进行波谱分析，定位影像的波谱终端单元，有助于波谱角分类、混合像元分解、匹配滤波和光谱特征拟合等。

（7）雷达数据分析

ENVI 提供了大量的雷达处理功能，包括 SAR 数据的数据导入、提取 CEOS 信息、浏览 RADARSAT 和 ERS-1 数据，进行多视、几何校正、天线阵列校正、斜距校正、辐射校正、自适应滤波、纹理分析、特征提取等。ENVI 还可以处理极化雷达数据，可以浏览和比较感兴趣区的极化信号，将雷达数据转换成浮点或双精度格式图像，形成实部、虚部、能量、幅度和相位图像，进行幅度图分析及相位图分析、交互式极化信息分析及提取。ENVI 的 TopSAR 工具可读取并处理 TopSAR 数据，提取真实高程信息以及 AIRSAR 散射机理分类等。

（8）矢量数据处理

ENVI 的矢量处理功能可以比较方便地实现矢量属性查询、属性编辑、缓冲区分析以及矢量层控制、矢量层编辑和矢量投影转换。ENVI 可以将等高线以格式为 .evf 的矢量文件输出，也可将矢量文件转为 ArcView Shape 文件，从而在其他 GIS 软件使用。ENVI 可将分类图及其他栅格数据转成矢量数据，所有的类别可输出到一个 evf 矢量文件中，也可将每一个类别输出到一个单独的 evf 矢量文件中。当用 ENVI 自带的高分辨率世界地图数据来构建矢量层时，可以按指定经纬度范围来提取特定区域的高分辨率矢量信息。ENVI 视窗提供了 GPS-Link 功能，当接收到一个新点时，显示窗口会及时更新当前像元，也可以将收集到的点输出到校正窗口，成为 .evf 文件或 ASCII 文件。

（9）地形三维可视化

ENVI 的地形分析工具可以对 DEM 数据进行打开、分析和输出等操作，从地形数据中计算出一些地形模型，根据数字高程模型（DEM）可分析坡度、坡向、凸面和曲率，提取山顶、山脊、山谷等地貌特征，可模拟太阳高度角创建山坡阴影图像，也可生成一幅分类图像以显示河道、山脊、山峰、沟谷、水平面等。ENVI 的三维可视化功能可以将 DEM 数

据以网格结构(wire frame)、规则格网(ruled grid)或点的形式显示出来，或者将一幅经过
地理编码的图像叠加到 DEM 数据上构建简单的三维地形可视化场景，可在任意角度交互
地观看图像全景、指定三维地形的背景颜色、查询图像的 X 轴和 Y 轴的像元大小，也可
以在三维曲面飞行中叠加矢量信息。

第三章　PCI 软件

1. PCI 软件概述

PCI Geomatica 是加拿大 PCI 公司开发的遥感专业多功能软件系统，集成了遥感影像处理、专业雷达数据分析、GIS/空间分析、制图和桌面数字摄影测量系统，成为一个强大的生产工作平台。PCI Geomatica 由加拿大政府和加拿大遥感中心直接支持，能取得常见商用卫星的飞行轨道及传感器参数，如 QuickBird、WorldView、SPOT5、日本 ALOS 等卫星严格的轨道模型。由于支持严格的卫星轨道模型，能获得高精度的正射校正结果，PCI Geomatica 相比于目前遥感影像处理软件，在正射处理效果和精确度方面具有优势。PCI Geomatica 具有强大的空间分析功能，将遥感、GIS、制图集成在同一界面下，具备自身独特的文件组织方式并采用工程管理方式，提供了高效的生产工具。在 PCI Geomatica 中能进行一系列自动或批处理的操作选项，包括自动镶嵌、控制点、同名点的自动匹配等，同时提供控制点库的控制点选取方式。其包含的 Pansharping 融合技术能最大限度地保留多光谱影像的颜色信息和全色影像的空间信息，融合后的影像更加接近实际。PCI Geomatica 中提供了强大的算法库，包括了数百种栅格和矢量图像的处理算法，可调用算法库中的所有算法进行二次开发，赋予专业人员开发复杂处理流程的能力，直观的可视化脚本环境能更好地满足应用需求。

PCI 提供了一个完整的工具，支持各种卫星和传感器生成的正射影像，包括雷达、高光谱、高分辨率光学传感器等，其应用领域包括土地资源调查评估与管理、自然灾害动态监测、测绘、环保、城市规划、大规模管道工程设计、矿产资源勘探等非常广泛的领域。

2. PCI 应用简介

在 Windows 系统中安装 PCI Geomatica2012 后点击"开始"→"程序"，找到 PCI Geomatica 文件夹，点击 Geomatica 2012 进入后选择 Geomatica 可启动 PCI 软件，出现 PCI Geomatica 2012 的功能图标面板，如图 3-1 所示。

图 3-1　PCI 界面

（1）Focus 模块

点击 Focus 图标打开 Focus 窗口，如图 3-2 所示。Focus 窗口是一个处理影像、矢量、图形位图等数据的可视化环境，提供了浏览显示各种数据，如矢量、影像、航片，以及与 GIS 矢量数据叠加显示、快速漫游、数值显示、属性查询、影像增强等显示工具。而且 Focus 中也集成了重要的影像处理和解译工具，如影像裁剪、大气校正、光谱提取、DEM 编辑以及影像分类、栅格计算、建模和算法库等功能。

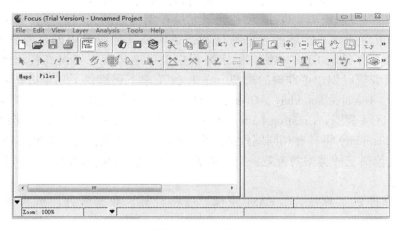

图 3-2　Focus 界面

在 Focus 窗口菜单栏的 File 下拉菜单中，提供了打开文件、新建项目、存储项目等工具。其中，New Project 命令提供了新建项目功能，项目文件可以方便地在大文件中组织复杂数据，不仅存储地图、区域和图层信息，而且还能存储包括所有数据、显示参数、地域元素的路径等信息。Open 命令可选择 GDB 支持的文件格式在 PCI 中打开；Save Project 命令用于保存当前的项目文件；Import to PCIDSK 功能可将任何 GDB 支持的文件格式转化为 PCIDSK 文件，如果文件格式不被 GDB 支持，先必须用 Raw File Definition 工具定义原始数据。Link 功能可链接文件并将辅助信息转移到链接文件中，Link 工具靠创建一个空的 PCIDSK 文件保护了源数据的完整性，并允许对影像进行间接访问，将查找表或位图等辅助信息转移到新建的 PCIDSK 文件中，改变也仅存储到链接文件中。Translate 输出工具实现 GDB 支持的文件格式之间的转换，或仅使用 GDB 格式文件中指定的数据层新建 PCIDSK 文件。Transfer Layers 提供了拷贝数据层功能，可从源文件中拷贝数据层存储到相似的地理参考目标文件中，既可作为新层添加，也可改写原有的层。Import ASCII Table/Points 提供了导入、转化 ASCII 数据的向导。

Edit 菜单的 Vector Editing 矢量编辑工具设置了搜寻的容差和单位以及数字化操作的管理，可用于进行矢量创建和编辑，提供了搜寻、反向、添加顶点、合并线/多边形、分割线/多边形、延长、自动合并线、接近多边形、重建形状、自由旋转、角度旋转、打断线/多边形、起始顶点、前一顶点、中点、下一顶点、显示顶点等功能。

Analysis 菜单提供了影像分类、大气校正、光谱提取等功能。其中：监督法影像分类方法包含最大似然、最小距离、平行六面体方法；非监督分类方法包含 Isodata、K-Means（最小距离）、模糊 K-Means 方法；分类后分析提供了精度评估、聚集分析、类编辑等功

17

能；Atmospheric Correction 提供了大气校正功能，对平坦地形区域的卫星影像可用 ATCOR2 算法进行大气校正，对崎岖地形区域的卫星影像可用 ATCOR3 算法进行大气校正，该命令打开 Atmospheric Correction Configuration 窗口，在该窗口中配置大气校正参数，包括定义纠正的影像、传感器信息、大气条件和其他所需参数。Spectra Extraction 提供了光谱提取工具，可从所使用的多光谱或高光谱影像数据中提取光谱，该命令打开 Spectra Extraction Configuration 窗口，Focus 创建光谱元层存储提取的光谱后可打开散点图窗口和光谱图窗口，可对感兴趣区域的光谱特征和光谱库或其他影像中的参考光谱进行比较。DEM Editing 提供了编辑 DEM 功能，数字高程模型可能包含有错误高程值的像素，可对 DEM 进行平滑编辑以创建更准确的模型。Analysis 菜单下还提供了三个分析功能，分别是 Creating buffer、Dissolve boundary、Overlay。缓冲区是围绕数据层上某个多边形指定距离而创建的一个区域范围，Creating buffer 可创建不同尺寸的缓冲区来进行邻接分析。边界融合 Dissolve boundary 将具有相同属性值的形状结合，产生新的合并形状。Overlay 提供的覆盖向导工具包括三种类型的覆盖：空间覆盖、统计覆盖和适宜性覆盖，可从两个或更多层中提取信息。

Tools 菜单提供了算法库、EASI 建模、栅格计算、数据合并、重投影以及裁剪等功能。

EASI Modeling 窗口可以文本方式查看 EASI 模型，可导入、编辑先前写的脚本、选择输入数据、运行脚本、存储脚本等，如图3-3所示。EASI Modeling 主要是为简单的影像建模而设计的，EASI MODEL 脚本都能运行在 EASI 命令提示下，然而仅一部分命令能用在 EASI Modeling 窗口。在 Geomatica Pro 文件夹中提供了数十种预写的脚本，也可使用 EASI 脚本语言编写脚本并在 Focus 中打开的数据上运行。

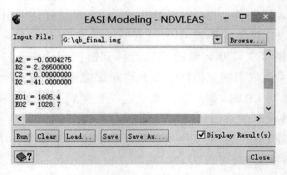

图 3-3　EASI Modeling 窗口

Raster Calculator 栅格计算器提供了一个图形接口可创建表达式处理栅格数据，如图3-4所示，有基本和高级两种使用模式。高级模式提供了更多的类别和函数功能，可选择多个属性用于栅格计算、选择函数添加表达式、进行指数计算、完成简单的栅格算术运算或复杂的公式计算。输出可以是数值、二维影像，新的输出层添加到 Focus 窗口中。

点击 Reproject 打开重投影窗口，可手工改变影像、位图、GDB 支持的矢量投影类型，如图3-5所示。当在项目中添加新数据时，根据已打开的数据自动地对其进行重投影，当

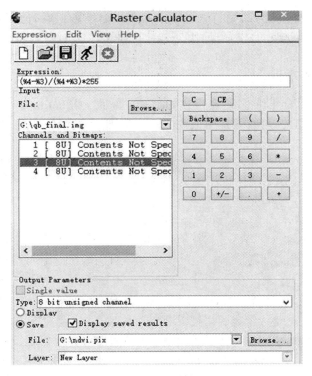

图 3-4 栅格计算器

图 3-5 重投影窗口

数据较大时处理会较慢，例如先打开的文件是 UTM 投影，后打开的文件是 LCC 投影，Focus 会将 LCC 重投影到 UTM。为加快处理速度，可手工对数据进行重投影并存储到新文件。

（2）OrthoEngine 模块

点击 图标打开 OrthoEngine 窗口，如图 3-6 所示。OrthoEngine 是用来处理小型或大型工程的摄影测量工具，可有效地生成高质量的地理空间产品。

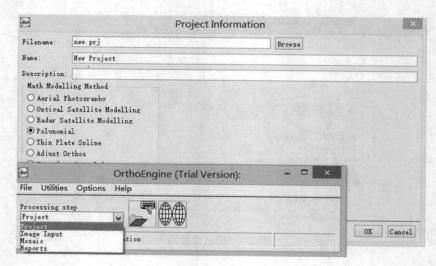

图 3-6　OrthoEngine 窗口

OrthoEngine 模块提供了影像自动镶嵌功能和航片、光学卫星影像、雷达卫星的自动同名点采集功能，几何纠正、正射校正以及影像控制点库和库管理功能。该模块包含多种传感器的计算模型，纠正由于卫星姿态和位置、地形变化及投影产生的畸变，也允许用户自建新传感器计算模型。Geomatica 的通用数据库技术提供了无缝、直接的地理空间数据转换功能，可导入、导出或直接读取超过 100 种栅格和矢量格式。OrthoEngine 支持航空影像和多种卫星传感器数据。OrthoEngine 窗口的界面是按生产正射影像、几何纠正影像、数字高程模型、三维矢量和影像镶嵌的逻辑流程来组织，比较直观。OrthoEngine 包括多种高效的功能可提供更准确的结果，如严格的数学模型可产生稳健的正射校正产品；自动的关联点采集可加速控制点选取过程；核线批处理将一组立体像对转化为核线影像对，缩短了自动 DEM 提取和 3D 特征提取的处理时间；自动的 DEM 提取可开启核线对的批处理，生成 DEM 并在一个处理中自动地对 DEM 进行地理编码；可选择多个影像正射校正或几何纠正使处理更为简化；自动镶嵌中改进的颜色均衡算法使精练结果的需求降低。该模块运用了特殊的算法模型将已经扫描的或由数字摄像机得到的照片制作成精确的正射影像图，所生成的图像可以转化为多种文件形式，作为许多 GIS/CAD/MAP 软件的数据源。同时用户可选择附加的 DEM 自动提取、3DVIEW 和三维特征提取模块（OrthoEngine Airphoto DEM）来构造自己的数字摄影测量软件包。

（3）Modeler 模块

点击图标打开 Modeler 窗口，如图 3-7 所示。PCI 可视化建模提供了一个交互方法可开发简单和复杂的数据处理流程，也提供了一些标准的操作，例如导入、导出、数据转换、影像纠正、空间分析、雷达分析、分类等大多数 PCI 处理算法。通过在建模界面上放置模块并连接这些模块创建处理流，可建立处理模型，模型由表示模块和数据流的图形元素组成，而表示模块的图形元素又是由图标、模块名、状态指示栏和一个或更多端口符号组成。首先配置模块，然后以单一运行模式或批模式执行模型，在执行模型期间图形化的指示表明了处理的数据流，通过建模可快速访问所有模块。

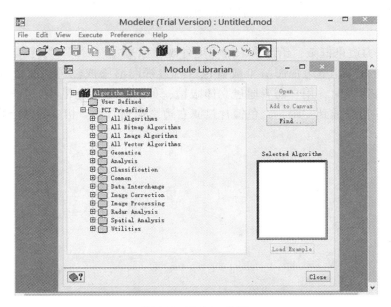

图 3-7　Modeler 窗口

（4）EASI 模块

点击图标打开 OrthoEngine 窗口，EASI 可处理用户和系统之间的所有交互，它常用于脚本、处理自动化和命令行界面。在 EASI 命令行界面中，EASI 命令语言可用于建立、运行 EASI 程序。EASI 不仅是一个交互执行任务的命令环境，而且也是一个功能齐全的编程语言。EASI 支持控制结构，例如 FOR 语句、WHILE 语句和 IF 语句，可定义变量、结构体、带任何数量参数并提供返回值的函数，包含一个多达两百多个内在函数的内置功能。EASI 能用于开发专业的应用程序。

（5）FLY! 模块

点击图标打开 FLY! 窗口，如图 3-8 所示。FLY! 是一个可视化工具，提供了根据高程数据产生的透视场景。通过在数据集上使用专用的高速算法可生成连续的场景并给出飞行的外观。通常情况下卫星拍摄的影像覆盖在高程数据上，使用 FLY! 可以从地面上的视角观察通过数据产生的飞行。用户可完全控制飞行高度、方向和速度，渲染的场景可以多种文件格式存储到磁盘上供后续使用，可制作一个简单的飞行计划以通过地形飞行。飞行所需的数据源可来自于卫星影像、航空影像、GIS 系统等。通过使用命令行开关，也能自动开启 FLY！。

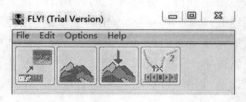

图 3-8　FLY！窗口

　　FLY！有能力渲染框架，给出真三维深度外观，通过左、右眼生成轻微不同的左、右视图而产生三维效果。左边视图渲染成蓝色，右边视图渲染成红色，两个视图合并在一起。当观看合并影像时，用户需要通过立体眼镜，如左眼是蓝色镜片、右眼是红色镜片，蓝色镜片过滤左边影像到左眼、红色镜片过滤右边影像到右眼，相应的两个影像视觉被整合为三维。

第二篇　遥感影像介绍

第四章 Landsat 卫星影像数据

　　1967 年，美国国家航空与航天局(NASA)开始了"地球资源技术卫星"(Landsat)计划，进行地球资源技术卫星系列的可行性研究。1972 年 7 月 23 日，第一颗陆地卫星(Landsat-1)成功发射，到 1999 年，共成功发射了 6 颗陆地卫星，它们分别命名为 Landsat-1 ~ Landsat-5 和 Landsat-7，其中 Landsat-6 的发射失败了。目前 Landsat-1 ~ Landsat-4 均相继失效，Landsat-5 已运行 28 年(从 1984 年 3 月 1 日发射至 2012 年)。2013 年 2 月 11 日，NASA 成功发射了 Landsat-8 卫星，经过 100 天测试运行后开始获取影像。Landsat-8 上携带有两个主要载荷：OLI 和 TIRS。其中 OLI(全称：Operational Land Imager，陆地成像仪)由卡罗拉多州的鲍尔航天技术公司研制；TIRS(全称：Thermal Infrared Sensor，热红外传感器)，由 NASA 的戈达德太空飞行中心研制，设计使用寿命为至少 5 年。

　　Landsat 陆地卫星的轨道设计为与太阳同步的近极地圆形轨道，以确保北半球中纬度地区获得中等太阳高度角(25°~30°)的上午成像，而且卫星以同一地方时、同一方向通过同一地点，保证遥感观测条件的基本一致，利于图像的对比。Landsat 陆地卫星携带的传感器，在南北向的扫描范围大约为 179km，东西向的扫描范围大约为 183km，数据输出格式是 GeoTIFF，采取三次卷积的取样方式，地图投影为 UTM-WGS84。数据覆盖范围为北纬 83°到南纬 83°之间的所有陆地区域，数据更新周期为 16 天(Landsat-1 ~ Landsat-3 的周期为 18 天)，空间分辨率为 30m(MSS 传感器的空间分辨率为 80m)。

　　数据分发前，美国国家航空与航天局(NASA)和美国地质调查局(USGS)对数据产品进行了系统的辐射矫正和地面控制点几何校正，并且通过 DEM 高程模型做了地形矫正。按照产品的处理级别分为 5 类：原始数据产品(Level 0)、辐射矫正产品(Level 1)、系统几何矫正产品(Level 2)、几何精矫正产品(Level 3)、高程矫正产品(Level 4)。目前，中国区域内的 Landsat 陆地卫星系列遥感影像数据可以通过中国科学院计算机网络信息中心国际科学数据服务平台获取。

　　Landsat 陆地卫星在波段的设计上，充分考虑了水、植物、土壤、岩石等不同地物在波段反射率敏感度上的差异，从而有效地扩充了遥感影像数据的应用范围。Landsat 陆地卫星的主要任务是调查地下矿藏、海洋资源和地下水资源，研究自然植物的生长和地貌，预报农作物的收成，监视和协助管理农、林、畜牧业和水利资源的合理使用，拍摄各种目标的图像，以及绘制各种专题图(如地质图、地貌图、水文图)等。在基于 Landsat 遥感影像数据的一系列应用中，计算植被指数和针对 Landsat ETM off 影像的条带修复为最常用同时也是最为基础的两个应用。Landsat 陆地卫星包含了 5 种类型的传感器，分别是反束光摄像机(RBV)、多光谱扫描仪(MSS)、专题成像仪(TM)、增强专题成像仪(ETM)和增强专题成像仪+(ETM+)。由于 Landsat-1 ~ Landsat-4 均相继失效，能接收、处理、存档和分发的是 Landsat-7 和 Landsat-8 的数据。卫星传感器的波段如表 4-1 所示。

表 4-1 　　　　　　　　　　　　　　　卫星传感器波段

卫星	传感器	波段				
		全色	可见光	近红外	短波红外	热红外
Landsat-5	TM		3	1	2	1
Landsat-7	ETM+	1	3	1	2	1
Landsat-8	OLI/TIRS	1	4	1	3	2

1. Landsat-5 卫星

　　Landsat-5 卫星是一颗光学对地观测卫星，有效载荷为专题制图仪（TM）和多光谱成像仪（MSS）。Landsat-5 卫星所获得的图像是至今在全球应用最为广泛、成效最为显著的地球资源卫星遥感信息源，同时 Landsat-5 卫星也是目前在轨运行时间最长的光学遥感卫星。Landsat-5 卫星拍摄影像的基本特征如表 4-2 所示。

表 4-2 　　　　　　　　　　　　　　　Landsat-5 卫星影像基本特征

主题成像仪	波段	波长（μm）	分辨率（m）	主要作用
MSS	绿色波段	0.5~0.6	80	对水体有一定透射能力，清洁水体中透射深度可达 10~20m，可判别地形和近海海水泥沙，可探测健康绿色植被反射率
	红色波段	0.6~0.7	80	用于城市研究，对道路、大型建筑工地、沙砾场和采矿区反映明显。可用于地质研究、水中泥沙含量研究、植被分类
	近红外	0.7~0.8	80	用于区分健康与病虫害植被、水陆分界、土壤含水量研究
	近红外	0.8~1.1	80	用于测定生物量和监测作物长势、水陆分界、地质研究
TM	蓝绿	0.45~0.52	30	用于水体穿透，分辨土壤和植被
	绿色	0.52~0.60	30	分辨植被
	红色	0.63~0.69	30	处于叶绿素吸收区域，用于观测道路、裸露土壤、植被种类等
	近红外	0.76~0.90	30	用于估算生物量
	短波红外	1.55~1.75	30	用于分辨道路、裸露土壤、水，在不同植被之间有好的对比度，并且有好的穿透云雾的能力
	热红外	10.40~12.50	120	感应发出热辐射的目标
	短波红外	2.08~2.35	30	对于岩石、矿物的分辨很有用，也可用于辨识植被覆盖和湿润土壤

2. Landsat-7 卫星

Landsat-7 卫星载荷有增强型专题制图仪（Enhanced Thematic Mapper Plus，简称"ETM+"），ETM+被动感应地表反射的太阳辐射和散发的热辐射，8 个波段的感应器覆盖了从红外到可见光的不同波长范围。与 Landsat-5 卫星的 TM 传感器相比，ETM+增加了 15m 分辨率的一个波段，在热红外波段的分辨率更高，因此有更高的准确性。Landsat-7 卫星拍摄影像的基本特征如表 4-3 所示。

表 4-3　　　　　　　　　　　　　　**Landsat-7 卫星影像基本特征**

主题成像仪	波段	波长（μm）	分辨率（m）	主要作用
ETM+	蓝绿波段	0.45~0.52	30	用于水体穿透，分辨土壤植被
	绿色波段	0.52~0.60	30	用于分辨植被
	红色波段	0.63~0.69	30	处于叶绿素吸收区，用于观测道路、裸露土壤、植被种类等
	近红外	0.76~0.90	30	用于估算生物量，分辨潮湿土壤
	短波红外	1.55~1.75	30	用于分辨道路、裸露土壤、水，在不同植被之间有好的对比度，并且有较好的大气、云雾分辨能力
	热红外	10.40~12.50	60	感应发出热辐射的目标
	短波红外	2.09~2.35	30	对于岩石、矿物的分辨很有用，也可用于辨识植被覆盖和湿润土壤
	全色	0.52~0.90	15	为 15m 分辨率的黑白图像，用于增强分辨率，提供分辨能力

3. Landsat-8 卫星

Landsat-8 卫星载有陆地成像仪（Operational Land Imager，简称"OLI"）和热红外传感器（Thermal Infrared Sensor，简称"TIRS"）。OLI 被动感应地表反射的太阳辐射和散发的热辐射，为 9 个波段的感应器，覆盖了从红外到可见光的不同波长范围。OLI 包括了 ETM+传感器所有的波段，为了避免大气吸收特征，OLI 对波段进行了重新调整，比较大的调整是 OLI Band5（0.845~0.885 μm），排除了 0.825μm 处水汽吸收特征。与 Landsat-7 卫星的 ETM+传感器相比，OLI 增加了一个蓝色波段（0.433~0.453μm）和一个短波红外波段（Band 9；1.360~1.390 μm），蓝色波段主要用于海岸带观测，短波红外波段包括水汽强吸收特征，可用于云检测。Landsat-8 卫星 OLI 拍摄影像的基本特征如表 4-4 所示。

表 4-4   **Landsat-8 卫星 OLI 影像基本特征**

主题成像仪	波段	波长（μm）	分辨率（m）	主要作用
OLI	Band 1 Coastal	0.433~0.453	30	海岸带观测
	Band 2 Blue	0.450~0.515	30	用于水体穿透，分辨土壤植被
	Band 3 Green	0.525~0.600	30	用于分辨植被
	Band 4 Red	0.630~0.680	30	处于叶绿素吸收区域，用于观测道路、裸露土壤、植被种类等
	Band 5 NIR	0.845~0.885	30	云和植被覆盖变换
	Band 6 SWIR 1	1.560~1.660	30	较好的大气、云雾分辨能力
	Band 7 SWIR 2	2.100~2.300	30	穿透云雾
	Band 8 Pan	0.500~0.680	15	波段范围较窄，可更好区分植被和无植被特征
	Band 9 Cirrus	1.360~1.390	30	水汽强吸收特征可用于云检测

    TIRS 是有史以来最先进、性能最好的热红外传感器。TIRS 将收集地球热量流失，目标是了解所观测地带水分消耗，特别是干旱地区水分消耗。Landsat-8 卫星 TIRS 拍摄影像的基本特征如表 4-5 所示。

表 4-5   **Landsat-8 卫星 TIRS 影像基本特征**

主题成像仪	波段	波长（μm）	分辨率（m）	主要作用
TIRS	Band 10 TIRS 1	10.6~11.2	100	热红外传感器，收集地球热量流失、水分消耗
	Band 11 TIRS 2	11.5~12.5	100	热红外传感器，收集地球热量流失、水分消耗

    自美国发射了第一颗地球资源卫星起，一些国家和国际组织相继发射了各种资源卫星、气象卫星、海洋卫星以及监测环境灾害的卫星，包括我国发射的风云系列卫星和中巴地球资源卫星，构成了对地观测网，获得了多平台、多层面、多种传感器、多时相、多光谱、多角度和多种空间分辨率的遥感影像数据。把同一地区各类影像的有用信息聚合在一起，将有利于增强多种数据分析和环境动态监测能力，改善遥感信息提取的及时性和可靠性，有效地提高数据的使用率，使花费大量经费获得的遥感数据得到充分利用，为大规模的遥感应用研究提供一个良好的基础。

第五章　SPOT 卫星影像数据

1. SPOT 卫星介绍

SPOT 卫星是法国空间研究中心（CNES）研制的一种地球观测卫星系统，至今已发射 SPOT 卫星 1~7 号，1986 年以来，SPOT 已经接收、存档超过 700 万幅全球卫星数据，提供了丰富可靠的地理信息源，满足了农业、林业、水利、环保、国防、土地利用和地质勘探等多个应用领域制图的需要。

SPOT-1 卫星于 1986 年 2 月 22 日发射成功，卫星采用近极地圆形太阳同步轨道，轨道倾角 93.7°，平均高度 832km（在北纬 45°处），绕地球一周的平均时间为 101.4 分钟。卫星上载有两台完全相同的高分辨率可见光遥感器（HRV），是采用电荷耦合器件线阵（CCD）的推帚式（push-broom）光电扫描仪，其地面分辨率全色波段为 10m、多光谱波段为 20m。当以"双垂直"方式进行近似垂直扫描时，两台仪器共同覆盖一个宽 117km 的区域，并且产生一对 SPOT 影像。当进行侧向扫描时，每一影像覆盖面积为 80×80 km^2。这种交向观测可获得较高的重复覆盖率和立体像对，便于进行立体测图。SPOT 卫星标志着卫星遥感发展到一个新阶段，SPOT-1 于 2003 年 9 月停止服务。

SPOT-2 卫星是法国 SPOT 卫星的第二颗卫星，1990 年 1 月发射，至 2006 年还在运行。卫星上载有两台完全相同的高分辨率可见光遥感器（HRV），SPOT-2 卫星的 HRV 传感器有 4 个波段，在可见光和近红外波段成像，多光谱波段为 20m 分辨率，全色波段为 10m 分辨率。

SPOT-3 卫星是法国 SPOT 卫星的第三颗卫星，1993 年 9 月发射，运行 4 年后于 1997 年 11 月停止运行。

SPOT-4 于 1998 年 3 月发射，与 SPOT-1、SPOT-2、STOT-3 不同之处在于，多光谱 XI 模式增加了一个短波红外波段（SWIR：Short Wave Infrared），把原 0.61~0.68μm 的红波段改为 0.49~0.73μm，包含红波段并替代原全色波段，可以产生分辨率 10m 的黑白图像和分辨率 20m 的多光谱数据；SPOT-4 还搭载了其他一些探测仪器，其中为欧盟国家合作项目开发的 VEGETATION 仪器是一个多角度宽视域植被探测仪，用于全球和区域两个层次上，对自然植被和农作物进行连续监测，对大范围的环境变化、气象、海洋等应用研究很有意义，增强了 SPOT 卫星在农业和森林资源调查、地表积雪覆盖的监测及地质矿产资源勘探等方面的应用潜力。该仪器设计为垂直方向的空间分辨率 1.15km，扫描宽度 2250km，包括可见光至短波红外波段 0.43~1.75μm 范围共 5 个波段，分别为蓝波段 0.43~0.47μm、绿波段 0.50~0.59μm、红波段 0.61~0.68μm、近红外波段 0.79~0.89μm、短波红外波段 1.58~1.75μm，可用于观察全球环境的变化。

SPOT-5 于 2002 年 5 月 4 日发射，卫星上载有 2 台高分辨率几何成像装置（HRG）、1

台高分辨率立体成像装置(HRS)、1台宽视域植被探测仪(VGT)等，空间分辨率最高可达2.5m，前后模式实时获得立体像对，在数据压缩、存储和传输等方面也均有显著提高。增强后的星上处理能力使得SPOT-5卫星能同时获取120km宽的全色和多光谱影像，而SPOT-4卫星相应的只有60km。高分辨率立体成像装置用两个相机沿轨道成像，一个向前、一个向后，实时获取立体图像，与SPOT系统前几颗卫星的旁向立体成像模式相比，SPOT-5卫星几乎能在同一时刻以同一辐射条件获取立体像对，避免了像对由于获取时间不同而存在的辐射差，在制图、虚拟现实等许多领域能得到广泛的应用。

SPOT-6于2012年9月9日发射，保留了SPOT-5的标志性优势，SPOT-6幅宽60km，影像为正南北定向，易于处理。SPOT-6同步采集全色和多光谱影像，全色波段(0.455~0.745μm)分辨率为1.5 m，多光谱4个波段即蓝波段(0.455~0.525μm)、绿波段(0.530~0.590μm)、红波段(0.625~0.695μm)、近红外波段(0.760~0.890μm)的分辨率为6m。SPOT-6主要服务于环境、地矿、农业、林业、国防、灾害监测、测绘制图、城市规划等领域。

SPOT-7于2014年6月30日发射，其性能指标与SPOT-6相同。SPOT-7采用了Astrosat 500MK2平台，具备很强的姿态机动能力，卫星上载有两台NAOMI空间相机，一景数据对应地面60km×60km的范围。SPOT-7全色分辨率为1.5m，多光谱分辨率为6m。SPOT-7具备多种成像模式，包括长条带、大区域、多点目标、双图立体和三图立体等，适于制作1:25000比例尺的地图。SPOT-7和SPOT-6这两颗卫星每天的图像获取能力达到600万km²，SPOT-6和SPOT-7形成了一个地球成像卫星星座，旨在保证将高分辨率、大幅宽数据服务延续到2023年。

2. SPOT影像多光谱波段

① 绿波段(500~590nm)：该波段位于植被叶绿素光谱反射曲线最大值的波长附近，同时位于水体最小衰减值的长波一边，能探测水的混浊度和10~20m的水深。

② 红波段(610~680nm)：这一波段与陆地卫星的MSS的第5波段相同(专题制图仪TM仍然保留了这一波段)，它可用来提供作物识别、裸露土壤和岩石表面的情况。

③ 近红外波段(790~890nm)：能够很好地穿透大气层。在该波段，植被表现得特别明亮，水体表现得非常黑，近红外波段对植被和生物的研究很有利。

SPOT数据被世界上14个地点的地面站所接收，由于它的分辨率不高，数据的应用目的与Landsat相同，以陆地上的资源环境调查和检测为主。可以用于地图的制作，通过立体观测和高程观测，可以制作1:5万的地形图。SPOT卫星比美国"陆地卫星"的优越之处在于，SPOT卫星图像的分辨率可达10~20m，超过了"陆地卫星"系统，加之SPOT卫星可以拍摄立体像对，因而在绘制基本地形图和专题图方面有更广泛的应用。

3. SPOT卫星传感器

SPOT-1、SPOT-2、SPOT-3上搭载高分辨率可见光传感器HRV，HRV传感器可采集3个多光谱波段和1个全色波段的数据，全色波段具有10m空间分辨率，多光谱波段具有20m空间分辨率。SPOT-4上搭载HRVIR传感器和一台植被探测仪，HRVIR传感器可以采集4个多光谱波段和1个单色波段数据。多光谱波段为20m分辨率，与HRV传感器相比增加了短波红外波段。单色波段空间分辨率为10m，将原HRV中0.61~0.68μm的红波段改为 0.49~0.73μm，包含红波段的单色波段。SPOT-5 上搭载 2 台高分辨率几何成像装置(HRG)、1 台高分辨率立体成像装置(HRS)、1 台宽视域植被探测仪(VGT)。HRG 传感器能获取 2.5m 分辨率的全色波段和 10m 分辨率的多光谱波段。SPOT-7 采用 Astrosat 500MK2 平台，卫星上载有两台新型 Astrosat 平台光学模块化设备的空间相机，SPOT-7 全色分辨率为 1.5m，多光谱分辨率为 6m。SPOT 卫星传感器波段如表 5-1 所示。

表 5-1 <center>**SPOT 卫星传感器波段**</center>

	SPOT-1	SPOT-2	SPOT-4	SPOT-5	SPOT-6	SPOT-7
传感器	HRV	HRV	HRVIR	HRG	NAOMI	NAOMI
全色	1	1		2	1	1
可见光	2	2	3	2	3	3
近红外	1	1	1	1	1	1
短波红外			1	1		
中红外						
最小重复周期	2	2	2	2	2	2
最大重复周期	3	3	3	3	3	3
最高分辨率	10	10	10	2.5	1.5	1.5
最低分辨率	20	20	20	10	6	6
幅宽	60	60	60	60	60	60

第六章 QuickBird/WorldView 卫星影像数据

1. QuickBird 卫星介绍

QuickBird 快鸟卫星是美国数字全球公司的商用高分辨率光学卫星，2000 年 12 月，"数字全球"公司得到了美国国家大气和海洋管理局的许可，发射和运营 0.5m 分辨率的遥感卫星系统。该公司将快鸟卫星设计在较低的轨道上运行，使卫星获得的全色影像分辨率达到 0.61m，多光谱影像分辨率达到 2.5m。2001 年 10 月 18 日快鸟卫星发射升空，于同年 12 月开始接收卫星影像，是世界上最先提供亚米级分辨率的商业卫星。QuickBird 卫星影像地理定位精度高，海量星上存储，单景影像比同时期其他的商业高分辨率卫星高出 2~10 倍。快鸟卫星可以同时拍摄全色和多光谱影像，也可以提供自然彩色和彩色红外合成影像。每次过顶可以拍摄连续 10 景影像(165km 长)或者 2×2 景影像的面积，每年能采集 7000 万 km² 的卫星影像数据。在中国境内每天至少有 2~3 个过境轨道，有合格存档数据约 700 万 km²。QuickBird 卫星的数据产品主要分为三级：① 基本影像产品，经过辐射校正和遥感器几何纠正后的原始图像数据；② 标准影像产品，基本影像产品再经平台几何纠正后的带有地理网格的影像数据；③ 正射影像产品，标准影像产品再经地形几何纠正的高几何精度的影像数据。QuickBird 卫星影像的最高分辨率为 0.61m，可以用来制作与更新 1：2000 比例尺的地图。QuickBird 卫星为高质量、大面积、廉价获取遥感影像提供了理想途径，应用非常广泛，在农业、林业、考古、城市规划、土地利用、环境监测、环境评价等各个领域均有不同程度的应用。

2. QuickBird 卫星数据特征

（1）QuickBird 卫星参数如下：

- 星下点分辨率：0.61m；
- 产品分辨率：全色 0.61~0.72m；
- 多光谱分辨率：2.44m；
- 产品类型：全色、多光谱、全色增强、捆绑(全色 + 多光谱)等。

（2）QuickBird 卫星电磁波谱分如下几个波段：

蓝光波段(450~520nm)：光谱反射率与植物的相关关系很强，适用于叶绿素浓度和叶绿素含量监测。

绿光波段(520~600nm)：适用于探测健康植物绿色反射率、反映水下特征、监测水温，对于森林识别和硬植林、软植林的区分和森林普查有效。

红光波段(630~690nm)：在城市人工地物和植被混杂的区域，可以将建筑物与植被很好地区分开来，适用于测量植物叶绿素吸收率，进行植被分类。

近红外波段(760~900nm)：适用于测定生物量和作物走势，监测植物受污染程度，调查谷物收获量，确定水体轮廓、水陆界线等制图。

3. WorldView 卫星介绍

WorldView 卫星系统是 Digitalglobe 公司的商业成像卫星系统，目前它由三颗（WorldView-I、WorldView-II、WorldView-III）卫星组成，其中 WorldView-I 于 2007 年 9 月 18 日发射成功，WorldView-II 于 2009 年 10 月 8 日发射成功，WorldView-III 于 2014 年 8 月 13 日发射成功。

（1）WorldView-I 卫星

WorldView-I 卫星运行在高度 450km 的太阳同步轨道上，平均重访周期为 1.7 天，其波段为全色，在星下点处分辨率采样达 0.5m。星载大容量全色成像系统每天能够拍摄多达 50 万 km² 的 0.5m 分辨率图像，地理定位精度高，能够快速瞄准要拍摄的目标并有效地进行同轨立体成像。

（2）WorldView-II 卫星

WorldView-II 卫星运行在 770km 高度的太阳同步轨道上，能够提供 0.5m 全色图像和 1.8m 分辨率的多光谱图像。WorldView-II 卫星能提供独有的 8 波段高清晰商业卫星影像。除了 4 个常见的波段外（蓝色波段：450～510nm；绿色波段：510～580nm；红色波段：630～690nm；近红外线波段：770～895nm），还新增 4 个额外波段：海岸波段、黄色波段、红色边缘波段、近红外 2 波段，其分辨率为 50cm（0.5m）。

① 海岸波段（400～450nm）：支持植物鉴定和分析，以及基于叶绿素的深海探测研究。由于该波段经常受到大气散射的影响，已经应用于大气层纠正技术。

② 黄色波段（585～625nm）：是重要的植物应用波段，该波段被作为辅助纠正真色度的波段，以符合人类视觉的欣赏习惯。

③ 红色边缘波段（705～745nm）：辅助分析植物生长情况，可以直接反映出植物健康状况有关信息。

④ 近红外 2 波段（860～1040nm）：部分重叠在 NIR1 波段上，但较少受到大气层的影响，该波段支持植物分析和单位面积内生物数量的研究。

由于 WorldView 卫星对指令的响应速度快，图像的周转时间仅为几个小时，且能提供独有的多样性谱段，可提供进行精确变化检测和制图的能力。

（3）WorldView-III 卫星

WorldView-III 卫星传感器运行在 617km 高度的太阳同步轨道上，可收集包括标准的全色波段、8 个多光谱波段、8 个短波红外波段和 12 个 CAVIS 波段，具体包括：450～800nm 的全色波段，400～1040nm 的 8 个多光谱波段，1195～2365nm 的 8 个短波红外波段以及 405～2245nm 的 12 个 CAVIS 波段。WorldView-III 具备很强的定量分析能力，在植被监测、矿产探测、海岸/海洋监测等方面拥有广阔的应用前景。其短波红外线传感器（SWIR）可以提升 WorldView-III 影像的价值，它能够通过标记对特定的矿物含量以及难以判读识别的植被物种进行检测。WorldView-III 是目前商业成像卫星中空间分辨率最高的卫星，全色波段为星下点处 0.31m，多光谱波段为星下点处 1.24m，短波红外波段为星下点处 3.70m，CAVIS 波段为星下点处 30.00m，航带宽度为星下点处 13.1km。因而可以分别更小、更细的地物，反映地物细节的能力可与航空影像相媲美，能为各行各业的客户提供数据。

第七章 高分系列卫星影像数据

1. 高分一号卫星

高分一号卫星是高分辨率对地观测系统国家科技重大专项的首发卫星，是中国航天科技集团研制的应用卫星。"高分一号"于 2013 年 4 月 26 日在酒泉卫星发射中心由长征二号丁运载火箭成功发射，是一种高分辨率对地观测卫星，全色影像具有 2m 分辨率，多光谱影像具有 8m、16m 分辨率。高分一号卫星突破了高空间分辨率、多光谱与高时间分辨率结合的光学遥感技术，多载荷图像拼接融合技术，高精度高稳定度姿态控制技术，高分辨率数据处理与应用等关键技术，对于提高我国高分辨率数据自给率、推动我国卫星工程水平的提升，具有重大战略意义。

高分一号卫星虽然在分辨率上没有突破，但其主要特点是空间分辨率、时间分辨率、多光谱和大覆盖的结合。高分一号卫星除了可提供分辨率 2m 的全色波段以外，还可以提供红、黄、蓝、绿四个谱段。另外，高分一号卫星的宽幅多光谱相机幅宽达到 800km，4 天内就能把地球完整地看一遍。使用多台宽幅相机进行多角度拼接视场，可实现大视场成像。高分一号具有较高的时间分辨率，可以在更短的时间内对一个地区重复拍照，实现了高空间分辨率和高时间分辨率的完美结合，是卫星设计的一大亮点。高分一号卫星可为国土资源部门、农业部门、环境保护部门提供高精度、宽范围的空间观测服务，在地理测绘、海洋和气候气象观测、水利和林业资源监测、城市和交通精细化管理、疫情评估与公共卫生应急、地球系统科学研究等领域发挥重要作用。

2. 高分二号卫星

高分二号卫星，由中国航天科技集团研制，于 2014 年 8 月 19 日在太原卫星发射中心由长征四号乙运载火箭成功发射，是我国自主研制的首颗空间分辨率优于 1m 的民用光学遥感卫星，标志着中国遥感卫星进入亚米级"高分时代"。高分二号技术指标达到或超过国外同类光学遥感卫星的水平，其关键在于由两台相同的分辨率为 1m 全色/4m 多光谱组合而成的相机，是当时中国焦距最长、分辨率最高的民用航天遥感相机。高分二号产生的卫星影像图可从 600km 上空看到道路标志线，另外还可分辨车辆类型，例如公交车和小轿车等，这是高分卫星比较大的特点。高分二号卫星观测幅宽达到 45km，在亚米级分辨率国际卫星中幅宽达到先进水平，同时具备快速机动侧摆能力和较高的辐射精度、定位精度，有效地提升了卫星综合观测效能。

高分二号于 2015 年 3 月 6 日正式投入使用，主要用户是国土资源部、住建部、交通运输部、林业局。高分二号卫星与在轨运行的高分一号卫星相互配合，推动高分辨率卫星数据应用，为土地利用动态监测、矿产资源调查、城乡规划监测评价、交通路网规划、森林资源调查、荒漠化监测等行业和首都圈等区域应用提供服务支撑。

3. 高分三号卫星

高分一号、高分二号都是光学遥感卫星，虽然也能对海上目标进行观测，但由于海洋范围大、星上相机视场小、卫星重返周期较长、探测目标受云层影响大以及全球数据获取时效有限、搜索目标不确定等多种因素，其对海监测应用还存在局限。不同于高分一号、高分二号等光学卫星，高分三号是一颗合成孔径雷达卫星，兼顾海陆探测功能，它搭载的合成孔径雷达可以克服风雨云雾、黑夜的不利影响，对地面和海洋实施全天时、全天候成像。按照设计，高分三号运行在太阳同步极地轨道，其精良的载荷设备可以实现卫星影像分辨率和成像幅宽的良好平衡，可对疑似区域先进行大范围普查，再进行小范围详查，将在未来的海上搜救中发挥重要作用。高分三号为 1m 分辨率雷达遥感卫星，由中国航天科技集团公司研制，卫星于 2016 年 8 月 10 日发射成功。

4. 高分四号卫星

2016 年 6 月 13 日，我国首颗地球同步轨道高分辨率对地观测卫星高分四号正式投入使用，卫星数据可满足水体、堰塞湖、云系、林地、森林火点、气溶胶厚度等识别与变化信息提取，对遥感数据质量的需求，对减灾、气象、地震、林业、环保等提供有力支撑。

高分四号卫星是由中国航天科技集团公司研制的中国第一颗地球同步轨道光学卫星，运行在距地 36000km 的地球静止轨道，采用面阵凝视方式成像，具备可见光、多光谱和红外成像能力，可见光和多光谱分辨率优于 50m，红外谱段分辨率优于 400m，设计寿命 8 年，具有普查、凝视、区域、机动巡查四种工作模式。高分四号卫星定位于东经 110° 的赤道上空，即海南岛的正南方，利用长期驻留固定区域上空的优势，能高时效地实现地球静止轨道 50m 分辨率可见光、400m 分辨率中波红外遥感数据获取，这是中国国内地球静止轨道遥感卫星最高水平。通过指向控制，实现对中国及周边地区的观测，观测面积大并且能长期对某一地区持续观测。高分四号卫星填补了我国乃至世界高轨高分辨率遥感卫星的空白，具备高时间分辨率和较高空间分辨率的优势。

高分四号卫星配置一台可见光 50m/中波红外 400m 分辨率的面阵相机，兼具可见光和红外线全天候成像能力，可见光单景成像幅宽优于 500km，红外波段单景成像幅宽优于 400km。高分四号可见光谱段分辨率 50m，中波红外谱段分辨率 400m，相当于从 3.6 万 km 外看见大油轮。高分四号装有两个对地高增益信号传输天线，其数据下传码速率为每秒 300 兆，一幅照片覆盖范围约 16 万 km^2，只需要 3~4 秒即可完成传输，完成对西太平洋一千万 km^2 海区的覆盖约需 60 张，4~12 分钟即可完成拍摄。

5. 高分八号卫星

2015 年 6 月 26 日 14 点 22 分，高分八号卫星在我国太原卫星发射中心成功发射升空，并顺利进入预定轨道，主要应用于国土普查、城市规划、土地确权、路网设计、农作物估产和防灾减灾等领域。

第三篇　遥感基础应用

第八章 遥感影像输入、输出与格式转换

第一节　ERDAS 软件输入输出

ERDAS IMAGINE 的数据输入/输出功能(Import/Export)，可对多种格式的数据，包括栅格数据和矢量数据，从 ERDAS 中输出或输入到 ERDAS。ERDAS 可以输入的数据格式近 70 多种，可以输出的数据格式近 40 种。ERDAS 在处理影像数据时，如果影像数据量小于 2GB，则生成 *.rrd 和 *.img 两个文件，*.rrd 文件表示影像数据的金字塔结构缩略图，*.img 文件用来存储栅格数据。ERDAS 的一个重要特点是支持 2GB 以上影像文件的处理操作，通常的数据格式如 TIFF 等是无法打开 2GB 以上影像文件的。如果影像数据量大于 2GB，则生成三个文件，分别是 *.img、*.ige 和 *.rrd 文件，其中 *.img 文件为索引连接文件，*.rrd 是金字塔块视图文件，*.ige 存储栅格数据。下面以湖北地区 2005 年的 TM 影像数据转换为 img 格式为例，演示 ERDAS 中数据的输入/输出操作过程。在 TM 影像数据存放目录中，band *.dat 是按波段以二进制形式存储的影像文件，共有 7 个波段 band1.dat~band7.dat。header.dat 是存储影像属性信息的文件，存储了图像拍摄时间、投影参数、文件行列数等信息，可通过 Windows 系统自带的记事本程序打开。

1. 向 ERDAS 转入数据

① 点击 ERDAS 图标面板栏的格式转换图标 ![import]，调出数据输入/输出对话框，如图 8-1所示。

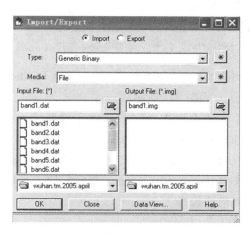

图 8-1　输入/输出对话框

在数据输入/输出对话框中，Import 单选按钮表示向 ERDAS 转入数据，Export 单选按钮表示从 ERDAS 输出数据，Type 表示转换的文件格式类型，Media 表示文件媒体，Input File 表示输入文件，Output File 表示转换文件。

② 选择 Import 选项表示将其他格式的文件转换为 ERDAS 内部文件格式，Type 中选择 Generic Binary 表示是二进制文件，Media 中选择 File 表示是文件，Input File 中选择读入文件 band＊.dat，Output File 中输入转换后的文件名 band＊.img，点击 OK 按钮后弹出"转入通用二进制数据"参数设置对话框，如图 8-2 所示。

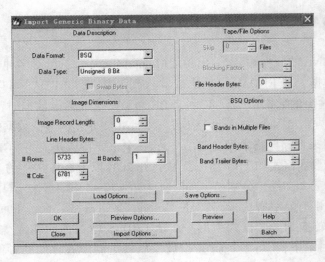

图 8-2　导入通用二进制数据对话框

其中，Data Format 中选择 BSQ 表示按波段顺序，Data Type 中选择 Unsigned 8 bit 表示无符号 8 位类型，＃Rows、＃Cols 分别表示影像的行数和列数，可在 header.dat 文件中查找 PIXELS PER LINE、LINES PER IMAGE 获得。

③ 选择 OK，生成转换后该波段的 img 文件。

④ 按以上步骤，分别将 TM 影像 7 个波段的二进制 dat 文件转换成 ERDAS 的 img 文件 band1.img～band7.img，同时生成 7 个金字塔结构文件 Band1.rrd～Band7.rrd。

⑤ 点击 ERDAS 图标面板 ，在下拉菜单中选择 Utilities→Layer Stack 打开 Layer Selection and Stacking 对话框，如图 8-3 所示。

在层选择叠加对话框中，依次点击 选择 TM 影像各个波段文件，并点击 Add 添加相应的单波段影像文件 band1.img～band7.img，Output File 中输入叠加后生成的多波段文件 band1234567.img，Output 中设置输出数据的类型为 Unsigned 8 Bit，Output Options 中选择 Union 波段组合，选中 Ignore Zero in Stats 忽略零值。最后单击 OK，生成 7 个单波段影像叠加后的 7 波段多光谱影像。

2. 从 ERDAS 输出数据

利用 ERDAS 的 Export 功能，可将 ERDAS 内部文件格式转化成其他图像处理软件可

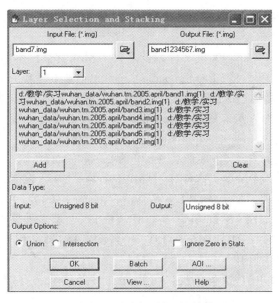

图 8-3　层选择叠加对话框

用的格式，如 tiff 是一种常用的图像格式，ERDAS 可将 img 文件转换成 tiff 文件。将上述转入的 img 格式 TM 影像文件，再转换输出为 tiff 格式，步骤如下：

① 点击 ERDAS 图标面板工具 ，在数据输入/输出对话框中选择输出 Export 选项，Type 中选择 TIFF，Input File 中选择读入文件 band1234567. img，Output File 中输入转换后的文件名 tm. tif，选择 OK 后打开 TIFF 数据设置对话框，如图 8-4 所示。

② 在 TIFF 数据设置对话框中，Export band selection 表示选择输出波段，RGB 表示从影像中选择 3 个波段生成一个彩色 TIFF 文件，Red、Green、Blue 数值对应波段序号，选择 OK 后即生成彩色的 TIFF 文件。

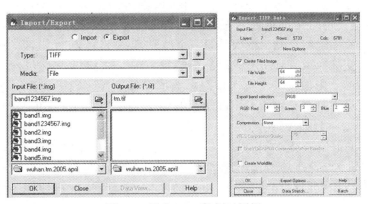

图 8-4　导出 TIFF 数据对话框

第二节　ENVI 软件输入输出

ENVI 可以读取影像文件、矢量文件以及多种卫星和航空传感器数据。ENVI 支持的影像文件类型较多，如全色影像（Panchromatic）、多光谱影像（Multispectral）、高光谱影像（Hyperspectral）、雷达影像（Radar）、热量数据（Thermal）、地形数据（Terrain）、激光雷达影像（Lidar）等。ENVI 中矢量文件以 ＊.evf 格式存储，也能够直接读取其他的矢量文件类型，如 ArcView 的 shape 文件 ＊.shp、MapInfo 的 ＊.mif 以及 ARC/Info 的 ＊.e00 文件等。ENVI 支持目前大部分主流的商业卫星和传感器的遥感数据，如 LandSat、SPOT、IKONOS、WorldView、GeoView、AVHRR、OrbView 等。ENVI 也能读取其他遥感和地理信息系统软件的数据格式，如 GeoTIFF、ArcView Raster（.bil）、ER Mapper、ERDAS 7.5（.lan）、PCI（.pix）、ERDAS 8.x（.img）等。ENVI 可以处理多种格式的数字高程文件，如 USGS DEM、USGS SDTS DEM、DMA DTED。一般图像格式，如 PICT、BMP、GIF、JPEG 等，也可在 ENVI 中直接打开。

ENVI 主菜单上的 File 下拉菜单提供了数据文件的读取、存储功能：Open Image File 打开影像文件、Open Vector File 打开矢量文件、Open Remote File 打开远程文件、Open Previous File 打开最近的历史文件、Open External File 打开所有支持的外部文件、Save File As 存储文件等。

1. Open Image File 打开影像文件

ENVI 的影像文件通常包含二进制数据文件和 ASCII 头文件，栅格数据按一定的顺序以二进制字节流存储到二进制文件中，数据类型可以是字节型、整型、长整型、浮点型、双精度型或复数型数据类型。二进制数据存储顺序包括 BSQ（波段顺序格式）、BIP（波段按像元交叉格式）、BIL（波段按行交叉格式）。BSQ 是最简单的存储格式，提供了最佳的空间处理能力，数据按波段顺序组织存储，每一波段数据后面存储下一波段数据，而在波段内部数据按行顺序组织存储，每行数据后面紧接着同一波段的下一行数据。BIP 格式提供了最佳的波谱处理能力，数据按像素顺序组织存储，首先对前一像素按波段顺序存储所有波段数据，然后对后一像素依次存储所有波段数据，直到所有像素存储完毕。BIL 是 ENVI 处理中推荐使用的文件格式，它是介于空间处理和波谱处理之间的一种折中处理。数据按波段和行顺序组织存储，依次是第一个波段第一行，第二个波段的第一行，第三个波段的第一行，交叉存取直到所有波段都存储完为止。ENVI 头文件包含了影像数据的信息，如传感器类型、影像尺寸、波段信息、数据存储顺序、数据类型、坐标系统、增益值、偏移量等，可通过交互式输入或自动地用"file ingest"创建，也可在 ENVI 之外使用一个文本编辑器生成一个 ENVI 头文件。

Open Image File 第一次打开 ENVI 不能自动识别的影像格式的时候，通常需要在 Header Information 对话框中输入影像数据读取的基本参数以创建一个头文件，保存到输入目录中的与影像文件同名、扩展名为 .hdr 的文件。以后每次再使用这个数据文件时，ENVI 搜索头文件并应用该信息来打开影像。还有一些 ENVI 能自动识别的影像格式，如 TIFF、GeoTIFF、GIF、JPEG、BMP、SRF、HDF、PDS、MAS-50、NLAPS、RADARSAT 和

AVHRR 等，没有 .hdr 文件也能直接打开。

Open Image File 打开影像文件操作步骤如下：

① 选择 File 菜单下的菜单项 Open Image File，如图 8-5 所示。

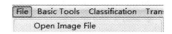

图 8-5　打开影像文件

② 弹出 Enter Data Filenames 对话框如图 8-6 所示，点击文件名，再点击"打开"。

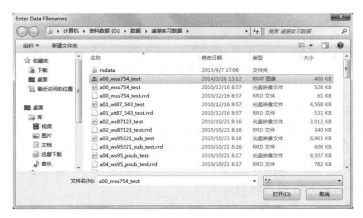

图 8-6　选择数据文件对话框

要打开多个文件，可在第一个文件名上点击后按住"Shift"键，再点击最后一个文件名，或按住"Ctrl"键，在所需的每个文件名上点击。

③ 当第一次打开 ENVI 不能自动识别的影像时，弹出 Header Info 对话框如图 8-7 所示，要求输入基本参数以创建头文件 .hdr 文本。

④ 在 Header Info 对话框中输入影像文件信息后，点击 OK 可打开文件，在可利用波段列表中列出了所有波段。

2. Open Vector File 打开矢量文件

① 选择 File 菜单下的菜单项 Open Vector File 读取矢量文件。

② 当出现选择矢量文件对话框时，点击矢量文件名，ENVI 可以读取的矢量文件包括 ARCView Shape 文件、ARC/Info Interchange 格式文件、DXF 矢量文件、MapInfo Interchange 格式(.mif)、微型工作站 DGN（.dgn）、USGS DLG 文件、USGS SDTS 文件和 ENVI 矢量格式(.evf)文件等。

③ 点击 Open 按钮可打开所选矢量文件。要打开多个文件，可在第一个文件名上点击后按住"Shift"键，再点击最后一个文件名，或按住"Ctrl"键，在所需的每个文件名上点击。

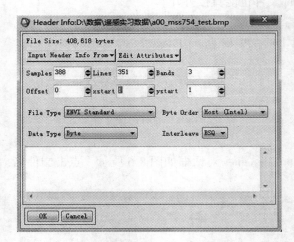

图 8-7 头信息对话框

3. Open External File 打开外部文件

选择 File 菜单下的菜单项 Open External File 可打开 ENVI 支持的卫星遥感数据，如 LandSat、SPOT、IKONOS、WorldView、GeoView、AVHRR、OrbView 等，ENVI 可从这些影像文件内部的文件头读取必要的参数，不必在 Header Infor 对话框输入任何信息。

4. Open Previous File 打开最近的文件

选择 File 菜单下的菜单项 Open Previous File，可显示在 ENVI 中最近打开的文件列表，可用于快速选择需再次处理的文件。每个新打开的文件被添加到文件列表的顶部，当文件列表中文件名超过 20 个时，列表底部的文件名将被删除。

5. Save File As 存储文件

选择 File 菜单下的菜单项 Save File As，可将影像按照需要的格式进行存储，可以存储的格式包括 ENVI 的标准格式、ArcView 的 raster 格式、ArcGIS 的 Geodatabase 格式、ER Mapper 的文件格式、ERDAS Imagine 的 img 格式、PCI 的 pix 格式和 jpg、tiff 格式等，保存的是没有拉伸的原始数据。

6. 扫描目录列表

File 菜单下的菜单项 Scan Directory List 提供了扫描目录列表中的 ENVI 文件，并可进行位置缩略图的定位概览，以及选择多个文件打开。在 Scanned ENVI Files 对话框中，点击 Choose 按钮选择扫描的目录名，点击 Add 按钮将其加入到 Selected Directives List 中。点击 OK 后即扫描所选目录下的全部 ENVI 文件。

第三节　PCI 软件输入输出

PCI Geomatics 公司开发的 Generic Database 技术和 PCIDSK 格式使数据管理非常容易、简便，可在同一个地理参考浏览器中使用多个影像文件及其元数据，可将不同的文件格式和数据类型相结合。

1. PCI 中的文件

（1）Generic Database 技术

PCI 的 GDB（Generic Database）技术将各种数据类型、不同分辨率和大小的地理空间数据有机结合、集成在一起，支持超过 130 种地理空间文件格式。GDB 以统一的方式访问很多地理信息文件格式的数据，而不必在使用之前进行格式转换，但是只有将数据转换成 PCIDSK 格式才能很方便地充分利用 Geomatica 所提供的全部功能，特别是原始数据格式不支持辅助信息，如地理参考、查找表、伪彩色表、矢量时。GDB 包括访问影像、矢量、属性、投影和其他的辅助信息，GDB 通用数据模型的所有数据类型、访问方法、文件格式都在 GDB 库里以无缝方式实现。一个 GDB 数据库是一组数据层的集合，包含栅格层、矢量层、查找表、伪彩色表、地面控制点、投影定义、元数据以及一些其他的辅助信息。栅格数据的每个通道或段被认为是 GDB 中的一个层，包括了 GCP 段和查找表，但不包括投影定义。

（2）PCIDSK 格式

PCIDSK 格式被 GDB 库完全支持，它是当前允许"添加"段的唯一的文件格式，允许提取、存储数据描述字段到文件中，PCIDSK 格式支持大于 2 GB 的文件。Geomatica 文件工具能执行 PCIDSK 文件的一些数据库维护操作。当 PCIDSK 文件导出扩展名为 .pix 的文件时，所有影像通道将具有相同的数据类型，该类型是输入影像数据类型中最大的类型，位图、矢量、查找表、伪彩色表等段将按需要创建。可提供以下选项控制导出文件的栅格格式：BAND 表示产生波段交叉存储的文件，该格式是缺省的；PIXEL 表示产生像素交叉存储的文件；FILE 表示产生 PCIDSK 文件头和每个栅格通道单独的扩展文件。具体采用哪种存储格式主要是根据性能，BAND 交叉存储是分波段存储所有数据，当不是所有波段总是同时访问时性能较好；PIXEL 交叉存储是逐像素按所有波段值存储，当所有波段同时被利用时可改善性能；FILE 交叉存储和 BAND 交叉存储相似，但影像通道数据以外部文件存储，每个波段一个文件。影像数据存放在 CHANNEL（通道）中，通道层图标右侧依次为通道编号、通道类型、通道数据描述。非影像数据存放在 SEGMENT（段）中，SEGMENT 可分为 Georeferencing 投影坐标段、Bitmaps 位图段、Vectors/Polygons 矢量段、Signatures 特征标志段、Look-Up Tables 查找表段、Pseudo-Color Tables 伪彩色表段、Text Segments 文本段、Binary Segments 二值段、Ground Control Point Segments 控制点段、Arrays Segments 数组段、Orbit Segments 轨道参数段。每个段层图标右侧依次为段层编号、段类型、段名称。

2. PCI 中的数据管理

Focus 以项目形式组织所有文件，可使用 Files 菜单添加很多新文件到项目中。

Focus 项目文件（.gpr 文件）可将复杂项目中的文件组织成为一个大文件。一个 .gpr 文件不仅仅存储地图、区域和层，而且也包括所有的数据路径信息和显示设置，例如最近处理的缩放层、所有相关的地图元素。一个 .gpr 文件也可包括多个地图、区域或所有相关层。

PCI 中通过层管理器管理各种数据层，层管理器以表格形式列出了层属性，显示了地图、区域、图层的层次结构中每个对象的属性。在制图时，使用层管理器便于管理数据层、栅格、矢量的组合，也能控制矢量层次结构以确保一个投影层不覆盖另一个矢量层。

在 PCI 中通过 Focus 控制面板的 Maps 树和 Files 树提供数据的浏览、使用。Maps 树中列出了 Map、Area、图层、通道和段，包括构成图层的通道和存储在系统内存的任何计算结果。Files 树中列出了以数据类型分组的所有内容。使用 Maps 树和 Files 树，能创建、选择、读写影像和辅助信息到 Maps 树和 Files 树列出的项目中。项目中包含的文件列出在控制面板的文件树中，当操作 .gpr 文件时可使用任何 Focus 查看和编辑选项，也能用 Maps 和文件面板的快捷菜单管理项目文件中的 RGB 和灰度层。当在文件树中右键单击一个对象时，快捷菜单列出了处理该数据类型可用的命令。

当开始工作会话时，一个图、区域和层使用缺省文件名和路径，自动地列出在 Maps 树中。地图和层中显示了已经打开文件的名称和路径，新的地图层标记为 Unnamed Map。区域层缺省命名为 New Area，可包括项目中几乎任何格式的文件，很多情况下，需将文件格式转换为 PCDISK。Maps 是层次结构顶部最高等级元素，是一个包括所有数据的工作空间，在一个项目中可有多个 Maps，也是一个画布范围的页面，可改变地图尺寸以控制打印输出。Areas 控制影像和矢量层文件的边界，既包括影像图层，也包含矢量图层的范围，在一个 Map 中可有很多区域，每个区域都有唯一的地理参考系统，对于一个地理区域可包括多个层和段。当影像或矢量层添加到区域时，会自动进行缩放、地理参考到那个区域中。Layers 控制着视图面板中显示的数据，图层由段组成，可在地图树中重新排列、改变视图面板中的影像。Maps 树中上下拖动可以改变层的序号。当移动层时，也移动了其中的所有段。Segments 是组成图层的所有组件，例如栅格、矢量、位图、查找表，当它们构成图层的一部分时可认为是段。在 Maps 树中列出的文件有共同的属性，以元素的层次结构组成一个项目。

Focus 控制面板使用 GDB 库访问数据文件中的影像和辅助信息，GDB 使相互改变不同的文件类型成为可能。在 Maps 树中点击 Map 图标或从 View 菜单点击属性，能查看任何地图、区域或层的属性。可添加 8 位、16 位有符号、16 位无符号或 32 位通道到 PCIDSK 文件中，如果 PCIDSK 是波段或文件交叉存储的，则新通道添加到文件末尾；如果文件是像素交叉存储的，则新波段以保持特定类型的所有波段完整的方式添加。

Focus 也提供了 Add Layer Wizard 添加文件，当想添加其他 GDB 支持的数据层时，可用 Add Layer Wizard 将矢量、RGB、灰度级、假彩色和位图层添加到项目中。当使用 Add Layer Wizard 时，不需要在 Maps 树中有活动 Area，向导自动创建新层。在 Maps 树中，右键单击想添加的层然后单击 Add，选择层类型选项后单击 Next，然后在文件列表中选择包含想要使用的栅格通道的数据文件，此时仅仅指定类型的通道列出在 The following vector segments are available list 中。如果数据正在使用或已打开，也可进行文件添加，如能添加新的矢量到已在使用的区域。可创建一个新的空白层，然后使用 Add Layer Wizard 添加新数据到其中，也可以从另一个 Area 或从不同的数据库中拖动数据。在 Maps 树中右键单击一个 Map 选中 New Area，然后拖动数据移动到新的 Area。当添加更多数据到项目中时，数据自动添加到 Focus 中活动 Area 的 Maps 树。Add Layer Wizard 有助于定位确切的层、指导添加指定的层类型。

3. 打开文件

在 PCI 的面板工具栏中选择 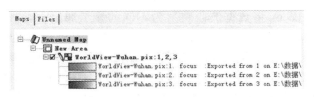 打开 Focus 应用程序，Focus 窗口由菜单条、工具栏、地图以及文件标签、工作区、浏览区和状态条组成。从 File 菜单中能选择文件打开，或在 Files 标签、Maps 标签下的控制面板中单击右键打开快捷菜单，选择 GDB 文件列表中的数据格式文件打开。Focus 中也可将 PCIDSK（.pix）文件拖动到应用窗口中打开。当打开数据文件时，文件中所包含的组件在 Maps 和 Files 的控制面板中列出，栅格和层列出在控制面板的文件树中，影像数据显示在视图浏览区。对于彩色影像，其所含波段列出在新区域的 Maps 树中，并自动选择前三个影像波段对应红、绿、蓝影像通道进行显示，如果打开的文件没有栅格数据，第一个矢量层在新的地图中打开。在 File 下拉菜单中点击 Open，打开 File Selector 对话框，在 Files of Type 列表中列出了 PCI 可以直接打开的文件格式，如选择 WorldView-Wuhan.pix 文件后点击 Open 打开。在缺省状态下，WorldView-Wuhan.pix 前 3 个波段分别对应 RGB 模型的三个通道，以合成彩色自动显示在 Focus 窗口的视图浏览区，RGB 图层出现在 Maps 标签页层次结构中地图的区域中，如图 8-8 所示。

图 8-8   Maps 标签页层次结构

在 Maps 标签页，选中地图名 Unnamed Map 然后单击鼠标右键，在弹出的快捷菜单中选择 Properties 打开 Map Properties 对话框，可改变地图的几个属性，如对地图重命名、检查文件信息、选择纸张大小和方向、选择描述样式表。

选中区域名 New Area 然后单击鼠标右键，在弹出的快捷菜单中选择 Overview of Area，则整个影像在视图浏览区进行缩放以能完整显示出来，在快捷菜单中选择 Properties 打开 Area Properties 对话框，可重新命名地图、改变区域比例尺、布局和投影，也能为区域投影选择新的地图模型。在区域属性窗口改变这些值不会改变磁盘上文件中的数据，只改变区域的属性，其中，General 标签下可改变区域的一般信息，预览区域的位置，在 Description 中改变 Maps 树中的区域名称或描述，选中 Show Outline 可显示视图面板中区域的轮廓，Scale box 可改变区域比例尺为标准比例尺或自定义比例尺，Preview 表示可查看区域相对于地图的比例尺和方向。在 Layout 标签下改变区域位置、大小，如区域缩放的比例因子、区域优先级、区域位置、区域大小等。在 Projection/Extents 标签下，可改变区域投影的定义、区域边界等。但改变投影定义不会改变区域的投影。Coordinate System 列表下显示了可用的坐标系统，如 Pixel、UTM、Long/Lat、Meter、Foot、SPCS 等，Earth Model 按钮可打开地球模型窗口，More 按钮可打开投影定义窗口，Bounds 后对 UTM、SPCS 和其他坐标系统选择表示是以 geocoded（Eastings and Northings）还是 geographic（Latitude and Longitude）显示文件的边界坐标。

选中图层名 WorldView-Wuhan. pix：1，2，3 然后单击鼠标右键，在弹出的快捷菜单中选择 Properties 打开 RGB Layer Properties 对话框，可改变通道属性、切换源影像、查找表、调整显示属性、设置 RGB 层的缩放因子。其中，General 标签下，Read Only 可改变 RGB 层的读写属性，选中 Visible 选项可使 RGB 图层在视图面板中可见，Priority 可改变项目或文件中 RGB 层的优先级，Resample Method 中可选择在 Focus 视图面板中显示栅格的重采样方法，重采样不改变数据本身仅用于确定如何在屏幕上显示栅格。在 Source Images tab 标签下可为红、绿、蓝通道选择新文件和新影像，其中，在 File 中可从 Focus 打开的文件列表中选择不同的文件，Layer 中选择文件中的层。在 Source LUTs 标签页可设置选项控制 RGB 图层的显示，其中，File 中可从打开的文件列表中选择不同的文件，Layer 中可从所选文件中选择查找表 LUT。Display tab 标签页中可改变 RGB 图层的透明和不透明设置，Maps 中放置在栅格透明层下面的矢量层在视图面板中会显示，但不支持打印，在 Red Values、Green Values、Blue Values 中分别输入红、绿、蓝通道透明设置的数值或数值范围，Opacity percent 可改变 RGB 图层的不透明度。

在 Focus 视图浏览区中的任意像素处单击鼠标，则选中像素处的红、绿、蓝图层数值都会现在状态栏中。Focus 将数据波段映射为不同的显示通道，可查看不同波段的组合。通过 RGB 映射对话框，可以更改或设置数据波段与彩色显示通道的映射关系，并将更改的显示波段显示在浏览区中。在 Focus 窗口的 Layer 下拉菜单中选择 RGB Mapper 可打开 RGB Mapping 对话框，RGB Mapping 窗口显示了多光谱数据文件表中红、绿、蓝通道的数据内容，可改变波段数据到彩色通道的映射，并在视图面板中显示所做的改变。在红、绿、蓝通道列中点击选择每一通道所映射的波段行，视图面板中的影像色彩根据新的映射关系发生改变。

在 Focus 窗口的 Layer 下拉菜单中点击 Add 打开 Add Layer Wizard 对话框，从中选择 Grayscale 后点击 Next，在 Files Available 中点击 Browse 选择灰度影像 Gray. pix，这时 Gray. pix 中可用的波段出现在 Channels Available 列表中，因是灰度影像仅一个波段，选择该灰度波段后点击 Finish，则灰度影像添加到 Focus 的 Maps 树中活动区域的最上图层，浏览区显示该灰度影像。

4. 文件导入、导出

Focus 窗口的 File 下拉菜单中的 Utility 提供了文件的导入、导出功能，包括 Import to PCIDSK、Link、Import ASCII Tables \ Points、Export XML Project 等。

（1）Import to PCIDSK

Import to PCIDSK 功能可将任何 GDB 支持的格式自动地转化为 PCIDSK 文件。当要转换文件的格式不被 GDB 支持时，先要用 Raw 文件定义工具根据文件生成 . raw 数据。导入文件对话框如图 8-9 所示，其操作过程为：从 File 下拉菜单中点击 Utility，然后选择 Import to PCIDSK，打开 PCIDSK Import 窗口，点击 Browse 指定需导入的源文件后点击 OK，点击 Browse 指定目标文件，从 Format options 下拉列表中选择格式。可选的格式包括：Band interleaved 表示分波段存储所有影像数据，Pixel interleaved 表示按像素存储影像数据，File interleaved 表示影像数据分波段存储到文件中，每个波段一个文件。Tiled 表示影像划分为几个子影像，因仅子区域被提取出来处理，能较快地实现数据访问，这个选项对数据不压缩。Tiled（JPEG Compressed）表示划分影像时进行 JPEG 压缩，Tiled（Run Length Compressed）表示划分影像时进行 RLE 无损。从 Overview options 下拉列表中选择采样方法，选项包括 Nearest neighbor downsampling、Block averaged downsampling、Block mode downsampling、Disable overview，使用 Block averaged 或 Block mode 比使用 Nearest neighbor 更慢，一般选择使用 Nearest neighbor 法。

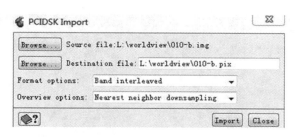

图 8-9　导入文件对话框

（2）Link

Link 功能可创建空的 PCIDSK 文件，允许间接访问 GDB 支持的影像和 PCIDSK 文件来保护源数据。在创建链接文件时通过选择目标文件、设置缩略图选项，可链接到源文件，此时在链接文件中仅拷贝了辅助信息，例如查找表、伪彩色表、位图、矢量和地理参考信息。由于创建了指针描述目录位置和数据分布，使得影像无需复制或传输，可以通过网络或在同一磁盘上访问数据而不用复制大的影像数据，所做改变也仅存储到链接文件。链接文件允许多个用户处理数据，同时保持源文件的完整性。其操作过程如下：

① 从 Focus 窗口的 File 下拉菜单中选择 Utility→Link，打开 PCIDSK Link 窗口，如图 8-10 所示。

② 点击 Browse 指定链接的源文件、目标文件。

③ 从缩略图列表中选择 Nearest neighbor downsampling 采样方法，然后点击 Link。

图 8-10　PCIDSK Link 窗口

在 Focus 窗口的 File 标签下，可非常方便地实现影像格式转换，将 PCI 可以打开的影像格式转化为 PCIDSK 文件。在 Focus 窗口的工具栏中单击 📂，选择 ERDAS 软件的 .img 格式文件 010-b.img，点击 Open，显示其视图浏览区。在 Files 标签下选中文件名后点击鼠标右键，在快捷菜单中选择 Translate（Export）打开 Translate（Export）File 对话框，如图

8-11 所示。点击 Browse 选择目标文件，在 Output format 下选择需要转换的数据格式，选择 PIX：PCIDSK。在 Source Layers 列表中列出了源文件中的数据，从中选择包括在输出文件中的数据，选择 All 表示选择所有列出的源文件中的组件，点击 Add，再在 Destination Layers 中点击 Select All 选中所有数据层，最后点击 Translate 就可完成格式转换。

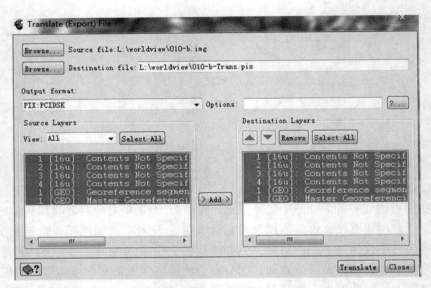

图 8-11　Translate（Export）File 对话框

第九章　遥感影像波段叠加与波段分离

第一节　ERDAS 波段叠加与波段分离

太阳辐射的电磁波按波长由短至长可依次分为 γ 射线、X 射线、紫外线、可见光、红外线、微波和无线电波。遥感探测所使用的电磁波波段是从紫外线、可见光、红外线到微波的光谱段。地面上的物体，如土地、水体、植被和人工构筑物等，在温度高于绝对零度时，都具有反射、吸收、透射电磁波的特性。当太阳光从宇宙空间经大气层照射到地球表面时，地面上的物体就会对由太阳光所构成的电磁波产生反射和吸收。由于每一种物体的物理和化学特性以及入射光的波长不同，因此，同一物体对不同波长的电磁波的反射率不同，不同物体对同一波长的电磁波的反射率也不同。在遥感卫星上，利用多个波谱通道的传感器对地物进行同步成像，将物体反射辐射的电磁波信息分成若干波谱段进行接收和记录，就能得到不同谱段的遥感资料，从而获得多个分谱段的影像。遥感影像一般都具有多个波段，而存放时往往是按单个波段文件依次存储。因此在实际使用时候，经常需要将多个单波段文件组合形成一个多波段影像文件，这个过程称为波段叠加（Layer Stack）。多个单波段数据按波段叠加，可获得一幅比常规方法更为丰富的多光谱影像。多光谱影像不仅可以根据形态和结构的差异判别地物，还可以根据光谱特性的差异判别地物，扩大了遥感的信息量，也为地物影像计算机识别与分类提供了可能。

1. 波段合成

在 ERDAS 图标面板栏中点击 解译图标，在弹出的下拉菜单中点击 Utilities→Layer Stack 打开 Layer Selection and Stacking 对话框，如图 9-1 所示，可实现波段叠加和分离功能。

① 点击 Layer Stack 打开 Layer Selection and Stacking 对话框，在 Input File 右侧点击 选择欲将波段合成的单波段影像文件，如 Band1. img，此时 Layer 中只显示数字 1 表示仅 1 个波段，然后点击 Add 添加作为层 1。

② 按类似的方法，依次选择单波段文件 band2. img～band7. img，并依次添加作为层 2～层 7。

③ 在 Data Type 数据类型下 Output 中选择 Unsigned 8 bit，表示输出数据类型为字节型。

④ 在 Output Option 输出选项中选择 Union，表示波段组合。选择 Ignore Zero in Stats，

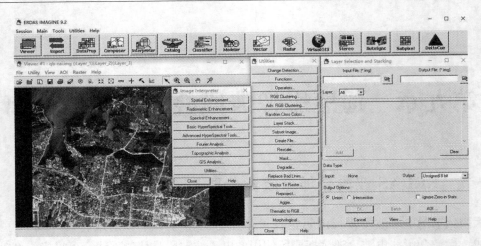

图 9-1　Layer Stack 功能

表示输出统计忽略零值。

⑤ 在 Output File 中输入波段合成的多光谱影像文件名，单击 OK 进行波段组合，得到具有 7 个波段的多光谱影像文件，此时 Layer Selection and Stacking 对话框关闭。

2. 波段分离

对于多光谱影像，有时仅对其中的某个或某几个波段进行单独处理或波段运算等，就需要将感兴趣波段提取出来形成文件，从多波段影像文件中提取某个或几个波段的过程称为波段分离。波段分离可以通过 ERDAS 的 Layer Selection and Stacking 对话框完成。将上述波段合成的多光谱影像文件 band1234567. img 分离为 7 个单波段文件的具体过程如下：

① 在 Layer Selection and Stacking 对话框中，在 Input File 右侧点击 ，选择多光谱影像文件 band1234567. img。

② 这时在 Layer 右侧的下拉列表框出现了 1~7 个层序号，选择要单独提取出来的层序号，如选择 1 表示从多波段影像文件 band1234567. img 中提取出第 1 层单独生成 1 个文件，如图 9-2 所示。

③ 在 Output File 右侧点击 ，输入单独提取出的波段形成的影像文件名，一般与波段号保持一致，如 band-1. img。

④ 点击 Add 添加提取出的波段，在 Data Type 数据类型下 Output 中选择 Unsigned 8 bit，表示输出数据类型为字节型。

⑤ 在 Output Option 输出选项中选择 Union，表示波段组合；选择 Ignore Zero in Stats，表示输出统计忽略零值。

⑥ 单击 OK 进行波段分离，得到波段分离形成的影像文件，此时 Layer Selection and Stacking 对话框关闭。重复以上步骤，可将 7 个波段分别单独提取出来。

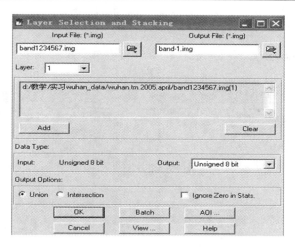

图 9-2 波段选择和分离

第二节 ENVI 波段叠加与分离

使用 ENVI 的 Layer Stacking 可以从具有地理坐标参考系的不同像素尺寸、不同范围和不同投影的影像创建一个新的多波段文件。输入波段将重采样和重投影到一个共同的用户选择的输出投影和像素尺寸。输出文件具有地理范围，既可包括所有的输入文件范围，也可仅包括这些文件重叠的数据范围。在 ENVI 中波段叠加与分离可通过以下步骤实现：

（1）从 ENVI 经典主菜单栏，按以下两种方式可打开层叠加参数对话框：① 选择 Basic Tools 菜单，在弹出的菜单栏中选择 Layer Stacking；② 选择 Map 菜单，在弹出的菜单栏中选择 Layer Stacking。层叠加参数对话框如图 9-3 所示。

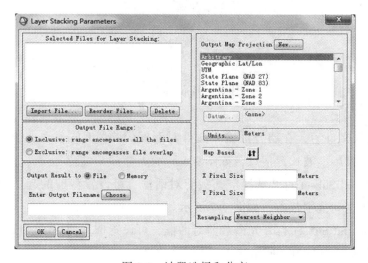

图 9-3 波段选择和分离

（2）在层叠加参数对话框中，点击 Import File 可打开层叠加输入文件对话框，如图 9-4所示。

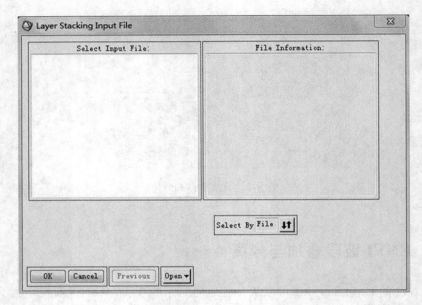

图 9-4　层叠加输入文件对话框

① 点击 Open 按钮弹出下拉菜单，Previous File 表示在最近打开的文件中选择一个文件，New File 表示选择一个新的文件。点击 New File 可选择输入文件，如图 9-5 所示。

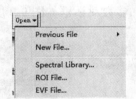

图 9-5　Open 下拉菜单

② 选择输入文件后，在层叠加输入文件对话框的 File Information 中显示出打开文件的维数、尺寸、投影、波长等信息，如图 9-6 所示。

③ 点击 Spatial Subset 打开选择空间裁剪对话框，可设置裁剪的起始行、列，对影像进行指定行列的空间范围裁剪，如图 9-7 所示。

④ 点击 Spectral Subset 打开光谱裁剪对话框，可设置选择使用的波段，对影像进行指定波段的光谱裁剪，如图 9-8 所示。

（3）点击 OK 将添加输入文件到 Layer Stacking Parameters 对话框的 Selected Files for

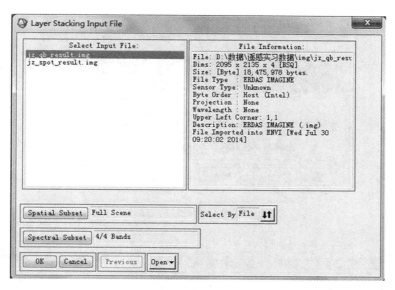

图 9-6　层叠加输入文件对话框

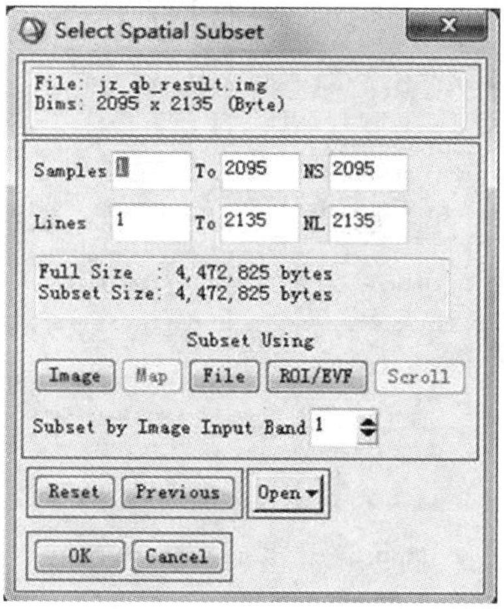

图 9-7　选择空间裁剪对话框

Layer Stacking 列表中，如图 9-9 所示，重复使用 Import File 按钮将选择的每一个输入文件包含在新的输出文件中。可选择 Inclusive 或 Exclusive 指定输出文件范围：Inclusive 表示创建一个输出文件，其地理范围包含所有输入文件的范围；Exclusive 表示创建一个输出文件，其地理范围只包含所有文件重叠的数据范围。

从输出地图投影列表中选择一个输出地图投影，在地图投影下按选择的单位输入 X 像素尺寸和 Y 像素尺寸，从重采样下拉列表中选择重采样方法，其中，Nearest Neighbor

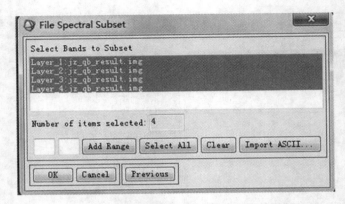

图 9-8　文件光谱裁剪对话框

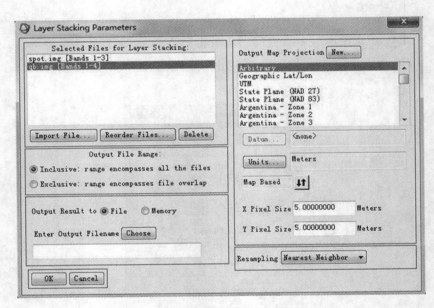

图 9-9　层叠加参数对话框

表示使用最近邻像素不带任何插值；Bilinear 表示使用 4 个像素执行一个线性内插；Cubic Convolution 表示使用 16 个像素近似 sinc 函数以 3 次卷积重采样影像，3 次卷积重采样比其他方法较慢。

第三节　PCI 波段叠加与分离

PCI 中提供了方便的波段叠加与分离功能，可从影像中删除指定波段，也可将一个影像中的指定波段加到另一个影像中，在 PCI 中可通过以下两种方式进行该操作。

1. File 下拉菜单中的 Utility

Focus 窗口的 File 下拉菜单中的 Utility 提供了波段叠加与分离功能，通过 Translate、Transfer Layers 可对指定文件中的层进行操作。

（1）Translate

Translate 功能可将数据从 GDB 支持的一个格式转化为另一个格式，或仅使用指定层创建新的 PCIDSK 文件。在转化(导出)文件窗口中，可选择地理参考源和目标文件以及共享两个文件之间的层信息。在选择源文件和目标文件后，可指定源文件中的层使其能包括在转化中，如图 9-10 所示，其操作过程如下：

① 从 Focus 窗口的 File 下拉菜单中选择 Utility→Translate，打开 Translate（Export）File 窗口。

② 从 Translate（Export）File 窗口中，分别点击 Browse 指定源文件和目标文件。

③ 从 Output format 列表中，选择导出文件的格式，在 Source Layers 列表中列出了源文件中的数据，从中选择包括在输出文件中的数据文件。用 View 列表框指定层或段类型，其中，All 表示选择所有列出的源文件中的组件，可按住 Shift 或 Ctrl 选中列表中的多个层。

④ 点击 Add 后导出所选层到目标文件列表中，如果要从目标文件层中移除层，可选中后点击 Remove。

⑤ 使用 Up 和 Down 箭头可重排序目标文件层列表中的数据层，点击 Translate 创建满足设置参数的输出文件。

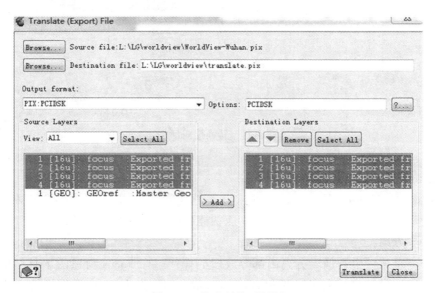

图 9-10　格式转换对话框

（2）Transfer Layers

Transfer Layers 功能可从源文件中拷贝层，存储到相似地理参考目标文件中。拷贝的数据层可添加到目标文件中的新层，也可改写已存在的层，但对源文件无任何修改。尽管能从任何 GDB 支持的文件中传递层，但一些非 PCIDSK 文件格式可能并不兼容这种功能，例如地理参考数据不能在文件之间传递。如图 9-11 所示，其操作过程如下：

① 从 Focus 窗口的 File 下拉菜单中选择 Utility→Transfer Layers，打开 Transfer Layer 窗口。

② 点击 Browse 分别指定源文件和目标文件，使用 View 的列表框指定显示的层和段类型，点击 Select All 以选中所有列出的层，或使用 Shift 或 Ctrl 选中多个层。

③ 点击 Add 将所选层传递到目标层列表中，为改写目标文件中已存在的层，从源层列表中选择层，选中想替换的层，然后点击 Overwrite。选中并点击 Remove 可移除目标文件中的层。

④ 点击 Transfer Layers，所选层被转换到指定的输出文件中。

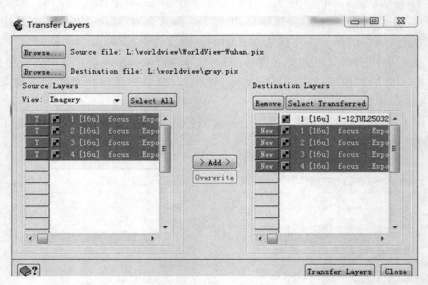

图 9-11 转换层对话框

2. Focus 窗口的 Files 标签

在 Focus 窗口的 Files 标签下，可非常方便地实现从影像中删除指定波段，也可将多个影像中指定的波段叠加到一个文件中，该功能可以以可视的方式执行。

（1）波段分离

波段分离是从一个影像中分离出部分波段的操作。在 Focus 窗口的工具栏中单击 ，选择需要分离波段的多光谱文件 WorldView-Wuhan. pix，点击 Open 后选择的文件在视图浏览区中显示。在 Files 标签下点击 Rasters 左边的 ，列出该文件中所有的栅格波段，这是一个 4 波段影像文件，包括波段序号、数据类型、波段描述等，如图 9-12 所示。

在波段列表(见图 9-12)中选中需要分离删除的波段后单击鼠标右键，在快捷菜单中选择 Delete，则从打开的多波段影像文件中删除该波段而保留其余的波段，从而实现了波段分离的功能。关闭该影像文件后再打开，其在 Files 标签下 Rasters 中的波段为 3 个波

图 9-12　波段列表

段，如图 9-13 所示。浏览区中影像变为按保留下来的波段中的前三个波段对应的红、绿、蓝通道进行显示。

图 9-13　波段删除后的列表

（2）波段叠加

波段叠加是将多个影像文件中指定的波段结合到一起，形成一个多波段文件的过程。在 Focus 窗口的工具栏中单击 📁，选择需要叠加波段的多个影像文件 WorldView-Wuhan. pix 和 010-b. pix，点击 Open 后在视图浏览区显示。在 Files 标签下点击两个文件 Rasters 左边的 ⊞，列出所有的栅格波段，两个影像文件分别含有 3 个波段和 4 个波段，如图 9-14 所示。

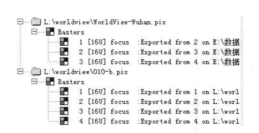

图 9-14　叠加前影像波段列表

选中第一个影像文件的第一个波段后单击鼠标右键，在快捷菜单中选择 Export（Save As），再选择 To New File，打开 Translate（Export）File 对话框，在 Source Layers 列表中选中第一波段点击 Add，然后在 Destination Layers 列表中选中该波段并点击 Translate，则生成单波段的影像文件 band lack. pix，如图 9-15 所示。

打开影像文件 band lack. pix，在 Files 标签下可看到其 Rasters 图层下仅有一个波段，如图 9-16 所示。

分别选中需要叠加波段的两个影像文件中的每个波段后单击鼠标右键，在快捷菜单中选择 Export（Save As），再选择 To Existing File，打开 Translate Layer 对话框，在 Source

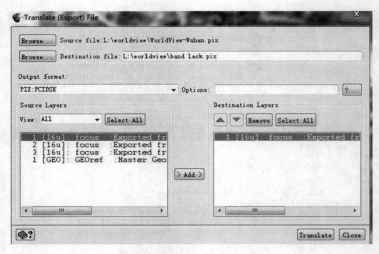

图 9-15　波段转换为文件

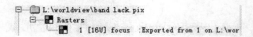

图 9-16　单波段文件

Layers 列表中选中该波段点击 Add，然后在 Destination Layers 列表中选中该波段并点击 Translate，则生成波段叠加后的影像文件 band lack.pix，如图 9-17 所示。打开影像文件 band lack.pix，在 Files 标签下可看到其 Rasters 图层下有 7 个波段。

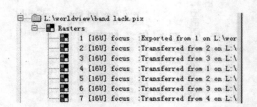

图 9-17　叠加文件的波段列表

第十章　遥感影像辐射增强

第一节　ERDAS 辐射增强

辐射增强（Radiometric Enhancement）是一种通过直接改变图像像元的灰度值来改变图像的对比度，从而改善图像质量的处理方法，主要以图像的灰度直方图为基础进行分析处理。辐射增强以单个像元的灰度值进行变换，将原始遥感数据的灰度值范围拉伸到一个较大的动态范围，从而使图像对比度提高、视觉效果得以改善，从而达到图像增强的目的。

在 ERDAS 的图标面板栏中点击 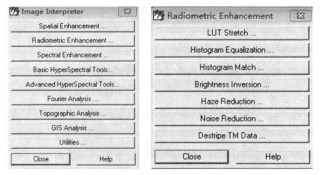，在弹出的下拉菜单中选择命令项"Radiometric Enhancement"打开如图 10-1 所示 Radiometric Enhancement 菜单栏，其中提供了一些常用的辐射增强方法，使用每个波段内单个像素值增强影像。

图 10-1　影像解译与辐射增强菜单

LUT Stretch 查找表拉伸：输入影像有一个查找表，通过修改图像查找表（Lookup Table）使图像像素值发生变化，实现对图像对比度的线性拉伸。

Histogram Equalization 直方图均衡化：对图像进行对比度非线性拉伸，使一定灰度范围内每个值具有近似相等的像元数。

Histogram Match 直方图匹配：在数学上确定一个查找表，将一个图像的直方图转换成类似于另一个图像的直方图，从而使两幅图像具有类似的色调和反差，常用于图像拼接处理。

Brightness Inversion 亮度反转：对影像亮度范围进行线性和非线性反转，生成与原始影像相反对比度的影像，暗细节变亮、亮细节变暗。

Haze Reduction 去霾处理：由于雾霾对电磁波有吸收、折射、反射和散射作用而导致遥感影像清晰度降低，通过去霾处理在输入图像中从整体上减少雾霾。利用缨帽变换产生与雾霾相关的成分，删除该成分后反变换回 RGB 空间，从而实现去霾处理。

Noise Reduction 降噪处理：利用自适应滤波方法减少影像中的噪声，降噪处理应保留影像中的微小细节，消除沿边缘和平坦区域的噪声。

Destripe TM Data 去条带处理：对 Landsat TM 影像进行三次卷积处理去除条带。

下面以查找表拉伸、直方图均衡化、直方图匹配、去霾处理为例，展示辐射增强的一些常用处理过程。

1. 查找表拉伸处理

查找表(Lookup Table)是位于 0 与 255 之间的灰度索引值同 0 与 1 之间输出值对应关系的联系表，查找表一般与一个 Bin 函数关联。输入影像像素值通过 Bin 函数转化为 bin 数值，bin 数值作为查找表中的索引值，对应 0 与 1 之间的关联值，转化为 0 到 255 之间进行输出。查找表拉伸(LUT Stretch)是通过修改查找表中的灰度索引值与关联值对应关系，使输出影像像素灰度发生变化。在图标面板中选择 [Interpreter]，然后点击菜单命令 Radiometric Enhancement，在弹出的菜单栏中选择 LUT Stretch 可打开查找表拉伸对话框，如图 10-2 所示。

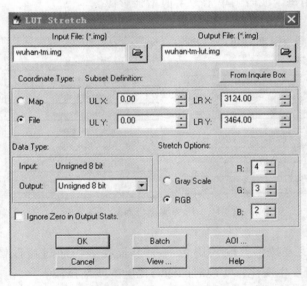

图 10-2　查找表拉伸对话框

在 LUT 拉伸对话框中设置相应的参数：在 Input File 中输入欲拉伸的影像 wuhan-tm. img，在 Output File 中输入拉伸后的影像 wuhan-tm-lut. img。Coordinate Type 表示坐标类型，选择 Map 坐标或 File 坐标。Data Type 表示数据类型，选择 Unsigned 8 bit 字节型。Stretch Options 中选择 RGB，表示分别对 R、G、B 通道进行查找表拉伸，这时应分别指定三个通道对应的三个波段，如分别选择 4、3、2 作为红、绿、蓝。在 ERDAS 中查找表拉伸功能是由空间模型（lut_stretch. gmd）定义运行，可以根据需要修改查找表，实现线性拉伸、分段线性拉伸、非线性拉伸等处理。在 LUT Stretch 对话框中点击 View 按钮进入模型生成器视窗，如图 10-3 所示。在查找表拉伸模型中双击查找表、函数可进入编辑状态，可根据需要对查找表实现编辑。

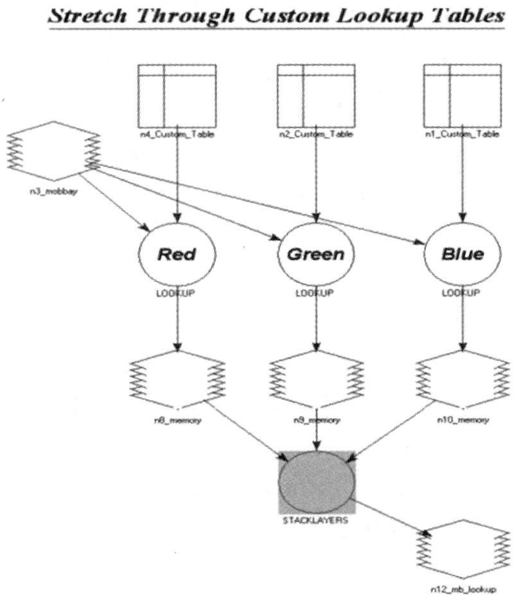

图 10-3　查找表拉伸模型

2. 直方图均衡化处理

直方图均衡化模型是对影像像素值重新进行分配的一种非线性拉伸，以使一个范围内的每个灰度值对应的像素数量近似相同，从而将影像的灰度直方图从比较集中的某个灰度区间拉伸为在全部灰度范围内的均匀分布，使一定灰度范围内的像素数量大致相同。均衡后的结果近似一个平坦直方图，在直方图峰值处对比度增加，而在直方图较低的值处对比度被削弱。直方图均衡化处理通常用来增加图像的对比度，尤其是当影像有用数据的对比度相当接近的时候，通过有效地扩展常用的亮度使其更好地在直方图上分布。直方图均衡化也能把像素分离成为不同的群组，如在一个较大范围只有少数输出值，使之在视觉上有一个粗分类的效果。由于直方图均衡化对数据不加选择地重新分配，也可能会增加背景噪声的对比度而降低有用信号的对比度。

在图标面板中选择 ![Interpreter]，然后点击菜单命令 Radiometric Enhancement，在弹出的菜单栏中选择 Histogram Equalization 可打开直方图均衡化对话框，设置相应的参数，如图 10-4 所示。其中 Number of Bins 表示输出数据分段，默认为 256。

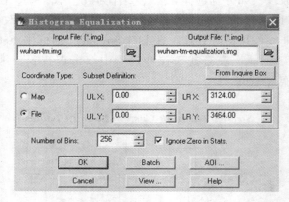

图 10-4　直方图均衡对话框

3. 直方图匹配

直方图匹配（Histogram Matching）又叫直方图规定化（Histogram Normalization），是指指定一幅影像作为参考影像，将输入影像的直方图以参考影像的直方图为标准作变换，使两幅影像的直方图形状相同或近似，从而使两幅图像具有类似的色调和反差。直方图匹配在遥感影像处理中有着广泛应用，如影像镶嵌、变化检测等。

影像镶嵌：在影像镶嵌过程中，为使相邻两幅影像的色调和反差趋于相同或相近，需以一幅影像为参考对另一幅影像通过直方图匹配进行色调调节，从而达到两幅影像整体一致的色调效果。

变化检测：在对多时相影像进行差异分析检测变化情况时，经常利用直方图匹配的方法，以一个时相的影像为标准而对另一幅图像的色调与反差进行调节，以便做进一步的差异分析。

在图标面板中选择 ![Interpreter]，然后点击菜单命令 Radiometric Enhancement，在弹出的菜单栏中选择 Histogram Match 可打开直方图匹配对话框，设置相应的参数，如图 10-5 所示。

在直方图匹配对话框中，在 Input File 中输入需要匹配直方图的影像文件 wuhan-tm. img，在 Input File to Match 中输入被匹配直方图的影像文件 wuhan-tm-equalization. img，在 Output File 中输入匹配直方图后生成的影像文件 wuhan-tm-match. img。选择"Use All Bands For Matching"表示两个影像用所有波段参与匹配。Coordinate Type 表示坐标类型，选择 Map 坐标或 File 坐标。Data Type 中选择 Unsigned 8 bit 字节型。

4. 去霾处理

由于光学卫星成像时容易受天气影响，致使影像存在一定的模糊性，其中雾霾对成像质量影响比较明显。雾霾对电磁波存在一定的吸收、反射和散射，导致传感器接收的信号变弱、成像清晰度降低，雾霾的影响突出了图像的低频信息、削弱了图像的高频信息，造成有用信息缺失，不利于进行遥感解译和应用。因此，需要运用图像处理技术进行去雾霾处理，消除雾霾影响，提高图像的清晰度，改善遥感影像质量，便于后续的影像解译处理。去霾处理（Haze Reduction）的实质是降低多波段影像（Landsat TM）或全色影像的模糊

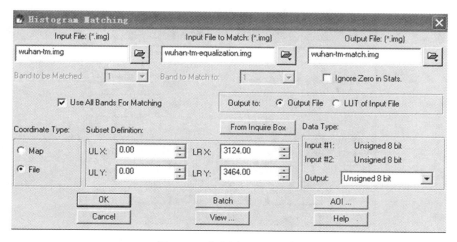

图 10-5　直方图匹配对话框

度(霾)。

　　ERDAS 中的去霾处理是从整体上减少雾霾引起的输入图像的模糊,可对多光谱影像和全色影像进行去霾处理。ERDAS 对多光谱影像去霾处理,是利用缨帽变换产生与雾霾相关的成分,然后删除该成分后反变换回 RGB 空间。由于缨帽变换是对特定传感器的计算,该去霾算法仅仅用于 Landsat4、Landsat5、Landsat7 的 TM 影像。对于全色影像,利用一个反转点扩展卷积算子进行去霾处理,点扩展类型有高通、低通可分别去除高频模糊度(High-haze)或低频模糊度(Low-haze)。如图 10-6 所示分别为 ERDAS 中所用的高通、低通去霾算子。

Row	1	2	3	4	5
1	25667000	-0.126	-0.213	-0.126	0.257
2	-0.126	-0.627	0.352	-0.627	-0.126
3	-0.213	0.352	2.928	0.352	-0.213
4	-0.126	-0.627	0.352	-0.627	-0.126
5	0.257	-0.126	-0.213	-0.126	0.257

Row	1	2	3
1	-0.627	0.352	-0.627
2	0.352	2.100	0.352
3	-0.627	0.352	-0.627

图 10-6　高通、低通去霾算子

　　在图标面板中选择 ，然后点击菜单命令 Radiometric Enhancement,在弹出的菜单栏中选择 Haze Reduction 可打开去霾处理对话框,设置相应的参数,如图 10-7 所示。其中,Method 表示针对输入影像是多光谱 TM 影像、全色影像的去霾方法,如果是 TM 影像就选 Landsat4 TM 或 Landsat5 TM,如果是全色影像就默认为 Point Spread,在 Point Spread 类型选项里,对于去除高频雾霾,选择 High 以使用一个 5×5 的卷积核,对于去除低频雾霾,选择 Low 以使用一个 3×3 的卷积核。

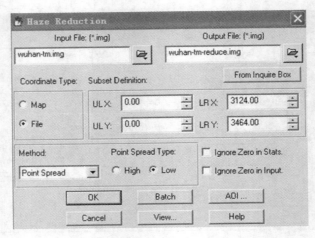

图 10-7 去霾处理对话框

第二节 ENVI 辐射增强

ENVI 提供的辐射增强功能包括：反差拉伸、直方图均衡、直方图匹配、去条带处理等。

1. 反差拉伸

原始影像亮度范围一般较窄，如果直接显示则往往过亮或过暗，不利于影像的显示和处理。反差拉伸是对影像上单个像素 DN 值进行处理，通过一定的线性或非线性变换，将影像上较窄的亮度范围变换到较宽的亮度范围上，从而增强显示效果。ENVI 的 Stretch Data 提供了文件到文件的反差拉伸功能，比较灵活，可实现改变输入文件的数据范围，调整输入、输出直方图等。

（1）Stretch Data 拉伸数据

① 从 ENVI 主菜单栏选择 Basic Tools 下的 Stretch Data 菜单可打开数据拉伸输入文件对话框，如图 10-8 所示。

② 对于输入文件执行可选的 Spatial Subset 空间裁剪或 Spectral Subset 光谱裁剪，点击 OK 后打开数据拉伸对话框，如图 10-9 所示。

③ 在数据拉伸对话框中，点击 Stats Subset 表示基于一个裁剪区域或 ROI 区域计算统计数据。在 Stretch Type 中的单选按钮提供了各种拉伸方法，如 Linear 线性拉伸、Equalize 直方图均衡、Gaussian 高斯拉伸、Square Root 平方根拉伸。如果选择 Gaussian，则需要输入标准偏差值。在 Stretch Range 中可选择拉伸范围，拉伸范围可按百分比或按灰度值确定。Min 和 Max 域中分别输入拉伸的数据范围的最小值和最大值，Output Data Range 下 Min 和 Max 域中分别设置输出数据的最小值和最大值。Data Type 的下拉列表中可选择合适的数据类型，如 Byte、Integer、Unsigned Integer、Long Integer、Unsigned Long Integer、64-bit Integer、Unsigned 64-bit Integer、Floating Point、Double Precision、Complex、Double

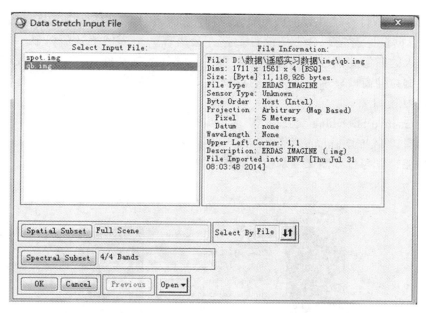

图 10-8　数据拉伸输入文件对话框

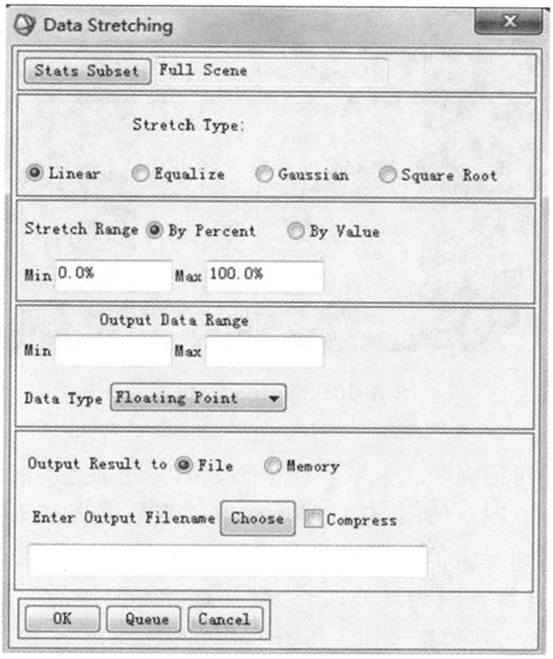

图 10-9　数据拉伸对话框

Complex 等。

④ 点击 OK 后计算统计数据进行亮度拉伸。如果输入的文件此前未计算过统计数据，则 ENVI 在数据拉伸前先计算影像统计数据，会出现一个影像统计窗口显示处理的百分比。如果输入的影像此前已计算过统计数据，有统计数据文件存在，则直接进行亮度拉伸，并在数据拉伸窗口显示拉伸完成的百分比。当数据拉伸完成后，生成的影像文件添加到波段列表中。

（2）Interactive Stretching 交互拉伸

在影像窗口中点击 Enhance 菜单，出现的下拉菜单中 Interactive Stretching 命令提供了交互拉伸功能，以与直方图交互来拉伸影像数据，如图 10-10 所示。

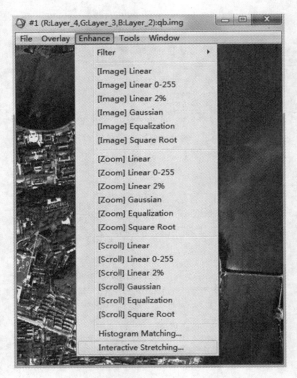

图 10-10 Enhance 下拉菜单

在交互对比度拉伸对话框中，显示了两个直方图，分别是当前输入数据的直方图和应用拉伸后输出数据的直方图，如图 10-11 所示。在输入数据直方图中，两个垂直的点线标记了当前拉伸的最小值和最大值。对于彩色影像，直方图色彩(红、绿、蓝)分别对应了所选择波段的通道颜色(缺省时为红波段)。交互直方图窗口的底部显示了拉伸类型和直方图数据源。选择 R、G、B 单选按钮，可查看彩色影像的红、绿、蓝三个通道的波段直方图。选择 Options → Auto Apply 将拉伸或直方图变化自动地应用到影像。

① 查看数据细节

为查看当前的 DN 值、像素数、百分比以及特定 DN 值像素的累计百分比，在直方图

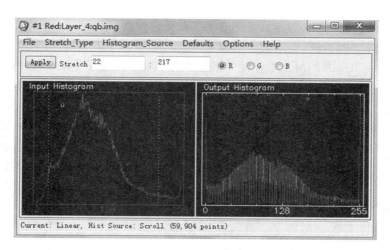

图 10-11　交互对比度拉伸对话框

内左键单击、按住鼠标按钮并拖动相应的白色十字光标。

② 锁定拉伸栏

选择 Options → Stretch Bars 从 Interactive Contrast Stretching Dialog 菜单栏锁定最小和最大拉伸栏之间的距离。如果拉伸栏之间的距离被锁定，则移动两个拉伸栏就像一个似的。为解锁两个拉伸栏，选择 Options → Stretch Bars：Unlocked。

③ 改变最小/最大拉伸值

为改变最小、最大拉伸值，单击点线拉伸栏，并拖动到一个新位置，或者在对话框顶部的 Stretch 中输入值，也可通过输入实际值或数据的百分比指定最小、最大拉伸值。当输入数值时，输出直方图随之更新以反映这些输入直方图所做的变化，并显示应用新拉伸的数据分布。

④ 拉伸类型

在交互对比度拉伸对话框中使用 Stretch_Type 菜单，可从所有可用的交互拉伸类型列表中选择拉伸方法。ENVI 中支持的交互拉伸方法有线性对比度拉伸、分段线性对比度拉伸、高斯对比度拉伸、直方图均衡对比度拉伸、平方根对比度拉伸、查找表拉伸、任意对比度拉伸和直方图匹配。

线性对比度拉伸是缺省的交互拉伸方式，设置最小值 0 和最大值 255，其间所有其他值被比例线性变换一个输出值。

分段线性对比度拉伸：使用鼠标在输入直方图中定义多个点，连接这些点的线段可定义分段线性对比度拉伸。

高斯对比度拉伸：缺省的高斯对比度拉伸是以 DN 值 127± 3 倍的中误差为中心，输入拉伸的最小值和最大值，输出直方图中红色曲线显示了所选的高斯函数，拉伸的数据分布以白色叠加显示在红色的高斯函数上。

直方图均衡对比度拉伸：直方图均衡使每个均分灰度间隔内的 DN 值的像素数量近似

相等，输出直方图以红色曲线显示了均衡函数，拉伸的数据分布以白色叠加显示。

平方根对比度拉伸是以输入直方图的平方根线性拉伸。

任意对比度拉伸和直方图匹配：从交互对比度拉伸对话框菜单栏中选择 Stretch_Type →Arbitrary，在输出直方图窗口中左键单击绘制任何形状分段，直方图以绿色显示，右键单击接受输出直方图以使输入影像按所画的直方图进行数据统计匹配，输出直方图以红色显示，匹配的数据函数以白色曲线显示。

查找表拉伸：使用者可定义一个查找表拉伸每个输入 DN 值到一个输出值，选择 Options→Edit User Defined LUT 出现输入 DN 值和对应输出拉伸值的列表，可以对列表中的值进行编辑，编辑后选择 File → Save Stretch to LUT → ASCII LUT 或 ENVI Default LUT 可存储为 ASCII 格式或 ENVI 格式查找表。

2. 直方图匹配

为执行直方图匹配，需要至少显示两幅影像，从需要改变直方图的影像窗口中选择 Enhance→Histogram Matching，打开 Histogram Matching Input Parameters 对话框。在 Match To 列表中选择匹配直方图的影像显示号，在 Input Histogram 中选择源输入直方图，可以来自影像、子抽样数据、缩放窗、波段、ROI 区域。实现直方图的自动匹配后，在结果对话框中显示了 2 个直方图，输入直方图是红色，匹配输出直方图是白色。直方图匹配使两幅影像的亮度分布尽可能接近，改变影像使其相应的直方图匹配当前所选源影像的直方图，源直方图被选作输入直方图，既可以是灰度影像也可以是彩色影像。图 10-12 为输入图像及其直方图。

图 10-12　输入图像及其直方图

图 10-13 为 Match To 欲匹配的图像及其直方图。

利用直方图匹配后图像及其直方图如图 10-14 所示。

直方图匹配后的图像在亮度上已经明显增强，从偏暗增强为较亮，其直方图与欲匹配图像的直方图在亮度上分布也很接近。

3. 图像去云

遥感成像过程中，由于云的存在和影响，使遥感影像上部分区域被遮盖而造成信息缺失，对影像解译和分析造成困难。如何有效地减少云的影响，恢复云区覆盖下的地物光谱

图 10-13 欲匹配的图像及其直方图

图 10-14 匹配后的图像及其直方图

信息、突出有用信息，是遥感影像预处理中的重要问题。对影像进行去云处理，不仅是要提高影像质量和解译分析的有效性，如影像分类及制图的精度，同时也是对影像进行大气纠正的重要步骤。对存在薄云的影像，可采用 ENVI 中的同态滤波法去除或掩膜法去除。

（1）同态滤波法去云

一般情况下相对而言，在影像中云的空间变化特征比较慢，表现为低频信息，而地物的空间变化特征比较快，主要表现为高频信息，同态滤波法根据灰度变化进行频率过滤，分离云与背景地物，最终从影像中去除云的影响。其缺点是滤波本身会导致一些有用信息的丢失，在消除云影响的同时也削弱了影像的纹理特征。ENVI 中的同态滤波去云处理步骤如下：

① 在 ENVI Classic 菜单栏中选择 Filter→FFT Filering→Forward FFT 打开正向傅里叶变换输入文件对话框，选择要去云的影像，点击 OK 后打开正向傅里叶变换参数对话框，输入输出文件名。

② 正向傅里叶变换生成的文件可以加在 Available Band Lists 中，点击 Load Band 进行显示。

③ 对傅里叶频谱文件进行高通卷积滤波，在 ENVI Classic 菜单栏中选择 Filter→

Convolutions and Mophology 打开卷积设置对话框，从中选择 Convolutions→High Pass，然后点击 Quick Apply，打开选择输入波段对话框，选择傅里叶频谱文件进行 3×3 卷积核的高通滤波。

④ 在 ENVI Classic 菜单栏中选择 Filter→FFT Filering→Inverse FFT，打开输入文件对话框后选择上述滤波文件，进行反傅里叶变换。

（2）掩膜法去云

掩膜法去云处理的具体操作步骤如下：

① 在 ENVI Classic 菜单栏中选择 Basic Tool→Statistics→Compute Statistic，打开 Compute Statistics Input File 对话框，选中影像文件，点击 OK 后打开计算统计参数对话框，在其中选中 Histograms 复选框计算影像统计数据。

② 在生成的统计结果显示框中列出了各个波段的统计数据，将两条绿线和纵轴的交点值分别作为掩膜数据范围的最小值和最大值。

③ 在 ENVI Classic 菜单栏中选择 Basic Tool→Masking→Apply Mask，打开输入文件对话框选择影像文件，点击 Mask Option 后选择 Build Mask 打开 Mask Definition 对话框，在其中点击 Option 选择 import Data Range 后为掩膜数据范围选中需处理的影像文件，点击 OK 后打开 Input for Data Range Mask 对话框，在其中 Data Min Value 文本框中输入②中得到的掩膜数据范围的最小值，在 Data Max 对话框中输入掩膜数据范围的最大值，然后选中 Mask Pixel if Any band matches range 生成掩膜数据添加到 Available Bands List 中。

④ 在 Available Bands List 中选中掩膜数据，在 Apply Mask 对话框中点击 OK，打开 Apply Mask Parameters 对话框生成掩膜后去云的结果。

第三节　PCI 辐射增强

辐射增强通过改变像元的亮度值，将图像中过于集中的亮度分布范围拉开扩展，扩大图像反差的对比度，达到增强反差、改善图像质量的目的，主要通过直方图调整、对比度拉伸来实现。在 PCI 的 Focus 中有多种辐射增强方式，可使用栅格工具栏按钮或 Maps 树中的快捷菜单，也可在 Tools 下拉菜单中的 Algorithm Librarian 中实现。

1. Maps 树中 Enhance 功能

在 Maps 树的快捷菜单中的 Enhance 提供了直方图调整、对比度拉伸功能。增强处理仅仅将所做变化应用到 Maps 树中所选的层或活动层。当选中多个地图图层进行增强时，所选层的信息被聚合在一起以进行统一增强处理。为在多个图层上使用增强操作，Maps 树中所有被选图层必须是相同类型的，位深也必须一致。也可使用查找表编辑器自定义影像增强。

在 Focus 窗口的工具栏中单击 🖼，选择需要增强的辐射影像 QB-wuhan. pix，点击 Open 后在视图浏览区显示。在 Maps 标签下选中图层影像文件名，点击鼠标右键在快捷菜单中选择 Enhance，其中提供了多种辐射增强工具，如 Linear、Root、Adaptive、Equalize、Infrequency、Edit LUTs 等，如图 10-15 所示。

Linear 是指根据影像中的最小值和最大值对整个输出显示范围一致地拉伸，以增强影

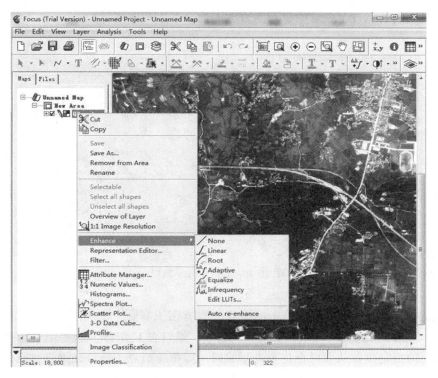

图 10-15　Enhance 中多种辐射增强工具

像中灰度级的整体差异。Root 是指压缩影像中高亮度值的范围、扩展较低的暗值范围，以能区别影像中暗区域的更多细节，同时仍然保留亮区域中的一些细节。Adaptive 结合均衡化和线性增强结果的优点，能有效地对异常值进行补偿，以产生更自然的显示。Equalize 是指在整个输出显示范围均等地分布数值，产生几乎均衡分布的直方图，在揭示高亮值和低暗值区域的细节时，这种增强是有效的，但容易引起中间值区域对比度降低。Infrequency 是指将影像中最低频率出现的数值分配到直方图中高亮值范围，以使较小的细节变得更加明亮。下面重点介绍一下通过 Edit LUTs 进行辐射增强。

　　在 Enhance 的下一级菜单中选择 Edit LUTs 后打开 LUT Editor 窗口，在其中显示了当前通道的直方图，如图 10-16 所示。Focus 存储了直方图的副本并以一个更小的版本显示到 LUT 编辑器右边的预览窗口。在直方图图形区域中，下面水平方向为拉伸前的影像灰度值，范围为 0~255；左边垂直方向为拉伸后的影像灰度值，范围为 0~255；右边垂直方向为像元统计频数。灰色直方图表示原始影像拉伸前的直方图，红色直方图表示拉伸后的增强影像直方图。当鼠标处在直方图图形区域内移动时，在直方图的下方显示 X、LUT（X）、Count，其中，X 表示拉伸前的灰度值，LUT（X）表示拉伸后的灰度值。此时单击鼠标，影像中像元灰度值将由 X 值变为 LUT（X）。在 Functions 中提供了几种直方图拉伸算法，其中，╱表示不拉伸，该按钮提供了恢复原始影像功能，∫表示线性拉伸，╭表示 Root 拉伸，╱表示 Square 拉伸，╈表示 Adaptive 拉伸，╱表示 Equalization 拉伸，╟表示 Infrequency 拉伸。点击每个按钮,将应用相应的函数对直方图进行拉伸,此时 Focus 窗口显示的影像以及 LUT Editor 中显示的直方图都会发生相应变化。

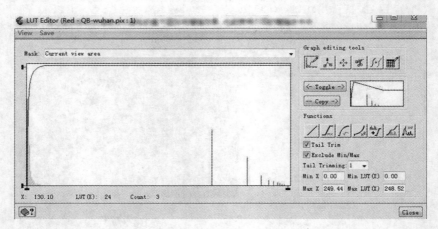

图 10-16 LUT Editor 窗口

在 Graph edit tools 中提供了手工模型修改直方图工具、添加断点工具、移动断点工具、删除断点工具、稀疏断点工具、编辑表工具，这些工具可操作原始影像直方图上的指定位置从而对查找表进行编辑,如稀疏断点工具可删除连续延伸方向上多余的断点,从而关联到对查找表的相应修改。当有改变发生时,可使用切换按钮在先前的和编辑后的查找表之间进行切换,也能拷贝编辑后的查找表并存储它。在直方图上点击可打开查找表编辑器,使用查找表编辑器可通过直接跟踪或编辑活动栅格的直方图来实现增强效果,也能使用不同的增强技术并对相应直方图进行比较,改变位深范围和 X 轴范围内的最小值、最大值。最小 X 值和最大 X 值标出了沿 X 轴图形的边界,当手工修改它们或滑动 X 轴水平标记时这些值会相应地改变。最小 LUT（X）和最大 LUT（X）值标出了影像位深的范围,当手工修改它们或滑动 Y 轴的水平标记时这些值也会变化。垂直标记设置了最小和最大输出灰度值,水平标记设置了进行增强处理所输入的灰度级范围,只对 X 轴和 Y 轴标记定义的边界之内的数值应用增强处理。在 LUT 编辑器的图形编辑工具区域中点击手工模式按钮时,在直方图图形区域,可拖动直方图的轮廓、改变直方图形状以创建自定义的辐射增强,此时 Focus 会重新绘制视图面板中的影像。在图形编辑工具中选择编辑表工具可打开 Red Lookup Table 窗口,如图 10-17 所示,选中 View Lookup Values 可在窗口中查看断点和查找值。在断点表中 X 值和 Y 值之间的关系是 Y=LUT（X）,值 Y 是 X 的函数,其值由查找表图中的位置 X 和当前应用的数学函数确定,在查找值表中可以对数值直接进行编辑。在应用 LUT 编辑器编辑查找表进行影像增强后,可以使用 Save 菜单的三个选项存储增强结果,点击 Save LUT 可将当前修改的查找表存储到查找表段中;点击 Save LUT as Default 可将当前修改的查找表存储到查找表段中,并用修改的查找表自动更新当前的栅格波段;点击 Save Image with LUT 后打开 Save As 窗口,使用当前修改的查找表确定新的像素值并将改变的像素值存储到栅格波段中,增强的像素值被永久存储，查找表也被永久应用到影像中，因而并不存为段。在 Save As 窗口中，指定文件名、格式和层。

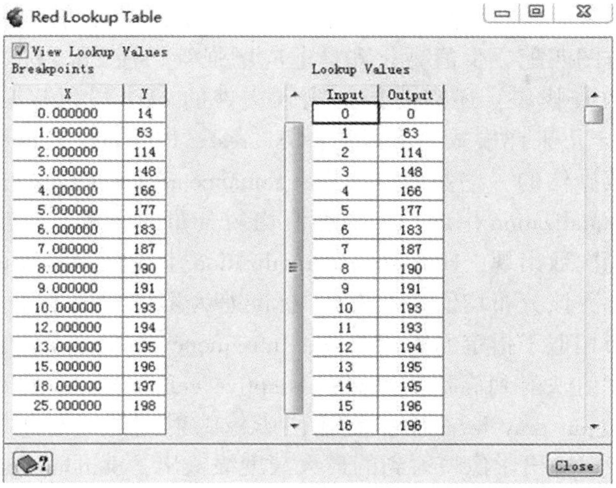

图 10-17 Red Lookup Table 窗口

2. Tools 菜单的 Algorithm Librarian

在 Tools 菜单的 Algorithm Librarian 中提供了辐射增强的一些算法实现功能，主要有以下几种：

（1）Image Enhancement via Functions

在 Focus 窗口的 Tools 下拉菜单中选择 Algorithm Librarian 命令，打开 AlgorithmLibrarian-FUN 窗口，如图 10-18 所示。

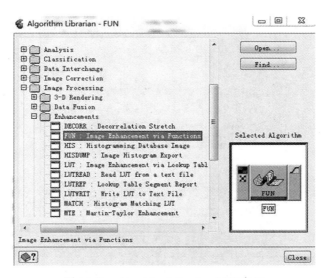

图 10-18 Algorithm Librarian-FUN 窗口

　　在窗口中依次选择 PCI Predefined→Image Processing→Enhancements 算法目录，选择 FUN：Image Enhancement via Functions（见图 10-18），点击 Open 后打开 FUN Module Control Panel 窗口，如图 10-19 所示。在该窗口中用指定函数实现影像辐射增强，FUN 生成一个查找表执行指定的函数处理并存储到数据库查找表段中，支持的函数包括：直方图均衡、直方图规定化、直方图匹配、少值亮化和自适应增强等。在 Files 标签页下，需要指定采样的输入波段以生成查找表，还需要指定输入文件的 LUT 段以接受生成的查找表，在 Resample Mode 中指定重采样模式，可以选择 Nearest、Bilinear、Cubic。在 Input Params 1 标签页下需指定函数操作的一些参数，其中，Enhancement functions 中选择需要执行的增强函数，Histogram equalization 生成一个灰度值均匀分布的影像，在转换后的直方图中每个灰度级近似以相同次数出现；Histogram normalization 生成直方图呈正态分布或高斯分布的影像，缺省情况下，该分布均值为 127.5、标准差为 42.5；Histogram matching 产生一个影像，其直方图分布相似于指定的影像波段；Infrequency brightening 生成的影像将输入影像中极少出现的灰度值映射到高端灰度级；Adaptive enhancement 生成根据影像中值增强的影像。Minimum output gray level 中指定输出影像映射到的最小灰度级输出，Maximum output gray level 中指定输出影像映射到的最大灰度级输出，Standard deviations per tail 中指

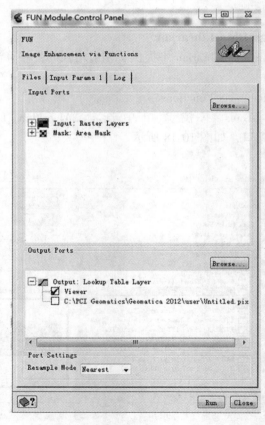

图 10-19　FUN Module Control Panel 窗口

定直方图规定化函数所使用的包括在每个间隔内的标准差数量，该值以标准差为单位，缺省值是 3。Left tail trim percentage 中指定输入直方图低端(左)间隔调整的百分比，Right tail trim percentage 中指定输入直方图高端(右)间隔调整的百分比。

（2）Image Enhancement via Lookup Table

在 Enhancements 算法目录中选择 LUT：Image Enhancement via Lookup Table，点击 Open 后打开 LUT Module Control Panel 窗口，如图 10-20 所示。在该窗口中通过存储在查找表段中的一系列 8 位查找表对影像进行增强，转换后的数据存储在输出影像一系列通道中，并将增强后的结果写回到磁盘文件，该窗口可以实现批量影像数据的辐射增强。在 Files 标签页下需对输入、输出进行设置，其中 Input：Raster Layer(s)下指定使用查找表需要增强的影像波段，输入波段、输入查找表段以及输出波段参数必须有相同数量的元素；在 InputLUT：Lookup Table Layer 下指定包含用做影像增强的查找表的输入段；Output：Output Layer(s)下指定查找表增强的输出影像接收到的通道。

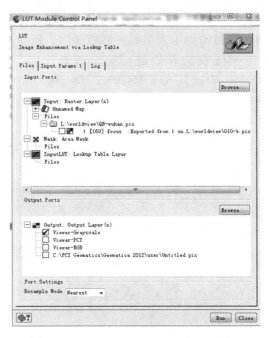

图 10-20　LUT Module Control Panel 窗口

（3）Piece Wise Contrast Stretch

在 Enhancements 算法目录中选择 PWLUT：Piece Wise Contrast Stretch，点击 Open 后打开 PWLUT Module Control Panel 窗口。在该窗口中对查找表层更新以对影像数据执行分段对比度拉伸。PWLUT 函数需要一个输入查找表段，该查找表将被更新、输出到新段。在 Files 标签页下，InputLUT：LUT Layer 中点击 Browse 选择包含输入 LUT 层的文件，在 Output：Lookup Table Layer 中点击 Browse 选择包含被处理的输出 LUT 层的文件。在 Input Params 1 标签页下对分段对比度拉伸的一些参数进行设置，如图 10-21 所示。其中，

Exponent for Contrast Stretch 中输入对比度拉伸公式中的指数，其数值范围为 0~100，缺省值是 0.5，可消除典型的直方图扭曲，如果该值是 1 则表示是线性拉伸；Minimum Input Grey Level 中输入最小输入灰度值，该值的取值范围为 0~254；Maximum Input Grey Level 中输入最大输入灰度值，该值的取值范围为 1~255；Minimum Input Grey Level 和 Maximum Input Gray Level 一起构成输入灰度级的范围，仅仅在这个范围内的灰度值被拉伸，其余的灰度值根据参数 Minimum Output Gray Level、Maximum Output Gray Level、Low End Control、High End Control 的设置进行相应的处理；Minimum Output Grey Level 中输入最小输出灰度值，该值的取值范围为 0~254；Maximum Output Grey Level 中输入最大输出灰度值，该值的取值范围为 1~255；Minimum Output Grey Level 和 Maximum Output Grey Level 指定了输出灰度级的范围；Low End Control 指定了低于 Minimum Input Gray Level 输入范围像素的映射，其有效值包括 OFF、MIN、MAX，缺省值是 MIN，MIN 指将这个值设置为最小输出范围值，MAX 指将这个值设置为最大输出范围值，OFF 指对输入范围之外的值不做任何改变。High End Control 指定了高于 Maximum Input Gray Level 输入范围像素的映射，其有效值有 OFF、MIN、MAX，缺省值是 MAX。改变指数值可获得多种不同类型的函数，指数值为 0.5 表示平方根函数，指数值为 1 表示线性斜坡函数，指数值为 2 表示平方函数。一般地，可对构成对比度拉伸函数的参数进行完全控制。Low End Control 和 High End Control 控制着 Minimum Output Gray Level、Maximum Output Gray Level 指定范围之外的输入值的映射函数输出值。

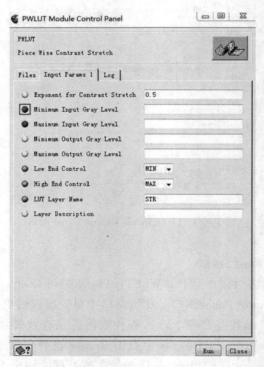

图 10-21　PWLUT Module Control Panel 窗口

第十一章　遥感影像空间增强

第一节　ERDAS 空间增强

不同于辐射增强中每一个像素是独立操作运算，其过程和结果与其他像元无关，空间增强(Spatial Enhancement)是基于像元空间邻域的运算，每个像素的像素值由该像素与其空间相邻的像素共同确定，以突出图像上的某些区域特征，如边缘或线条等。邻域也叫模板或卷积核，其尺寸远比图像尺寸小，可以是正方形或圆形等。空间增强实际上是影像与模板之间的空间卷积运算，可实现对影像上的某种特定空间频率信息的过滤操作，因而也称为滤波。空间频率是指在空间上单位距离内亮度值的变化量，可通过连通像素之间最大特征值和最小特征值之间的差值来计算。滤波模板可分为平滑模板、锐化模板或者也叫低通模板、高通模板。图像平滑对应于低通滤波，图像锐化对应于高通滤波。对于遥感影像来说，低频信息是指影像上的地形整体概貌，而高频信息反映的是局部细节的起伏变化。

在 ERDAS 图标面板栏中点击 Interpreter，弹出的下拉菜单中选择菜单命令 Spatial Enhancement，列出了 ERDAS 支持的几种空间增强功能，如图 11-1 所示。

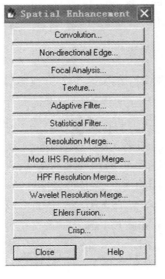

Convolution...	卷积增强
Non-directional Edge...	非定向边缘增强
Focal Analysis...	聚集分析
Texture...	纹理分析
Adaptive Filter...	自适应滤波
Statistical Filter...	统计滤波
Resolution Merge...	分辨率融合
Mod. IHS Resolution Merge...	IHS分辨率融合
HPF Resolution Merge...	HPF分辨率融合
Wavelet Resolution Merge...	小波分辨率融合
Ehlers Fusion...	Ehlers融合
Crisp...	锐化处理

图 11-1　ERDAS 空间增强菜单

Convolution 卷积增强：是用一个形状规则的卷积核在图像范围内进行加权平均的卷积运算。

Non-directional Edge 非定向边缘增强：综合两个正交算子对影像进行卷积运算的边缘增强结果。

Focal Analysis 聚集分析：使用类似卷积滤波的方法，选择一定的窗口函数对输入影像文件的数据值进行分析。

Texture 纹理分析：利用变异、偏斜等邻域分析算法对影像进行纹理分析，增强纹理特征。

Adaptive Filter 自适应滤波：使用 Wallis 自适应滤波器对移动窗口内的感兴趣区域进行对比度拉伸处理。

Statistical Filter 统计滤波：使用统计滤波改善用户定义的统计范围之外的像素值。

Resolution Merge 分辨率融合：使用分辨率融合整合不同分辨率的影像，利用单波段的高空间分辨率影像与多光谱的低空间分辨率影像产生高空间分辨率的彩色影像，以改善数据的解译性能。

Mod. IHS Resolution Merge 即 IHS 分辨率融合：将高分辨率的全色数据同低分辨率的多光谱数据通过 IHS 正反变换结合，产生一个细节信息丰富的彩色影像。

HPF Resolution Merge 即 HPF 分辨率融合：将高分辨率的全色数据同低分辨率的多光谱数据通过高通滤波器卷积运算结合，产生一个细节信息丰富的彩色影像。

Wavelet Resolution Merge 小波分辨率融合：可利用高分辨率的全色影像对低分辨率的多光谱数据实现基于小波处理的锐化增强。

Ehlers Fusion 即 Ehlers 融合：利用快速傅里叶变换以及 IHS 正反变换将高分辨率的全色数据同低分辨率的多光谱数据结合。

Crisp 锐化处理：锐化输入影像的整体亮度而不扭曲影像的专题信息。

下面以卷积增强处理、分辨率融合、纹理分析等为例，展示空间增强的一些常用处理过程。

1. Convolution 卷积增强

卷积增强是用模板算子在影像范围内执行卷积运算，进行影像增强的处理，如平均运算、高通滤波、低通滤波、边缘检测等。卷积增强输出影像的每个数据值是按以下方式计算的：以每个像素对应到卷积核的中心，将中心像素和邻域像素原始像素值乘以卷积核矩阵中对应系数并相加，再按卷积核系数总和求平均。卷积运算的关键是卷积核矩阵的选择，ERDAS 将常用的卷积核矩阵存储在内建卷积核库文件 default. klb 中，卷积核矩阵有 Edge Detect、Edge Enhance、Low Pass、High Pass、Horizontal、Vertical、Summary 等多种不同类型算子，尺寸分别为 3×3、5×5、7×7。在 ERDAS 中也可以自定义卷积核，图像的空间频率特征在卷积增强后会改变。在 Spatial Enhancement 菜单栏中选择 Convolution，打开卷积增强对话框并设置参数，如图 11-2 所示。

在卷积增强对话框中，Kernel Library 表示选择卷积核的库文件，当选择卷积核的库文件为 default. klb 时，在 Kernel 中列出了当前所选库文件中包含的具体卷积核算子，在其中根据需要选择一个卷积核用于卷积运算，任何自定义创建的卷积核也存储在当前选择的库

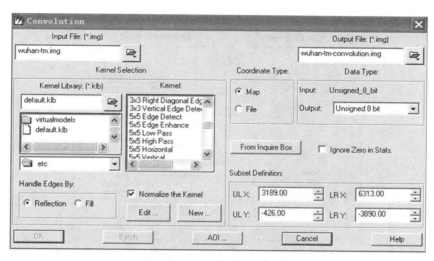

图 11-2　卷积增强对话框

文件中。Handle Edges By 要求选择当卷积运算到达影像边界时，对于影像边界之外对应的核区域所使用值参与运算的方式，ERDAS 提供了 Reflection 和 Fill 两种方式。Reflection 表示在超出影像边界之外的区域用边界处像素值填充，例如在核外需要三行数据，ERDAS 将使用最接近边界的三行数据 以一个镜像方式填充。Fill 表示用 0 像素值填充超出边界范围之外的核对应区域。选中 Normalize the Kernel 对卷积核进行归一化，使核元素值的总和归一化，使加权平均的卷积运算结果和原始像素值在同一个范围。点击 Edit 后打开核编辑器，可编辑已存在的卷积核。点击 New 后打开核编辑器，可创建一个新的卷积核。

2. Non-directional Edge 非定向边缘增强

在 Spatial Enhancement 菜单栏中选择 Non-directional Edge，打开非定向边缘增强对话框，如图 11-3 所示，在 Filter Selection 中可选择所使用的滤波器类型。

非定向边缘增强使用 Sobel 或 Prewitt 两个正交滤波器分别对影像执行卷积运算进行边缘检测，并对检测结果按距离函数 DIST( )进行综合。

3. Focal Analysis 聚集分析

在 Spatial Enhancement 菜单栏中选择 Focal Analysis，打开聚集分析对话框，如图 11-4 所示。聚集分析是使用类似卷积滤波的方法，选择一定的窗口函数对输入影像文件数据值进行分析。

在聚集分析对话框中，点击 Size 的下拉列表按钮可选择核尺寸，如 3×3、5×5、7×7。点击 Function 的下拉箭头可选择聚集分析的函数计算类型，Sum 表示中心像素被窗口中像素的总和替换，Mean 表示中心像素被替换为窗口中像素的均值，SD 表示中心像素被替换为窗口中像素的标准差，Median 表示中心像素被替换为窗口中像素的中值，Max 表示中心像素被替换为窗口中像素的最大值，Min 表示中心像素被替换为窗口中像素的最小值。选择 Use all values in computation 表示输入文件中所有值被用于聚集函数的计算中，选择

81

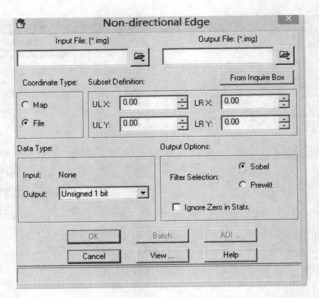

图 11-3　Non-directional Edge 对话框

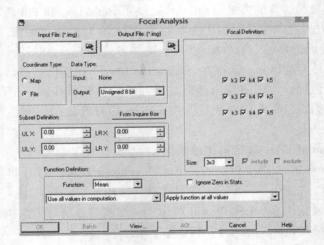

图 11-4　Focal Analysis 对话框

Ignore specified value(s)表示输入文件中指定的值不用于聚集函数的计算，选择 Use only specified value(s)表示输入文件中指定的值才用于聚集函数的计算。选择 Apply function at all values 表示对所有值都应用所选函数分析，选择 Don't apply at specified value(s)表示对所有值除了一个指定值都应用所选函数分析，选择 Apply only at specified value(s)表示仅仅对指定值应用所选函数分析。

4. Texture 纹理分析

在 Spatial Enhancement 菜单栏中选择 Texture，打开纹理分析对话框如图 11-5 所示。纹理分析利用变异、偏斜等邻域算子对影像进行纹理特征增强。

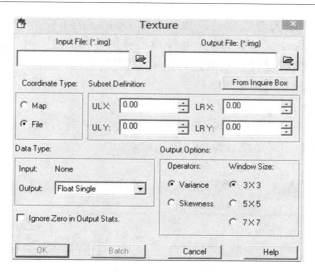

图 11-5　纹理分析对话框

在 Operators 中给出了用于纹理分析的两个邻域算子：Variance 和 Skewness。选择 Variance 表示使用 2 次变异算法进行纹理分析，选择 Skewness 表示使用 3 次偏斜算法进行纹理特征增强。Window Size 给出了三种可选的纹理分析邻域尺寸，可以是 3×3、5×5 或 7×7。

5. Adaptive Filter 自适应滤波器

在 Spatial Enhancement 菜单栏中选择 Adaptive Filter，打开 Wallis 自适应滤波器对话框如图 11-6 所示。自适应滤波是应用 Wallis 滤波器对移动窗口内的感兴趣区域进行对比度拉伸处理。

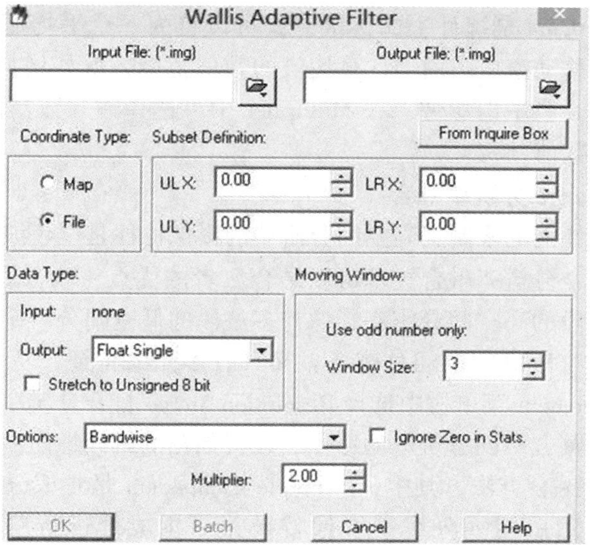

图 11-6　自适应滤波对话框

在 Window Size 中输入奇数窗口尺寸，点击 Options 的下拉列表按钮选择滤波方法，Bandwise 表示选择 Bandwise 滤波方法对每个波段分别进行滤波；PC 表示选择主分量方法滤波，对第一主成分波段滤波，然后进行逆主分量变换。Multiplier 中输入应用到场景对比度的乘积因子值，缺省值是 2.00。

6. Statistical Filter 统计滤波器

在 Spatial Enhancement 菜单栏中选择 Statistical Filter 打开统计滤波器对话框，如图 11-7所示，可改善用户定义的统计范围之外的像素值。

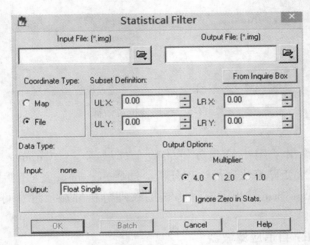

图 11-7 统计滤波器对话框

移动窗口设置为 5×5 可提供有意义的统计数据，并尽可能减少模糊。在统计滤波中，中心像素被替换为中心像素定义范围内 5×5 移动窗口所有像素的平均。统计滤波器一般采用 Sigma 滤波器，Sigma 是统计上的标准差，可设置为一个平均值 0.5，可使用乘积因子修改以增加或减少移动窗口内用于计算均值的数值范围，例如增加滤波器的乘积因子，可较好保护细节产生一个平滑影像。在 Multiplier 中可选择输入数据值的乘积因子，可以选择 1、2、4 乘输入数值。

7. Resolution Merge 分辨率融合

由于遥感传感器性能的限制，高空间分辨率的影像往往是全色波段，而多光谱影像空间分辨率又相对降低，分辨率融合技术可以结合二者的优点，改善影像的视觉解译效果。分辨率融合是将单波段的高空间分辨率影像与多波段的低空间分辨率影像进行融合，使融合后的遥感图像既具有较好的空间分辨率、又具有多光谱特征，从而达到图像增强的目的。在 Spatial Enhancement 菜单栏中选择 Resolution Merge 打开分辨率融合对话框如图 11-8所示，分辨率融合可整合不同分辨率的影像，改善数据的解译性能。

Method 表示选择融合方法，其中，Principle Component 是主成分变换法，对多光谱影像进行主分量变换，然后用高分辨率影像替换第一主成分进行反变换得到融合影像；Mutiplicative 是乘积方法，应用简单的乘积运算融合两个影像；Brovey Transform 是比值变

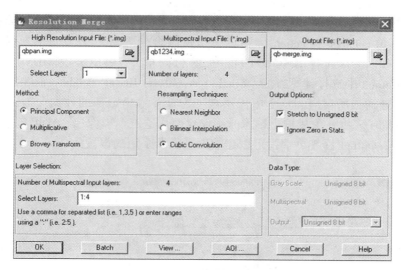

图 11-8　分辨率融合对话框

换方法，应用一个比值算法融合两个影像。Resampling Techniques 表示选择重采样方法，Nearest Neighbor 是最近邻重采样，Bilinear Interpolation 是双线性内插重采样，Cubic Convolution 是立方卷积重采样。Layer Selection 表示选择输出波段，在 Select Layers 中设置 1：4 表示输出 1~4 个波段。Output Options 中 Stretch to Unsigned 8 bit 表示将输出文件数据值的范围拉伸到 0~255。

8. Mod. IHS Resolution Merge 改进 IHS 融合

IHS 分辨率融合将高分辨率的全色数据同低分辨率的多光谱数据通过 IHS 正反变换结合，产生一个细节信息丰富的彩色影像。IHS 颜色空间中，I 为亮度 intensity，表示由地物辐射波谱能量所决定的影像空间信息，实际上是表达空间分辨率的大小；H 是色度，由红、绿、蓝的比例决定；S 是饱和度，表示色彩的纯度。IHS 融合将多光谱影像由 RGB 空间变换到 IHS 空间，用高分辨率影像代替 I 分量后反变换到 RGB 空间，使影像同时具有高空间分辨率和高光谱分辨率。IHS 融合最大的局限是仅能一次处理三个波段，改进的方法是通过运行多次 IHS 融合后合并相应的层，可以使多于三个波段被融合。例如：可以选择多光谱影像的 4、3、2 波段与全色影像进行 IHS 融合，再选择多光谱影像的 3、2、1 波段与全色影像进行 IHS 融合，然后从第一个融合影像中选择 4、3、2 波段，从第二个融合影像中选择 1 波段进行层叠加，生成一个 4 波段的融合影像。

在 Spatial Enhancement 菜单栏中选择 Mod. IHS Resolution Merge 打开 IHS 融合对话框如图 11-9 所示。Inputs 标签页中定义融合的高分辨率全色影像和多光谱影像，Select Layer 中可输入或选择融合处理所要用的影像层。Clip Using Min/Max 表示多光谱影像的重采样像素值根据多光谱输入影像的最小/最大值来确定，只有当重采样方法是立方卷积法时才有效。Resampling Technique 中选择按高分辨率影像对多光谱影像进行重采样的方法，有 Nearest Neighbor 最近邻法、Bilinear Interpolation 双线性内插法、Cubic Convolution 立方卷积法。最近邻抽样法使用最近像素的值赋给输出像素，双线性内插法使用 2×2 窗口的 4 个像素按双线性函数计算输出像素值，立方卷积法使用 4×4 窗口的 16 个像素按卷积函数计算输出像素值。Layer Selection 标签页中指定融合处理所用的多光谱影像的层，Layer Combination Method 中选择预定义的颜色组合，指定从 RGB 到 IHS 变换的波段。Computation Method 中选择计算方法：Single pass-3 layer RGB。Single pass-3 layer RGB 表示仅仅红、绿、蓝通道所对应的三个影像层被考虑计算输出影像的数据。Iterate on Multiple RGB Combinations 表示在生成输出影像时不仅仅使用这三个影像层，还可包括所有波段参与分辨率融合。Output 标签页中指定创建输出影像所采用的设置。

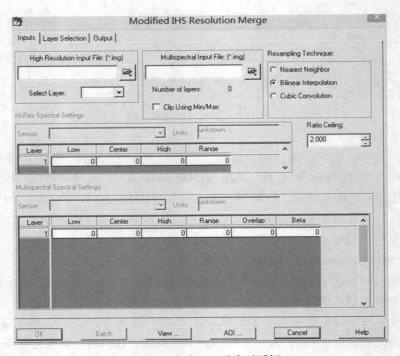

图 11-9　改进 IHS 融合对话框

9. HPF Resolution Merge 高通滤波融合

影像信息是由不同空间频率的成分组成，其中高频成分包含影像的空间结构，对应灰度剧烈变化的部分，而低频成分包含影像的整体地形概貌，对应灰度变化缓慢的部分。高通滤波融合采用高通滤波算子提取全色影像中的空间信息，将其加到多光谱影像上。在 Spatial Enhancement 菜单栏中选择 HPF Resolution Merge 打开高通滤波分辨率融合对话框，如图 11-10 所示。其中，Use Layers 指定用于融合处理的多光谱输入影像层，单个层用逗号隔开或者多个层范围。R 初始设置为多光谱影像分辨率和全色影像分辨率的比值，R 值控制着其他参数的缺省值，其值应大于 1。Kernel Size 是应用到全色影像的高通滤波器的核尺寸，其大小取决于 R 值。Center Value 是高通滤波器核的中心值，核的其余元素总是-1，同样也取决于 R 值。Weighting Factor 是滤波器的权重，高权重导致一个非常锐化的结果，然而权重较低会导致一个非常平滑的结果，权值的范围也同样取决于 R 值。当 R 大于或等于 5.5 时，可执行 2 次滤波，2 次滤波核尺寸大小和中心值根据 R 值自动确定，例如对高分辨率数据使用 2 次高通滤波器修正输出。

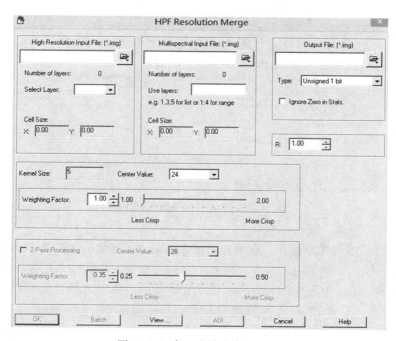

图 11-10　高通滤波融合对话框

10. Wavelet Resolution Merge 小波分辨率融合

小波变换将影像分解为频率空间上不同频带的子图像，其中绝对值大的小波系数对应特征急剧变化的高频信息，绝对值小的小波系数对应低频信息，从而分离出高频信息和低频信息。对高频信息和低频信息采取不同的融合策略，在各自的变换域进行特征信息抽取，分别进行融合后再采用小波重构算法对处理后的小波系数进行反变换即可得到融合图像。在 Spatial Enhancement 菜单栏中选择 Wavelet Resolution Merge 打开小波分辨率融合对话框，如图 11-11 所示。其中 Spectral Transform 中选择将多光谱影像转换为单波段灰度影像的方法，Single Band 表示使用多光谱的一个指定波段进行融合处理，IHS 表示使用 RGB 到 IHS 变换得到的亮度分量进行融合处理，Principal Component 表示计算主分量变换的第一波段进行融合处理。Resampling Techniques 中选择用于按高分辨率影像重采样多光谱影像的方法，有 Nearest Neighbor 最近邻法和 Bilinear Interpolation 双线性内插法。

11. Ehlers Fusion

Ehlers 融合利用快速傅里叶变换对全色影像进行锐化以及 IHS 正反变换将高分辨率的全色数据同低分辨率的多光谱数据结合。将多光谱影像从 RGB 空间变换到 IHS 空间，对全色影像进行快速傅里叶变化得到高分辨率锐化影像。将高分辨率锐化影像与多光谱的 I 分量进行直方图匹配，与多光谱的 H、S 分量组合成新的 IHS 分量进行 IHS 逆变换到 RGB

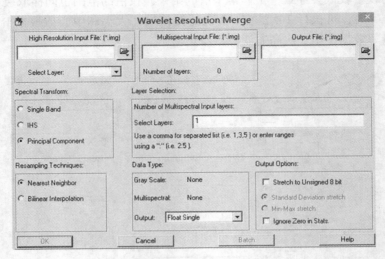

图 11-11 小波分辨率融合对话框

空间，获得融合后的多光谱影像。在 Spatial Enhancement 菜单栏中选择 Ehlers Fusion 打开 Ehlers 融合对话框，如图 11-12 所示。其中，Use all Bands 表示将多光谱影像的所有波段与高分辨率影像融合，Use band numbers 表示从多光谱影像中选择对应到红、绿、蓝通道的三个波段创建一个 RGB 影像参与融合处理，Resample the data before applying the IHS merge 表示应用 IHS 算法前对多光谱影像重采样。Filter Design 中设置滤波器，Auto 表示使 Ehlers 融合自动调整到适合输入影像，需要指定影像内容和颜色/分辨率比重。Image content 中选择最佳描述影像中的主要特征；Urban or Mixed 表示影像主要由城区特征组成或城乡特征混合，Rural 表示影像主要由农村特征组成，Other 表示影像主要由单一同质特

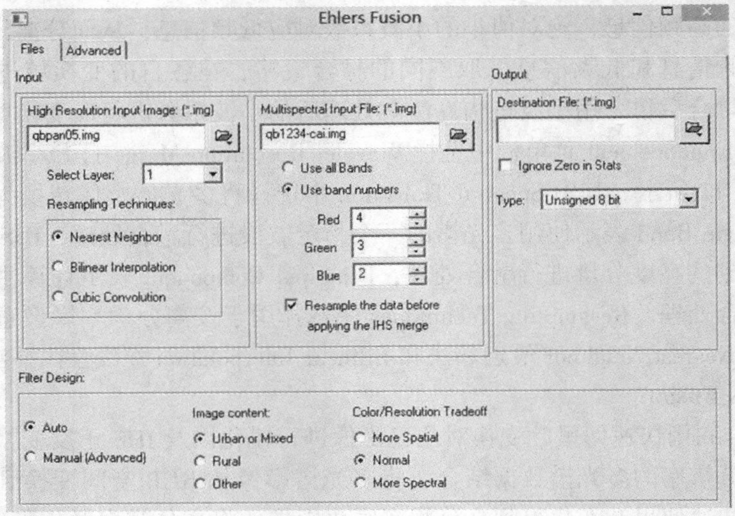

图 11-12 Ehlers 融合对话框

征组成，如水或树林。Color/ Resolution Tradeoff 中选择多光谱影像与高分辨率影像在融合中所占比重，More Spatial 表示在保持颜色时更倾向于高空间分辨率，Normal 表示在空间分辨率和颜色保护上保持一个均分比重，More Spectral 表示在保持空间分辨率时更倾向于颜色保护。Manual 表示打开高级选项页面，手工设置滤波器参数。

第二节　ENVI 空间增强

　　ENVI 中提供的影像空间增强功能可以归纳为两大类：影像滤波（Filter）和影像锐化（Sharpen）。影像滤波是对影像上某种特定空间频率信息进行过滤，以突出另外空间频率的所需信息，从而达到空间增强的目的，如在影像中删除高频变异将产生一个平滑的输出影像。空间频率是空间单位距离上亮度的变化，影像上不同的地物信息和目标特征的空间频率不同，一般地，低频信息表示影像上的地形整体概貌特征，而高频信息反映的是局部细节的起伏变化。ENVI 中的菜单栏 Filter 提供了丰富的滤波功能，集成在下拉菜单中，包括：卷积滤波和形态学滤波（Convolutions and Morphology）、纹理滤波（Texture）、自适应滤波（Adaptive）和频率域滤波（FFT Filtering）。影像锐化（Sharpen）是通过将低空间分辨率的多光谱影像同高空间分辨率的灰度影像合并并重采样到高空间分辨率层次，从而达到空间增强的目的。ENVI 使用 HSV 变换、Brovey 变换对按字节缩放的 RGB 影像进行锐化。

1. 影像滤波（Image Filtering）

（1）卷积滤波和形态学滤波

　　卷积滤波对影像进行空间增强，不同核尺寸和元素值构成的不同类型核与影像进行卷积运算，滤波后输出影像中像素的亮度值是其邻域像素亮度值的加权平均。从 ENVI 经典主菜单栏中点击 Filter，在下拉菜单中选择 Convolutions and Morphology 打开卷积和形态学工具框如图 11-13 所示，可对影像数据应用卷积滤波或者形态学滤波。其中在 Convolutions 下拉菜单中提供了卷积滤波的类型，可以执行高通滤波、低通滤波、拉普拉斯滤波、方向滤波、高斯滤波、中值滤波、Sobel 边缘增强、Roberts 边缘增强以及自定义滤波。

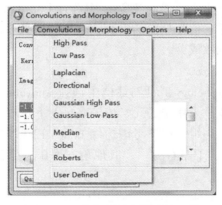

图 11-13　卷积和形态学滤波工具

① High Pass 高通滤波

在 Convolutions and Morphology Tool 对话框中选择 Convolutions→High Pass 可实现高通滤波，如图 11-14 所示。在 Kernel Size 中输入卷积核的大小，一般为奇数。在 Editable Kernel 中可输入、修改元素值。高通滤波采用一个中心元素值较高、其他元素值为负数的卷积核，能滤除影像的低频成分、保留高频成分如突出边缘等。ENVI 高通滤波缺省的卷积核是 3×3、中心元素值为 8、邻域元素值为−1。在 Image Add Back 中输入背景增量值，影像背景增量值是原始影像包含在最终输出影像中的比例。添加原始影像的背景值到卷积滤波结果中有助于保护影像中的空间信息。点击 Apply To File 打开 Convolution Input File 对话框，它包括一个"File/Band"箭头切换按钮，这一按钮可以选择输入一个文件或输入一个独立的波段。如果选择 Select By File 则是对选择的文件进行滤波，选择 Select By Band 则是对选择文件的指定波段进行滤波。

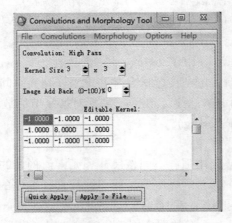

图 11-14　高通滤波对话框

② Low Pass 低通滤波

在 Convolutions and Morphology Tool 对话框中选择 Convolutions→Low Pass 可实现低通滤波。低通滤波采用每个元素值都相同的卷积核，用周围像素的平均值替换中心像素值，能平滑影像、保留影像的低频成分。

③ Laplacian 拉普拉斯滤波

在 Convolutions and Morphology Tool 对话框中选择 Convolutions→Laplacian 可实现拉普拉斯边缘增强。拉普拉斯滤波采用中心元素值较高、上下左右元素值为负数、角点元素值为 0 的卷积核，能增强影像边缘，但不考虑边缘方向。ENVI 缺省拉普拉斯滤波采用大小为 3×3、中心元素值为 4、上下左右为−1、其他角点为 0 的卷积核。

④ Directional 方向滤波

在 Convolutions and Morphology Tool 对话框中选择 Convolutions→Directional 可实现方向滤波。方向滤波采用元素总和是 0 的卷积核，可实现一阶导数边缘增强。在方向滤波角度对话框中输入滤波的角度，正北是 0 度，其他角度按逆时针方向计算，方向滤波在像素值相近的区域输出 0、在像素值变化处输出高亮度值，从而有选择性地增强特定方向分量的影像特征。

⑤ Guassian Filter 高斯滤波

在 Convolutions and Morphology Tool 对话框中选择 Convolutions→Guassian High Pass/Guassian Low Pass 可实现高斯高通滤波和高斯低通滤波。高斯高通滤波采用的卷积核中心元素值为正的较高值，邻域元素值都为负的较小值。高斯低通滤波采用的卷积核中心元素值为正的较高值，邻域元素值都为正的较小值。

⑥ Median 中值滤波

在 Convolutions and Morphology Tool 对话框中选择 Convolutions→Median 可实现中值滤波。ENVI 的中值滤波器采用核尺寸邻域内所有像素的中值替换中心像素值，能较好地去除椒盐噪声，对影像进行平滑处理。

⑦ Sobel 边缘增强

在 Convolutions and Morphology Tool 对话框中选择 Convolutions→Sobel 可实现 Sobel 边缘检测以增强空间特征。Sobel 滤波器采用近似 Sobel 函数的 3×3 非线性边缘增强算子，卷积核大小不能改变，核元素不能编辑。

⑧ Roberts 边缘增强

在 Convolutions and Morphology Tool 对话框中选择 Convolutions→Roberts 可实现 Roberts 边缘检测以增强空间特征。Roberts 滤波器采用近似 Roberts 函数的 2×2 非线性边缘增强算子，卷积核大小不能改变，核元素不能编辑。

(2) 形态学滤波

数学形态学是一种分析空间结构的理论，用于分析目标的形状和结构，其主要目标是几何结构的定量化。形态学滤波由数学形态学的基本运算构成滤波器，以形状为基础处理影像，可有选择地抑制图像某种结构，如噪声或不相关目标。在 ENVI 中形态学滤波采用的形态核称为结构元素，结构元素在形态变换中的作用相当于信号处理中的"滤波窗口"。在 Convolutions and Morphology Tool 对话框中选择 Morphology 提供了形态滤波的类型，可实现形态学滤波功能，如图 11-15 所示。形态学滤波可提供膨胀、腐蚀、开运算和闭运算等功能。

① 膨胀 Dilate

膨胀是结构元素在影像范围内移动，计算每一结构元素覆盖的影像区域内像素的最大值，并赋给参考点像素，从而使影像中高亮区域逐渐增长，一般用做填充、扩张或者生长，可使影像中小于结构元素的空洞填充，仅用于 unsigned byte、unsigned long-integer 或者 unsigned integer 数据。其中 Kernel Size 中输入结构元素的大小，一般设置为正方形。若改变为非正方形结构元素，则从 Convolutions and Morphology 工具框中取消选择 Options→Square Kernel。结构元素尺寸一般按奇数增加，左键单击以 2 为增量改变，中键单击以 10 为增量改变，右键单击结构元素尺寸重置为 3×3。在 Cycles 中输入迭代次数。在 Style 中选择滤波器类型，可以选择 Binary、Gray 或者 Value 类型。Binary 表示输出结果是黑白二值影像，Gray 表示输出结果存储了梯度信息，Value 表示允许从所选像素中加上(膨胀)或减去(腐蚀)核元素值。

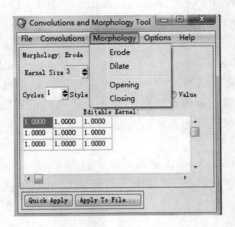

图 11-15　形态学滤波

② 腐蚀 Erode

腐蚀是结构元素在影像范围内移动，计算每一结构元素覆盖的影像区域内像素的最小值，并赋给参考点像素，一般用做收缩、减少或删除小于结构元素的像素孤岛，仅用于 unsigned byte、unsigned long-integer 或者 unsigned integer 数据。具体操作方法类似于膨胀。

③ 开运算 Opening

影像开运算定义为对影像使用相同结构元素先进行腐蚀运算，再对腐蚀滤波结果进行膨胀运算。在影像中开运算删除了不能包含结构元素的对象区域，能平滑轮廓、断开狭窄的连接、消除小的孤岛和尖锐的孤峰，并不明显改变其面积。

④ 闭运算 Closing

影像闭运算定义为对影像使用相同结构元素先进行膨胀运算，再对膨胀滤波结果进行腐蚀运算。在影像中闭运算填充比结构元素小的空洞，能平滑轮廓、融合狭窄的突变、连接狭窄的缺口、填充轮廓之间的间隙，并不明显改变其面积。

（3）纹理分析

纹理是指影像色调的空间变化，由一定规律的色调重复出现组合而成，反映了图像中同质现象的视觉特征，体现了具有缓慢变化或者周期性变化的色调结构排列属性。纹理特征不同于灰度、颜色等图像特征，它通过像素及其周围空间邻域的灰度分布来表现。纹理区域是非随机排列的不断重复，大致为均匀的统一体，纹理区域内的灰度较为同质以能作为一个单元出现，因此纹理和尺度相关。ENVI 提供的纹理分析功能可从 SAR 影像和其他类型的影像中提取纹理信息，建立在估计图像的二阶组合条件概率密度基础上对像元及其邻域内的灰度属性分析，研究纹理区域中的统计特征，如数据范围，以及均方根一阶、二阶或者高阶统计特征。

ENVI 支持几种基于概率统计或二阶概率统计的纹理滤波，在 ENVI 经典主菜单栏中点击 Filter，在其下拉菜单中选择 Texture 可应用基于发生矩阵和基于共生矩阵的纹理分析。

① Occurrence Measures 发生矩阵测度

在 Texture 菜单栏中选择 Occurrence Measures 打开 Occurrence Texture Parameters 对话框，如图 11-16 所示。在 Processing Window 的 Rows 和 Cols 中输入处理窗口的大小。Occurrence Measures 纹理分析在纹理计算的处理窗口内使用每个灰度级出现的次数来提取纹理特征，可计算 5 种不同的纹理特征，分别是数据范围、均值、变化、熵、偏斜。

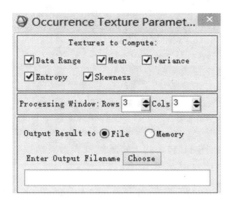

图 11-16　Occurrence Texture Parameters 纹理参数对话框

② Co-occurrence Measures 共生矩阵测度

在 Texture 菜单栏中选择 Co-occurrence Measures 打开共生矩阵纹理参数对话框，如图 11-17 所示。基于共生矩阵的纹理分析使用共生矩阵测度，主要描述在一定角度方向上、相隔一定距离，具有一定的灰度值的像元对出现的频率矩阵。共生矩阵可计算基于二阶矩阵的具有较好鉴别能力的 8 种纹理特征：均值、变化、同质、对比度、相异性、熵、二阶矩、相关性，但在计算上较为耗时，可对灰量量化数量进行设置以减少表示计算所需的灰度梯度数量。在 Co-occurrence Shift 中输入 X、Y 变换值用于计算二阶概率矩阵，在 Greyscale quantization levels 中输入灰度量化级别，如 64、32 或者 16。

（4）自适应滤波

自适应滤波器使用每个像素局部邻域内像素的标准差计算其新像素值。原始像素值被替换为其周围符合标准差准则的有效像素计算的一个新值。不像典型的低通平滑滤波器，自适应的滤波器在抑制噪声的同时保持了影像的清晰度和细节信息。在 ENVI 经典主菜单栏中点击 Filter，在其下拉菜单中选择 Adaptive 可使用自适应滤波功能，ENVI 提供的自适应滤波器包括 Lee、Enhanced Lee、Frost、Enhanced Frost、Gamma、Kuan、Local Sigma、Bit Error Filters 等滤波器。

① Lee 滤波

使用 Lee 滤波器平滑亮度与影像场景相关的噪声数据，可以是乘性成分或加性成分的噪声。Lee 滤波是一个基于标准差的滤波器，基于单个滤波器窗口中计算的统计值过滤数据。不像典型的低通平滑滤波器，Lee 滤波器在抑制噪声的同时保护影像突变和细节。被过滤的像素其像素值替换为周围像素计算的值。在 Adaptive 的下拉菜单中选择 Lee，打开

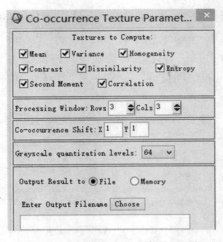

图 11-17 共生矩阵纹理参数对话框

Lee 滤波参数对话框如图 11-18 所示。其中，在 Filter Size 中输入滤波器窗口大小，在 Noise Model 的下拉列表中选择噪声模型：加性噪声（Additive）、乘性噪声（Multiplicative）以及两者混合噪声（Both）。一般地，雷达影像中的散点噪声是乘性的。在 Additive Noise Mean、Multiplicative Noise Mean 中可分别输入加性噪声均值、乘性噪声均值，其缺省值分别是 0 和 1。噪声均值越大，平滑效果越差。在 Noise Variance 中输入噪声方差值，当选择加性噪声和混合噪声模型时，噪声方差参数设置为加性噪声方差，当选择乘性噪声模型时，噪声方差参数设置为乘性噪声方差。为判断噪声方差，可对一个平坦区域计算数据方差值，例如影像中的湖泊或平坦的沙漠盆地。对于雷达数据中的乘性噪声，可通过 1/（Number of Looks）来确定噪声方差。

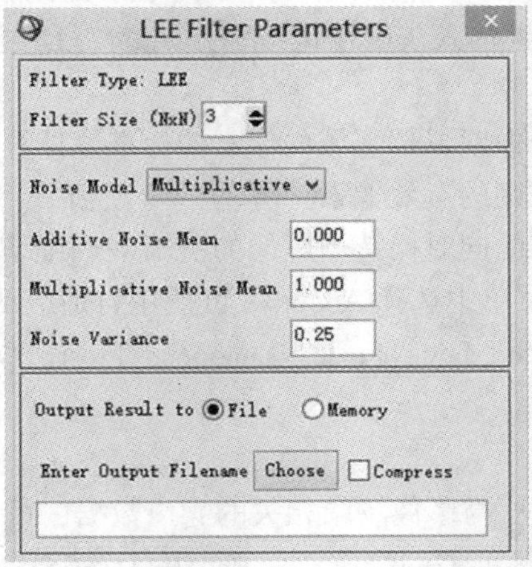

图 11-18 Lee 滤波参数对话框

② Enhanced Lee 增强的 Lee 滤波

增强的 Lee 滤波器是自适应的 Lee 滤波器，同样使用单个滤波窗口内的局部统计数据（变异系数）。每个像素被归于以下三类中的一类：Homogeneous 表示像素值被替换为滤波窗口的均值，Heterogeneous 表示像素值被替换为一个加权均值，Point Target 表示像素值不被改变。使用增强的 Lee 滤波器在减少雷达影像中的散点噪声的同时可保持纹理信息。在 Adaptive 的下拉菜单中选择 Enhanced Lee，打开增强的 Lee 滤波参数对话框如图 11-19 所示。其中，在 Filter Size 中输入滤波器窗口大小，在 Damping Factor 中输入阻尼因子，阻尼因子反向定义了异构类加权平均中指数阻尼的程度，阻尼因子越大、平均后数值越小。在变异截止系数中定义 Homogeneous 类的截止值（变异系数 C_u）、Heterogeneous 类的截止值（C_u<变异系数<C_{max}）。

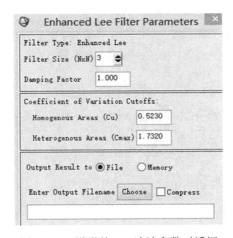

图 11-19　增强的 Lee 滤波参数对话框

③ Frost 滤波

Frost 滤波器是一个使用局部数据的指数阻尼圆对称滤波器，被滤波的像素其像素值被替换为基于到滤波器中心的距离、阻尼因子、局部方差计算出的值。使用 Frost 滤波器在减少雷达影像中斑点噪声的同时保持边缘信息。在 Adaptive 的下拉菜单中选择 Frost，打开 Frost 滤波参数对话框如图 11-20 所示。其中，在 Filter Size 中输入滤波器窗口大小，在 Damping Factor 中输入阻尼因子，阻尼因子决定了指数衰减的数量，缺省值为 1 对于大多数雷达影像足够了。阻尼因子越大，保持边缘信息越好，平滑效果越差。阻尼因子越小，平滑效果越明显。若阻尼因子为 0 则和低通滤波器的输出一样。

④ Enhanced Frost 增强的 Frost 滤波

使用增强的 Frost 滤波器在减少雷达影像中噪声的同时保持纹理信息，增强的 Frost 滤波器是自适应的 Frost 滤波器，同样使用单个滤波窗口内的局部统计数据（变异系数）。每个像素被归于以下三类中的一类：Homogeneous 表示像素值被替换为滤波窗口的均值，Heterogeneous 表示一个脉冲响应用做卷积核以确定像素值，Point Target 表示像素值不被改变。在 Adaptive 的下拉菜单中选择 Enhanced Frost，打开 Enhanced Frost 滤波参数对话框

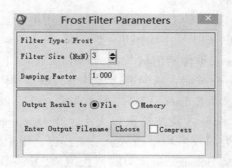

图 11-20　Frost 滤波参数对话框

如图 11-21 所示。其中，在 Filter Size 中输入滤波器窗口大小，在 Damping Factor 中输入阻尼因子，阻尼因子反向定义了异构类加权平均中指数阻尼的程度，阻尼因子越大，平均后数值越小。在变异截止系数中定义 Homogeneous 类的截止值（变异系数 C_u）、Heterogeneous 类的截止值（C_u<变异系数<C_{max}）。

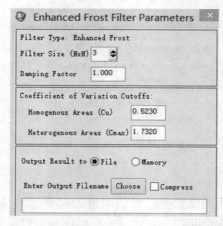

图 11-21　增强的 Frost 滤波参数对话框

　　⑤ Gamma 滤波器

　　Gamma 滤波器相似于 Kuan 滤波器，但假设数据是 Gamma 分布的，被滤波的像素其像素值被替换为基于局部统计数据计算的一个值。使用 Gamma 滤波器可减少雷达影像中的斑点噪声同时保持边缘信息。在 Adaptive 的下拉菜单中选择 Gamma，打开 Gamma 滤波参数对话框如图 11-22 所示。其中，在 Filter Size 中输入滤波器窗口大小，输入 Number of Looks 数值，ENVI 使用 1/（Number of Looks）计算噪声方差。

　　⑥ Kuan 滤波器

　　Kuan 滤波器转换乘性噪声模型为加性噪声模型，相似于 Lee 滤波器，但使用了一个不同的加权函数，被滤波的像素其像素值被替换为基于局部统计数据计算的一个值。使用

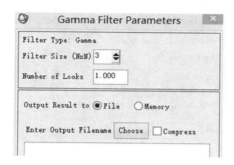

图 11-22　Gamma 滤波参数对话框

Kuan 滤波器在减少雷达影像中斑点噪声的同时保持边缘信息。在 Adaptive 的下拉菜单中选择 Kuan，打开 Kuan 滤波参数对话框如图 11-23 所示。其中，在 Filter Size 中输入滤波器窗口大小，输入 Number of Looks 数值，ENVI 使用 1／(Number of Looks)计算噪声方差。

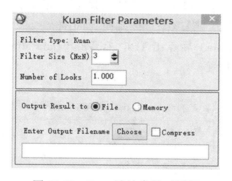

图 11-23　Kuan 滤波参数对话框

⑦ 局部 Sigma 滤波

局部 Sigma 滤波器使用滤波窗口计算的局部标准差以确定滤波窗口中的有效像素。局部 Sigma 滤波器将被滤波像素的值替换为滤波器窗口中有效像素计算的均值。使用局部 Sigma 滤波器可以较好地保护细节信息，即使在低对比度的区域，而且能较大程度上减少斑点噪声。在 Adaptive 的下拉菜单中选择 Local Sigma，打开局部 Sigma 滤波参数对话框如图 11-24 所示。其中，在 Filter Size 中输入滤波器窗口的像素尺寸，在 Sigma Factor 中输入标准差因子用以考虑像素的有效性。ENVI 使用 Sigma Factor 和局部统计数值通过计算最小、最大像素值来确定有效像素，滤波的像素被替换为周围有效像素的均值。

⑧ Bit Error 滤波

使用 Bit Error 滤波能消除影像中的 bit-error 噪声，bit-error 噪声通常是由孤立像素所具有的与影像场景无关的极端值引起的，典型地表现为椒盐现象。ENVI 使用一个自适应的算法，用邻域像素的均值去替换噪声像素值，以消除影像中的 bit-error 噪声。滤波窗口内的局部统计数据值(均值和标准差)用于设置有效像素的阈值。在 Adaptive 的下拉菜单中

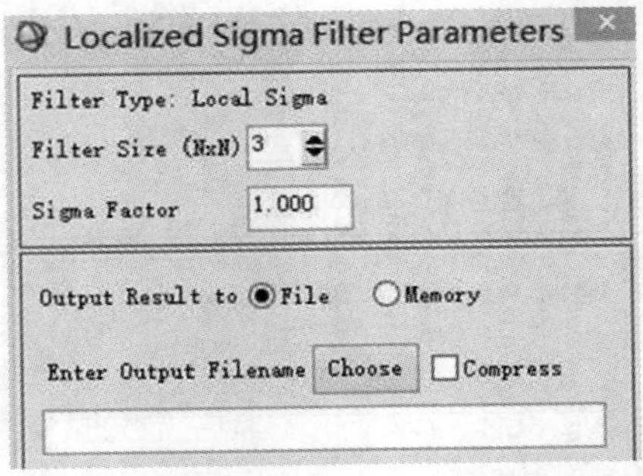

图 11-24　局部 Sigma 滤波参数对话框

选择 Bit Error，打开 Bit Error 滤波参数对话框如图 11-25 所示。其中，在 Filter Size 中输入滤波器窗口的像素尺寸，在 Sigma Factor 中输入用以确定有效像素的标准差因子，在 Tolerance 中输入容忍像素值，像素值大于容忍值的那些像素被认为是噪声像素。若像素值与滤波窗口均值的差值大于标准差因子与局部标准差的乘积且大于容忍值，则该像素被划归为 bit error。缺省情况下，噪声像素被替换为周围有效像素的均值。为将噪声像素设置为 0，可以在 Zero Bit Errors? 后点击 Yes。在 Valid Data Min 和 Valid Data Max 中分别输入有效像素的最小值和最大值。

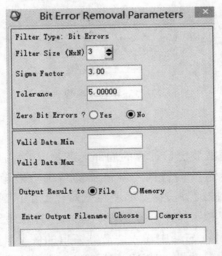

图 11-25　Bit Error 滤波参数对话框

（5）FFT 滤波

傅里叶变换是将时域信号分解为不同频率的正弦、余弦和的形式，图像的傅里叶变换是将图像从空间域转换到频率域、将图像的灰度分布函数变换为图像的频率分布函数，其逆变换是将图像从频率域转换到空间域、将图像的频率分布函数变换为灰度分布函数。图像的频率是表征图像中灰度变化剧烈程度的指标，是灰度在平面空间上的梯度。快速傅里叶变换滤波，首先将影像数据从灰度分布空间变换到频率分布空间，输出一个显示不同空间频率成分的复数影像，然后交互建立一个频率滤波器对空间频率进行滤波，最后将滤波数据进行反傅里叶变换到原始数据空间中得到滤波影像。在 ENVI 经典主菜单栏中点击Filter，在其下拉菜单中选择 FFT Filtering 可使用傅里叶变换滤波。

① Forward FFT 傅里叶正变换

使用傅里叶正变换生成的影像上显示了垂直和水平方向的空间频率成分，显示在转换影像中心的平均亮度值对应着 0 频率成分，远离中心的像素代表着增加的影像空间频率成分。如果输入影像的行数或列数为奇数，则快速傅里叶正变换输出影像上有异常频率成分，导致反变换将出现错误，在反变换影像上会出现宽的亮、暗条纹。在 FFT Filtering 下拉菜单中选择 Forward FFT，可进行快速傅里叶正变换。在傅里叶正变换影像上显示的是复数像素值幅度的自然对数。

② Filter Definition 滤波定义

使用 Filter Definition 直接交互地定义 FFT 滤波器，滤波器类型包括 circular pass、circular cut、band pass、band cut、user defined pass、user defined cut。在 FFT Filtering 下拉菜单中选择 Filter Definition 打开滤波器定义对话框，如图 11-26 所示。其中，在 Samples和 Lines 中输入滤波器的尺寸，在菜单栏中点击 Filter_Type 选择滤波器类型。对于 Circular Pass（低通）、Circular Cut（高通）滤波器类型，在 Radius 中输入滤波器半径。对于 Band Pass 或 Band Cut 滤波器类型，在 Inner Radius 或 Outer Radius 中输入内、外半径大小。对于 User Defined Pass 和 User Defined Cut 滤波器类型，可以选择 load annotations 导入到滤波器。在 Number of Border Pixels 中输入边界像素的数量，用以平滑滤波器的边缘，0 值意味着不平滑。

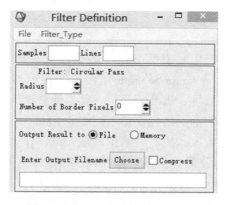

图 11-26　FFT 滤波器定义对话框

③ Inverse FFT 反傅里叶变换

对前述生成的滤波影像执行反傅里叶变换到原始数据空间，就从影像中删除了特定的空间频率成分。

2. 影像锐化(Sharpen)

影像锐化是将低空间分辨率的彩色、多光谱或者高光谱影像同高空间分辨率灰度影像合并，使合并影像重采样到高分辨率像素尺寸，从而生成一幅高分辨率多光谱遥感影像。在影像融合前，需要对两幅影像进行精确配准以及选择合适的融合方法。在 ENVI 经典主菜单栏中点击 Transform，在其下拉菜单中的 Image Sharpening 提供了影像融合功能。对于字节缩放的 RGB 影像，ENVI 使用 HSV 变换和 Color Normalized (Brovey) 变换的影像锐化技术；对于多光谱影像，ENVI 使用 Gram-Schmidt 变换、Principal Components (PC) 变换、Color Normalized (CN) 变换的影像融合技术。

（1）HSV 融合

HSV 锐化将 RGB 影像转换到 HSV 颜色空间，用高分辨率影像替换 Value 波段，使用最近邻法、双线性法或立方卷积法将 Hue 波段和 Saturation 波段重采样到高分辨率像素尺寸，然后将三个波段转回到 RGB 颜色空间具有和高分辨率输入数据一样的像素尺寸。在 Image Sharpening 下拉菜单中选择 HSV 打开 RGB 输入波段对话框，选择三个彩色波段影像，每个波段数据必须是字节型。在打开的高分辨率影像输入对话框中选择高分辨率输入波段，在打开的 HSV 锐化参数对话框中从 Resampling 下拉列表中选择重采样方法。

（2）Color Normalized (Brovey) 融合

Brovey 锐化将彩色影像和高分辨率数据进行数学运算结合，运用最近邻、双线性或三次卷积技术将三个彩色波段重采样到高分辨率像素尺寸，彩色影像中每个波段乘以高分辨率数据与颜色波段总和的比值。输出的 RGB 影像具有输入的高分辨率数据的像素尺寸。在 Image Sharpening 下拉菜单中选择 Color Normalized (Brovey) 打开 RGB 输入波段对话框，选择三个彩色波段影像，每个波段数据必须是字节型。在打开的高分辨率影像输入对话框中选择高分辨率输入波段，在打开的 Color Normalized 锐化参数对话框中从 Resampling 下拉列表中选择重采样方法。

（3）Gram-Schmidt 光谱融合

Gram-Schmidt 光谱融合使用高空间分辨率数据锐化多光谱数据，Gram-Schmidt 创建 Pan-sharpened 影像。一般而言 Gram-Schmidt 使用给定传感器的光谱响应函数去评估 Pan 数据，因此更精确而在大多数场合被推荐使用。低空间分辨率光谱波段用以模拟全色波段必须位于高分辨率全色波段的范围之内。ENVI 执行 Gram-Schmidt 光谱融合，首先从低空间分辨率光谱波段模拟全色波段，然后将模拟的全色波段作为第一波段和光谱波段一起执行 Gram-Schmidt 变换，用高分辨率全色波段替换 Gram-Schmidt 的第一波段，最后应用反 Gram-Schmidt 变换以形成 Pan-sharpened 光谱波段。在 Image Sharpening 下拉菜单中选择 Gram-Schmidt Spectral Sharpening，打开 Gram-Schmidt 融合参数对话框，如图 11-27 所示。其中，在 Select Method for Low Resolution Pan 中选择以下方法：Average of Low Resolution Multispectral File、Select Input File、Create By Sensor Type、User Defined Filter Function。Average of Low Resolution Multispectral File 表示使用多光谱波段的平均来模拟低分辨率全色影像。Select Input File 表示选择已存在的与多光谱影像空间尺寸相同的单波段影像。Create By Sensor Type 表示从传感器下拉列表中选择传感器类型，对所选传感器模拟一个全色影像，这个选项需要对数据进行辐射定标。User Defined Filter Function 表示对所选的滤波函数模拟一个全色影像，选择这个选项后需单击选择输入滤波函数文件以确定使用一个指定的滤波函数，这个选项需要对数据进行辐射定标。如果对低分辨率输入数据应用掩膜，在 Mask Output Value 中设置输出掩膜区域的像素值。ENVI 在计算低分辨率统计数据时仅使用非掩膜像素，掩膜应用到高分辨率结果中，掩膜像素被设置为指定的输出值，缺省情况下为 0。从 Resampling 下拉列表中选择重采样方法。

图 11-27　Gram-Schmidt 光谱融合对话框

（4）PC 光谱锐化

PC 光谱锐化使用高空间分辨率全色波段锐化低空间分辨率、多波段影像，算法假定低空间分辨率、多光谱波段对应到高空间分辨率全色波段。首先在多光谱数据上执行 PC 变换，其次用高分辨率波段替换 PC 波段 1 并缩放高分辨率波段以匹配 PC 波段 1，所以不存在光谱信息扭曲，PC 光谱锐化方法假定 PC 变换的第一波段能较好地估计全色波段。最后执行逆变换，使用最近邻、双线性或三次卷积技术重采样多光谱数据到高分辨率像素尺寸。如果同时显示 Gram-Schmidt Pan-sharpened 影像和 PC Pan-sharpened 影像，视觉差异是比较显著的，差异在于光谱信息。对两个影像计算协方差矩阵，Pan Sharpening 效果在地表同质特征区域如沙漠、水域中表现明显。

（5）CN 光谱锐化

CN 光谱锐化是用于锐化三波段 RGB 影像的彩色归一化算法的扩展，和 HSV、Brovey 锐化不同的是，CN 方法可同时锐化任意数量的波段、保留输入影像的原始数据类型和动态范围。仅当输入波段在锐化影像波段的光谱范围内时，CN 方法的彩色归一化算法使用锐化影像中的高空间分辨率波段增强输入影像中的低空间分辨率波段，对其他输入波段在输出中并不改变。锐化波段的光谱范围由波段中心波长和 FWHM（full width-half maximum）值定义，可在头文件中获得。输入影像的波段分组为按锐化波段光谱范围定义的光谱区段，相应的波段区域一起被处理。每个输入波段乘以锐化波段然后除以区段中输入波段的总和以归一化。在 Image Sharpening 下拉菜单中选择 CN Spectral Sharpening，打开 CN Spectral Sharpening 融合参数对话框。其中，在 Sharpening Image Multiplicative Scale Factor 中输入锐化影像的尺度因子，锐化影像必须和输入影像有相同的单位和尺度因子。如果输入影像是整型高光谱文件定标到(reflectance×10000)单位，而融合影像是一个浮点型多光谱文件定标到 reflectance，则需输入尺度因子 10000。如果输入影像是以 $\mu W/(cm^2 \cdot nm \cdot sr)$ 为单位，而锐化影像是以 $\mu W/(cm^2 \cdot m \cdot sr)$ 为单位，则需要输入尺度因子 0.001。

第三节　PCI 空间增强

PCI 中提供了影像空间滤波和影像空间融合的两种增强功能。影像斑点噪声和椒盐噪声在很多影像中是固有的，对精确的影像解译带来不利影响，在 Focus 中有几种影像滤波器可以对影像中的这些噪声进行处理，以达到空间增强的目的。滤波器通过锐化和平滑能增强或抑制影像中的细节，也能检测影像中存在的隐藏边缘。可使用低通和高通滤波器对图像中某些空间、频率特征的信息增强或抑制，突出遥感图像上某些特征，如增强高频信息，突出边缘、纹理、线条等。增强低频信息抑制高频信息，去掉细节、消除噪声等，如减少影像中的颗粒噪声、突出边缘细节。PCI 中的空间滤波功能可在 Focus 窗口的 Layer 下拉菜单中选择 Filter 来实现。影像融合是将高空间分辨率影像提供的空间信息和多光谱、低空间分辨率影像提供的光谱信息相结合，产生分辨率提高的、光谱信息丰富的融合影像，以达到空间增强的目的。PCI 中的空间融合功能可在 Focus 窗口的 Tools 下拉菜单的 Algorithm Librarian 中实现。下面分别介绍 PCI 中的空间滤波和空间融合功能。

1. 空间滤波

空间滤波可以提取原影像中的边缘信息后进行加权处理再与原影像叠加，提取原影像中的模糊成分后进行加权处理再与原影像叠加，也可使用某一指定的函数对原影像进行加权以产生锐化或平滑的效果。空间滤波计算是基于核与移动样本集的卷积运算实现的，核对影像像素进行采样并将滤波应用到样本集的中心像素。核的维数必须总是奇数，如 3×3 或 11×15。从第一个样本开始应用滤波器，滤波器在图像范围内移动，直到整个影像完成卷积运算。PCI 中的卷积滤波空间增强是通过滤波窗口实现的。在 Focus 中有两种方式可以打开滤波功能：在 Focus 窗口的 Maps 标签页下地图中的区域内选中影像层，点击鼠标右键在弹出的快捷菜单中选择 Filter，或者在 Focus 窗口菜单栏 Layer 的下拉菜单中选择 Filter，打开 Filter 窗口如图 11-28 所示。

Filter 窗口提供了低通滤波、高通滤波和自定义滤波功能，在 Filter Size 中输入 X 和 Y 方向核大小可调整卷积核的维数，也可选择不同的滤波器类型。点击 Apply to View 表示将滤波操作仅仅应用到视图面板中的影像。如果想重新调整滤波器设置或更换其他滤波器可点击 Remove View Filter。点击 Apply to File 打开 Save New Filtered Image 窗口如图 11-29 所示，将滤波结果存储到影像文件中。对包含在滤波层中的每个彩色元素指定文件和通道，包括三个 RGB 层和一个灰度层的伪彩色表层。当尝试多个滤波器时，影像滤波效果不会累加，每次滤波只针对存储在影像文件中的原始数据。既可对层中所有数据应用滤

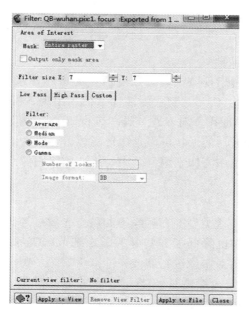

图 11-28　空间滤波窗口

波，也可设置位图掩膜将滤波处理限制到层中特定区域。

图 11-29　存储新滤波影像窗口

（1）低通滤波

低通滤波仅通过低频信息或渐进灰度变化，与原始影像相比，低通滤波产生的影像表现得更为平滑或模糊。在 Filter 窗口，点击 Low Pass 标签页，可实现低通滤波功能。对于非雷达影像数据，以下滤波器比较有效，而且核尺寸越大平滑或模糊效果越好。

① Average Filter 均值滤波器

均值滤波器用一个 3×3 的滤波核计算核所对应像素的总和，再除以核内元素的总和，以平滑影像、消除噪声。

② Median Filter 中值滤波器

中值滤波器寻找卷积核所对应像素的中间像素值替代中心像素值，有平滑影像数据和保护边缘的效果。

③ Mode Filter 模式滤波器

模式滤波器将滤波核中出现最频繁的灰度值作为中心像素值，例如 3×3 滤波窗口像素值为(3，3，3，3，3，4，5，5，5)，滤波像素值 3 出现 5 次，则模式滤波器的中心像素值就是 3。模式滤波器一般用于对专题分类图进行清理，滤波器用周围较大的专题替换较小的孤岛专题。模式滤波器的形状可以是矩形，核尺寸最大值可以是 7×7。当两个值均匀分布在核样本内时，如果中心像素值是其中一个，则中心像素值不变；如果不是，则第一个值赋给中心像素值。

④ Gamma Filter

大多数影像文件包含一些类型的高频噪声如斑点、椒盐等，而低通滤波器虽然减少了影像中的斑点噪声，但同时也降低了一些好的影像细节。Gamma 滤波通过使用每个像素周围的方形窗口中的灰度值对影像进行滤波，能减少高频的斑点噪声，同时也保存了影像中的细节、线特征以及高频边缘特征。Gamma 滤波器的维数必须是奇数，如从 3×3 到 11×11 像素。滤波器大小很大程度上影响了低通滤波处理的效果，如果滤波器太小，噪声滤波算法效果较差；如果滤波器太大，在滤波过程中影像上的轻微细节将会失去，7×7 滤波器通常会产生较好的效果。

（2）高通滤波

高通滤波仅通过高频信息或突然的灰度变化，高频影像保留所有的局部细节，例如目标边缘。高通滤波器强调对比差异区域之间的边界像素，通常也称为边缘检测器，突出与线特征、边缘细节相关的像素对比度。在 Filter 窗口，点击 High Pass 标签页，可实现高通滤波功能。打开滤波窗口，在 Filter Size 中输入 X 和 Y 方向核大小，当选择高斯滤波器时核尺寸大小被固定为 9×9。滤波结果既可改变到视图面板，也可存储到新的影像层或改写到已有层。

① Gaussian Filter（SIGMSQ=4）高斯滤波器

高斯滤波器用做模糊影像的带通滤波，使用以下高斯函数来计算滤波器权重：

$$G(i, j) = \exp(-((i-u)^2 + (j-v)^2)/(2 \times SIGSMQ))$$

其中，(i, j) 是滤波窗口内的像素，(u, v) 是滤波窗口的中心，SIGMSQ 值设置为 4。滤波权重 $w(i, j)$ 是整个滤波窗口内 $G(i, j)$ 的归一化值，权重之和为 1。滤波后像素的灰度值是滤波窗口内所有像素的 $w(i, j) \times G(i, j)$ 的总和。高斯滤波器的大小限制在 9×9，为对影像边缘附近的像素滤波，可对边缘处的像素值进行复制以提供充足的数据。

② Laplacian Edge Detector Filter 拉普拉斯边缘检测滤波器

拉普拉斯边缘检测滤波可以对影像的边缘进行锐化，该滤波器用于突出具有正、负亮度斜率的边缘。两个拉普拉斯滤波器有不同的权重分布，类型 1 的权重是(0，1，0，1，−4，1，0，1，0)、类型 2 的权重是(−1，−1，−1，−1，8，−1，−1，−1，−1)，所有权值之和为 0。同样地，为对影像边缘附近的像素滤波，可对边缘处的像素值进行复制以提供充足的数据。

③ Sobel Edge Detector Filter

Sobel 边缘检测滤波可以锐化灰度值的变化以显示边缘，这个滤波器使用 2 个 3×3 的模板以计算 Sobel 梯度。在 3×3 滤波窗口内 a_1，a_2，$\cdots$，a_9 是每个像素的灰度值，则应用 Soble 模板后，中心像素的梯度值 Grad 计算如下：

$$Grad = ((-1 \times a_1 + 1 \times a_3 - 2 \times a_4 + 2 \times a_6 - 1 \times a_7 + 1 \times a_9)^2 +$$
$$(1 \times a_1 + 2 \times a_2 + 1 \times a_3 - 1 \times a_7 - 2 \times a_8 - 1 \times a_9)^2)^{1/2}$$

④ Prewitt Edge Detector Filter

Prewitt 边缘检测滤波器使用 2 个 3×3 模板计算 Prewitt 梯度值，中心像素的梯度值 Grad 计算如下：

$$Grad = ((-1 \times a_1 + 1 \times a_3 - 1 \times a_4 + 1 \times a_6 - 1 \times a_7 + 1 \times a_9)^2 +$$
$$(1 \times a_1 + 1 \times a_2 + 1 \times a_3 - 1 \times a_7 - 1 \times a_8 - 1 \times a_9)^2)^{1/2}$$

⑤ Edge Sharpening Filter 边缘锐化滤波器

边缘锐化滤波使用消减平滑方法对影像进行锐化。首先，对影像应用均值滤波，均值影像保留了所有低频空间信息，但使高频特征如边缘、线等减弱。其次，在原始影像中减去均值影像，相应的差异影像将主要保留边缘和线。最后，在确定边缘之后，差异影像添加返回到原始影像中得到一个边缘增强的影像。所得到的影像将有更清晰的高频细节，然而另一种趋势是增强了噪声。

（3）自定义空间滤波

自定义空间滤波可根据需要设置滤波器，指定滤波模板的系数，使用方形或矩形核中的灰度值对影像中每个像素执行空间滤波操作。在 Filter 窗口，点击 Custom 标签页，可实现自定义滤波功能。一些常见的自定义滤波器有 Weighted average、Directional、Center weighted。在提供的矩阵表中输入滤波器参数，对于 3×3 滤波模板输入 a_1，a_2，$\cdots$，a_9 的数值，滤波器放置在影像上，使目标像素被 a_5 覆盖。邻域像素与模板系数对应相乘后再相加，目标像素被相加求和值替代，点击 Import 可从指定文件中读取核，点击 Export 可将核写入到文件，点击 Normalize 可将核元素除以总和以归一化，所有其他的滤波算法在执行滤波操作之前归一化核元素，点击 Reset 将核元素重置为 0。

2. 空间融合

在 Tools 菜单下的 Algorithm Librarian 中提供了空间融合的一些算法实现功能，主要有以下几种：

（1）FUSE：Data Fusion for RGB Color Image

在 Focus 窗口的 Tools 下拉菜单中选择 Algorithm Librarian 命令，打开 Algorithm Librarian-FUN 窗口，在窗口中依次选择 PCI Predefined→Image Processing→Data Fusion 算法目录，选择 FUSE：Data Fusion for RGB Color Image，点击 Open 后打开 FUSE Module Control Panel 窗口，如图 11-30 所示。在该窗口中用指定函数实现 RGB 彩色影像的空间融合。

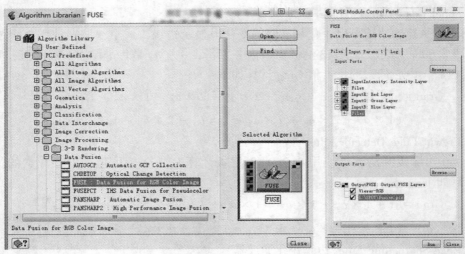

图 11-30　算法库函数窗口

FUSE 函数将红、绿、蓝彩色输入影像同黑白亮度影像输入文件进行融合，结果是输出 RGB 彩色影像和原始 B/W 亮度影像空间分辨率相同。如果输入和输出文件不同，则使用指定的重采样方法对输入 RGB 彩色影像进行重采样。FUSE 使用 REGPRO、IHS 和 RGB 函数来执行数据融合，Hexcone 或 Cylinder IHS 彩色模型都可以用于数据融合。REGPRO 重采样并将 DBRGB（InputR、InputG 和 InputB）指定的输入 RGB 彩色影像转换为 DBOC 指定的输出通道，IHS 对 DBOC 指定的重采样 RGB 彩色影像执行亮度、色度、饱和度变换，RGB 使用输入亮度代替亮度波段执行 IHS 反变换到 RGB 空间。

在 Files 标签页中进行输入输出的设置，包括：选中 InputIntensity：Intensity Layer 后点击 Browse 按钮，指定输入的黑白亮度影像以定义融合输出彩色影像的亮度分量，亮度影像是 8 位或 32 位。分别选中 InputR：Red Layer、InputG：Green Layer、InputB：Blue Layer 后点击 Browse 按钮，分别指定输入 RGB 彩色影像中解译为红、绿、蓝分量的层。选中 OutputFUSE：Output FUSE Layers 后点击 Browse 按钮指定三个输出 RGB 波段以存储数据融合的结果。需注意的是，InputIntensity 和 OutputFUSE 指定的通道必须都是 8 位或都是 32 位，而且不能是同一个文件。

在 Input Params 1 标签页中进行重采样模式和 IHS 模型的设置，包括：在 Resample Mode 中指定输入 RGB 影像所使用的重采样方法类型、重采样抽取和内插原始像素位置和纠正位置的灰度级，可支持三种重采样模式 NEAR（NEAREST）、BILIN（BILINEAR）和 CUBIC，缺省的模式是 NEAR（NEAREST），Cubic Convolution（CUBIC）是推荐使用的重采样模式。在 IHS 模型中指定所使用的 IHS 彩色模型的类型，可以选择 Cylinder 和 Hexcone 两种类型。

（2）FUSEPCT：IHS Data Fusion for Pseudocolor

在 Data Fusion 算法目录中选择 FUSEPCT：IHS Data Fusion for Pseudocolor，点击 Open 后打开 FUSEPCT Module Control Panel 窗口，在该窗口中用指定函数实现假彩色影像的 IHS 数据融合。

FUSEPCT 将输入文件的假彩色影像与黑白亮度影像进行融合，结果是输出 RGB 彩色影像和原始 B/W 亮度影像空间分辨率相同。如果输入和输出文件不同，则使用指定的重采样方法对输入假彩色影像进行重采样。Hexcone 或 Cylinder IHS 彩色模型都可以用于数据融合。FUSEPCT 执行数据融合过程如下：REGPRO 重采样并将 DBIC（InputColor）指定的输入假彩色影像转换为 DBOC 指定的第一个输出通道；IIA 将输入文件中 DBPCT（InputColorPCT）指定的假彩色表波段转移到输出文件中；PCE 从重采样的输入影像和假彩色表中创建彩色影像的红、绿、蓝分量；IHS 对 DBOC（Output）指定的重采样彩色影像执行亮度-色度-饱和度变换；通过使用 DBINT（InputIntensity）RGB 对亮度通道以及 IHS 输出的色度和饱和度执行 IHS 反变换。

在 Files 标签页中进行输入输出的设置，包括：选中 InputIntensity：Intensity Layer 后点击 Browse 按钮，指定输入的假彩色影像通道以定义融合输出彩色影像的彩色分量，如色度和饱和度，该通道必须是 8 位。选中 InputColour：Pseudocolor Image Layer 后点击 Browse 按钮后，指定输入的黑白亮度影像以定义融合输出影像的亮度分量，DBINT（InputIntensity）和 DBOC（Output）通道必须全是 8 位或全是 32 位，而且不能是同一个文件。选中 InputColorPCT：Pseudocolor Image PCT Layer 后点击 Browse 按钮，指定假彩色表段用于将输入影像重编码到红、绿、蓝分量。在 Output：Output R，G，B Layer 下指定三个输出 RGB 通道以存储数据融合的结果。

在 Input Params 1 标签页中进行重采样模式和融合模型的设置，包括：在 Resample Mode 中指定输入 RGB 影像所使用的重采样方法类型、重采样抽取和内插原始像素位置和纠正位置的灰度级，可支持三种重采样模式 NEAR（NEAREST）、BILIN（BILINEAR）和 CUBIC，缺省的模式是 NEAR（NEAREST），Cubic Convolution（CUBIC）是推荐使用的重采样模式。在融合模型中指定所使用的融合模型的类型，可以选择 Cylinder 和 Hexcone 两种类型。

（3）PANSHARP：Automatic Image Fusion

PANSHARP 通过应用自动的影像融合算法将黑白全色影像和多光谱彩色影像组合到一起，用高分辨率的全色影像增加多光谱影像数据的分辨率，以创建一幅高分辨率的彩色影像，这种影像融合技术称为 Pansharpening，支持 8 位、16 位或 32 位实数数据类型。PANSHARP 能融合同一传感器或不同传感器获取的影像。其他的影像融合技术例如 IHS 融合，虽然也能用于融合不同传感器的数据，但 PANSHARP 更容易产生优异的锐化效果并保存了原始影像的光谱特征。PANSHARP 的优势在于算法的简单和功能的强大，它能处理任何影像数据类型，如 8 位无符号、16 位无符号、32 位浮点型，在计算上也是高效的。为获取较好的融合效果，选择输入参考影像通道时，应注意多光谱波段尽可能覆盖高分辨率全色影像的频率范围。如果波长信息可用于 FILI_PAN 和 FILI，DBIC_REF 应该是空的，以至于程序能自动地确定选择最好的参考通道，使用 Use DBIC_REF 可改写自动的参考通道选择机制。一些卫星传感器的参考波段如下所示：

Landsat 7（ETM+）：　　　　　　Green：2，　Red：3，　Near IR：4
SPOT 1，2，3（HRV）：　　　　　Green：1，　Red：2
SPOT 5（HRG）：　　　　　　　　Green：1，　Red：2

IRS 1C, 1D: Green：1,   Red：2

IKONOS：   Blue：1,   Green：2,   Red：3,   Near IR：4

QUICKBIRD：   Blue：1,   Green：2,   Red：3,   Near IR：4

上面给出的波段数是传感器上的标准排序，可能不同于实际数据文件中的排序。如果输出文件不存在，会创建一个新文件，其离地参考范围等于全色通道和多光谱参考通道的公共外接矩形，像素分辨率等于全色影像的分辨率。如果输出文件存在，全色影像、多光谱影像以及输出通道的公共外接矩形内的数据将被融合并存储到输出文件。不位于公共外接矩形内、但位于输出文件范围内的全色或多光谱影像的那部分将使用立方卷积内插到输出文件的分辨率，然后拷贝到输出文件。

输入全色影像和多光谱影像数据之间的相互配准越好，则 PANSHARP 融合的结果就越好。如果几何纠正预处理的步骤能改善相互配准的效果，则应该考虑进行几何纠正。全色和多光谱影像获取时的大气差异可降低 PANSHARP 融合结果的质量，应尽可能使用同时获取的影像。Landsat 7、IKONOS、Quickbird 和 Spot 系列卫星传感器都是同时传递获取的全色和多光谱影像数据。一般建议多光谱影像和全色影像之间地面采样距离的比例不超过 5∶1，例如：IKONOS 影像多光谱数据是 4m 分辨率，全色波段是 1m 分辨率，比例为 4∶1 是可以接受的；但 Landsat 7 的多光谱数据是 30m 分辨率，而 QuickBird 全色波段是 0.61m 分辨率，如果将二者融合则融合效果很差。只要符合地面采样距离比准则而且参考影像紧密覆盖和全色影像同样的波长，则在 PANSHARP 融合中每个多光谱影像的均值、标准差和直方图形状一般仅略微改动。

在 Files 标签页中进行输入输出的设置，包括：选中 Input：Input Multispectral Image Chanels 后点击 Browse 按钮，指定包含低分辨率、多光谱数据的输入文件名，该文件与高分辨率全色影像数据融合；选中 InputRef：Input Reference Image Channel 后点击 Browse 按钮，指定输入的参考影像通道，参考影像的通道和全色影像的通道覆盖相同范围的频率响应，如果未指定参考影像，则 PANSHARP 根据输入的全色影像和多光谱影像有效波长信息来确定合适的参考波段，如果没找到 PANSHARP 也会有出错报告。选中 InputPan：Panchromatic Image Channel 后点击 Browse，指定输入的高分辨率全色影像数据的通道；在 Output：Output File Name 中指定融合后生成的影像文件名，根据输入多光谱影像和全色影像的重叠区域生成融合影像，分辨率与全色影像的一致。

在 Input Params 1 标签页中进行融合参数的设置，包括：在 Enhanced Pansharpening Option 中指定是否生成一个改善的更适合于可视化和目视解译的融合影像，选择 YES 表示生成精炼的融合输出影像，选择 NO 表示生成标准的更适合于数字分类的融合输出影像，缺省值是 YES；在 No Data Image Value 中指定所有通道的背景值，输入通道中所有值为背景值的像素不进行融合处理，如果没有指定，系统将使用通道的元数据信息中 NO_DATA_VALUE 字段值，如果指定了背景值，系统将使用指定的背景值而不再是 NO_DATA_VALUE 字段值；在 Pyramid Options 中指定用于计算概略图的重采样特征，选择 OFF 表示不产生概略图，选择 NEAREST 表示应用最近邻重采样，选择 AVERAGE 表示利用像素的平均值重采样，这个功能用于连续的色调影像，相比于 NEAREST 选项能产生更好的视觉效果，但是因引入了原始影像中没有的中间值而不能用于分类、伪彩色或专题图影像；

选择 MODE 一般用于分类、伪彩色或专题图影像，不用于连续色调影像。专题影像概略图如分类结果，必须使用 MODE 功能计算，然而连续色调影像特别是雷达影像，必须使用 AVERAGE 功能计算。使用 AVERAGE 或 MODE 功能建立概略图比使用 NEAREST 功能计算上要慢。如果影像特征未知，或者速度较为重要，可选择 NEAREST 功能。

第十二章　遥感影像光谱增强

第一节　ERDAS 光谱增强

由于地物反射波谱的多样性和复杂性，使得多光谱影像上地物在多个波段之间的反射值呈现出一定的相关性和差异性。光谱增强(Spectral Enhancement)是根据多光谱影像上多个波段之间的相关性和差异性，通过在多个波段之间进行一些特定的运算以突出某些信息。光谱增强处理是对每个像素在多个波段的数据值之间进行的变换，以达到影像增强的目的，通过这种波段间光谱信息的处理，从而获取新的更加丰富或更易于解释的影像波段信息。

在 ERDAS 图标面板栏中选择 ，然后点击菜单命令 Spectral Enhancement，在弹出的菜单栏中列出了 ERDAS 支持的几种光谱增强功能，如图 12-1 所示。

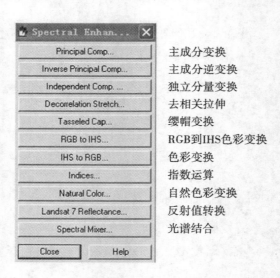

Principal Comp...	主成分变换
Inverse Principal Comp...	主成分逆变换
Independent Comp. ...	独立分量变换
Decorrelation Stretch...	去相关拉伸
Tasseled Cap...	缨帽变换
RGB to IHS...	RGB到IHS色彩变换
IHS to RGB...	色彩变换
Indices...	指数运算
Natural Color...	自然色彩变换
Landsat 7 Reflectance...	反射值转换
Spectral Mixer...	光谱结合

图 12-1　光谱增强菜单

Principal Components 主成分变换：将具有相关性的多波段影像压缩到不相关的较少几个波段，使 PCA 波段比源影像更易于解译分析。

Inverse Principal Components 主成分逆变换：与主成分变换操作正好相反，将主成分变换的图像依据正变换的特征矩阵重新反变换回到原维数空间。

Independent Components 独立分量变换：是一种基于线性变换的特征提取技术，把原始影像分离成不相关的独立分量。

Decorrelation Stretch 去相关拉伸：对图像的主成分变换的分量进行对比度拉伸处理。

Tasseled Cap 缨帽变换：是针对植被信息提取的方法，变换数据结构轴到与植被、土壤密切相关的方向以优化图像显示效果。

RGB to IHS 色彩变换：将图像从红（R）、绿（G）、蓝（B）彩色空间转换到亮度（I）、色度（H）、饱和度（S）彩色空间。

IHS to RGB 色彩变换：将图像从亮度（I）、色度（H）、饱和度（S）彩色空间转换到红（R）、绿（G）、蓝（B）彩色空间。

Indices 指数运算：提供了用于反映矿物及植被的各种比率和指数。

Natural Color 自然色彩变换：对输入影像模拟自然色彩，输出影像近似于自然色彩。

Landsat 7 Reflectance Conversion 反射值转换：将原始的 DN 值或辐射值转换为反射率影像。

Spectral Mixer（Linear Combination）光谱结合：合并输入多光谱影像的波段生成一新的三彩色波段输出文件。

下面以主成分变换、缨帽变换、色彩变换、指数运算展示光谱增强的一些常用处理过程。

1. Principal Components 主成分变换

主成分变换又称为主成分分析，简称 PCA，是一种常用的多元数据分析方法。PCA 是一种去除随机变量间相关性的线性变换，将互相关的输入数据转换成统计上不相关的主成分，主成分之间通常按照方差大小进行降序排列。在影像处理上，PCA 变换通常用做为数据压缩方法，利用各波段图像数据的协方差矩阵的特征矩阵进行多波段图像数据的变换，以消除它们之间的相关关系，从而把大部分信息集中在第一主成分、部分信息集中在第二主成分、少量信息保留在第三主成分和以后各成分的图像上。该方法将冗余的数据压缩成较少的波段，即减少数据维数。PCA 数据各波段间是各自独立、不相关的，常常比原始数据更容易解释。因此，主成分变换也多用于多光谱遥感影像解译，多光谱影像的波段数较大，多个波段数据之间具有一定的相关性和差异性。如果直接对数量较大、有一定冗余的多个波段进行处理和分析，可能计算量较大、较为耗时。可通过 PCA 变换，从数量较多的波段中选取最佳的少数几个波段来进行分析，在较少计算量的同时又能获得较好的分析效果。

在 Spectral Enhancement 菜单栏中选择 Principal Components，打开 Principal Components 对话框，如图 12-2 所示。其中，Eigen Matrix 表示指定是否输出特征矩阵到日志或文件，Show in Session Log 表示将特征矩阵写入到日志，Write to file 表示写特征矩阵到一个文件，如果以后将计算主成分逆变换，这个文件是必需的。Eigenvalues 表示指定是否输出特征值到日志或文件，这里 Show in Session Log 同样表示将特征值写入到日志，Write to file 表示写特征值到一个文件。Number of Components Desired 表示输入期望的分量数量。主成分变换通常用做遥感影像压缩方法，允许冗余的数据压缩到比较少的波段，使数据的维数减少。主成分变换后的数据是不相关、独立的，通常比原始数据更容易解译。在 ERDAS 中主成分变换功能最多能对 256 个波段的影像进行转换压缩。

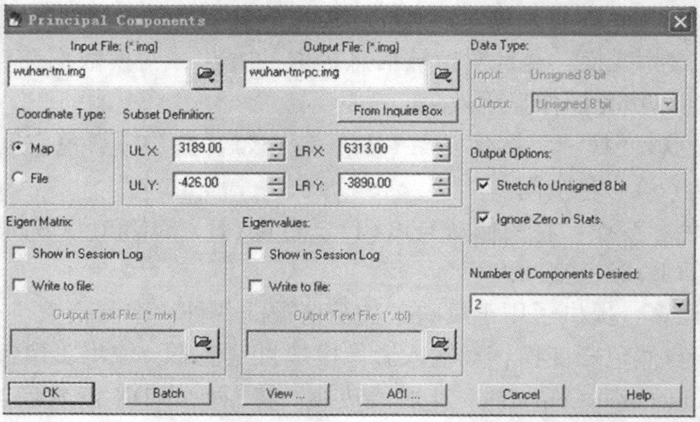

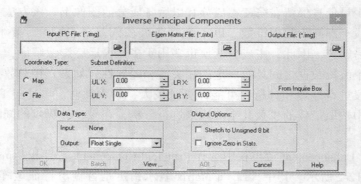

图 12-2 主成分变换对话框

2. Inverse Principal Components 主成分逆变换

主成分逆变换是将主成分变换的图像依据正变换的特征矩阵重新反变换回到原维数空间，逆变换时输入的图像必须是由主成分正变换得到的图像，而且必须正变换的特征矩阵（ * . mtx）参与逆变换。在 Spectral Enhancement 菜单栏中选择 Inverse Principal Components，打开 Inverse Principal Components 对话框，如图 12-3 所示。其中，在 Input PC File 中输入主分量文件，该文件是使用 Principal Components 变换生成的，缺省扩展名是 .img。在 Eigen Matrix File 中输入特征矩阵文件，该文件也是使用 Principal Components 变换生成的，缺省扩展名是 .mtx。

图 12-3 主成分逆变换对话框

3. Tasseled Cap 缨帽变换

缨帽变换又叫 K-T 变换，是一种经验性的多波段影像线性正交变换，根据经验确定变换矩阵将图像投影变换到三维空间。缨帽变换是一种特殊的主成分分析，不同的是其转换系数固定，可独立于单个图像。多光谱遥感影像可以用 N 维空间表示，每个像素根据其各波段的数据值位于 N 维空间中的一个点，土壤、植被等在多维光谱空间中呈规律分布。在 MSS 4 个波段构成的 4 维光谱空间中，土壤的点群分布构成土壤线，植被和农作物其点群分布构成缨帽状，成长的植被构成绿色方向线、枯萎的植被构成黄色方向线。土壤线、绿色方向线、黄色方向线三者互相垂直，光谱特征互不相关、相对独立。因此，MSS 影像可通过正交线性交换到由这三个轴和另一个轴组成的特征空间中而将它们分开。变换后的 4 个分量分别称为"亮度"、"绿色物"、"黄色物"和其他。TM 影像也可通过类似的正交线性变换到由亮度、绿度、湿度和另一个轴组成的特征空间中，以区分土壤岩石、植被及水分信息。缨帽变换实际上是根据多光谱遥感中对图像做的经验性线性正交变换，变换后能表现缨帽的最大剖面，反映植物生长枯萎程度、土地信息变化、大气散射物理影响和其他景物变化程度，能较好地分离土壤和植被，缺点是依赖于传感器（主要是波段），其转换系数对每种遥感器是不同的。

　　在 Spectral Enhancement 菜单栏中选择 Tasseled Cap，打开 Tasseled Cap 对话框，如图 12-4 所示。其中，在选择输入文件后，Sensor 中出现可以匹配输入文件层数的可用传感器下拉列表，如果列表中没有出现传感器，表明输入影像不被这个操作支持。Preprocessing（L7）标签页仅用于处理 Landsat 7 影像，TC Coefficients 标签页列出了输入影像中每层的系数。缨帽变换系数文件 *.tcc 包含了系数矩阵，系数矩阵的列数比输入影像的层数多 1，多出的那一列表示添加到每个输出波段的常量。Layer 字段表示用于计算缨帽变换的缺省系数，可在列表单元中改变这些值。

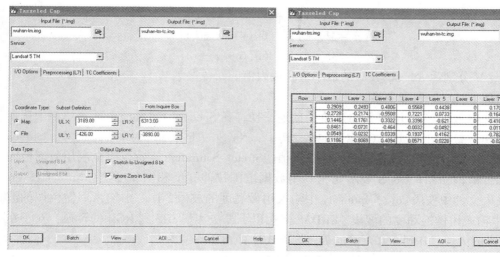

图 12-4　缨帽变换对话框

4. RGB to IHS 色彩变换

　　计算机定量处理色彩时，通常采用 RGB 颜色空间，任意一种颜色均可看成是 R、G、B 三原色的一定比例组合，但对于人眼视觉定性观察时，更适合于用 IHS 颜色空间来模拟。IHS（Intensity、Hue、Saturation）分别表示亮度或强度（I）、色调（H）和饱和度（S）。亮度是指成像场景中的整体亮度，一般与物体的反射率成正比；色调是指彩色的类别，代表着颜色的波长；饱和度是指颜色的纯度。在 IHS 色彩空间中，强度 I 沿轴线从底部的黑变到顶部的白，从 0 到 1 之间变化。色调 H 由底面圆的角度表示，在 0 到 360 之间变化，0°为红色、120°为绿色、240°为蓝色。饱和度 S 是原点到彩色点的半径长度，从 0 到 1 之间变化，圆心饱和度为零，圆周上饱和度为 1。RGB 到 IHS 的变换由转换模型实现，主要的转换模型有球体模型、圆柱体模型、三角模型和单六角锥模型等，变换后图像的颜色与人眼看到的更接近。在 Spectral Enhancement 菜单栏中选择 RGB to IHS，打开 RGB to IHS 对话框。其中，在 No. of Layers 中输入 IHS 变换的波段号，Red 中选择用做红色通道的波段，Green 中选择用做绿色通道的波段，Blue 中选择用做蓝色通道的波段。ERDAS 首先将 R，G，B 都除以 255，由 0 到 255 的范围转换到 0 到 1 的范围。

计算 0 到 1 范围的亮度公式如下：

$$I = (M + m)/2$$

计算 0 到 1 范围的饱和度公式如下：

$$若 M = m，则 S = 0；否则……$$

$$若 I \leqslant 0.5，则 S = (M - m)/(M + m)$$

$$若 I > 0.5，则 S = (M - m)/(2 - M - m)$$

计算 0 到 360 范围的色调公式如下：

$$若 M = m，则 H = 0；否则……$$

$$r = \frac{M - R}{M - m}, \quad g = \frac{M - G}{M - m}, \quad b = \frac{M - B}{M - m}$$

$$若 r = M，则 H = 60(2 + b - g)$$

$$若 g = M，则 H = 60(4 + r - b)$$

$$若 b = M，则 H = 60(6 + g - r)$$

其中，m，M 分别为 R，G，B 中的最小值和最大值。

5. IHS to RGB 色彩变换

IHS 到 RGB 变换是 RGB 到 IHS 变换的逆变换，在 Spectral Enhancement 菜单栏中选择 IHS to RGB，打开 IHS to RGB 对话框。其中，No Stretch 表示关闭拉伸选项，Stretch Intensity 表示仅完全利用数据范围拉伸亮度值，Stretch Saturation 表示仅完全利用数据范围拉伸饱和度值，Stretch I & S 表示完全利用数据范围拉伸亮度和饱和度值。No. of Layers 显示了输入文件中波段数量，Intensity 中输入用做亮度的波段，Hue 中输入用做色调的波段，Sat 中输入用做饱和度的波段。ERDAS 采用以下算法实现 IHS 到 RGB 的转换：对于在 0 到 1 范围的 I，S，0 到 360 范围的 H，按下式计算 M 和 m：

$$若 I \leqslant 0.5，则 M = I(1 + S)$$

$$若 I > 0.5，则 M = I + S - I(S)$$

$$m = 2I - M$$

按下式计算 0 到 1 的范围内的红色通道值 R：

$$若 H < 60，则 R = m + (M - m)(H/60)$$

$$若 60 \leqslant H < 180，则 R = M$$

$$若 180 \leqslant H < 240，则 R = m + (M - m)((240 - H)/60)$$

若 $240 \leqslant H \leqslant 360$，则 $R = m$

按下式计算 0 到 1 的范围内的绿色通道值 G：

若 $H < 120$，则 $G = m$

若 $120 \leqslant H < 180$，则 $G = m + (M - m)((H - 120)/60)$

若 $180 \leqslant H < 300$，则 $G = M$

若 $300 \leqslant H \leqslant 360$，则 $G = m + (M - m)((360 - H)/60)$

按下式计算 0 到 1 的范围内的蓝色通道值 B：

若 $H < 60$，则 $B = M$

若 $60 \leqslant H < 120$，则 $B = m + (M - m)((120 - H)/60)$

若 $120 \leqslant H < 240$，则 $B = m$

若 $240 \leqslant H < 300$，则 $B = m + (M - m)((H - 240)/60)$

若 $300 \leqslant H \leqslant 360$，则 $B = M$

对于 0 到 1 范围内的 R，G，B 值乘以 255 转化成 0 到 255 范围的灰度影像，进行波段合成后得到彩色影像。

6. Indices 指数运算

在多光谱影像上，由于地物反射不同波段的特性既有一定的差异也存在一定的相关，可根据不同地物在不同波段的这种反射特性的关系，在波段之间设定一些特定指标的运算可以增强某些地物特征。指数运算是完成空间配准后的两幅或多幅单波段影像，通过数学运算结合不同波段的 DN 值创建一个输出影像，从而提取特定信息或去掉某些不必要信息，以实现图像增强。指数运算在很多情况下指数是波段 DN 值的比例，这些比值影像来自于感兴趣材料的吸收、散射光谱，通常反映了目标化学成分的信息，被广泛应用于矿产勘查和植被分析，可以揭示多种岩石类型和植被类型之间的一些细小差异。在许多情况下，特定选择的指标能突出和增强原始彩色波段中不能观察到的差异。指数运算生成单一指数的黑白影像或者多指数结合的彩色影像，也能用于最小化多光谱遥感影像中的阴影效果。某些 TM 比值的组合常用于地质学家解译矿产类型。应用指数运算获得的输出影像通常以浮点数创建以保持数据精度。如果有两个波段 A 和 B，那么比率 $= A/B$，当 A 远大于 B 时，一个正常的整数缩放就足够了。当 A 不是远大于 B 时，整数缩放可能就是一个问题，例如数据范围可能只在 1 到 2 或 1 到 3 之间变化，在这种情况下，整数缩放会带来非常小的对比度。当 A 小于 B 时，整数缩放总是截断到 0，将丢失所有分数数据，即使给一个常数乘量因子也不会是非常有效的。当 $A/B<1$ 和 $A/B>1$ 时，比值函数 $\mathrm{atan}(A/B)$ 可更好表达数据范围。在 ERDAS 中提供了以下一些指数运算，例如：IR/R（infrared/red）、SQRT(IR/R)、IR−R、$\dfrac{\mathrm{IR}-\mathrm{R}}{\mathrm{IR}+\mathrm{R}}$、$\sqrt{\dfrac{\mathrm{IR}-\mathrm{R}}{\mathrm{IR}+\mathrm{R}}+0.5}$、TM 3/1、TM 5/7、TM 5/4、TM 5/7，5/4，3/1、TM 5/7，3/1，4/3、DNir-DNred。

在 Spectral Enhancement 菜单栏中选择 Indices 打开 Indices 对话框，如图 12-5 所示。其中，在 Sensor 的下拉列表中选择合适的传感器，如 SPOT XS、Landsat TM、Landsat MSS、NOAA AVHRR。在 Select Function 的滚动列表中根据所选的传感器列出了相应的指数，ERDAS 指数对话框提供了一些常用的矿物和植被指数，如 NDVI、Mineral Composite

等。这些指数大致可归为差值运算和比值运算两类。根据不同的数据类型和传感器选择相应的指数，在 Function 中显示了所选函数的公式。

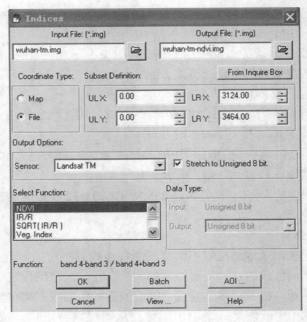

图 12-5　指数运算对话框

7. Natural Color 自然色彩变换

自然色彩变换可对输入影像模拟自然色彩使输出影像近似于真彩色影像。可输入 SPOT 多光谱数据，指定输入 SPOT 数据的红外、红、绿波段，这些波段分别是 3、2、1，模拟自然色彩以输出一个接近真彩色的影像。由于 SPOT 数据的特点，如果波段 1 替换为波段 2 结果可能更好。自然色彩变换也能用于从具有近红外、红、蓝波段的非 SPOT 输入数据中模拟自然彩色。自然色彩变换按以下过程将 SPOT XS 影像转换为一个近似真彩色影像：将 SPOT XS 波段 2 叠置为波段 1，将 SPOT XS 波段 1 置为波段 3，然后进行波段运算 $\left[\dfrac{3\times XS1+XS3}{4}\right]$ 叠置为波段 2。在 Spectral Enhancement 菜单栏中选择 Natural Color 打开 Natural Color 对话框。其中，Output File 中输入生成文件的名称，生成的输出文件是三波段数据，输出数据中波段 1、2、3 的像素值紧密相关于 Landsat TM 数据的波段 3、波段 2 和波段 1 的像素值。因此，输出影像的 1、2、3（RGB）真彩色可模拟 Landsat TM 数据的波段 3、波段 2、波段 1（RGB）真彩色影像。在 Input band spectral range 中输入 Near infrared 波段、Red 波段、Green 波段。

8. Landsat 7 Reflectance 反射值转换

Landsat 7 反射值转换将原始的 DN 值或辐射值转换为反射率影像。在 Spectral Enhancement 菜单栏中选择 Landsat 7 Reflectance 打开 Landsat 7 Reflectance Conversion 对话

框，如图 12-6 所示。其中，I/O Options 标签页中设置输入、输出选项，Conversion 标签页指定转换参数设置，在 Landsat 7 Input is 中选择 Raw DN 或 Radiance，Raw DN 表示输入影像上是原始 DN 值，Radiance 表示输入影像上是辐射值。当选择 Radiance 时，Divide Radiance by 100 有效，当输入大辐射值影像文件转换时可节省存储空间。Solar Elevation 表示影像获取时间地平线上太阳高度，这个值从输入影像的元数据中设置。Solar Distance 表示影像获取时间的地球、太阳的天文学距离，这个值从输入影像的元数据中设置。在 Technique 中选择转换方法，缺省的转换方法取决于输入影像文件的格式，Bias/Gain 表示有加性、乘性参数用于转换 DN 值为光谱辐射。LMAX/LMIN 则需要提供 LMAX 和 LMIN 参数，LMIN 是光谱辐射的最小值，LMAX 是光谱辐射的最大值。在 Radiance Parameters 中分别输入指定波段的参数，Bias、Gain 中分别输入加性、乘性参数，LMIN、LMAX 中分别输入最小、最大光谱辐射值。

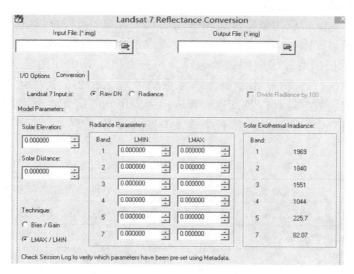

图 12-6　Landsat 7 反射值转换对话框

9. Spectral Mixer 光谱结合

光谱结合是指合并输入多光谱影像的波段生成一新的三彩色波段输出文件。多光谱影像通过选择三个波段分别对应红、绿、蓝通道后显示为彩色影像。根据影像中的可利用波段，可突出不同的地面特征。如果利用红、绿、蓝波段可显示为真彩色影像。如果植被信息很关键，并且具有近红外波段，将红外波段对应到红色通道、红波段对应到绿色通道、绿色波段对应到蓝色通道可显示彩红外影像，这个组合利用了植被在近红外波段的高反射特性。当具有更多波段时，例如 Landsat 专题制图仪数据，其他的组合能被用于突出其他的感兴趣特征，例如石油、水等。Spectral Mixer 是一个波段组合可视化工具，不仅仅简单地将三个波段分别对应到红、绿、蓝三个通道，还可以将光谱波段的加权平均分配给某个颜色通道。例如，如果影像有几个近红外或中红外波段，不再必须仅选择一个单波段对应到红色通道，而可能是将某个波段的 20%、另外一个波段的 30%、其他波段的 50%分配给红色通道。在 Spectral Enhancement 菜单栏中选择 Spectral Mixer 打开 Spectral Mixer 对话框。其中，Matrix Selection 表示选择用做卷积处理的矩阵，Spectral Mixer 的矩阵列表存储在库文件中。Normalize the Matrix 表示对矩阵归一化，将矩阵单元值的总和除以单元数进行归一化，从而使加权平均的输出和原始像素在同一范围。

第二节　ENVI 光谱增强

遥感影像光谱增强是基于影像多个波段之间的相关性、互补性、差异性，在波段之间进行数学变换，突出某些信息、弱化其他信息，从而达到图像增强的目的。ENVI 提供了多种光谱增强功能，包括光谱运算、波段比值、主成分分析、独立成分分析、缨帽变换等。

1. Spectral Math 光谱运算

使用 Spectral Math 可应用数学表达式对光谱或所选的多波段影像进行运算，光谱来自于多波段影像、光谱库或 ASCII 文件。只要波段数量和光谱通道数匹配，可使用 Spectral Math 对多波段影像的所有波段应用数学运算。当在光谱运算中使用表达式时，该操作就在输入数据类型上执行运算(字节、整型、浮点型等)。表 12-1 中列出了 ENVI 中光谱运算支持的转换函数、数学运算以及其他运算等，为应用光谱运算必须将需要处理的每个光谱打开或显示在窗口中，明确地设置每个输入波段的数据类型。

表 12-1

ENVI 中的光谱运算

数学运算	三角函数	其他的光谱运算选项
加法(+)	正弦(sin(x))	关系运算(EQ, NE, LE, LT, GE, GT)
减法(−)	余弦(cos(x))	布尔运算(AND, OR, XOR, NOT)
乘法(*)	正切(tan(x))	类型转换函数(字节型，fix，长型，浮点型，双精度型，复合型)
除法(/)	反正弦(asin(x))	返回数组结果的 IDL 函数
小于(<)	反余弦(acos(x))	返回数组结果的 IDL 程序
大于(>)	反正切(atan(x))	用户定义的 IDL 函数和程序
绝对值(abs(x))	双曲正弦(sinh(x))	
平方根(sqrt(x))	双曲余弦(cosh(x))	
指数(^)	双曲正切(tanh(x))	
自然指数(exp(x))		
自然对数(alog(x))		

在 ENVI 经典主菜单栏中点击 Spectral，在其下拉菜单中选择 Spectral Math 提供了光谱运算功能。在光谱运算对话框中，在 Enter an expression 中输入数学运算表达式，包括变量

名称。只要当处理光谱时结果能表达为一个向量(1 维数组)或当处理影像时结果能表达为 2 维数组，对话框能接受任何有效的 IDL 数学表达式、函数或程序。变量名必须以字符 "s"或"S"开始，最多后面跟 5 个数字字符。例如计算 6 个光谱的均值，可以输入(s1+s2+ s3+s4+s5+s6)/6，s1 是第 1 个光谱、s2 是第 2 个光谱，依次类推。在 Previous Spectral Math Expressions 中列出了先前应用的数学表达式，如果要对新的光谱应用该表达式，可 直接从列表中选择它。点击 Save 可存储数学运算表达式到一个扩展名为 .exp 的文件。点 击 Restore 可恢复先前存储的数学表达式，点击 Clear 可清除列表中所有表达式，点击 Delete 可从列表中删除一个表达式，点击 Add to List 可添加表达式到列表中。点击 OK 后， 出现 Variable to Spectral Pairings 对话框，将输入光谱指定给输入的变量名。在 Variables used in expression 中选择变量 S1-[undefined]，在可用光谱列表中为其选择一个光谱，所 选光谱就指定为所选变量。使用相同的步骤给每个光谱指定一个变量，也可点击 Clear 清 除这种指定。当所有变量、光谱指定完成后选择窗口输出结果，当处理完成并点击 OK 后 光谱运算结果绘制在所选的窗口中。

2. Band Ratios 波段比值

波段比值是用一个光谱波段除以另一个光谱波段，可使波段之间的某些光谱差异更加 突出，从而增强影像上某些光谱特征。在 ENVI 经典主菜单栏中点击 Transform，在其下拉 菜单中选择 Band Ratios 提供了波段比值功能，如图 12-7 所示。为计算波段比值，首先要 在 Available Band 中打开波段，然后指定一个分子波段和一个分母波段，也可计算多个比 值作为多波段文件输出。从 Output Data Type 下拉列表中选择输出数据类型，ENVI 能以浮 点格式或字节数据格式输出波段比值影像，缺省时是浮点格式。如果选择 Byte，在 Min 和 Max 域中输入值分别对应到 0 和 255，以此拉伸输出比值。使用波段比值还可计算二阶波 段比值以创建复合波段比值影像，例如对于 Landsat TM 数据，可先计算比值 band 5/band 7、比值 band 3/band 1，然后从中选择 band 5/band 7 层作为分子、band 3/band 1 层作为 分母，可计算 band 5/band 7 与 band 3/band 1 的复合比值。

3. Principal Components 主成分分析

使用主成分分析产生互不相关的输出波段以分离噪声成分、减少数据集的维数。由于 多光谱数据波段通常是高度相关的，主成分变换用于产生互不相关的输出波段，是原始光 谱波段的线性组合。主成分变换是一种正交线性变换，是将数据旋转到原点在数据均值的 正交轴定义的特征空间中，以使数据方差最大。主成分变换的输出波段和输入波段在数量 上相同，第一波段包含最大比率的数据方差，第二 PC 波段包含第二大的数据方差，最后 的 PC 波段由于方差很小基本上是原始光谱数据中的噪声。由于数据是不相关的，主成分 波段能产生比原始多光谱影像颜色更鲜艳的影像。在 ENVI 经典主菜单栏中点击 Transform，在其下拉菜单中选择 Principal Components 提供了主分量分析功能，包括 Forward PC Rotation 正向 PC 旋转、Inverse PC Rotation 反向 PC 旋转。

(1) Forward PC Rotation

Forward PC Rotation 正向 PC 旋转使用一个线性变换最大化数据的方差，提供了两种 旋转方式，即 Compute New Statistics and Rotate 和 PC Rotation from Existing Stats。Compute New Statistics and Rotate 表示重新计算的统计数据进行旋转，PC Rotation from Existing Stats

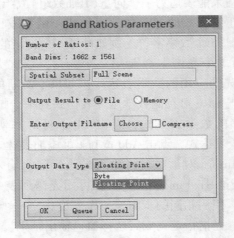

图 12-7 波段比值参数对话框

表示从已存在的统计数据旋转。输出可存储为字节型、浮点型、整型、长整型或双精度型。在 Forward PC Rotation 下拉菜单中选择 Compute New Statistics and Rotate，计算新的特征值、协方差以及统计数据执行正向 PC 旋转变换，打开正向 PC 旋转参数对话框，如图 12-8 所示。其中，Stats Subset 表示以空间裁剪区域或 ROI 区域计算统计值，计算的统计值被应用到整个文件或裁剪的部分。Stats X/Y Resize Factor 表示计算统计值时对数据二次采样，输入小于 1 的数可增加统计计算的速度。例如输入因子 0.1 表示使用每隔 10 个像素进行统计计算。在 Calculate using 中选择计算 PC 变换时基于协方差矩阵还是相关矩阵。一般地，当波段之间数据范围差异很大需要归一化时使用相关矩阵。在 Output Data Type 下拉列表中选择输出文件的数据类型。在 Select Subset from Eigenvalues 中选择 Yes 或 No 表示是否使用特征值子集。在 Number of Output PC Bands 中输入 PC 变换后的波段数，缺省情况下输出波段数等于输入波段数。

如果已经计算协方差和特征值统计数据，则可以用做 PC 旋转的输入，也可以在 PC 旋转中使用统计文件，该文件包含与输入数据具有相同数量波段的协方差和特征统计数据。如果需要使某些像素不用做计算主成分分析旋转的统计值，需要首先制作这些像素的一个掩膜，在掩膜影像视窗中选择 Basic Tools → Statistics 计算协方差统计值。使用统计文件做主分量分析的具体操作过程如下：

① 在 Forward PC Rotation 菜单的下拉菜单中点击 PC Rotation from Existing Stats 打开输入文件对话框，选择输入文件执行可选的空间裁剪或掩膜，点击 OK 后打开 Enter Statistics Filename 对话框，其中列出了在当前输入数据文件夹中已存在的所有统计文件，缺省的文件扩展名是 .sta。

② 选择统计文件打开 Forward PC Parameters 对话框，使用切换按钮选择是否基于协方差矩阵或相关矩阵计算 PC，一般地，当计算主分量时使用协方差矩阵，当波段之间数据范围相差很大需要归一化时使用相关矩阵。

③ 从 Output Data Type 下拉列表中选择输出文件的数据类型，选择输出 PC 波段的数

图 12-8 正向 PC 旋转参数对话框

量时可使用以下选项：从 Select Subset from Eigenvalues 的切换按钮选择 No 并设置 Number of Output PC Bands 表示不需检查特征值选择输出波段的数量，从 Select Subset from Eigenvalues 的切换按钮选择 Yes 后点击 OK，ENVI 经典计算统计数据后列出每个波段及其对应特征值、每个 PC 波段所包含数据方差的累积百分比，设置 Number of Output PC Bands 时可只输出特征值较高的波段。

④ 点击 OK 后 ENVI 执行正向 PC 变换，打开 PC 特征值标绘窗口，将 PC 波段添加到 Available Bands 列表中。

（2）Inverse PC Rotation

使用 Inverse PC Rotation 将主分量影像转换到原始数据空间，具体操作过程如下：

① 在 ENVI 经典主菜单栏中点击 Transform，在其下拉菜单中选择 Principal Components → Inverse PC Rotation，打开输入文件对话框。

② 选择输入文件执行可选的空间裁剪或光谱裁剪，点击 OK 后打开 Enter Statistics Filename 对话框，其中列出了在当前输入数据文件夹中已存在的所有统计文件，缺省的文件扩展名是 .sta。

③ 选择正向 PC 变换存储的统计文件，在选择反向 PC 旋转之前统计文件必须存在。

④ 点击 Calculate using 切换按钮，选择是用协方差矩阵还是相关矩阵，选择和正向旋转中相同的计算方法，将影像反向变换回原始数据空间。

⑤ 从 Output Data Type 下拉列表中选择输出文件的数据类型，点击 OK 添加输出结果到 Available Bands 列表中。

4. Independent Components 独立成分分析

在多光谱或超光谱数据集上使用独立成分分析可将一组混合的、随机的信号转换成为互相独立的成分。IC 变换是基于独立数据源的非高斯假设，使用高阶统计信息揭示典型的非高斯分布的超光谱数据集中感兴趣的特征。IC 变换能区别感兴趣的特征，即使这些特征仅占据影像中小部分像素。遥感中 IC 变换的应用包括降维、提取特征、目标检测、特征分离、分类、降噪和制图等。与主成分分析相比，IC 分析提供了一些特有的优点：

① PC 分析是正交分解，它是基于高斯假设的协方差矩阵分析，IC 分析是基于独立数据源的非高斯假设。

② PC 分析仅仅使用二阶统计值，IC 分析使用高阶统计值，高阶统计值是更强健的统计假设，揭示了非高斯超光谱数据集中的感兴趣特征。

③ 如果感兴趣的特征仅仅只占小部分像素，它对协方差矩阵无贡献。在 PC 分析中，感兴趣的特征会淹没于噪声波段中。在 IC 分析中，特征可从噪声波段中区别出来。

对于 IC 分析可计算正向 IC 旋转和反向 IC 旋转，正向 IC 计算是一个线性转换，主要包括：

① 将样本数据的均值、特征向量、特征值应用于数据白化。

② 如果改变输出波段的数量，ENVI 可裁剪样本数据以减少数据维数。对于异常检测或目标检测不推荐降维，因为 PC 旋转的噪声波段能淹没那些仅仅占据影像中一小部分的信号。

③ IC 旋转生成的分量不区分优先次序，噪声波段也可作为第一 IC 波段出现。当使用 2 维空间相关性排序时，可使包含空间结构和大多数信息的 IC 波段先出现，而包含较少空间结构和较多噪声的波段后出现。

使用反向 IC 变换可删除数据中的噪声，主要包括：

① 在所有波段上执行正向变换。

② 检测输出影像，确定哪些波段包含相干影像信息。

③ 使用仅包含较好波段的光谱子集执行反向 IC 变换。

在 ENVI 经典主菜单栏中点击 Transform，在其下拉菜单中选择 Independent Components 提供了独立成分分析功能，包括 Forward IC Rotation 正向 IC 旋转、Inverse IC Rotation 反向 IC 旋转。

（1）Forward IC Rotation 正向 IC 旋转

在 Forward IC Rotation 下拉菜单中提供了两种正向 IC 旋转方式，即 Compute New Statistics and Rotate 和 IC Rotation from Existing Stats。可计算新的统计值，也可使用先前计算的统计文件进行正向变换，可以选择减少 IC 波段的数量以仅生成输出所需的 IC 波段。ENVI 中使用 Compute New Statistics and Rotate 计算正向 IC 旋转变换过程如下：

① 在 Forward IC Rotations 下拉菜单中点击 Compute New Stats and Rotate 打开输入文件对话框，选择输入文件执行可选的空间裁剪、光谱裁剪或掩膜操作，点击 OK 后打开 Forward IC Parameters 对话框，如图 12-9 所示。

② 点击 Sample Spatial Subset 以基于空间裁剪或 ROI 区域定义样本数据，定义小于整幅影像的样本空间子集使 IC 样本适合于存储、增加计算速度，同时有助于使 IC 分析集中

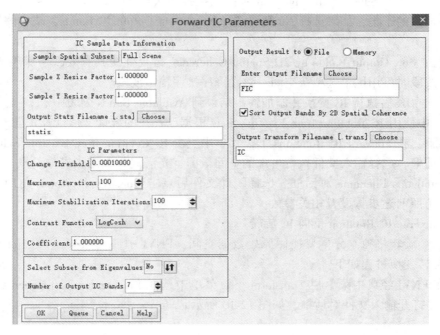

图 12-9　正向 IC 变换参数设置

于空间子集或 ROI 中感兴趣的特征。

③ 在 Sample X/Y Resize Factor 中输入数值，该数值用于计算 IC 变换时数据的二次抽样，二次抽样减少了 IC 样本尺寸，适合于存储，增加计算速度。这个选项仅适用于 X、Y 尺寸大于 64 的影像，缺省设置为 1 时不会改变数据。例如，在 X、Y 尺寸大于 64 的影像上，0.5 的调整因子将使用每隔一个像素计算统计数据。这个值设置得较小会丢弃一些像素参与计算因而会丢失一些感兴趣的特征，上限是 1.0。

④ 在 Output Stats Filename［.sta］中输入统计输出文件的名称。在 Change Threshold 中输入数值最优化 IC 变换，如果独立分量的变化小于这个值则停止 IC 迭代，缺省值是 0.0001，允许的范围是 $10^{-8} \sim 10^{-2}$。这个值越大则收敛的速度越快，但 IC 变换最优化程度将越小。

⑤ 输入执行 IC 最优化的最大迭代次数，缺省值为 100。更大的迭代次数有助于 ENVI 获得更优的分量，却增加了处理时间。

⑥ 在 Maximum Stabilization Iterations 中输入使用稳定固定点算法最优化 IC 的最大稳定迭代数，缺省值是 100，下限是 0。当估算一个独立分量时固定点算法首先运行，如果在最大迭代数后仍不收敛，稳定固定点算法可用于改善收敛。增加迭代数有助于 ENVI 获得更优的分量，却增加了处理时间。

⑦ 从 Contrast Function 下拉列表中选择以下选项：LogCosh、Kurtosis、Gaussian，其中 LogCosh 是较好的通用对比度函数，如果选择 LogCosh 必须在 Coefficient 域输入系数，系数范围是 1.0~2.0，缺省值是 1.0。Contrast Function 的缺省函数是 LogCosh。

⑧ 使用 Select Subset from Eigenvalues 的切换按钮选择 Yes 或 No，如果选择 Yes 表示可使用特征值的子集，如果选择 No 则要选择 Number of Output IC Bands，缺省值是输入波段数。

⑨ 选中 Sort Output Bands by 2D Spatial Coherence 检查框使其有效，当噪声波段是 IC 变换第 1 波段时可用这个选项按空间一致性降序排序输出波段。

⑩ 点击 OK 后执行 IC 变换并添加输出结果到 Available Bands 列表中。

ENVI 中使用 IC Rotation from Existing Stats 根据已存在的统计文件计算正向 IC 旋转变换过程如下：在 Forward IC Rotations 下拉菜单中点击 IC Rotation from Existing Stats 打开输入文件对话框，选择输入文件执行可选的空间裁剪、光谱裁剪或掩膜操作，点击 OK 后打开 Enter Statistics Filename 对话框。选择统计文件后点击 Open 打开 Forward IC Parameters 对话框，仿照前述步骤设置相关参数。

（2）Inverse IC Rotation 反向 IC 旋转

反向 IC 旋转将独立分量变换回原始数据空间，ENVI 中使用 Inverse IC Rotation 计算反向 IC 旋转变换过程如下：

① 在 ENVI 经典主菜单栏 Transform 下拉菜单中选择 Independent Components→Inverse IC Rotation 打开输入文件对话框，如图 12-10 所示。

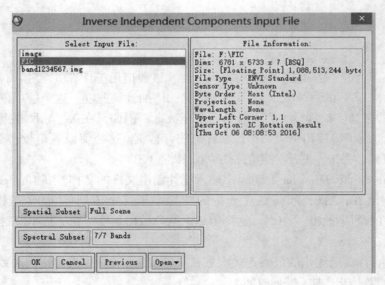

图 12-10　反向 IC 变换输入文件对话框

② 在输入文件对话框中选择输入文件，反向 IC 变换的输入文件是正向 IC 的输出文件，执行可选的空间裁剪、光谱裁剪后点击 OK 打开 Enter Transform Filename 对话框，选择变换文件，该文件是正向 IC 变换的输出变换文件，点击 Open 后打开 Inverse IC Parameters 对话框。

③ 在 Output Data Type 下拉列表中选择输出数据类型，可以是字节、浮点、整型、长

整型、双精度型，如图 12-11 所示，点击 OK 后输出结果添加到 Available Bands 列表中。

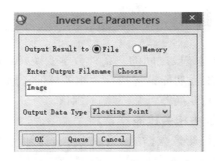

图 12-11　反向 IC 变换参数设置

5. Tasseled Cap 缨帽变换

可对 Landsat MSS 数据、Landsat TM 数据、Landsat 7 ETM 数据使用缨帽变换。对于 Landsat MSS 数据，缨帽变换对原始数据执行正交变换到一个新的由土壤亮度指数（SBI）、绿色植被指数（GVI）、黄色成分指数（YVI）、大气影响相关指数（NSI）组成的 4 维空间。对于 Landsat TM 数据，缨帽变换指数由 3 个因子组成：明亮度、绿色度、土壤含水度。明亮度和绿色度等同于 MSS 缨帽变换的 SBI 和 GVI 指数，第三个分量与土壤特征有关包括水汽状况。

对于 Landsat 7 ETM 数据，缨帽变换产生 6 个输出波段：明亮度、绿色度、湿润度、雾霭度等。这种类型的变换应该应用于定标反射率数据而不是应用于原始数字影像。缨帽变换实现过程如下：

① 在 ENVI 经典主菜单栏 Transform 的下拉菜单下点击 Tasseled Cap，打开输入文件对话框。

② 选择输入文件，执行可选的空间裁剪，点击 OK 打开缨帽变换参数对话框，如图 12-12 所示。

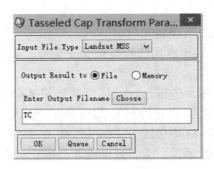

图 12-12　缨帽变换参数设置

③ 在 Input File Type 下拉列表中指定输入文件类型，可以选择 Landsat TM、Landsat MSS 或 Landsat 7 ETM。

④ 点击 OK 添加输出结果到有效的波段列表中。

第三节　PCI 光谱增强

遥感影像光谱增强是通过波段之间的一系列数学变换，对影像光谱特征进行增强的处理，PCI 中提供了多种光谱增强功能，包括：去相关拉伸、通道运算、比值变换、PCA 变换、缨帽变换、HIS 彩色空间变换等。

1. Decorrelation Stretch 去相关拉伸

去相关拉伸是增强多光谱影像数据的一个方法，当影像波段之间高度相关，即光谱波段具有相似性时，对影像数据执行去相关拉伸是特别有效的。去相关拉伸基于主分量分析，使用特征通道修改或拉伸 PCA 变换的结果。其基本思想是使用主分量变换使多光谱影像通道之间的方差最大化，得到的影像通常相似于原始影像，而且保持了平均灰度级、动态范围以及改善的细节。对输入影像文件中所有通道计算去相关拉伸，并对指定的输出通道进行存储，每个输出通道都对应到输入通道，当输入通道数多于输出通道数时，额外的输入通道通常会对输出通道提供一些信息，从而增加了输出通道的整体信息内容。在去相关拉伸时，抑制所选特征通道的方差贡献，有助于改善影像质量。当抑制特征通道时，其方差被抑制但均值仍被使用，使得到的去相关影像具有和原始影像相同的均值。特征通道在去相关处理中是一个中间计算步骤，每个输入通道都有一个特征通道，一般地最后几个特征通道方差较小，属于被抑制的通道。

在 Focus 窗口的 Tools 下拉菜单中选择 Algorithm Librarian 命令，打开 Algorithm Librarian DECORR 窗口，在窗口中依次选择 PCI Predefined → Image Processing → Enhancement 算法目录，选择 DECORR：Decorrelation Stretch，点击 Open 后打开 DECORR Module Control Panel 窗口，如图 12-13 所示。在该窗口中用指定函数实现多光谱影像的去相关拉伸，其具体过程如下：

① 在 Files 标签页中进行输入输出的设置，包括：在 Input：Layers to Decorrelate 中指定去相关的影像通道，至少指定 2 个通道、最多可指定 256 个通道；在 Output：Decorrelated Layer 中指定接受去相关结果的影像通道，输出通道的数量必须相同于或少于指定的输入通道，每个输出通道存储相应输入通道的去相关结果；选中 Mask：Area Mask 后点击 Browse 按钮，可指定位图以定义输入栅格中的处理区域，如果没有指定则整个影像都将被处理。

② 在 Input Params 1 标签页中进行特征层以及栅格类型等的设置，包括：在 Number of Eigen Layers to Save 中指定要存储的特征通道数量，可存储多达 16 个特征通道；在 Eigen Layers Numbers to Suppress 中指定要抑制的特征通道，特征通道被编号为从 1 到指定的输入通道数，通常抑制特征通道是为了减少噪声，噪声一般集中于最后几个特征通道，第一个特征通道包含的方差最大，按降序排列，最后一个通道方差最小，最多能抑制 16 个特征通道；在 Output channel type 中指定输出栅格通道的影像数据类型，可选择 8U、16U、16S、32R；在 Report Mode 中指定生成的报表位置。

③ 点击 Run 后生成去相关拉伸后的结果。

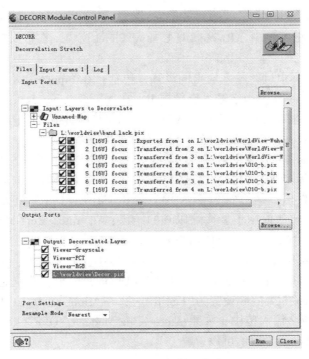

图 12-13　去相关拉伸函数窗口

2. Image Channel Arithmetic 影像通道运算

影像通道运算在影像通道之间或影像通道与标量常数之间执行算术或逻辑操作，支持加、减、乘、除、逻辑与、逻辑或操作，结果存储到指定的输出层中。对于逻辑操作，实像素值被截断为整数，第一个输入通道的每一位与第二个输入通道中的对应位使用"与""或"进行操作。可用一个位图指定输入层中被处理的区域，仅位图覆盖的区域被处理，剩下的像素被设置为 0，如果没有连接位图则整个影像都被处理。常量能执行算术运算，如加、减、乘、除，但常量不能执行"与""或"逻辑运算。通道运算可执行在 8 位无符号整型、16 位有符号整型、16 位无符号整型、32 位实数通道上。由于算术运算的结果可能超出了输出通道所能存储的数值范围，有必要对运算结果进行缩放以适合输出通道，可使用自动缩放功能和指定输入输出范围来控制数据缩放。如果 Autoscaling 模式是 OFF 则表示不执行缩放，若得到的数值小于输出通道容纳的值，则将其设置为输出通道所能容纳的最小值。若得到的数值大于输出通道所能容纳的值，则将其设置为输出通道所能容纳的最大值。如果 Autoscaling 模式是 ON 则表示执行自动缩放，自动缩放通过两步来完成。第一步用于确定算术运算的最小和最大值，第二步是应用最小值、最大值对结果进行缩放。应注意的是，若输出通道是实数，则不执行缩放。如果 Autoscaling 模式是 USER，则需指定输入和输出范围来确定缩放。最小和最大输入值之间的结果值线性缩放到最小和最大输出值的范围之内。若结果值小于最小输入值则被设置为最小输出值，若结果值大于最大输入值则被设置为最大输出值。对于实数输出通道，最小输出值缺省为最小输入值，最大输出

127

值缺省为最大输入值。

在 Image Processing → Image Operations 算法目录中，选择 ARI：Image Channel Arithmetic，点击 Open 后打开 ARI Module Control Panel 窗口。在该窗口中实现对多光谱影像通道的算术运算，其具体过程如下：

① 在 Files 标签页中进行输入输出的设置，包括：在 InputA：Layer A 中指定输入影像层 A，在 InputB：Layer B 中指定输入影像层 B；在 Mask：Area Mask 中指定输入区域掩膜层，掩膜是表示输入栅格中被处理区域的位图，如果未指定位图则整个输入层参与处理。在 Output：Output Layer 中指定输出影像层以接收算术或逻辑结果。

② 在 Input Params 1 标签页中进行运算符、数据缩放等的设置，如图 12-14 所示，包括：在 Operation 中指定执行的算术或逻辑运算，逻辑运算是以位的方式执行，比较对应位值以生成输出像素值，运算符包括 ADD、SUB、MUL、DIV、AND、OR；在 Value for Division by Zero 中指定数值用于替代除以 0 的结果；在 Autoscaling Mode 中指定用于修改算术运算结果的缩放方法，可选值包括 ON、OFF、USER，其中，ON 表示执行自动缩放，是缺省值，OFF 表示不执行缩放，USER 表示执行最小、最大输入，最小、最大输出所指定的缩放；如果输出通道是 8 位，该参数值通常是 ON，如果输出通道是实数，该参数通常是 OFF；当 Autoscaling Mode 设置为"USER"时，在 Minimum Input 中指定对影像算术运算结果进行缩放的最小输入范围；如果 Autoscaling Mode 是"OFF"或"ON"，Operation 为 "AND"或"OR"，则这个参数值可以忽略。

图 12-14　影像通道算术运算参数窗口

当 Autoscaling Mode 设置为"USER"时，在 Maximum Input 中指定对影像算术运算结果进行缩放的最大输入范围；如果 Autoscaling Mode 是"OFF"或"ON"，Operation 为"AND"或"OR"，则这个参数值可以忽略；在 Minimum Output 中指定对影像算术运算结果进行缩放的最小输出范围，在 Maximum Output 中指定对影像算术运算结果进行缩放的最大输出范围。

③ 在 Output Parameters 标签页中进行输出参数设置，包括：在 Minimum 中指定运算

的最小结果，在执行缩放之前 ARI 会保存指定算术运算所产生的输出值的实际范围，该参数存储了运算的最小结果；在 Maximum 中指定运算的最大结果，在执行缩放之前 ARI 会保存指定的算术运算所产生的输出值的实际范围，该参数存储了运算的最大结果。

④ 点击 Run 后生成影像通道运算后的结果。

3. Ratioing Transformations 比值变换

比值变换根据影像波段的两个线性组合的比值创建新影像，按下式的像素比值变换计算像素值：

$$R(i,j) = \frac{\sum_{k=1}^{K} WN_k \times CN_k(i,j) + CONN}{\sum_{l=1}^{L} WD_l \times CD_l(i,j) + COND}$$

其中，$CN_k(i,j)$ 是比值分子中影像波段 k 在像素 (i,j) 处的像素值，WN_k 是比值分子中影像波段 k 的权值，CONN 是比值分子中附加的实数常量，$CD_l(i,j)$ 是比值分母中影像波段 l 在像素 (i,j) 处的像素值，WD_l 是比值分母中影像波段 l 的权值，COND 是比值分母中附加的实数常量。如果未设置分子、分母中的权重，则缺省值是 1。如果未设置分子、分母中的常量，则缺省值是 0。比值运算的结果存储到所选的输出通道。掩膜输入层由位图构成，指定了参与处理的输入影像层的区域。比值运算通过实数算术运算完成，如果是 8 位或 16 位输出通道，将出现精度损失。为减少错误，可选择在参数 SMOD 中设置缩放。

在 Image Processing → Image Transformations 算法目录中，选择 RTR：Ratioing Transformations，点击 Open 后打开 RTR Module Control Panel 窗口。在该窗口中实现对多光谱影像通道的比值变换，其具体过程如下：

① 在 Files 标签页中进行输入输出的设置，包括：在 InputNumer：Layers for Ratio Numerator 中选中比值分子的输入影像层；选中 Mask：Area Mask 后点击 Browse 按钮，指定掩膜区域文件，该文件包含指示处理区域的输入位图层，如果不提供掩膜位图则整个输入栅格参与处理；在 InputDenom：Layers for Ratio Denominator 中选择比值分母的输入影像层；在 Output：Output Rationed Layer 中指定接收比值结果的输出层，仅掩膜之下的区域写入到输出中。

② 在 Input Params 1 标签页中进行比值权重等的设置，如图 12-15 所示，包括：在 Weight List for Ratio Numerator 中指定分配给比值分子中各个通道的权值；在 Constant for Ratio Numerator 中指定添加到比值分子中的实数常量；在 Weighth List for Ratio Denominator 中指定分配给比值分母中各个通道的权值；在 Constant for Ratio Denominator 中指定添加到比值分母中的实数常量；在 Output Raster Type 中指定输出栅格层的影像数据类型，可选择 8U、16U、16S、32R，缺省值为 8U；在 Scaling Mode 中指定缩放模式，可选择 NONE、AUTO、LOGS，缺省值是 NONE；在 Value for Division by Zero 中指定用于替换除以 0 的结果值。

③ 点击 Run 后生成影像通道比值变换后的结果。

4. Tasseled cap transformation 缨帽变换

对 Landsat MSS、TM 和 Landsat 7 波段数据可进行缨帽变换，涉及一个简单的线性变

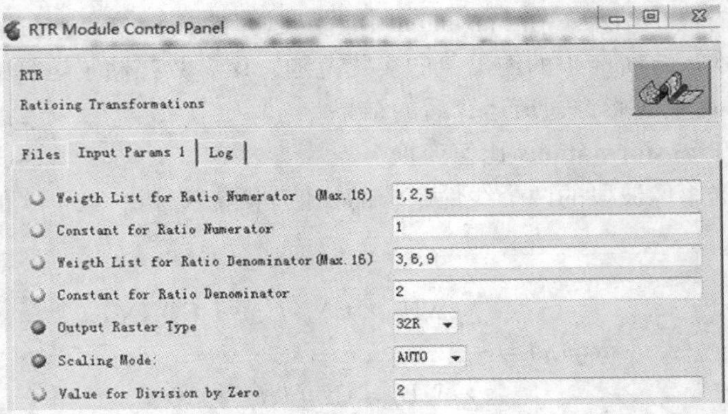

图 12-15　比值变换参数窗口

换，如 TM 影像数据的缨帽变换为

$$\mathrm{TC}_k(i,j) = \sum_{n=1}^{7} A_{kn} \times \mathrm{TM}_n(i,j), n \neq 6, k = 1,2,3$$

其中，$\mathrm{TC}_1(i,j)$，$\mathrm{TC}_2(i,j)$，$\mathrm{TC}_3(i,j)$ 分别表示缨帽变换所得到的亮度、绿度和湿度分量在像素 (i,j) 处的值，$\mathrm{TM}_n(i,j)$ 表示 TM 影像第 n 波段在像素 (i,j) 处的值，A_{kn} 表示缨帽变换系数。对于亮度分量，TM 6 个波段的变换系数依次分别为 0.3037、0.2793、0.4743、0.5585、0.5082、0.1863，对于绿度分量，TM 6 个波段的变换系数依次分别为 -0.2848、-0.2435、-0.5436、0.7243、0.0840、-0.1800，对于湿度分量，TM 6 个波段的变换系数依次分别为 0.1509、0.1973、0.3279、0.3406、-0.7112、-0.4572，有时根据研究区域情况也可适当改变以上变换系数。

在 Image Processing→Image Transformations 算法目录中，选择 TASSEL：Tasseled cap transformation，点击 Open 后打开 TASSEL Module Control Panel 窗口。在该窗口中实现对 TM、Landsat 影像的缨帽变换，其具体过程如下：

① 在 Files 标签页中进行输入输出的设置，包括：选中 Input：Input Layers 后点击 Browse 按钮，指定输入影像通道，对于 Landsat MSS 数据需指定 4 个通道，对于 Landsat TM 数据需指定 6 个通道；在 Output Transformed Layer 中指定存储结果的输出通道，如果仅指定一个输出通道，则只存储亮度分量，如果指定两个输出通道，将存储亮度分量和绿度分量，如果指定三个输出通道，则分别存储亮度分量、绿度分量、湿度分量。

② 在 Input Params 1 标签页中进行传感器、缩放的设置，包括：在 Spacecraft Sensor 中指定传感器类型，可以选择 MSS、TM、L7 三种传感器数据；在 Scaling Mode 中指定缩放模式，其中 NONE 表示不缩放、AUTO 表示线性缩放、LOGS 表示对数缩放。由于在 8 位图、16 位图上进行缨帽变换，其结果可能超出了输出通道所能存储的数值范围，有必要对变换结果进行缩放。

③ 点击 Run 后生成 TM 影像缨帽变换后的结果。

5. Principal Component Analysis 主分量分析

对影像数据进行主分量分析，可将多个波段的信息压缩到较少的通道中，PCA 分析仅用于原始影像数据。主分量分析是沿最大方差方向旋转影像空间轴的一个线性变换，旋转是基于输入通道影像数据样本所生成的协方差矩阵的正交特征向量进行的。对输入影像的通道执行 PCA 变换，其输出是影像通道的新集合，可选择任何变换通道并存储输出影像通道中。主分量变换使每个特征通道的新中点在 0，接近一半的新数据是负数、一半是正数，中点也能被移动到新的位置。当输出是 8 位或 16 位无符号通道时，因不能存储负数，对每个所选特征通道可指定一个新的中点。另外，在输出特征通道中可对数据值进行基于标准差的缩放，以改善其动态范围。

在 Image Processing → Image Transformations 算法目录中，选择 PCA：Principal Component Analysis，点击 Open 后打开 PCA Module Control Panel 窗口。在该窗口中实现主分量变换，其具体过程如下：

① 在 Files 标签页中进行输入输出的设置，包括：选中 Input：Layers to be Transformed 后点击 Browse 按钮，指定 PCA 变换的影像通道，至少指定两个输入通道，最多能指定 256 个通道。选中 Mask：Area Mask 后点击 Browse 按钮，指定掩膜区域文件，该位图定义了主分量变换应用的区域。如果不指定掩膜位图，则整个通道都参与处理，为快速处理可每隔 8 行对像素进行采样。在 Output：Eigenchannel Layer 中指定接收输出特征通道即主分量变换结果的影像通道，指定的输出通道数必须小于或等于输入通道数，也必须等于指定的特征通道数。

② 在 Input Params 1 标签页中进行特征通道参数等设置，如图 12-16 所示，包括：在 Eigenchannels Layer Numbers 中指定保留输出的特征通道，特征通道的数量必须小于或等于输入通道数，将生成一些新的指定数量的转换通道，一般地只会选择前面几个较少的特征通道。在 List of Midpoint Values for Eigenchannels 中为每个所选的特征通道指定中点值，用以改写标准的接近于 0 的中点，中点值的数量必须相等或少于特征通道的数量。仅能指定前 16 个输出通道的中点，余下的总是取缺省值，缺省值取决于输出通道的数据类型，如 8 位无符号通道的缺省中点是 127.5，16 位有符号通道的缺省中点是 0.0，16 位无符号通道的缺省中点是 32767.5，32 位实数通道的缺省中点是 0.0。在 Standard Deviation Range 中为每个特征通道指定应保留的标准偏差范围，以对数据执行缩放、确保输出包含较好的动态数值范围，一般地这个值取 3 到 5，而对于 32 位实数输出通道可忽略该参数。在

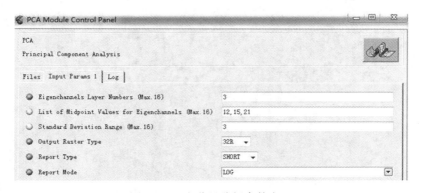

图 12-16　主分量分析参数窗口

131

Output Raster Type 中指定输出栅格通道的影像数据类型，可选择 8U、16U、16S、32R。在 Report Type 中指定生成的报表类型，可选择 SHORT、LONG；SHORT 生成短报表，是缺省值；LONG 生成含协方差矩阵和特征向量的报表。在 Report Mode 中指定生成报表的存放位置。

③ 点击 Run 后生成主分量变换后的结果。

第十三章　遥感影像几何纠正

遥感数据采集时，由于飞行器的姿态变化、高度变化等因素以及地球旋转、地球曲率引起的偏差等误差的影响，造成影像相对于地面目标发生扭曲、拉伸和偏移等几何畸变。遥感影像上存在的几何畸变对影像分析、解译以及应用带来很大的不利影响，因此需要对这些几何畸变进行误差纠正。几何纠正是指消除或改正遥感影像上几何误差的过程。几何纠正包括几何粗纠正和几何精纠正。通常，从卫星地面站购买的卫星遥感数据一般都已做过几何粗纠正处理，几何粗纠正主要校正系统畸变，它是针对造成畸变原因结合卫星轨道参数，将传感器原校准数据、遥感平台的位置以及卫星运行姿态等测量数据带入理论校正公式进行的校正。

几何精纠正是在地面或地图上选取控制点，根据控制点大地坐标和图像坐标之间一定的数学模型如共线方程来近似描述遥感影像几何畸变过程，利用控制点来解算数学模型后再利用数学模型对整幅影像进行几何畸变纠正。几何纠正将影像数据投影到平面上使其符合地图投影系统，由于所有地图投影系统都遵从于一定的地图坐标系统，因此几何纠正也包含了地理参考的过程，在纠正影像数据畸变的同时也赋予了地图坐标。几何精纠正后的影像可以用于精确提取距离、面积以及方向等信息，还可以建立与地理信息系统（GIS）之间的联系，是实现遥感影像解译应用的前提。

第一节　ERDAS 几何纠正

ERDAS 提供了两种方式可以实现几何纠正功能：① 可通过在图标面板中选择 ![DataPrep]，然后在弹出的菜单栏中点击菜单命令 Image Geometric Correction 打开 Set Geo Correction Iput File 后选择几何纠正影像文件来实现；② 在图标面板中选择 ![Viewer] 打开需要进行几何纠正的影像，在影像视窗菜单栏的 Raster 下拉菜单中选择 Geometric Correction 来实现。ERDAS 中的几何纠正采用某种数学变换模型，选择一定数量已知大地坐标和图像坐标的控制点和检查点，利用控制点解算出图像坐标和大地坐标之间转换的参数从而确定几何纠正的数学模型，利用检查点对数学模型进行平差调整模型，最后利用纠正模型和灰度重采样获得纠正后的输出影像。ERDAS IMAGINE 提供的几何纠正计算模型多达 16 种，如图 13-1 所示。其中，Affine 表示仿射变换模型，可纠正图像被翻转、旋转或缩放的几何变形。Camera 表示航空影像正射校正模型，可对任何相机数据进行基于共线方程的单视正射校正，在校正过程中高程数据可用于消除偏移。Direct Linear Transform（DLT）直接线性变换模型，有助于收集单视相机模型信息。DPPDB 模型使用有理多项式系数描述成像时刻影像和地球表面之间的关系。IKONOS 模型、QuickBird RPC 模型、ORBIMAGE RPC 模型也使用有理多项式系数描述成像时刻影像和地球表面之间的关系。NITF RPC 模型使用 *. ntf 文件中的有理多项式系数描述成像时刻影像和地球表面之间的关系。Landsat 模型可对 Landsat 数据如TM、MSS 进行多视正射校正。Polynomial 模型使用多项式系数映射影像空间，多项式的次数一般从 1 到 5。Projective Transform 模型对多视卫星影像如 Landsat、SPOT、Camera、QuickBird 纠正能力更强。Reproject 模型只有当具有投影信息时才有效，已被投影到一个地图空间的输入影像能被再投影到另一个地图系统，Projection Model 模型实际上是使用规则间隔点网格的多项式近似拟合。Rubber Sheeting 模型使用分段多项式拟合进行影像纠正，该模型只在以下几种情况下使用：几何变形严重、控制点数量较多、其他的模型不适用。Spot 模型可对 SPOT 全色影像和多光谱影像进行正射校正。

图 13-1　几何纠正模型

在 ERDAS 支持的多种模型中，多项式模型由于具有数学关系明确、表达简单、阶数可变、精度可控、快速灵活等优点，因而经常用于几何纠正过程中。在实际应用中，当未知成像传感器类型且影像范围比较小、影像上地物地形起伏不是很复杂的情况下，一般用多项式模型便可方便地获得较为精确的几何纠正结果。多项式模型把影像几何畸变看做是平移、缩放、旋转、仿射、偏扭、弯曲等基本变形或更高层次的变形综合作用的结果，通过原始影像坐标与地理参考坐标之间纯粹的数学多项式模型，利用地面控制点和检查点通过最小二乘平差原理解算多项式系数，然后利用多项式模型对图像进行坐标变化和灰度重采样实现影像几何变形的纠正。多项式模型的几何纠正回避空间成像的几何过程，不用考虑影像传感器模型，适用于各种类型卫星影像。但多项式几何纠正也有较大局限性，为了保证纠正精度需要较多的控制点，另外由于不考虑地形起伏，在平坦地区纠正精度较高，在地形起伏变化大的地区难达到精度要求。下面以 TM 影像的多项式几何纠正为例展示 ERDAS 软件的几何纠正处理过程，其中控制点的大地坐标来自于一幅已经进行过几何纠正、地图投影的影像，这幅影像称为参考影像。待纠正影像是武汉地区 1987 年的 TM 影像 wt87. img，参考影像是武汉地区 1987 年的 SPOT 影像 ws87. img。

（1）打开待纠正影像和参考影像

在 ERDAS 图标面板中点击 ![Viewer] 两次，打开两个视窗 Viewer #1、Viewer #2，在 ERDAS 主菜单栏中 Session 的下拉菜单中点击 Tile Viewers，将两个视窗 Viewer #I、Viewer #2 平铺放置。在视窗 Viewer #I 打开待纠正的 TM 影像 wt87. img，在视窗 Viewer #2 打开作为地理参考的 SPOT 影像 ws87. img，如图 13-2 所示。

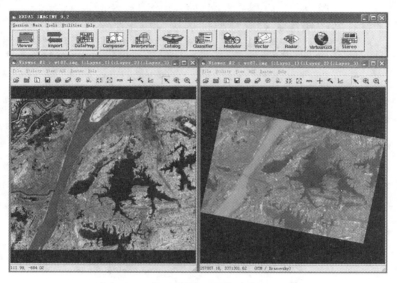

图 13-2　打开待纠正影像、参考影像

（2）多项式模型参数设置

在待纠正影像视窗 Viewer #1 菜单栏中 Raster 的下拉菜单选择 Geometric Correction，打开设置几何模型对话框，在 Select Geometric Model 的模型列表中选择 Polynomial 多项式模型。点击 OK 后打开多项式模型参数工具框，如图 13-3 所示。

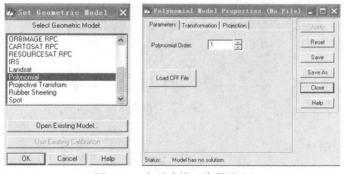

图 13-3　多项式模型参数设置

在多项式模型参数工具框中，Polynomial Order 表示选择的多项式模型的阶数，这里设为 1。控制点 GCP 的个数与多项式模型的阶数有关，解算多项式模型所需要的最少控制点数与多项式阶数 t 之间的关系为 $(t+1)(t+2)/2$。对一阶多项式，最少需要 3 个控制点，二阶多项式需要 6 个控制点。在实际应用中，设置的多项式纠正模型的阶数与能选取到的控制点、地形情况及影像比例尺有关。一般地，在较平坦地区用一阶多项式可以减少无点地区的扭曲变形从而保证整体精度。在地势较为复杂的地区，如果控制点点数多且分布均匀，可采用二阶多项式以提高精度。另外，一次多项式模型一般适合于两个相近线坐标系统之间的变换，例如原始卫星影像通常使用一次多项式模型能转换到 UTM 投影或 State Plane 投影。二次多项式对于线坐标系统与角坐标系统如经纬度之间的映射是必要的。

（3）参考控制点设置

在多项式模型参数工具框中设置了多项式模型次数后，点击 Close 将打开参考控制点设置工具框，如图 13-4 所示。其中 Collect Reference Points From 中列出了选择参考点的方式。Existing Viewer 表示从已打开影像的视窗中选择参考点；Image Layer 表示从影像层中选择参考点；Vector Layer 表示从矢量层中选择参考点；Annotation Layer 表示从注记层中选择参考点；GCP File 表示从控制点文件中选择参考点；Digitizing Tablet 表示从数字化输入板中选择参考点；Keyboard Only 表示从键盘中输入参考点。选择 Existing Viewer 视窗采点方式从已存在的参考影像中读取参考控制点坐标。

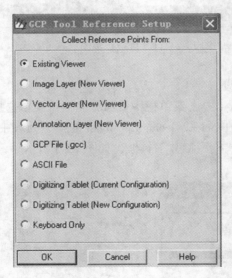

图 13-4 主分量分析参数窗口

（4）参考地图信息

在参考点设置工具框中点击 OK 后，弹出视窗选择指示器，要求在读取参考点坐标的视窗中点击。在参考影像 ws87. img 的视窗 Viewer #2 中点击鼠标左键，随后出现参考地图信息显示框，列出了当前参考地图投影信息，包括投影类型、椭球体名称、带号、基准面、地图单元等，如图 13-5 所示。

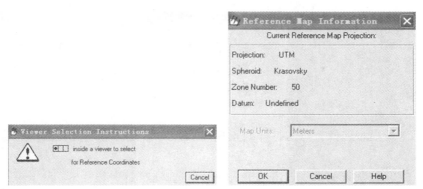

图 13-5　参考地图信息

（5）几何纠正窗口

在 Reference Map Information 中点击 OK 后，屏幕将自动显示为如图 13-6 所示状态，包含一系列窗口：主视窗 Viewer #1 显示待纠正影像 wt87. img，主视窗 Viewer #2 显示参考影像 ws87. img，主视窗 Viewer #1、Viewer #2 中的两个关联方框的放大视窗 Viewer #3、Viewer #4 以及控制点工具框、几何纠正工具等，此时进入控制点采集状态。

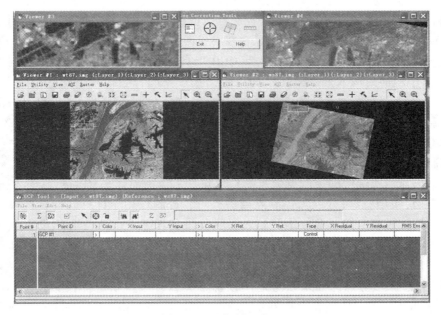

图 13-6　几何纠正窗口

① 几何纠正工具框（Geo Correction Tool）

几何纠正工具框如图 13-7 所示，提供了 4 个功能：模型属性查看、GCP 控制点编辑、影像重采样、影像校准，这 4 个功能辅助完成几何纠正过程。

图 13-7 几何纠正工具

表示查看模型属性，点击打开纠正模型属性对话框，可改变视窗中影像的纠正模型属性；

表示 GCP 控制点编辑，点击可进入控制点选择状态；

表示影像重采样，点击打开重采样对话框，创建纠正输出文件，设置重采样方法、分辨率等输出信息；

表示校准影像。

② GCP 工具框（GCP Tool）

GCP 工具框由菜单条、工具条、控制点数据表（GCP Cell Array）及状态条（Status Bar）4 个部分组成，为视窗中的影像选择地面控制点和检查点，读取大地坐标和图像坐标用于解算和平差多项式模型。在 File 下拉菜单中，Save Input 表示存储加载的输入控制点数据，缺省状态下控制点数据存储为视窗中影像文件的一个节点；Save Input As 表示存储加载的输入控制点数据到一个新的文件，允许控制点数据存储为一个单独的 gcc 文件而不是影像文件中；Load Reference 表示加载一个已存在的参考控制点文件到 GCP 工具中；Load Input 表示加载一个已存在的输入控制点文件到 GCP 工具，控制点文件中的输入控制点将追加到 GCP 工具中当前的输入列表末尾；如果地图投影不同，会提示将这些点进行重投影；Save Reference 表示存储加载的参考控制点数据到视窗中的影像文件；Save Reference As 表示存储加载的参考控制点数据到一个新的 gcc 文件。在 View 下拉菜单中，View Only Selected GCPs 表示在 GCP 工具的单元组中用黄色突出显示控制点时，在视图中仅能查看选中的控制点；Show Selected GCP in Table 表示在视窗中单击 GCP 图形图标时，在单元组中以黄色突出显示所选中的控制点数据。在 Edit 下拉菜单中，Set Point Type 表示选择使用的点的类型，GCP 点可分配为控制点或检查点，控制点用于计算几何转换模型，检查点不被用于解算模型但用于独立地评估转换模型中的误差；Control 表示设置点的类型为控制点；Check 表示设置点的类型为检查点；Reset Reference Source 表示为 GCP 点改变参考信息，打开 GCP Tool Reference Setup 对话框，可从多数据源（例如视图、gcc 文件、数字化仪等）中选择参考点，如果参考地图投影不一致，可重新选择投影；Reference Map Projection 表示改变参考地图投影和单元，将打开 Reference Map Information 对话框。点击 Point Prediction 打开 GCP Prediction 对话框，计算参考点的转换关系，只有当有效的几何转换模型存在时，点预测功能才能起作用。例如控制点数量达到解算模型所需的最少点数时，GCP 工具对于后续的控制点根据几何转换模型使用输入坐标直接预测其相应的大地坐标。点击 Point Matching 打开 GCP Matching 对话框，点匹配与点预测一样需要影像的参考信息，点匹配使用纠正模型的转换关系预测相应的点位，并比较匹配两个影像中像素块的光谱值以确定精确的、子像素位置使交叉相关系数最大。

GCP 工具条中包括以下一些工具：

表示关闭和打开全自动的 GCP 编辑模式，当使用自动的 GCP 编辑模式时，GCP 工具条中的其他图标也被激活，自动的 GCP 编辑模式立即开启所有的自动工具，如点预测、点匹配、自动计算转换关系、视图选点；

Σ 表示用控制点数据解算几何转换模型；

表示设置自动转换计算，当控制点增加、删除或修改时，自动转换计算重新计算转换模型；

表示对检查点计算错误，不会计算一个新的转换模型，只是更新检查点的 RMS 误差以及 RMS 总误差；

表示使用指针选择视图中的控制点数据；

表示创建新的控制点数据，指针在视窗中将转换为一个十字丝，这个工具必须被锁定去重复地创建控制点数据，不必再次点击；

表示解除锁定当前使用的工具，一旦解锁可使不同的工具有效；

表示锁定当前使用的工具；

表示在源影像中搜索一个选择的点，视窗调整以显示这个点；

表示在参考影像搜索一个选择的点，视窗调整以显示这个点；

Z 表示更新所选择的控制点的 Z 值；

表示自动更新所有控制点的 Z 值。

控制点是对遥感影像进行几何纠正和地理定位的基础，选取 GCP 点是影像纠正的重要步骤。GCP 选点的数量、质量和分布直接影响几何纠正和成图精度。控制点选取要注意以下几方面：

① 控制点的选取要准确，控制点包括输入点和其同名参考点，为保证输入点和参考点准确地在同一位置，应该选取特征明显、容易定位的点作为控制点。例如，线状地物的交角或地物的拐角，道路、沟渠、桥梁的交叉处，矩形地物的角点等。另外，容易变化的特征和高度比较高的地物均不适合作为控制点。

② 控制点分布要均匀，几何纠正模型是图像坐标和地理坐标之间的拟合转换，这种拟合转换取决于控制点的选取。如果控制点比较集中，转换模型就对控制点集中区域拟合较好，而对其他缺乏控制点的区域拟合较差甚至产生扭曲、变形。因此要对整幅影像有较好的纠正精度，必须保证控制点要均匀分布在整个图像范围内，最好在影像的外沿也有控制点。

利用 GCP 工具对话框选择控制点时，还要注意以下几个方面：

① 控制点数据可以保存在影像文件中，也可以单独保存为 .gcc 文件，如参考控制点可以保存在参考图像中，则参考影像 IMG 文件便与参考控制点数据集相关联，只要打开 GCP 工具，参考控制点就会出现在参考影像视窗中。

② 在 GCP 数据表中，Residuals 表示残差，RMS 表示中误差，Contribution 表示贡献

率，Match 表示匹配程度，这些参数值是根据控制点坐标自动计算的，只能通过改变控制点来改变这些值。

③ GCP 工具根据控制点的输入坐标和地理坐标自动生成转换模型，其中输入坐标是在待纠正影像视窗中采集输入控制点读取的，地理坐标是在参考影像视窗中采集参考控制点读取的。当采集的控制点数满足解算纠正模型所需最小数量时，几何纠正的转换关系被自动生成，这时再采集后续的控制点时，每定位一个输入控制点，转换模型根据输入坐标自动计算出参考坐标，在参考影像上定位一个对应参考控制点。通过移动同名点可逐步优化校正模型。

（6）采集 GCP 控制点解算转换模型

在 GCP 工具对话框中点击 Select GCP 图标，进入 GCP 选择状态；将输入 GCP 的颜色（Color）设置为比较明显的黄色；在 Viewer #1 中移动关联方框位置，寻找特征明显的地物点，点击 Create GCP 图标将其定位为输入 GCP，GCP 单元数组中会记录下输入控制点的信息，包括其编号、标志码、X 坐标、Y 坐标；将参考 GCP 的颜色（Color）设置为比较明显的红色，在 Viewer #2 中移动关联方框位置，寻找同名的地物特征点，点击 Create GCP 图标将其定位为参考控制点，GCP 单元数组中会记录下参考控制点的信息。重复上述步骤，采集一定数量控制点直到满足能解算所选定的几何纠正模型。

（7）采集地面检查点

通过控制点的坐标解算出几何纠正模型后，还需要采集一定数量的检查点，用于评估几何纠正模型的精度和效果。此时通过 Edit 下拉菜单中点击 Set Point Type 将点的类型设置为检查点，以后每采集一个输入 GCP，系统自动计算其参考 GCP，以及 X、Y 方向残差、RMS 中误差和总误差。在 Edit 的下拉菜单中点击 Point Matching 打开 GCP Matching 控制点匹配对话框并设置相应的参数，如图 13-8 所示。其中，Input Layer 表示待纠正影像的波段层；Reference Layer 表示参考影像的波段层；匹配参数（Matching Parameters）下 Max. Search Radius 表示最大搜索半径，设为 3；Search Window Size 表示搜索窗口大小，X、Y 方向均设为 5；约束参数（Threshold Parameters）下的 Correlation Threshold 设置相关阈值，设为 0.8；Discard Unmatched Point 选中表示删除不匹配的点；Match All/Selected Points 表示匹配所有/选择点；Reference from Input 表示从输入到参考；Input from Reference 表示从参考到输入。与选择控制点一样，分别在 Viewer #1 和 Viewer #2 中选择一定数量的检查点。

（8）计算检查点误差，评估转换模型

在 GCP 工具框中点击☑计算检查点的总误差，在单元组上方的 Total Error 中显示了总误差的数值，如图 13-9 所示。

如果解算多项式纠正模型的控制点选择比较准确，则纠正模型精度较高，对于检查点的匹配会比较准确，总误差就比较小。若控制点选择不准确，则纠正模型精度较低，检查点的总误差较大甚至无法匹配。为保证后续解译分析的准确性，一般要求多项式几何纠正模型对所有检查点的总误差控制在一个像元之内，几何纠正精度才符合要求，可以进行后续的重采样。如果总误差超出一个像元，此时可通过重新调整控制点位，再次计算检查点的总误差，逐步将误差缩小到允许范围之内。在 Geo Correction Tool 框中点击图标▦显示

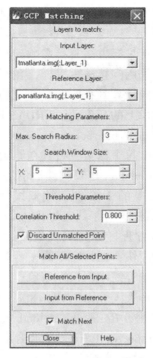

图 13-8 控制点匹配对话框

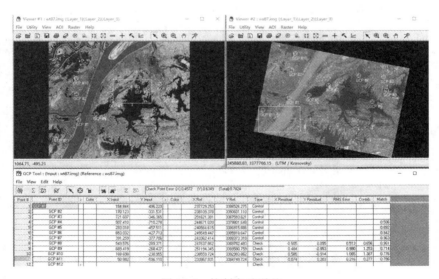

图 13-9 控制点及误差

模型属性，在打开的 Polynomial Model Properties(多项式模型参数)工具框中列出了转换模型参数。

（9）图像重采样

当选择一定数量的控制点解算出几何纠正的转换模型后，Geo Correction Tool 框中的影像重采样图标由灰色(不能执行)变为彩色状态，表示可执行重采样操作。重采样是影像几何纠正的一个重要环节，重采样方法直接影响到几何纠正的精度、图像的保真度以及计算效率。在几何纠正中一般采用间接法重采样，在纠正影像上按行列顺序依次对每个像元点的地面坐标按转换模型反向计算其在原始影像上的图像坐标，并将原始影像中对应点的灰度值赋给该点作为纠正影像上的灰度值。ERDAS IMAGINE 提供了三种最常用的重采样方法：Neatest Neighbor、Bilinear Interpolation、Cubic Convolution。Neatest Neighbor 是最近邻点插值法，对于纠正影像上每个像素，将其在原始影像上对应坐标最邻近点的灰度值直接赋给该像素。Bilinear Interpolation 是双线性插值法，对于纠正影像上每个像素，将其在原始影像上对应坐标最邻近点的 2×2 窗口用双线性方程计算的灰度值赋给该像素。Cubic Convolution 是立方卷积插值法，对于纠正影像上每个像素，将其在原始影像上对应坐标最邻近点的 4×4 窗口用立方方程计算的灰度值赋给该像素。三种重采样方法中，最近邻点插值法简单易行，处理速度快，但精度不高，容易出现不连续的现象；双线性插值法精度较高且图像连续，但是图像容易出现模糊现象；立方卷积插值法内插精度较高、图像清晰、色彩均衡，但是运算量很大。在 Geo Correction Tool 框中选择图标，打开影像重采样对话框，如图 13-10。其中，Resample Method 表示选择重采样方法，这里选择 Nearest Neighbor 最近邻方法；Output Cell Sizes 表示输出像元大小即像素的地面分辨率，由于是 TM 影像，X、Y 方向的地面分辨率都是 30 m。

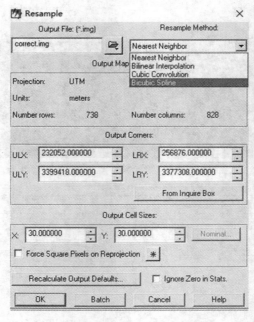

图 13-10　重采样对话框

（10）目视检验

影响几何纠正质量的因素有多种，例如几何纠正数学模型本身的适用性、控制点的选取、模型的误差、重采样效果等，检查几何纠正质量的方法主要有两种。一种是定量评估纠正模型的精度，选择一定数量的检查点计算模型的总误差，一般地，总误差在一个像素之内越小越好。另一种方法就是目视检验，定性地判断纠正效果。目视检验也有两种方法，一种是同一窗口叠加显示两幅影像，一幅是纠正影像，另一幅是参考影像。由于纠正影像和参考影像具备相同的地图投影、在同一地理坐标系下，因此可在同一个视窗中叠加显示，通过视窗 Utility 下拉菜单的 Swipe、Blend、Flicker 观察同一地物在两个影像上的成像特征是否完全重合来检验几何纠正结果是否正确，如图 13-11 所示。另一种方法是在两个视窗中分别打开纠正影像和参考影像，通过视窗地理连接（Geo Link/Unlink）功能及查询光标（Inquire Cursor）功能观察两个视窗中的关联位置及匹配程度，进行目视定性检验。

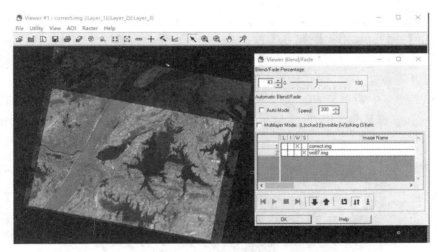

图 13-11　纠正影像和参考影像 Blend 叠加显示

第二节　ENVI 几何纠正

ENVI 以多种预定义地图投影包括 UTM、State Plane 等对影像纠正提供了充分的支持，而且 ENVI 的用户配置地图投影功能允许使用 30 种标准的投影类型构建自定义的地图投影。ENVI 地图投影参数存储在 ASCII 文本文件 map_proj. txt 中，可以使用 ENVI 的地图投影工具进行编辑或修改。map_proj. txt 中的信息用于和影像关联的头文件中，并允许参考像素位置与已知地图投影坐标进行简单关联。ENVI 影像配准和几何纠正工具可以对影像进行校正使其匹配到基准影像的几何形态或校正到地理坐标系统，对于影像到影像和影像到地图的纠正使用影像窗口或 Zoom 窗口选择控制点，坐标和特定形变算法的误差显示在基准影像和未纠正的影像控制点上，下一 GCP 点的预测使 GCP 的选择较为简单。几何纠正可以通过重采样、缩放、平移、多项式函数或三角网剖分来实现。重采样支持最近邻、双线性内插和立方卷积方法。使用 ENVI 的多动态覆盖功能比较基准影像和纠正影像可快速评估图像配准精度。

几何校正是利用地面控制点和几何校正数学模型来纠正非系统因素产生的几何误差，由于校正过程中会将地理坐标系统赋予图像数据，因此几何纠正过程包括了地理编码和地图投影。几何纠正的关键在于控制点和纠正模型，ENVI 提供了多种控制点采集方式，包括栅格图像采集、矢量数据采集、文件导入、键盘输入等，ENVI 也提供了多种几何纠正模型，包括仿射变换、多项式函数和局部三角网。ENVI 经典主菜单栏 Map 的下拉菜单中点击 Registration 提供了配准和几何纠正功能，包括影像对影像、影像对地图，以及影像对影像的自动配准方法。下面介绍 ENVI 中几何纠正的过程。

1. 影像对影像的几何纠正

影像对影像的几何纠正需要打开两幅影像，一幅是具有几何变形的待纠正影像，另一幅是具有地图投影参考坐标系统、没有几何变形或已经做过几何纠正的基准影像。影像对影像的几何纠正就是以基准影像为参考，从影像上采集控制点坐标并建立变形影像和参考影像之间几何关系，利用重采样方法对变形影像进行误差纠正并建立地图投影和地面坐标的过程。

（1）打开影像

在 ENVI 经典主菜单栏 File 的下拉菜单中点击 Open Image File 打开需要纠正的影像 spot5_subset. img 和基准影像 qb_subset. img，分别显示在#1 Display 窗口和#2 Display 窗口，如图 13-12 所示。

图 13-12　打开待纠正影像和参考影像

（2）选择控制点

① ENVI 主菜单 Map 下拉菜单中点击 Registration 后选择 Select GCPs：Image to Image，打开 Image to Image Registration 影像对影像配准对话框，如图 13-13 所示。在对话框中选择包含影像的显示窗口，在 Base Image 中指定基准影像所在显示窗口，在 Warp Image 中指定变形影像所在显示窗口。选择 Display #1 窗口中具有地图投影和大地坐标的快鸟影像 qb_subset. img 作为基准影像（Base Image），选择 Display #2 窗口中的影像 spot5_subset. img 作为变形影像（Warp Image）。

图 13-13　影像对影像配准对话框

② 点击 OK 后打开 Ground Control Points Selection 对话框选择地面控制点，在两个影像的缩放窗口中定位像素并交互地选择控制点，如图 13-14 所示。其中，在 File 下拉菜单中可以实现存储控制点数据到文件，也可从文件加载控制点数据，Options 下拉菜单则提供了多种控制点功能。在 File 下拉菜单中，点击 Save GCPs to ASCII 存储控制点到 ASCII 文件，点击 Save Coefficients to ASCII 存储多项式系数和次数到 ASCII 文件，点击 Restore GCPs from ASCII 可从 .pts 文件中恢复控制点。在 Options 下拉菜单中，点击 Warp Displayed Band 或点击 Warp File 使用控制点配准，点击 Warp Displayed Band（as Image to Map）或 Warp File（as Image to Map）选择影像对地图的配准，点击 Reverse Base/Warp 使基准控制点和输入控制点坐标调换，点击 1st Degree（RST Only）可用 RST 方法（旋转、缩放、平移）计算一次多项式的误差，点击 Auto Predict 可自动预测控制点点位，点击 Label Points 可打开或关闭控制点数据表，点击 Order Points 可选择控制点对是否以 ID#或 RMS 误差显示在列表中，点击 Set Point Colors 可设置或修改 GCP 在可用和不可用状态的颜色，点击 Points which are "On"选择有效控制点标志颜色，点击 Points which are "Off"选择无效控制点标志颜色，点击 Clear All Points 可删除所有控制点。Degree 域中输入几何纠正多项式模型的次数，随着控制点数量增加可改变纠正模型的次数。

③ 在影像显示窗口中搜寻特征明显的地物点作为待选控制点，将放大框移动到控制点区域，在基准影像和变形影像的同一地面位置点定位光标添加单个控制点分别作为参考控制点和输入控制点，如图 13-15 所示。为精确选择控制点，在两个放大窗口中进行检查并分别在窗口中点击左下角第三个按钮▆▆▆打开定位十字丝，按所需调整的控制点位置左键单击进行准确定位。单击 Add Point 后两个影像中的行列坐标分别读入到 Ground Points Selection 对话框的 Base X，Y 和 Warp X，Y 域中。像素坐标相对于像素的左上角，

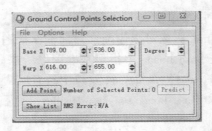

图 13-14　地面控制点选择对话框

X、Y 值分别增加到像素的右下角。在放大窗口中支持子像素定位，缩放窗口中子像素片
与缩放因子成比例，放大比例越大子像素定位越好。例如，对于 4 倍的放大因子像素划分
为 4 个子区域，对于 10 倍的放大因子可以定位到像素的 1/10。根据缩放窗口中子像素位
置将控制点定位到子像素可以提供更高的精度，子像素坐标显示为浮点值。点击 Show List
后已添加的控制点信息显示在列表中。添加控制点时，控制点标记显示在基准影像和变形
影像的影像窗口中，控制点标记中心表示所选的像素或子像素实际位置。

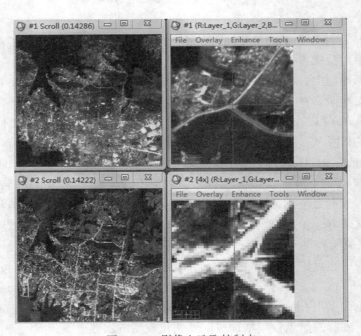

图 13-15　影像上选取控制点

④ 按以上操作添加控制点，当至少选择 4 个控制点时可以解算纠正多项式时，就可
以在变形影像中预测控制点位置，这时 Ground Control Points Selection 对话框中的 Predict
按钮可用。增加更多的控制点有助于减少误差，如果仅有较少的控制点，应将其分散在整
个影像范围并尽可能靠近影像边角。继续在基准影像显示窗口中选择基准控制点，在

Ground Control Points Selection 对话框中单击 Predict 按钮，ENVI 根据几何纠正模型自动计算对应的输入控制点并显示在变形影像窗口中，适当调整输入控制点使其与基准控制点在同一地物位置。点击 Add Point 按钮，将控制点对添加到列表中，ENVI 根据控制点对不断调整几何纠正模型及其精度。

⑤ 在 Ground Control Points Selection 对话框中单击 Show List 按钮后打开 Image to Image GCP List 工具框，可编辑更新控制点位置、打开或关闭控制点选择、删除所选控制点、预测控制点位置，单击 Hide List 按钮可隐藏 Image to Image GCP List 工具框。在 Image to Image GCP List 中选择某个控制点后点击 Goto 或直接选择控制点编号，都会在三个影像窗口中显示控制点标志。在控制点列表中选择控制点后点击 On/Off，可在配准过程中有选择性地忽略此控制点，此时 GCP 编号旁边的+改变为−、GCP 标志也改变颜色，所忽略的控制点不用于计算 RMS 误差和进行空间变换，再次选中点击 On/Off 可打开该控制点使之重新有效。在控制点列表中选中控制点后双击 Base X、Base Y、Warp X、Warp Y 可改变X、Y 值以调整控制点的位置，也可在列表中选中控制点后，在影像窗口中将放大框移动到新的位置定位后点击 Update，则该控制点信息被更新。

⑥ 在 Image to Image GCP 列表中列出了所有控制点的坐标及其 X、Y 误差和 RMS 误差。在工具框的 Options 下拉菜单中点击 Order Points by Error，对所有控制点按照 RMS 值由高到低排序，如图 13-16 所示。为提高几何纠正效果，应删除最大误差的点，精确调整像素位置使 RMS 误差尽可能最小。对于 RMS 误差超过 1 的控制点，可在表中选中该行按 Delete 按钮删除或者分别在基准影像和变形影像的窗口中用十字光标重新调整其位置。在 File 下拉菜单中点击 Save GCPs to ASCII，可将用于几何纠正模型解算和精度评估的误差较小的控制点保存为 ASCII 文件。

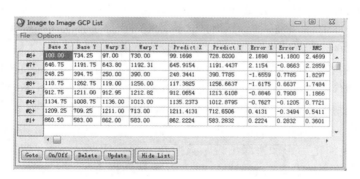

图 13-16　控制点列表框

（3）纠正输出

ENVI 经典提供了三种几何变换选项：RST、Polynomial、Delaunay triangulation，重采样方法包括 Nearest Neighbor、Bilinear、Cubic Convolution。另一个选项是使用严格的投影变换，对输出影像中每个像素执行完全的投影转换，可获得更高的转换精度。然而这些投影公式比几何变换方法更为复杂，这将增加处理耗时。

① Ground Control Points Selection 对话框主菜单栏 Options 的下拉菜单中选择 Warp

Displayed Band 或 Warp File，打开 Registration Parameters 对话框或 Input Warp Image 对话框。从影像列表中选择待纠正的变形影像文件 spot-p5_merge_subset. img，如图 13-17 所示，点击 OK 后打开 Registration Parameters 对话框。

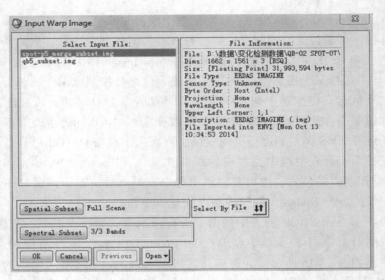

图 13-17　选择待纠正影像文件

② 在 Registration Parameters 对话框中对纠正参数进行设置，如图 13-18 所示。其中，从 Method 下拉列表中选择几何变换方法：RST、Polynomial、Triangulation。RST 表示旋转、缩放、平移的仿射变换，是最简单的几何变换方法，需要三个或更多的控制点。RST 方法速度非常快，在大多数情况下使用一次多项式变换便可获得较精确的结果。Polynomial 表示多项式模型，对从 1 到 n 的次数都是有效的，次数（degree）与所选的控制点数（#GCPs）相关，它们之间的关系满足 #GCPs>$(\text{degree}+1)^2$。Triangulation 表示三角网剖分模型，将三角网用于拟合非空间规则分布的控制点并内插值到输出网格中，缺省方法为 Triangulation。根据所选择的几何变换方法，设置相应方法的参数：对于 Polynomial 方法，输入多项式次数，多项式次数取决于定义的控制点数，即 #GCPs > $(\text{degree}+1)^2$。对于三角网方法，为避免纠正后影像边缘出现污点效果，需使用 Zero Edge 切换按钮选择是否想要一个单像素边界。从 Resampling 下拉列表中选择抽样方法，Nearest Neighbor 表示使用最近的像素而没有任何内插，Bilinear 表示使用 4 个像素执行线性内插，Cubic Convolution 表示使用 16 个像素以立方多项式近似 sinc 函数，Cubic Convolution 立方卷积方法重采样速度要比其他两种方法都要慢。

③ 在 Background 域中输入数字 DN 值用以填充纠正后影像中没有像素数据的区域。为改写输出尺寸，在 Output Image Extent 中输入 image-to-image 配准的尺寸。输出影像的尺寸自动设置为包含输入变形影像的外接矩形尺寸，因此纠正后输出影像尺寸通常和基准影像不同。左上角点的值一般不为（0，0），而是相对于基准影像左上角的 X、Y 偏移量。这些偏移量存储在头文件中，纠正后影像和基准影像尽管影像尺寸不同也可以在同一显示

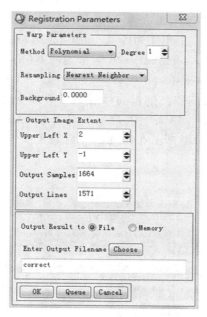

图 13-18　配准参数设置

窗口动态叠置。如果要使纠正结果完全匹配覆盖基准影像，可将 Upper Left X 和 Upper Left Y 值更改为 1，Output Samples 和 Output Lines 更改为与基准影像相同的值。点击 OK 后输出纠正结果添加到 Available Bands 列表中。

（4）检查纠正效果

在 Available Bands 列表中选择纠正后影像将其显示在新的影像窗口中，窗口主菜单栏 Tools 下拉菜单中点击 Link Displays 后使用 Dynamic Overlays 在基准影像和纠正后影像之间进行闪烁显示，目视判断同名地物是否重合。或者在纠正影像窗口中单击鼠标右键，在弹出的快捷菜单中选择 Geographic Link 命令，选择需要链接的基准影像将纠正影像和基准影像进行地理链接（Geographic Link），用十字光标进行查看同一地物点的坐标是否一致。

2. 影像对地图的几何纠正

Registration 下拉菜单中的 Select GCPs：Image-to-Map 可选择控制点实现 image-to-map 的几何纠正。image-to-map 的几何纠正需要至少显示一幅影像，使用放大窗口选择控制点时可以到子像素坐标，从矢量窗口、基准影像窗口或 GPS 链接中手工输入对应的地图坐标。当选择了能定义变换多项式的足够数量点后，可开始预测 GCP 位置。可改变控制点标记的颜色和序号，控制点选好后可存储控制点数据到文件或从文件中恢复控制点数据。

（1）打开影像

在 ENVI 经典主菜单栏 File 的下拉菜单中点击 Open Image File 打开需要纠正的影像 spot5_subset.img。ENVI 主菜单 Map 下拉菜单中点击 Registration 后选择 Select GCPs：Image to Map，打开 Image to Map Registration 影像到地图配准对话框。在 Select Registration Projection 列表下选择输出投影或输入自定义投影类型，如图 13-19 所示。在投影类型列表

第三篇 遥感基础应用

中选择投影名称或点击 New 创建自定义地图投影，设置所选投影类型的参数：如果选择 Arbitrary，需在 Units 下点击切换按钮选择 Pixel Based 或 Map Based，Arbitrary 投影类型仅影响 Y 方向，ENVI 总是使用左上角作为原点。map-based arbitrary 投影表示当向上(北)移动时 Y 坐标值增加，在 pixel-based arbitrary 投影中当向下(南)移动时 Y 坐标值增加，当没有真实的地图系统时可使用 pixel-based 投影。如果选择了 UTM，根据纬度是在赤道的北(N)或南(S)点击 N 或 S 切换按钮，在 Zone 中输入带号或点击 Set Zone 按钮输入经纬度计算带号。如果选择 State Plane 投影需输入带号或点击 Set Zone 从列表中选择带名。点击 Units 为投影类型选择一个单位类型，在所选单位后输入像素尺寸。点击 OK 打开 Ground Control Points Selection 对话框。

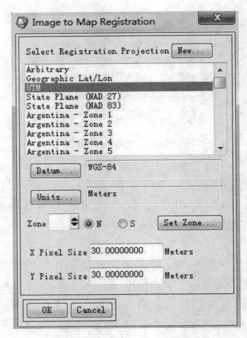

图 13-19　选择配准投影设置

(2) 选择控制点

控制点坐标的采集方式有以下三类：Enter GCPs from a base image、Automatically enter map coordinates from vector data、Automatically enter map coordinates from GPS locations.

① Enter GCPs from a base image 从基准影像上输入控制点需要基准影像与待纠正影像属于同一场景且包含地图坐标数据。基准影像视窗中点击鼠标右键在打开的快捷菜单中选择 Pixel Locator，打开 Pixel Locator 对话框，在放大窗口中选定像素上单击鼠标左键将十字丝准确定位到控制点像素或像素部分，所选位置的坐标显示在 Pixel Locator 对话框。在待纠正影像的放大窗口中，选择同一地物像素点后点击 Pixel Locator 对话框中的 Export，像素信息输出到 Ground Control Points Selection 对话框，点击其中的 Add Point 按钮，控制点就添加到待纠正影像上。

150

② 如果具有地图纠正区域的矢量文件，可从矢量数据中直接提取地图坐标将其读入到 Ground Control Points Selection 对话框。在矢量数据窗口中使用鼠标左键定位于与影像中所选特征对应的特征，在 Vector Parameters 对话框底部点击 Export 或者在矢量窗口鼠标右键单击打开的快捷菜单中选择 Export Map Location，将地图坐标直接输入到 Ground Control Points Selection 对话框，点击其中 Add Point 将所选点加入到纠正处理中。

③ ENVI 能采集 GPS 位置信息，采集的 GPS 点可以存储为 ASCII 文件、ENVI 矢量文件以及导出到几何纠正的 Ground Control Points Selection 对话框。在 ENVI 经典主菜单栏 Map 下拉菜单中点击 GPS-Link 打开 GPS-Link Serial Parameters 对话框，在 Serial Port 下拉列表中选择 GPS 接收机插入的端口，从 Read Baud Rate、Number of Data Bits、Number of Stop Bits、Data Parity Type、Parity Enable 下拉列表中选择合适的值，点击 Select GPS Datum 打开 Select Datum 对话框后选择 GPS 用于采集数据的基准面类型。在 GPS-Link 对话框中点击 Get Location 采集当前的 GPS 控制点信息如经纬度、采集时间并显示在对话框的列表中，选择列表中待选位置点后点击 Export 可输出该位置点到打开的 Image-to-map Registration Ground Control Points Selection 对话框，该位置点出现在 Registration 对话框中。

④ 从纸质地图以经纬度输入 GCP 地图坐标。在 Ground Control Points Selection 对话框中单击 Projection 旁的切换按钮，在 Lat 和 Long 域中可输入纸质地图上 GCP 位置的纬度、经度，点击 DMS 表示使用度、分、秒经纬度值，点击 DDEG 表示使用小数度，对于西半球使用负经度，对于南半球输入负纬度。点击投影切换按钮后，可改变地图投影类型并自动计算相应的地图投影坐标，如图 13-20 所示。

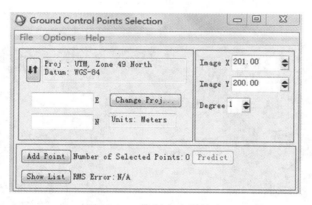

图 13-20　控制点坐标输入

（3）控制点添加

当在影像中选择了待选像素，输入了地图坐标后，在 Ground Control Points Selection 对话框点击 Add Point，添加该像素到 GCP 列表中。当添加了控制点后影像中会显示该控制点的标记，标记中心指示了所选控制点位置或子像素位置。点击 Show List 控制点列表显示了表中所有控制点信息。

（4）Ground Control Points Selection 对话框显示了所选控制点数量，当输入的控制点数量达到可以解算纠正变换模型的最低数量后，就可以确定纠正变换函数并预测控制点位置，Image to Map GCP 列表中显示了预测点的 X、Y 坐标以及 X、Y 误差和 RMS 误差。如果总的 RMS 误差较大，可以通过删除误差较大的一些点，添加更多的控制点，将控制点分散分布在影像边角，精确调整控制点位置等方式降低误差。

（5）执行配准

在 Ground Control Points selection 对话框 Options 的下拉菜单中选择 Warp Displayed Band 或 Warp File 打开 Registration Parameters 对话框，使用控制点数据执行配准。在 Registration Parameters 对话框的 Output Projection and Map Extent 中设置影像的输出投影，在 Warp Parameters Area 中选择变换模型和重采样方法。点击 OK 后纠正输出结果添加到 Available Bands 列表中。

3. Automatic Registration：Image to Image 影像对影像的自动配准

影像自动配准是将两个或更多的影像进行几何上对准以融合同一目标对应像素的过程。通过一定数量的关联点利用多项式函数、三角网剖分或仿射变换可获得变形影像和基准影像之间的几何关系。影像自动配准总是在基准影像的一个波段和待纠正影像的一个波段之间进行，使用基于面域的匹配算法自动获得关联点从而使完全自动的影像配准成为可能，Map 下拉菜单提供了两种方式可以实现影像自动配准，分别介绍如下：

① Autoregistration Using Ground Control Points 使用地面控制点自动配准

将两幅影像分别在两个显示窗口中打开，在 ENVI 主菜单栏 Map 下拉菜单中选择 Registration→Select GCPs：Image to Image 打开 Image to Image Registration 对话框，在其中分别选择基准影像和变形影像的显示窗口，如图 13-21 所示。

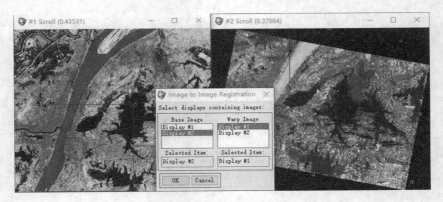

图 13-21　选择基准影像和待纠正影像

点击 OK 后打开 Ground Control Points Selection 对话框。在 Ground Control Points Selection 对话框 Options 下拉菜单中点击 Automatically Generate Tie Points，选择参与匹配的基准影像波段和变形影像波段。在 Automatic Tie Points Parameters 对话框中设置 Area Based 匹配的参数，如图 13-22 所示。

Area Based 影像匹配分片比较两个影像的灰度值，基于灰度相似性搜索关联的影像位

图 13-22　设置 Area Based 匹配的参数

置，匹配结果极大地依赖于两个影像相似关系的质量，这个关系通过地图信息或三个以上的关联点来确定。如果地图信息和关联点同时存在，总是用关联点能获得较好的匹配结果。在 Automatic Tie Points Parameters 对话框中，Number of Tie Points 指定生成的关联点数量，ENVI 使用这个值自动地滤去一些不正确的关联点，一般设置为 9 到 25 之间。在 Search Window Size 中指定搜索窗口的像素尺寸，搜索窗口定义为影像的子集，窗口尺寸一般为大于 21 的整数，缺省值是 81。在搜索窗口内，一个尺寸较小的移动窗口顺序扫描以确定地形特征匹配的关联点位置。搜索窗口的大小取决于初始定义的关联点质量、地形的复杂度等。在 Moving Window Size 中指定移动窗口的像素尺寸，移动窗口在搜索窗口确定的影像子集区域内扫描寻找地形特征匹配，移动窗口尺寸必须是奇数，最小值一般是 5，缺省值是 11。尺寸较大的移动窗口能产生更可靠的关联点位置但需要更长的处理时间。相反，尺寸较小的移动窗口需要较少的处理时间但关联点可靠性差。确定合适的移动窗口尺寸很大程度上依赖于影像分辨率和地形类型，例如，分辨率低于 10 m 时移动窗口一般为 11~21，分辨率在 1~5 m 时移动窗口一般为 15~41，分辨率高于 1 m 时移动窗口一般为 21~81 或更高。Area Chip Size 的缺省值是 128，在大多数情况下都是有效的，最小可设置为 64，最大可设置为 2048。Minimum Correlation 指定判断一对关联点是匹配点的最小相关系数，ENVI 将删除相关系数小于这个值的关联点。如果移动窗口尺寸较大，需要设置较小的最小相关系数，例如，移动窗口尺寸大于 31 时最小相关系数应小于 0.6。Point Oversampling 指定单个影像片中采集的关联点数量，缺省值是 1，如果这个值大于 1 将生成更稳健的结果但处理时间会更长。Interest Operator 指定识别特征点的算子，可以选择 Moravec、Förnster，其中，Moravec 为缺省算子，在像素及其邻近像素之间搜索灰度差异值，一般比 Förnster 算子速度更快。Förnster 算子获得、分析像素及其邻近像素之间的灰度梯度矩阵，Förnster 算子的影像匹配效果一般好于 Moravec 算子。

② Autoregistration Using Image-to-Image Mapping

在 ENVI 主菜单栏 Map 的下拉菜单中选择 Registration→Automatic Registration：Image to

Image，打开 Select Input Band from Base Image 对话框选择基准影像的输入波段后点击 OK，打开 Select Input Warp File 对话框选择待纠正影像文件后点击 OK。如果待纠正文件有多个光谱波段则出现 Warp Image Band Matching Choice 对话框，选择待纠正影像中用于匹配的波段后点击 OK。此时 ENVI 提示是否选择关联点文件辅助配准，点击 Yes 选择关联点文件，点击 No 不选择关联点文件，打开 Automatic Registration Parameters 对话框。在 Automatic Registration Parameters 对话框中可参照前述步骤设置自动配准的参数，不同的是还需要点击 Examine tie points before warping 切换按钮指定是否在纠正影像前检查关联点，缺省值是 Yes 表示需审查、编辑关联点，在显示 Image to Image GCP List 对话框中编辑控制点。当选择 No 时出现 Warp Parameters 下的参数设置和 Output Parameters 下的参数设置，设置变换模型、次数、重采样方法等。

第三节　PCI 几何纠正

几何纠正是利用地面控制点计算数学模型并对原始影像进行几何变换以拟合地面坐标的过程，它将影像从一种投影转换为用户所需要的投影，并实现传感器误差、投影变形及投影差的改正，达到正射投影的要求。PCI 中集成了丰富的几何纠正方法，并对不断出现的遥感卫星影像都具有很好的几何纠正功能，如集成了 Ikonos 的有理函数模型、QuickBird 的参数模型，以及 Spot5 和 Formosat2 等高分辨率卫星遥感影像的数据模型。

PCI Geomatica 的正射影像纠正处理模块 OrthoEngine 是 PCI Geomatica 的摄影测量工具，它可以对来自不同类型相机及卫星传感器的影像数据进行精确、高效的区域三角测量和正射纠正，生成正射影像、几何校正影像、数字高程模型、三维向量以及镶嵌影像等。OrthoEngine 模块较好地支持了航空影像以及一系列卫星传感器数据，如 QuickBird、Ikonos 和 Spot5 影像或像对，对其他卫星遥感影像数据也都有较好的支持。OrthoEngine 模块对卫星影像的纠正是针对不同的卫星影像数据，根据其相应成像方式，对应选用多项式模型、有理函数模型或轨道参数模型，并引入数字高程模型数据，进行影像精纠正。下面介绍 PCI 中几何纠正的过程。

在 PCI Geomatica 的图标工具栏中选择 打开 OrthoEngine 窗口进入正射影像纠正处理模块。在 PCI 中，几何纠正的模型和数据都是以项目形式组织在一起的，因此需要新建一个项目。在 OrthoEngine 窗口的 File 下拉菜单中点击 New 打开 Project Infomation 窗口，如图 13-23 所示。利用该窗口建立项目依次实现几何纠正，具体步骤如下：

① 在 Project Infomation 窗口中输入项目文件名、项目名、项目描述后，在 Math Modelling Method 中选择数学模型，如图 13-23 所示。几何纠正的数学模型是用于将影像像素关联到正确地面位置的数学关系，所选择的数学模型直接影响着项目的输出。此处选择 Polynomial 多项式数学模型进行几何纠正。

② 点击 OK 后打开 Set Projection 窗口，如图 13-24 所示，需要设置 Output Projection 和 GCP Projection 的投影参数，投影是将整个或部分地表描述到一个平面上的方法。Output Projection 定义了正射影像、镶嵌、3 维特征、数字高程模型等的最终投影。GCP Projection 在手工采集地面控制点过程中或当从文本文件中导入控制点时，被缺省使用指

图 13-23　投影信息窗口

定所采集控制点的投影。如果从一个地理编码的数据源中采集控制点，坐标被重投影到GCP Projection 并存储到项目影像文件。如果从多个数据源中采集控制点，可使用 Set Projection 窗口改变 GCP Projection 以匹配每个数据源。在正射校正过程中使用不同的投影会增加处理时间，统一投影使处理过程更为有效。在 Output Projection 下 Earth Model 按钮的文本框中输入投影字符串，如果不知道投影字符串，可点击 Earth Model 按钮打开 Earth Model 列表，从中选择一个投影类型、datum、ellipsoid 后点击 Accept。在 Output pixel spacing 中输入 X 方向像素尺寸，以投影中所用单位为单位，如 meters、feet、degrees 或 pixels，在 Output line spacing 中输入 Y 方向像素尺寸，同样以投影中所用单位为单位，如 meters、feet、degrees 或 pixels。对于正射影像和镶嵌，Output pixel spacing 和 Output line spacing 是输出影像的 X 和 Y 分辨率。在 GCP Projection 下 Earth Model 按钮的文本框中输入投影字符串。如果 GCP Projection 和 Output Projection 相同，则点击 Set GCP Projection based on Output Projection 按钮。如果不知道投影字符串，则采取与 Output Projection 相同的步骤进行设置。

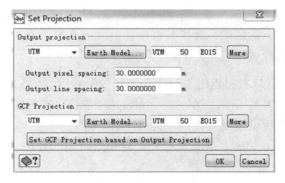

图 13-24　设置投影窗口

③ 点击 OK 后返回 OrthoEngine 窗口，从中选择下一个处理步骤。当完成投影设置后，下一个处理步骤就是采集控制点以建立几何纠正的转换模型。在 Processing Step 下选择 GCP Collection 后，OrthoEngine 窗口右边会出现控制点选取工具图标，其中，▨ 表示打开影像，▨ 表示手工采集控制点，▨ 表示自动采集控制点，▨ 表示显示整个影像布局，▨ 表示残差报表。

④ 点击 ▨ 出现 Open Image 窗口，从中选择并打开参考影像和待纠正影像。在窗口中选中 Uncorrected images 按钮后点击 New Image，选择待纠正的影像 wt87_sub2 使其导入并出现在影像列表中，如图 13-25 所示。

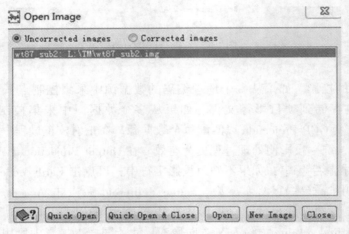

图 13-25　选择参考影像和待纠正影像窗口

点击 Quick Open、Quick Open & Close 或 Open 打开待纠正影像。点击 Open 可打开影像并选择显示的波段，点击 Quick Open 可打开影像并自动选择三个波段，点击 Quick Open & Close 可打开影像并使以前打开的影像窗口自动关闭。点击 Open 后打开数据通道选择窗口，依次选中三个通道后点击 Load & Close，则打开待纠正影像视图窗口 Viewer：Image ID：wt87_sub2，如图 13-26 所示。待纠正影像视图窗口是由三个视图显示区组成的，左下视图区显示整个待纠正影像，其中红框中的范围放大显示在右边视图区中，右边视图区中红色十字附近邻域放大显示在左上视图区中。

⑤ 在 OrthoEngine 窗口右边点击表示手工采集控制点工具 ▨，打开 GCP Collection for wt87_sub2 窗口，如图 13-27 所示，在 GCP Collection 窗口可进行控制点数据源设置、控制点坐标读取、多项式参数设置以及控制点列表统计等功能。

在 Ground control source 列表中，选择采集控制点所用的方法，可以选择 Manual entry、Geocoded image、Geocoded vectors、Chip database、Digitizing tablet、PIX/Text file 等方法。选择 Manual entry 表示在 Easting（X）和 Northing（Y）中手工输入控制点的地面坐标值；选择 Geocoded image 表示使用地理编码的影像作为数据源，用鼠标精确定位控制点，将坐标

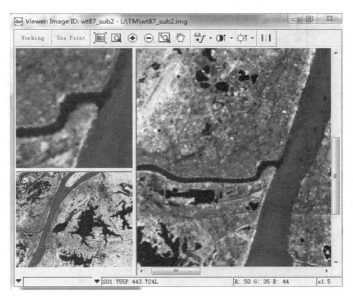

图 13-26　打开待纠正影像视图窗口

值读入到 GCP Collection 窗口，需在 Filename 中输入影像文件名或点击 Browse 选择文件；选择 Geocoded vectors 表示使用地理编码的矢量作为数据源，用鼠标精确定位特征点，将坐标值读入到 GCP Collection 窗口的 Easting 和 Northing 中；选择 Chip database 表示使用影像库作为数据源读入坐标值；选择 Digitizing tablet 表示使用数字化板读入坐标值；选择 PIX/Text file 将打开 Read GCP from PIX/Text File 窗口或选择包含控制点的 PCIDSK 文件、文本文件，从中读入坐标值。此处，在 Ground control source 的列表中选中 Geocoded image，然后点击 Filename 中 Browse 按钮选择参考影像 ws87＿rs.img，打开 Viewer：Geocoded Image：ws87_rs.img 参考影像窗口。

在 GCP Collection for wt87_sub2 窗口中 Point ID 的下拉列表中选择 GCP 类型，然后在待纠正影像视窗 Viewer：Image ID：wt87_sub2 和参考影像视窗 Viewer：Geocoded Image：ws87_rs.img 中选取同名控制点，分别读取图像坐标和参考坐标来解算几何纠正的多项式。在待纠正影像视窗 Viewer：Image ID：wt87_sub2 中，移动左下视图的红色方框到准备选取的控制点所在范围，然后在右边视图中放大显示的区域中移动红十字丝靠近控制点，再在左上视图中放大显示的控制点邻域中准确选取特征比较明显、容易准确定位的点作为输入控制点，按下鼠标左键后点击 Use Point，则将其图像坐标读入到 GCP Collection for wt87＿sub2 窗口中的 Image pixel 和 Image line 中，然后点击 Accept。在参考影像视窗 Viewer：Geocoded Image：ws87_rs.img 中准确定位到输入控制点的同名像点位置，按下鼠标左键后点击 Use Point，则将其地面坐标读入到 GCP Collection for wt87_sub2 窗口中的 Easting（X）和 Northing（Y），然后点击 Accept。点击 New Point 按钮按上述方法选择并读取下一控制点坐标。每选择完一个控制点后，该控制点的信息，如 Image X、Image Y、Ground X、Ground Y、Type 等出现在 Accepted Points 的列表中。当控制点数达到 3 时，Polynomial

图 13-27 控制点选择窗口

Order 中可选择但只能选择 1，当控制点数达到 6 时，Polynomial Order 中可选择 1 和 2，此处控制点数达到 6，在 Polynomial Order 中选择 2，表示用 2 次多项式模型进行几何纠正，PCI 根据控制点坐标解算出多项式模型。在 Point ID 的下拉列表中选择 Check 进行检查点的选取，检查点用于检查数学模型的精度。当检查点选取完毕后，根据检查点坐标就可以进行精度评估，列出各个点的 X、Y 方向残差以及 RMS 误差。

当选取了所有控制点和检查点后，在 GCP Collection for wt87_sub2 窗口的 Accepted Points 中列出了残差计算的单位如 Ground、Pixels，X、Y 方向的 RMS 和总的 RMS，如果误差较大不符合精度指标，则可以根据控制点列表中各点的 Residual、Res X、Res Y 大小对误差较大的点重新调整其对应点位。在控制点列表中选中要调整坐标的点所在行，然后双击鼠标左键，其图像坐标和大地坐标分别出现在 Image X、Image Y、Easting（X）、Easting（Y）中，在待纠正影像视窗 Viewer：Image ID：wt87_sub2 和参考影像视窗 Viewer：

Geocoded Image：ws87_rs.img 中对该点的位置重新进行调整，调整后的坐标重新读入到
GCP Collection 窗口。也可在 Image pixel 下的 +/- 0.1　P、Image line 下的 +/- 0.1　L、
Easting（X）下的 +/- 1.000 m、Northing（Y）下的 +/- 1.000 m 中输入估计的误差调整值以精确
定位，然后点击 Accept。

⑥ 在 OrthoEngine 窗口右边点击影像布局工具，打开 Image Layout 窗口，如图13-28
所示。

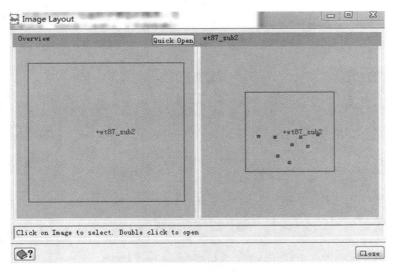

图 13-28　Image Layout 窗口

总体布局功能是一个揭示影像覆盖区的相对位置并显示地面控制点分布的质量控制工
具。项目中的影像由带十字丝、中心是 ID 的框架表现出来，如果信息不足以定位影像与
地面的相对关系，在状态栏会有消息提示需要采集更多的控制点。

⑦ 在 OrthoEngine 窗口中选择下一个处理步骤，当完成控制点采集后，下一个处理步
骤就是利用控制点解算的数学模型进行几何纠正。在 Processing Step 中选择 Geometric
Correction 后，OrthoEngine 窗口右边会出现几何纠正工具图标，其中，表示定义修剪区
域、表示几何纠正操作。如果需要设置裁剪，仅对裁剪区域内的数据进行纠正处理，
则点击来定义未纠正卫星或航空影像中感兴趣的区域。点击几何纠正工具打开
Geometric Corrected Image Production 窗口如图 13-29 所示，在该窗口中进行纠正影像的选
项设置。其中，在 Available images 中选择待纠正的影像，点击箭头按钮将其移动到
Images to process 中，影像按出现在 Images to process 中的顺序进行几何纠正处理，在
Images to process 中选择影像，在 Input channels 中点击 All 选择所有的影像通道，或点击
Channels 后输入需要处理的通道。在 Corrected Image 下的 File 文本框中输入纠正影像的文
件名或点击 Browse 选择文件。Upper left 和 Lower right 值是一个计算出来的缺省值，可点
击 Recompute 重新计算纠正影像的范围，并重置为缺省值。在 Sampling interval 中输入用

于处理影像的像素之间的间隔。在 Resampling 的列表中点击选择重采样处理方法，可选择 Nearest、Biliner、Average filter、Median filter、Gaussian filter、User define filter。如果选择 Average filter、Median filter，需在 Filter Size 的 X、Y 中输入像素宽度和像素长度以确定滤波所用的核尺寸。如果选择 Gaussian filter，需在 Gaussian SQ 中输入第一个值和第二个值以确定高斯滤波器的核尺寸。点击 Correct Images 后可生成几何纠正的影像。

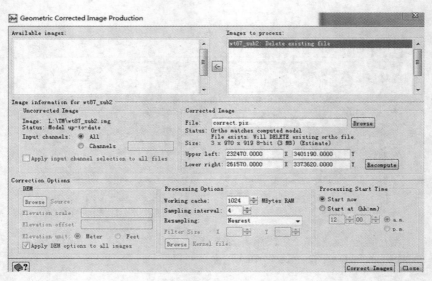

图 13-29　几何纠正影像生成窗口

第十四章　遥感影像辐射校正

　　遥感传感器在成像时，由于受大气、太阳、地形以及传感器等影响会产生辐射误差（灰度失真）或畸变，都会导致地物的辐射强度与正常情况下发生变化，使传感器所接收到的辐射测量值与目标的光谱反射率或光谱辐亮度等物理量之间产生差异。辐射校正是指消除或改正因辐射误差而引起影像畸变的处理。辐射误差的来源有很多因素，例如：电磁波在大气中传播时，受到大气中不同成分的散射和吸收作用影响不同，使遥感传感器接收到的辐射信息与地表真实辐射信息产生差异。太阳高度与传感器观察角度的变化，也使传感器接收的辐亮度发生变化。另外由于传感器探测系统性能差异和传输系统的一些因素也可能导致影像上接收到的辐射能量产生畸变，例如：探测器增益变化引起辐射误差，光学摄影机镜头中心和镜头边缘投射强度不一致造成同一类地物在图像的不同位置灰度值不同，以及传感器接收的电磁波信号转换为电信号过程中引起辐射量误差等。这种辐射误差或失真不利于影像的解译与应用，必须对其做消除或减弱处理。辐射校正主要包括两种，一种是针对传感器的辐射校正，另一种是针对影像的辐射校正。影像辐射校正是指采用校正算法，如空间滤波、空间平滑、直方图匹配、回归分析等技术，校正各种灰度失真如斑点噪声、条纹噪声、信号缺失等在影像上的辐射误差分布。

第一节　ERDAS 辐射校正

　　根据辐射误差的来源，影像的辐射校正分为对太阳高度变化引起的辐射误差的校正、对地形起伏坡度引起的辐射误差的校正和大气散射引起的辐射误差的校正。由于地形坡度辐射校正需要有影像对应地区的地形数据，较为复杂，本章不涉及地形坡度辐射校正，而只对大气散射辐射校正和太阳高度辐射校正进行讨论。下面介绍在 ERDAS 中进行大气辐射校正和太阳高度辐射校正的具体过程。

1. 大气辐射校正

　　在多种遥感影像辐射误差源中，大气散射是引起图像辐射畸变的重要因素。地物目标的电磁辐射、反射经过大气层时被气溶胶散射，同时也被水蒸气吸收，减弱了原始信号的强度，降低了图像的对比度。而太阳电磁辐射也会经大气散射后部分进入传感器导致接收的电磁波能量增强而模糊了地物表面的光谱属性。大气校正就是消除由大气散射引起的辐射误差，是影像辐射校正的重要内容。大气校正方法有多种，在 ERDAS 中可较容易地实现大气校正常用的直方图法和线性回归法。下面以 TM 影像为例，展示直方图法和线性回归法的大气校正操作。

（1）直方图法

传感器接收到的电磁波能量包含反映地物目标属性的部分和太阳散射干扰部分。大气辐射校正就是要从传感器获得的波谱能量中减去太阳散射干扰部分而恢复反映地物目标属性的部分。直方图法辐射校正的原理是大气对地物目标辐射、反射电磁波的散射具有选择性，即对电磁波中的短波如可见光的散射影响较大，对长波如红外线的散射影响较小。TM 多光谱影像中既有可见光波段，如波段 1、2、3 分别是蓝、绿、红波段，又有红外波段，如波段 4、5、7 分别是近红外和中红外波段，波段 6 是热红外波段。当影像中有暗目标如深水体或地形阴影、高山背阴处时，由于波段 7 是红外波段受大气散射影响小，地面暗目标在影像上表现为暗色调灰度值为 0，可见光波段如果不受大气散射影响，其在影像上灰度值也应为 0，而可见光波段实际上受大气散射影响较大，其在影像上产生辐射偏置量灰度值不为 0，可近似作为大气校正的修正量。因此首先绘出每个波段的灰度直方图，找到波段 7 灰度值为 0 的像素在其他波段上的灰度值作为修正量，应为最小灰度值对应于回归分析法中的截距，其他波段用原始图像灰度值减去修正量就实现了大气校正。在 ERDAS 的视窗中打开 TM 影像，在视窗中点击图标🅘打开 Image Info 显示框，在层号列表框中选择 Layer 7 后点击 Pixel Data 标签页查找灰度值为 0 的像素行列号，再在层号列表框中选择其他波段后分别记录下此时 Pixel Data 中该像素的灰度值，该灰度值应为该波段的最小灰度并将其作为波段灰度修正量。然后利用空间建模模块（Modeler）的建模工具（Model Maker）将影像上各波段像素灰度值减去该波段的灰度修正量得到大气校正后的影像。在 ERDAS 的图标面板中点击 ▣Modeler，在 Spatial Modeler 下拉菜单中选择 Model Maker 打开 New Model 编辑器，选择 ▣在其中放置两个栅格对象，选择 ◯在其中放置函数对象，选择 ✎连接栅格对象和函数。如图 14-1 所示。

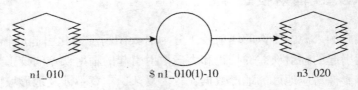

n1_010　　　　　　$ n1_010(1)-10　　　　　　n3_020

图 14-1　空间建模窗口

在左边的栅格对象上双击选择需要大气纠正的影像并定义为模型的输入影像，在右边的栅格对象上双击将模型的输出影像定义为大气纠正后的影像，在中间的函数对象上双击打开 Function Definition 函数定义对话框，如图 14-2 所示。其中，Available Inputs 中列出了输入影像及其可用的波段，在函数定义文本框中输入 $n1_010(1)-10 表示第一波段像素的原始灰度值减去波段修正灰度值。在 New Model 编辑器工具栏中点击运行图标 ✎，计算生成一幅大气校正后的影像。

（2）线性回归法

线性回归法也是根据大气散射对电磁波的选择性，即对可见光等短波的散射影响较大、对红外线等长波的散射影响较小来进行大气辐射校正。线性回归法假定波段 7 影像数

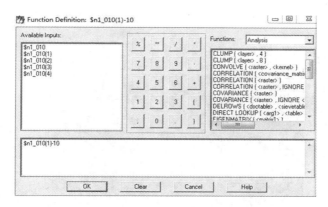

图 14-2　函数定义工具

据不受大气散射影响，以波段 7 为校正基准对 TM 影像其他波段分别进行辐射校正。建立不受大气影响的参考波段和待校正波段上同一段暗目标的灰度值 Y、X 之间的函数关系，假定为线性关系 Y = AX+B，在影像上选择一系列暗目标区域，如深水体或地形阴影、高山背阴处，并分别采集暗目标对应的像素值向量 Y、X 进行回归分析，用最小二乘直线拟合可以解算线性回归方程的系数 A 和 B，将 B 作为待校正波段上灰度的修正值，从而可获得线性回归校正后的影像。在 ERDAS 中使用线性回归法进行大气辐射校正的过程如下：

① 在视窗中打开需要校正的 TM 影像，在影像视窗的 Raster 下拉菜单中选择 Profile Tools 打开 Select Profile Tool 工具框，如图 14-3 所示。

图 14-3　Select Profile Tool 工具框

② 在 Select Profile 中选择 Spectral 后打开 SPECTRAL PROFILE 工具框绘制光谱剖面。为采集暗目标区域在参考波段和待校正波段上的灰度值，点击 SPECTRAL PROFILE 光谱剖面工具框中图标 ✚ 可在影像视窗中选取一系列暗目标地物点，并在光谱剖面工具框中绘制出这些地物点在各个波段的光谱曲线，如图 14-4 所示。

③ 在 SPECTRAL PROFILE 工具框 View 下拉菜单中点击 Tabular Data，可查看每个采集点在各个波段的灰度值。将每个采集点在波段 7 的灰度值作为 X、在其他某波段的灰度值作为 Y 记录在 Excel 中。

④ 在 Excel 中对记录的每一个波段的 Y 和波段 7 的 X 进行线性回归分析，选中数据后在"插入"中单击"图表"菜单命令，然后选择"XY 散点图"，单击"下一步"直到"完成"。

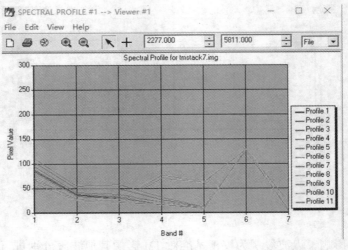

图 14-4 光谱剖面曲线

⑤ 在"图表"下拉菜单中，选择"添加趋势线"，在类型卡中选择"线性"后选中"显示公式"和"显示 R 平方值"复选框。单击确定后解算出该波段线性回归方程的系数 A 和 B 并生成回归分析图。B 即是该波段灰度的校正值，利用 ERDAS 的空间建模工具将波段灰度值减去其波段校正值即可减弱大气散射对图像的影响，达到大气辐射校正的目的。

2. 太阳高度辐射校正

遥感传感器成像时，太阳光倾斜照射和太阳光垂直照射相比，光照条件发生变化会使同一地物的反射率发生变化，导致传感器接收的辐亮度也会发生变化，在影像上表现为辐射误差。太阳高度辐射校正是将太阳光以高度角 θ 倾斜照射时获取的影像 $g(x,y)$ 校正为太阳光垂直照射时获取的影像 $f(x,y)$，其校正关系表示为

$$f(x,y) = \frac{g(x,y)}{\cos\theta}$$

其中太阳的高度角 θ 可根据成像时刻的时间、季节和地理位置来确定。太阳高度角的校正实际上是通过高度角 θ 来调整图像内的平均灰度来实现的。在 ERDAS 的图标面板中点击 Modeler，在 Spatial Modeler 下拉菜单中选择 Model Maker 打开 New Model 编辑器，选择 在其中放置两个栅格对象，选择 在其中放置函数对象，选择 连接栅格对象和函数。在第一个栅格对象上双击选择需要大气纠正的影像并定义为模型的输入影像，在第二个栅格对象上双击将模型的输出影像定义为大气纠正后的影像，在中间的函数对象上双击打开 Function Definition 函数定义对话框。其中，Available Inputs 中列出了输入影像及其可用的波段，在函数定义文本框中输入 $n1\_010(1)/\cos0.75$ 表示第一波段像素的原始灰度值除以太阳高度角的余弦。在 New Model 编辑器工具栏中点击运行图标，计算生成一幅大气校正后的影像。

第二节　ENVI 辐射校正

辐射校正是图像预处理的一部分，是对遥感数据获取过程中所产生辐射误差的减弱和消除，包括大气辐射校正、辐射定标、太阳高度辐射校正以及去除坏线条带校正。大气辐射校正主要是对大气散射引起的辐射误差的校正，减弱和消除在辐射传输路径中由于大气散射而导致的附加在地物辐射能量中的误差部分。辐射定标就是确定遥感器每个探测器输出值与该探测器对应的实际地物辐射亮度之间的定量关系，建立数字量化输出值 DN 与其所对应的视场中辐射亮度值之间的定量函数，目的是消除传感器本身产生的误差。太阳高度辐射校正是对太阳高度变化引起的波谱能量变化而导致的辐射误差的校正。坏线条带校正是对影像中的条纹噪声、信号缺失等在影像上的辐射误差分布的校正。下面以辐射定标、大气辐射校正和坏线条带校正为例，介绍 ENVI 的辐射校正处理。

1. 辐射定标

辐射定标是将传感器记录的无量纲 DN 值转换成具有实际物理意义的大气顶层辐射亮度或反射率。辐射定标的原理是建立数字量化值与对应视场中辐射亮度值之间的定量关系，以消除传感器本身产生的误差。ENVI 经典菜单栏的 Basic Tools 下拉菜单中的 Preprocessing 提供了 Calibration Utilities 辐射定标工具，可使用多种大气校正技术对 AVHRR、MSS、TM、TIMS、QuickBird、WorldView-1 和 WorldView-2 数据进行辐射定标。下面以 Landsat TM 数据为例介绍辐射定标过程。ENVI 的 Calibration Utilities 辐射定标工具中提供了 Landsat Calibration 专门针对 Landsat 数据进行辐射定标，Landsat Calibration 使用公布的发射后增益和偏移值将 Landsat MSS、TM、ETM+记录的数字值转换为光谱辐射亮度或外大气层反射率（反射大气层）。光谱辐亮度 L_λ 可使用下式计算：

$$L_\lambda = L_{MIN} + \frac{L_{MAX} - L_{MIN}}{QCAL_{MAX} - QCAL_{MIN}} QCAL - QCAL_{MIN}$$

其中，QCAL 是定标量化的以数字单元缩放的辐射亮度（DNs），L_{MIN} 是当 QCAL = 0 时的光谱辐射亮度，L_{MAX} 是当 QCAL = QCAL$_{MAX}$ 时的光谱辐射亮度，Chander、Markham、Helder 在 2009 年的文献中给出了 L_{MIN}、L_{MAX} 的数值。QCALMIN 是量化的最小定标像素 DN 值，当元数据不能确定它的合适值时，对于 TM 和 ETM+数据 QCALMIN 被缺省设置为 1，对于 MSS 数据 QCALMIN 被缺省设置为 0。QCALMAX 是量化的最大定标像素 DN 值，有效值一般是 127、254、255。当元数据不能确定它的合适值时，对于 TM 和 ETM+数据 QCALMAX 被缺省设置为 255，对于 MSS 数据 QCALMAX 被缺省设置为 127。计算的辐射亮度 L 的单位是（W/(m² · sr · μm)）。大气层外反射率 ρ_p 用以下公式计算：

$$\rho_p = \frac{L_\lambda d^2}{ESUN_\lambda \cos\theta_s}$$

其中，L_λ 是光谱辐射亮度，d 是日地天文学距离，$ESUN_\lambda$ 是外大气层太阳平均辐照度，ENVI 经典使用 Chander、Markham、Helder 在 2009 年的文献中提出的针对 Landsat 4 TM、Landsat 5 TM、Landsat 7 ETM+数据确定的 $ESUN_\lambda$ 值，θ_s 是太阳的高度角。

① 在 ENVI 经典菜单栏 File 下拉菜单中点击 Open External File→Landsat 打开 Landsat

文件时，在数据文件中首先选择 Landsat 元数据文件打开，因为 ENVI 经典可使用元数据自动确定定标参数。Landsat 定标工具仅对文件选择框中指定的文件格式有效，但不能校正由多个 Landsat 文件组成的元文件。Landsat 定标工具也对存储为 ENVI 栅格格式的 Landsat 数据有效，可在 ENVI 经典菜单栏 File 下拉菜单中点击 Open Image File 打开一个 ENVI 栅格格式的 Landsat 数据文件。在 File→Open External File→Landsat 的下拉菜单中点击 Fast，在 TM 数据文件夹中选择 header. dat 文件将原始数据的头文件打开。

② header. dat 头文件打开后在 Available Bands List 中显示了头文件元数据中的波段信息，如图 14-5 所示，包括每个波段的中心波长。依次点击各个波段选择 Gray Scale 便可打开各个波段数据。

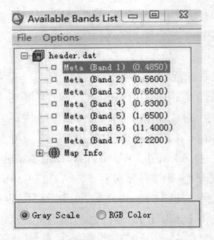

图 14-5 头文件元数据中的波段信息

③ 在 ENVI 经典菜单栏中 Basic Tools 的下拉菜单中点击 Preprocessing→Calibration Utilities→Landsat Calibration 或点击 Basic Tools → Preprocessing → Data-Specific Utilities → Landsat→Landsat Calibration，打开 ENVI 的 Landsat 定标输入文件对话框，选择一个定标波段后打开 ENVI 的定标对话框。

④ 在 ENVI 的定标对话框中指定定标系数和其他相关参数，ENVI 从元数据中确定定标参数并填写对话框相应项。如果想改写元数据中获取的值，可以在 Data Acquisition Month/Day/Year 中编辑数据获取时间，在 Sun Elevation（deg）中编辑太阳高度角。使用 Radiance 或 Reflectance 单选按钮选择需要的定标类型，如图 14-6 所示。如果定标的输入波段是热红外波段，定标输出将是开尔文温度。Gain、Bias 或 Lmin、Lmax 定标值自动地从关联的元数据文件中计算获得。如果元数据中包含的 Gain、Bias 值为 0，或想指定定标值以代替元数据中获得的值，或没有可用的元数据文件时，点击 Edit Calibration Parameters 打开 Edit Calibration Parameters 对话框，按图 14-6 表中的参数编辑所需要的 Gain、Bias 或 Lmin、Lmax 值后点击 OK 可重置元数据中指定的对应值，进行辐射定标输出，得到定标辐亮度影像。

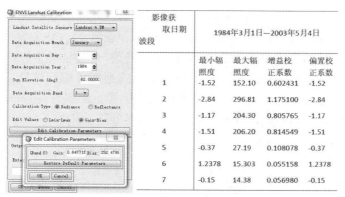

影像获取日期 波段	1984年3月1日—2003年5月4日			
	最小辐照度	最大辐照度	增益校正系数	偏置校正系数
1	-1.52	152.10	0.602431	-1.52
2	-2.84	296.81	1.175100	-2.84
3	-1.17	204.30	0.805765	-1.17
4	-1.51	206.20	0.814549	-1.51
5	-0.37	27.19	0.108078	-0.37
6	1.2378	15.303	0.055158	1.2378
7	-0.15	14.38	0.056980	-0.15

图 14-6　定标参数对话框及定标参数

如果打开文件时没有选择存储元数据的头文件，而是在 File 下拉菜单中点击 Open External File→Landsat→GeoTIFF 直接打开波段的 TIFF 文件，ENVI 经典不能自动地确定 Gain、Bias 或 Lmin、Lmax 值，因此需要手工键入这些值。这时 ENVI 的定标对话框包含两个另外的单选按钮：Lmin-Lmax 和 Gain-Bias，根据处理类型选择相应选项后点击 Edit Calibration Parameters 打开 Edit Calibration Parameters 对话框，输入 Gain、Bias 或 Lmin、Lmax 定标值。对于 Landsat 7 ETM+数据，还要为 Radiance Range 选择 Low 或 High 单选按钮。

2. 大气辐射校正

大气辐射校正主要是对大气散射引起的辐射误差的校正，减弱和消除在辐射传输路径中由于大气散射而导致的附加在地物辐射能量中的误差部分。

（1）FLAASH 校正

ENVI 中提供了 FLAASH 大气校正工具，FLAASH 可纠正可见光、近红外、短波红外等 3 μm 波宽范围的波谱成像，FLAASH 对大多数高光谱和多光谱传感器有效。对于热红外区段，可使用 Basic Tools 中 Calibration Utilities 提供的 Thermal Atm Correction 进行校正。当影像包含合适波长位置的波段时，可以进行水蒸气和气溶胶的大气校正。FLAASH 能校正垂直或斜视几何成像的影像。FLAASH 的输入影像必须是辐射定标后以 μW/（cm² · nm · sr）为单位的辐亮度影像，影像也必须是 BIL 或 BIP 格式，数据类型可以是浮点型、长整型或整型。使用 ENVI 的辐射定标工具的输出文件作为 FLAASH 的输入文件，FLAASH 读取关联的元数据去校正影像，对许多不同的传感器都有效。为执行水蒸气提取，影像波段以 15 nm 分辨率至少要包括以下波长范围之一：1050～1210 nm、770～870 nm、870～1020 nm，而对气溶胶提取，另外还需要其他的波长覆盖。对于高光谱传感器，在 ENVI 头文件中波长信息应是有效的。对于已知的多光谱传感器仅需要波长值，然而对于自定义的多光谱传感器还需要光谱响应滤波函数，当 FWHM 值无效时，FLAASH 假定是高斯响应。如果从元数据文件中打开了 Landsat 或 GeoEye 数据，则不需要指定波长或 FWHM 值，而当影像头文件不包含波长信息时，ENVI 可从 ASCII 文件中读取波长信息，由于 ASCII 文件以列的形式存储波长，需要正确指定波长列和单元。下面介绍 ENVI 中 FLAASH 大气校正的具体过程。

① 在 ENVI 经典主菜单栏 Spectral 下拉菜单中点击 FLAASH, 打开 FLAASH Atmospheric Correction Model Input Parameters 对话框, 设置 FLAASH 大气纠正模块的输入参数, 如图 14-7 所示。点击 Input Radiance Image 后选择经过辐射定标的辐亮度影像文件, 只能是 BIL 或 BIP 存储方式的, 如果是 BSQ 存储方式则需要进行转换。在 Radiance Scale Factors 对话框中确定输入到 FLAASH 中的纠正尺度因子, Scale Factors 表示辐亮度文件中的辐亮度单位 $W/(m^2 \cdot sr \cdot \mu m)$ 与 ENVI 默认辐亮度单位 $\mu W/(cm^2 \cdot sr \cdot nm)$ 之间的转换比例, 这个转换比例因子是 10。

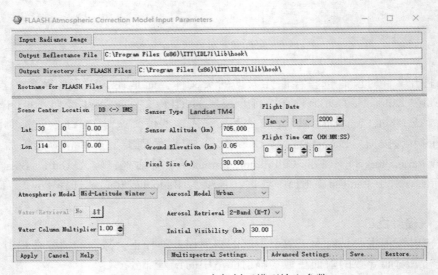

图 14-7　FLAASH 大气纠正模型输入参数

② 在 FLAASH 参数对话框点击 Apply 后 FLAASH 创建的输出文件的概要信息如下: Surface reflectance 表示大气校正反射率影像, 并且根据输入辐亮度影像定义的坏波段和大气传输太低不足以计算准确反射率的波段设置坏波段, Water vapor 表示 FLAASH 以 atm・cm 为单位创建水蒸气列的影像, Cloud map 表示 FLAASH 创建的 Cloud map 分类影像, 云确定用于 FLAASH 处理, 数量定义了邻接效应的大小。

③ 设定传感器参数, 包括遥感图像中心的坐标, 以及 Flight Date, Flight Time GMT, 这些都可以在 TM 的头文件中找到。Scene 和 Sensor 细节给 FLAASH 提供了太阳相对于地表位置的近似。如果输入场景有地图信息, Lat 和 Lon 字段将用场景中心坐标自动填充。如果没有可用的地图信息, 分别输入场景中心的经纬度, 对于南半球和西半球使用负值。从 Sensor Type 按钮菜单中选择提供输入辐亮度影像的多光谱传感器名称, 传感器类型可用于自动分配正确的波段光谱响应函数, 对于已有的多光谱传感器 FLAASH 使用 ENVI 经典滤波函数。如果输入数据来自于未知的多光谱传感器, 应该定义传感器的光谱响应函数, 这里选择 Landsat TM4。在 Sensor Altitude (km) 中输入影像采集时传感器在海平面上的公里高度, 对于星载传感器, 当选择传感器类型时自动设置传感器高度。在 Ground Elevation (km) 中输入平均场景在海平面之上的公里高程。在 Pixel Size (m) 中输入影像像

素以 m 为单位的分辨率，像素尺寸值用于邻接纠正，对于 TM 影像分辨率是 30 m。点击 Flight Date 下拉列表选择数据采集时的月份和日期并输入年度，在 Flight Time GMT（HH：MM：SS）中输入格林尼治平均时间。

④ 选择大气模型参数。使用 Atmospheric Model 下拉列表选择一个标准大气模式，如 Sub-Arctic Winter（SAW）、Mid-Latitude Winter（MLW）、U.S. Standard（US）、Sub-Arctic Summer（SAS）、Mid-Latitude Summer（MLS）和 Tropical（T），如图 14-8 所示。所选模式其标准列水蒸气量近似于或略大于研究区域的期望值，可以根据经纬度和时间来选定研究区的大气模式，每种大气模式的水蒸气含量如图 14-8 所示。对于实验影像区域，选择 Mid-Latitude Winter（MLW）模式。

Model Atmosphere	Water Vapor (std atm-cm)	Water Vapor (g/cm^2)	Surface Air Temperature
Sub-Arctic Winter (SAW)	518	0.42	-16° C (3° F)
Mid-Latitude Winter (MLW)	1060	0.85	-1° C (30° F)
U.S. Standard (US)	1762	1.42	15° C (59° F)
Sub-Arctic Summer (SAS)	2589	2.08	14° C (57° F)
Mid-Latitude Summer (MLS)	3636	2.92	21° C (70° F)
Tropical (T)	5119	4.11	27° C (80° F)

图 14-8 大气模型和水蒸气含量

⑤ 选择水提取参数。为解算辐射传输方程计算反射率，需要确定影像中每个像素的水蒸气量。FLAASH 包含一个提取每个像素水含量的方法，比整幅影像采用一个常量含水量的方法能产生更精确的纠正，但影像波段以 15 nm 分辨率至少要包括以下波长范围之一：1050~1210 nm、770~870 nm、870~1020 nm。对于大多数的多光谱传感器类型，由于没有合适的波段执行提取而将 Water Retrieval 设置为 No。

⑥ 选择气溶胶参数。点击 Aerosol Model 下拉列表选择气溶胶类型，如果能见度较高，如大于 40 km，则模型的选择不是关键。可供选择的模型如下：Rural 表示这一地区的气溶胶没有受到城市或工业源的强烈影响；Urban 表示为 80% 的农村气溶胶与 20% 烟尘状气溶胶的混合物，适用于高密度的城市/工业区；Maritime 表示临近海洋或海洋盛行风下的大陆，由两个部分组成：一部分来自海洋，另一部分来自农村大陆气溶胶；Tropospheric 适用于平静、清澈（能见度大于 40 km）的陆地条件下，由农村模式的小颗粒成分组成。在 Aerosol Model 中选择 Urban。

⑦ 气溶胶反演。FLAASH 包含反演气溶胶数量、估算场景平均能见度的方法，该方法基于 Kaufman 在 1997 年使用暗像素反射率反演气溶胶的工作。暗陆地像素定义为在 2100 nm 波段反射率低于 0.1，在 660 nm 的波段反射率在 0.45 以下，因此暗陆地像素反演方法需要传感器存在 660 nm 和 2100 nm 的波段。点击 Aerosol Retrieval 下拉菜单选择以下参数：当选择 None 时 Initial Visibility（km）域中的值用于气溶胶模式，对沿海场景可以选择使用 2-Band Over Water。2-Band（K-T）表示使用气溶胶反演方法，如果没有找到合适的暗像素，使用 Initial Visibility 域中的值。在 Aerosol Retrieval 中选择 2-Band（K-T）表示确

实想使用气溶胶反演，则必须使用 Multispectral Settings 对话框。如果输入数据来自于已知的多光谱传感器而且不用反演水蒸气和气溶胶，则不需要进行多光谱设置。

⑧ 在多光谱影像数据上执行气溶胶反演，在 FLAASH Atmospheric Correction Model Input Parameters 对话框底部点击 Multispectral Settings 按钮，打开 Multispectral Settings 对话框手工设置用于水蒸气和气溶胶反演处理的波段，选择合适的用于水蒸气和气溶胶反演的波段是很关键的。File 表示指定波段定义文件，GUI 表示交互选择波段。点击水蒸气反演或气溶胶反演选项卡以选择反演种类，在每个反演种类下使用下拉列表选择反演的波段。仅需定义要求处理的波段，例如：如果只需气溶胶反演而不需水蒸气反演，则可不定义水波段而只需定义 KT Upper 和 KT Lower 波段。波段信息如下表所示：

Water Retrieval	1135 nm	absorption	1117～1143 nm
		reference upper wing	1184～1210 nm
		reference lower wing	1050～1067 nm
	940 nm	absorption	935～955 nm
		reference upper wing	870～890 nm
		reference lower wing	995～1020 nm
	820 nm	absorption	810～830 nm
		reference upper wing	850～870 nm
		reference lower wing	770～790 nm
Aerosol Retrieval	2-Band（K-T）	KT upper	2100～2250 nm
		KT lower	640～680 nm
	2-Band Over Water	KT upper	800～950 nm
		KT lower	2100～2250 nm
Cloud Masking		cirrus clouds	1367～1383 nm

在气溶胶反演选项卡中设置 Maximum Upper Channel Reflectance 和 Reflectance Ratio 的值，确定用于可视评估的暗像素，推荐使用自动分配的值。在 Assign Default Values Based on Retrieval Conditions 中选择 Over-land Retrieval Standard（660：2100 nm）。Index to first band 表示滤波器函数文件中的传感器滤波函数开始的索引，此处选择 12。

⑨ 在 FLAASH Atmospheric Correction Model Input Parameters 对话框底部点击 Advanced Settings 按钮打开 FLAASH Advanced Settings 对话框，进行 FLAASH 高级设置。在 Modtran Resolution 下拉列表中选择分辨率，Modtran Resolution 控制着 MODTRAN 光谱分辨率以及 MODTRAN 计算中速度与精度的平衡，低分辨率具有更高的速度但精度较低。当选择超光谱传感器作为输入时 Modtran Resolution 的缺省值为 5 cm^{-1}，当选择多光谱传感器时缺省值为 15 cm^{-1}。在 Modtran Multiscatter Model 下拉列表中选择 MODTRAN 所用的多重散射算法，FLAASH 提供了三个选项：Isaacs、Scaled DISORT、DISORT，缺省值是 Scaled DISORT。DISORT 模型提供了最精确的短波纠正但其计算非常密集，Isaacs 2-stream 方法很快但过于简单。Scaled DISORT 方法提供了接近 DISORT 的精度而速度与 Isaacs 的速度

接近。如果选择 DISORT 或 Scaled DISORT 作为多重散射模型则需要指定 Number of streams，这个数值和模型散射方向的数量相关，这个数值的增加将导致计算时间的急剧增加而改进却很少，一般建议为 2 或 4。当仪器非垂直观测成像时必须指定天顶角和方位角。天顶角定义为视线和天顶之间的角度，对于垂直观测成像传感器天顶角为 180°，天顶角位于 90° 和 180° 之间。方位角定义为指北方向线起依顺时针方向到目标方向线之间的夹角，位于-180°到 180°之间。Zenith Angle 和 Azimuth Angle 都采用默认值：Zenith Angle 为 180，Azimuth Angle 为 0。

（2）波段对比法

由于大气对电磁波的散射具有选择性，对波长较短的可见光散射影响较大，而对波长较长的红外线散射影响较小。根据这一规律，选择 TM 影像中受大气影响较小的长波段如波段 4，对受大气影响较大的短波波段如波段 2，利用暗目标进行修正，即找到波段 4 暗目标像素将其在波段 2 上的灰度值作为修正量，波段 2 用原始图像灰度值减去修正量就实现了大气校正。ENVI 中波段对比法大气校正过程如下：

① 在 ENVI 经典菜单栏 File 下拉菜单中点击 Open External File→Landsat→Fast，在 TM 数据文件夹中选择 header. dat 文件将原始数据的头文件打开，在 Availabe band lists 中显示了头文件元数据中的波段信息，在其中分别选择 band 4、band 2 在 Display #1、Display #2 中以 GrayScale 显示出来。

② 在 Display #1 窗口中点击鼠标右键在快捷菜单中选择 Geographic Link 打开地理连接对话框，在 Display #1、Display #2 中设置为 On。在 Display #1 窗口中点击鼠标右键在快捷菜单中选择 Link Displays 打开连接显示对话框，在 Display #1、Display #2 中设置为 Yes，在 Link Size / Position 中选择 Display #2，如图 14-9 所示。

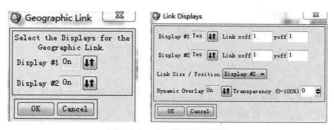

图 14-9　地理连接设置

③ Display #1、Display #2 窗口中建立地理关联后，在一个波段显示窗口内移动红色方框，在另一个波段显示窗口内都会同步移动显示。寻找两个波段影像上的暗目标，在 Display #1 窗口中暗目标位置点击鼠标右键在快捷菜单中选择 Cursor Location / Value，显示了所采集暗目标处的地图投影、坐标信息以及在两个波段的灰度值，如图 14-10 所示。

④ 对比同一暗目标在波段 4 和波段 2 的灰度值，可以看出波段 2 的灰度值比波段 4 的灰度值大 9 个灰度级，这是由于可见光波段实际上受大气散射影响，其在影像上产生辐射偏置量致使灰度值较大，灰度级差异量可近似作为大气校正的修正量。

⑤ 在 ENVI 经典菜单栏 Basic Tools 下拉菜单中点击 Band Math 打开波段运算对话框，

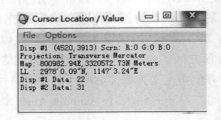

图 14-10 采集暗目标处的坐标信息及波段灰度值

在 Enter an expression 中输入 float(b2)-9 后点击 OK 打开 Variables to Bands Pairings 对话框将变量与波段进行匹配，在 Available Bands List 中选择 Band 2 表示公式中变量 b2 就是波段 2，如图 14-11 所示，执行波段运算后即生成大气校正后的影像。

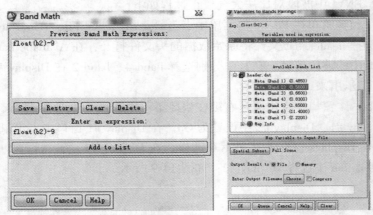

图 14-11 波段运算

（3）去除坏线

使用 ENVI 的 Replace Bad Lines 可替换影像数据中的坏数据线，应用这个功能必须先使用 Cursor Location/Value 工具确定要替换线的位置，也可使用 Spatial Pixel Editor 交互地固定坏线位置。对 ENVI 格式文件使用 Spatial Pixel Editor 在数据表中显示像素值并交互地改变问题像素值。通过输入一个不同的值或使用周围像素的数据均值，可以替换单个像素值或整行、整列像素值。在 ENVI 标准格式影像视窗的菜单栏 Tools 下拉菜单中点击 Spatial Pixel Editor 打开空间像素编辑器，在数据表中显示了缩放窗口的像素值以及行数和列数，表中突出指示的像素位置在缩放窗口中用绿色方框显示。ENVI 中去除坏线的过程如下：

① 在 ENVI 经典主菜单栏的 Basic Tools 下拉菜单中选择 Preprocessing→General Purpose Utilities→Replace Bad Lines，打开输入文件对话框。

② 选择输入文件后执行可选的空间或光谱裁剪，点击 OK 后打开坏线参数对话框。

③ 在 Bad Line 域中指定需要替换的坏线，对于坏线的准确行号，可在影像窗口点击

右键后选择 Pixel Locator，便可在 Zoom 窗口中准确确定坏线的行号。指定的坏线将添加到 Selected Lines 列表中，点击线可从列表中删除该线，点击 Save 可将线的坐标存储到文件中，点击 Restore 可从先前存储的文件中恢复坐标，点击 Clear 可清除将替换线的列表。

④ 在 Half Width to Average 域中输入用做替换线计算的平均邻接线的数量，这个值围绕着替换线是对称的。例如输入 2 表示所选坏线每边 2 条线用于替换线的平均计算。点击 OK 后可进行坏线去除。

（4）去除条带噪声

在多传感器光谱仪中由于传感器之间对接受地物辐射信号的响应特性不同，导致遥感数据中许多波段含有大量的条带，这些噪声严重影响了数据的解译和信息提取。ENVI 提供了 Destriping Data 功能，可以在去条带噪声的同时保持图像原有的信息。在 ENVI 中使用 Destriping Data 可删除影像数据中的周期扫描线条纹，这种类型的条纹通常在 Landsat MSS 数据中存在，通常每隔 6 条线有 1 个条纹，而在 Landsat TM 数据中每隔 16 条线存在 1 个条纹。当对数据去条纹噪声时，ENVI 经典每 n 条线计算平均值并将每条线用其各自的均值进行规范。为正确使用去条带噪声功能，数据必须是以获取时的格式具有水平条纹噪声，而且不能旋转和几何变换。ENVI 中去除条带噪声过程如下：

① 在 ENVI 经典主菜单栏的 Basic Tools 下拉菜单中选择 Preprocessing→General Purpose Utilities→Destripe，打开 Destriping Data Input File 对话框。

② 选择输入文件后执行可选的空间或光谱裁剪，点击 OK 后打开 Destriping Parameters Dialog Appears 对话框。

③ 在 Number of Detectors 域中输入探测器的数量，探测器的数量就是条纹出现的周期，例如 Landsat MSS 数据，其探测器数量是 6。如果在头文件中没有设置文件类型，则将自动进行缺省设置。

④ 点击 OK 后可对影像去除条带噪声。

第三节　PCI 辐射校正

由于遥感成像时受当时大气条件的影响如雾霭等，导致影像上出现模糊，大气校正是用于减少或消除大气影响的处理，可提供更精确的地表反射率值。PCI 中包含了两种大气校正工具 ATCOR2 和 ATCOR3，ATCOR2 用于纠正具有平坦地形区域的卫星影像，ATCOR3 用于纠正具有崎岖地形区域的卫星影像，两种算法都涉及存储于查找表中的大气纠正函数数据库。PCI 中的大气校正算法主要用于 Landsat、SPOT 等影像，也支持一些宽视场传感器。PCI 的大气校正功能可以两种方式实现：一种方式是在 Atmospheric Correction Configuration 窗口中实现，另一种方式是通过算法库实现。

1. 利用 Atmospheric Correction Configuration 窗口进行大气校正

在 PCI 的面板工具栏中选择 打开 Focus 应用程序，大气校正在 Focus 应用程序中实现，其具体过程介绍如下：

① 在 Focus 窗口主菜单栏的 Analysis 下拉菜单中点击 Atmospheric Correction 打开 Atmospheric Correction Configuration 窗口，在该窗口中配置大气校正参数，包括定义纠正的

影像、传感器信息、大气条件和其他所需参数，如图 14-12 所示。

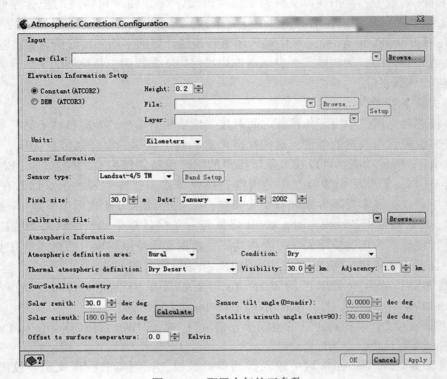

图 14-12　配置大气校正参数

② 在 Image file 中点击 Browse 按钮选择待大气校正的影像文件，如果影像显示的是平坦地形区域，或校正时没有数字高程模型 DEM，点击 Constant（ATCOR2），并在 Height 中输入数值，表示影像覆盖区域的常量高程。如果有影像的 DEM 则点击 DEM（ATCOR3），选择包含 DEM 的文件并在 Layer 中选择包含高程值的层。

③ 在 Units 的列表中选择高程值的测量单位，在 Sensor type 的列表中选择影像的传感器类型。如果不是使用 CD 读取算法导入影像，需要点击 Band Setup 将传感器的波段和校正影像的通道匹配起来。

④ 在 Pixel size 中输入校正影像的像素尺寸，如果影像获取日期包含在元数据中，Date 的文本框中自动读入日期，否则需要输入影像获取时的年、月、日。

⑤ 在 Calibration file 的列表中选择或点击 Browse 选择影像或传感器类型的定标文件。标准定标文件在 Geomatica 安装路径下的 atcor \ cal 文件夹中，每个传感器都有相应的一些定标文件，这些定标文件基本可满足大多数情况下的应用，因此在 Atmospheric Correction Configuration 窗口可直接选择使用一个标准定标文件。如果使用标准定标文件没有获得预期的结果，对比数据元文件和定标文件中的定标系数（增益和偏置值），如果相差很大，可根据实际数据创建特定的定标文件。定标文件中包含波段、增益值、偏置值的表格，ATCOR 中除热波段外的每个波段其辐射单位为 $mW \cdot cm^{-2} \cdot sr^{-1} \cdot micron^{-1}$，热波段

辐射单位为 mW・m^{-2}・sr^{-1}・micron^{-1}。若元数据和定标文件中使用不同的辐射单位，则需要进行数值转换。例如：元数据中系数是以 W・m^{-2}・sr^{-1}・micron^{-1}为单位，为转化到 ATCOR 辐射值，需要将元数据文件中的值乘以 0.1 后替换定标文件中每个波段的增益值和偏置值，存储为 .cal 新文件。

⑥ 在 Atmospheric definition area 的列表中选择影像的气溶胶类型，该列表中包含了可能的气溶胶类型，气溶胶类型取决于影像成像时区域中大气的主要颗粒，影像拍摄前几天区域中的风向和天气情况对气溶胶类型有影响。气溶胶类型有以下几种：Rural、Urban、Desert、Maritime。Rural 气溶胶类型绝大多数由粉尘状和有机颗粒组成，在空气不受城市或工业中心强烈影响的陆地区域，Rural 气溶胶是主要的，对于森林、农业、雪覆盖的区域建议使用 Rural 类型。Urban 气溶胶类型主要由燃烧和工业活动的盐酸颗粒组成。Desert 气溶胶类型主要由大粉尘颗粒组成。Maritime 气溶胶类型主要由海盐、粉尘、有机颗粒组成。如果不知道空气组成，在这 4 种气溶胶类型中，一般推荐选择 Rural 气溶胶类型。

⑦ 在 Condition 的列表中，选择影像拍摄时的标准大气条件。Condition 列表和 Thermal atmospheric definition 列表包含了大气校正所用的标准大气，标准大气是气压、温度、水蒸气以及臭氧密度的垂直轮廓。执行大气校正过程中在确定所选择的标准大气时，区域中水蒸气含量起着关键作用。若传感器不包含水蒸气波段，可根据影像获取时的季节和位置来评估水蒸气含量。可选择的标准大气包括：Dry 或 Dry Desert 表示干燥的大气，总水蒸气含量在 0.41 以下；Fall 表示秋季大气，总水蒸气含量在 1.14；Spring 表示春季大气，总水蒸气含量在 1.14；Humid 表示潮湿大气，总水蒸气含量在 4.94；Mid-latitude summer 表示中纬度夏季大气，总水蒸气含量在 2.92；Mid-latitude winter 表示中纬度冬天大气，总水蒸气含量在 0.85；Sub-Arctic summer 表示亚北极夏季大气，总水蒸气含量在 2.08；Sub-Arctic winter 表示亚北极冬季大气，总水蒸气含量在 0.42；Tropical 表示热带大气，总水蒸气含量在 4.11；Arid 表示干旱大气，总水蒸气含量在 2.15。以上水蒸气含量单位是 g・cm^{-2}。如果也选择了热波段参与校正，在 Thermal atmospheric definition 的列表中选择影像拍摄时的标准大气条件。

⑧ 在 Visibility 中输入能见度的值。能见度是一种计算大气不透明性的气象统计值，度量目视可见突出目标的最远距离，用于更精确地指定影像拍摄时的大气状况，在 Focus 中能见度的范围是 5~180 km。

⑨ 在 Adjacency 中输入邻接值。邻接是对相邻像素后向散射的影响，通常用于更精确地指定在影像获取时的大气状况。通过围绕每个像素多达 200 个像素的区域来计算邻接影响，例如 Landsat 影像 30 m 分辨率其最大邻接值是 6，而邻接值为 0 表示不考虑任何邻接影响，大多数情况下缺省值 1 是比较合适的。

⑩ 在 Solar zenith 中输入天顶角值。如果元数据中包含影像成像的日期、时间和位置，可自动计算出太阳天顶角的值，如果元数据中不包含这些，可点击 Calculate 打开 Solar Calculations 窗口进行计算，如图 14-13 所示。其中，在 Date 中输入影像获取时的月、日、年，在 Time 中输入小时、分、秒，在 Latitude 中输入影像中心的纬度坐标，在 Longitude 中输入影像中心的经度坐标，然后点击 Calculate，Solar zenith、Solar azimuth 值计算并显示出来。

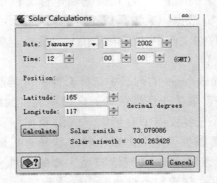

图 14-13　太阳天顶角的计算

⑪ 输入 Satellite Azimuth。对于倾斜角度大于或等于 3°的传感器，需要输入卫星方位角。卫星方位角描述了卫星相对于场景中心的水平位置，可从影像元数据中获取。点击 Click 后即对影像进行大气校正。

2. 利用 Atmospheric Correction 算法库进行大气校正

在 Focus 窗口的 Tools 下拉菜单中选择 Algorithm Librarian 命令，打开 Algorithm Librarian - ATCOR2 窗口，在窗口中依次选择 PCI Predefined→Image Correction→Atmospheric Correction 算法目录，选择 ATCOR2：Atmospheric Correction of Flat Areas，如图 14-14 所示。

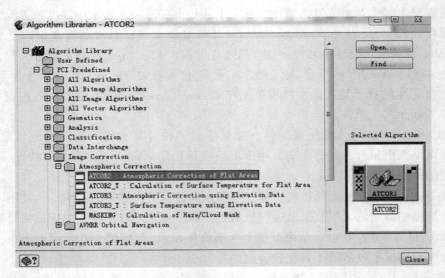

图 14-14　算法库 ATCOR2 函数

点击 Open 后打开 ATCOR2 Module Control Panel 窗口。在该窗口中用 ATCOR2 算法实现大气校正。ATCOR2 算法计算平坦区域的大气校正时，适用于恒定或变化的大气类型，而且考虑到了邻接效应。输入文件必须是包含原始 DN 值，而且指定的输入文件中的通道必须与卫星波段相对应。ATCOR 算法使用定标文件中提供的定标系数自动地将原始 DN 值转化为传感器所获得的辐射值，因此在大气校正前必须提供一个定标文件，用偏移值和缩放因子将原始 DN 值进行转化。关联的元数据文件中通常提供了定标系数，然而如果要正确地在 ATCOR 中使用这些值，则必须将其转化为以 $mW \cdot cm^{-2} \cdot sr^{-1} \cdot \mu m^{-1}$ 为单位后存储在包含特定结构的 ASCII 定标文件中。如果大气校正设置为恒定大气类型，任何数量的输入卫星波段都能校正，但必须准确估计 Visibility 参数值。对于变化的大气类型，必须指定红光波段和近红外波段，而使用短波红外波段可提供更好的校正效果。如果影像不包含短波红外波段，可指定参考像素阈值，缺省阈值是 3.0、0.8、2.0。如果输入文件中不使用红、近红外波段，仅能使用恒定大气校正类型。如果输入中包含红、红外波段或短波红外波段，但参考像素不充足，也必须使用恒定大气类型。使用掩膜功能，可计算雾掩膜和云掩膜，应用于大气校正过程中。云掩膜有助于识别云像素以确保云不会被误认为地面特征。使用缨帽变换雾掩转换来计算雾掩膜，再从识别出的像素中减去雾霭。校正过程中所需参数如目标区域的平均高程、影像日期、太阳天顶角、像素尺寸可在卫星头文件中查询。如果头文件中包含了太阳高度角，则太阳天顶角等于 90 减去太阳高度角。校正过程中还需指定邻接效应，其缺省值是 1.0。当传感器的倾斜角度大于 3°时，还需确定太阳天顶角和卫星天顶角。利用 Atmospheric Correction 算法库进行大气校正的具体过程介绍如下：

（1）ATCOR2 Module Control Panel 窗口中的 Files 标签页下进行输入、输出的设置。

① 在 Input：Raw DN 指定包含各个波段原始 DN 值的输入 PCIDSK 影像文件，指定的输入通道要与输入卫星波段对应起来。如果 Correction Type 是 VARYING，则必须指定红、近红外波段。

② 在 InputHaze：Haze Msk 中指定雾位图掩膜，该掩膜可利用 MASKING 程序创建。在 InputCloud：Cloud Mask 中指定云位图掩膜，该掩膜可利用 MASKING 程序创建。雾位图掩膜和云位图掩膜都是可选的。

③ 在 Output：Output Surface Reflectance 中指定输出文件中的影像通道，获得校正后各波段的反射率影像，输出通道对应到卫星波段。

（2）在 Input Params 1 标签页进行大气、卫星、定标等的设置，如图 14-15 所示。

① 在 Atmospheric Definition 中指定校正过程中所用的大气定义，由两部分组成，以下画线相连。第一部分值表示成像位置，有效值包括 rura、dese、urba、mari，分别代表 rural、desert、urban、maritime。第二部分值表示成像条件，有效值包括 dr、ms、fa、hu、mw、ss、tr、ar，分别代表 dry、mid_latitude summer、fall/spring、humid、mid_latitude winter、sub-arctic summer、tropical、arid。

② 在 Satellite 中指定传感器的名称，缺省值是 Landsat-4/5 TM，可用的传感器包括 ALOS Avnir-2、GEOEYE-1、Ikonos 2、Landsat、OrbView-3、QuickBird、SPOT、Worldview 等。

③ 如果传感器倾斜，在 Sensor Tilt Angle 中指定影像获取时传感器的倾斜角度，倾斜传感器包括：ALOS Avnir-2、GEOEYE-1、Ikonos 2、OrbView-3、QuickBird、SPOT、Worldview-2 等。如果传感器倾斜角度大于或等于 3°，还需在 Satellite Azimuth Angle 中指

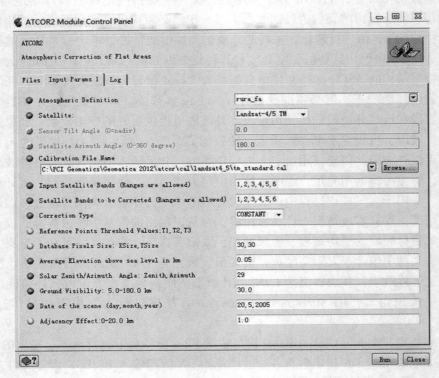

图 14-15 ATCOR2 Module Control Panel 窗口

定卫星方位角。

④ 在 Calibration File Name 中指定包含校正过程中所用定标系数的定标文件,根据传感器类型来选取定标文件。

⑤ 在 Input Satellite Bands 中指定每个输入通道的卫星波段,如果 Correction Type 指定为 VARYING,则需要红、红外波段。

⑥ 在 Satellite Bands to be Corrected 中指定每个校正影像通道的输出波段。

⑦ 在 Correction Type 中指定校正所用的大气类型,支持 VARYING 和 CONSTANT 大气类型。如果设置为 VARYING,则 Input:Raw DN 和输入卫星波段中需要有红和近红外波段。如果红和近红外波段不用做输入数据,或卫星没有这些波段,则必须指定为 CONSTANT 大气类型。如果没有充足数量的参考像素,也必须使用 CONSTANT 大气类型。

⑧ 如果没有指定短波红外波段,在 Reference Points Threshold Values 中指定用于计算参考像素的阈值。包括:比值植被指数的阈值 T1,即 NIR/RED > T1;近红外的阈值 T2,即 band-Dn(NIR) < NIR(mean) - T2 * StDev(NIR);红波段的反射率 T3。这些参数仅用于当不提供短波红外波段时 VARYING 大气校正类型。

⑨ 在 Database Pixels Size 中指定输入文件中影像像素的 X、Y 尺寸,以 m 为单位。在 Average Elevation above sea level 中指定目标区域高于海平面的平均高程,以 km 为单位。在 Solar Zenith/Azimuth Angle 中指定太阳天顶角(20°~70°)以及太阳方位角(0°~360°)。

仅当传感器倾斜角度大于3°时才需要太阳方位角。太阳天顶角用90°−太阳高度角来计算。

⑩ 在 Ground Visibility 中指定地面能见度，以 km 为单位，范围为 5.0～180.0 km，能见度用于更精确地指定影像获取时的大气条件，缺省值是 30.0 km。在 Date of the scene 中指定输入场景的获取日期。在 Adjacency Effect 中指定邻接效应，缺省值是 1 km。

（3）点击 Run 可运行 ATCOR2 算法进行大气校正。

第十五章　遥感影像裁剪

很多影像覆盖的区域较大，当实际的研究区域仅仅只占据影像中一个较小部分的时候，为节约存储空间、减少处理时间，可以将整个影像的一个子集创建为新影像，称之为影像裁剪。

第一节　ERDAS 影像裁剪

ERDAS 影像裁剪可分为矩形裁剪和多边形裁剪。矩形裁剪属于规则分幅的裁剪，影像的边界范围是一个矩形，通过左上角和右下角的坐标来确定影像的裁剪位置。多边形裁剪属于不规则分幅裁剪，裁剪影像的边界范围是任意多边形，由完整的闭合多边形区域确定裁剪范围，而不能通过左上角和右下角两点坐标确定裁剪位置。

1. 矩形裁剪（Rectangle Subset Image）

矩形裁剪的边界范围是矩形，通过指定左上角和右下角的文件坐标或地图坐标来确定裁剪位置，拷贝输入数据文件所选择的部分或子集到一个输出数据文件以实现裁剪，其实现过程如下：

① 点击 ERDAS 图标面板 ，在弹出的下拉菜单中选择菜单命令 Subset Image... ，打开 Subset 对话框如图 15-1 所示。

② 在 Subset 对话框中设置下列参数：

Input File 中输入需裁剪的影像文件名 ws87_sub. img，或者在 File Selector 按钮点击选择，缺省的文件扩展名是 . img。

Output File 中输入裁剪文件名 subset. img，或者在 File Selector 按钮点击选择，ERDAS 自动添加扩展名 . img。

在 Coordinate Type 中选择合适的所用坐标类型，如果输入文件没有大地坐标，坐标类型自动缺省为 File。如果数据是纠正过的或具有地理参考，点击 Map 使用地图坐标，点击 File 表示使用文件坐标，左上角从（0，0）开始。

在 Subset Definition 中定义影像数据的矩形区域用于输出文件。裁剪坐标可以来自于视图中的查询框，或直接输入裁剪左上角和右下角的 X、Y 值。缺省的坐标是整个输入文件的范围。点击 From Inquire Box 表示使用视图查询框定义数据的裁剪区域，使用这个选项要求影像和查询框必须已显示在视图中。可移动或调整视图中查询框的位置和大小，则文本框中的坐标随之改变而更新。选择 Two Corners 表示采用标准的左上、右下坐标对。选择 Four Corners 表示指定包含 4 个坐标对的裁剪区域，裁剪区域是包含所有 4 个点的最大矩形。

180

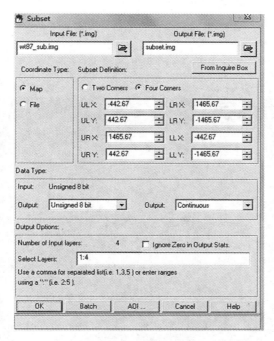

图 15-1　影像裁剪对话框

在 Data Type 中指定输出文件的数据类型，在 Output 中点击下拉列表按钮选择输出文件的数据类型，Thematic 表示输出文件是专题栅格层；Continuous 表示输出文件是连续栅格层。当创建影像的子集时，输出文件数据类型一般要选择与输入文件的数据类型相同的位深，如果选择较小的位深（例如从 16 位位深到 8 位位深），ERDAS 将直接对数据进行截取，如果想降低图像的灰度级，必须使用 Interpreter→Utilities→Rescale。

在 Output Options 中指定输出文件的选项，Number of Input layers 中显示了输入文件的层数，在 Select Layers 中指定用输入文件中哪些层生成裁剪文件，选中 Ignore Zero in Output Stats. 表示在计算输出文件统计值时文件中值为 0 的像素被忽略掉。

③ 单击 OK，关闭 Subset 对话框，执行影像裁剪。

2. 多边形裁剪（Polygon Subset Image）

当裁剪区域的边界不是一个规则的矩形区域，无法通过左上角和右下角两点的坐标来确定时，需要采用多边形裁剪。在 ERDAS 中闭合多边形可通过 AOI 确定。

① 点击 [Viewer] 打开视窗，在视窗中点击 🗁 选择影像 ws87_rs. img 使其在窗口中显示。

② 点击影像视窗的菜单栏中的 Raster，在 Raster 的下拉菜单中选择 Tools 后调出 Raster 工具框 。

③ 在 Raster 工具框中选择多边形工具 ⬠ ，在影像视窗中按裁剪范围绘制多边形，鼠标左键单击定义多边形顶点、鼠标左键双击封闭多边形，绘制的多边形以虚线显示，多边形的外接矩形以实线框显示，如图 15-2 所示。

④ 点击影像视窗菜单栏中的 File，在其下拉菜单中选择 Save→AOI Layer As，将所定义的多边形 AOI 保存在文件中。

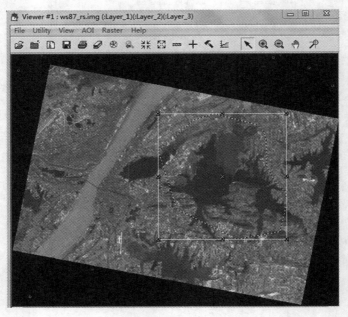

图 15-2 多边形裁剪

⑤ 点击 ERDAS 图标面板 DataPrep，在 Data Preparation 下拉菜单中选择菜单命令 Subset Image...，打开 Subset 对话框。在其中指定裁剪输入影像文件名、输出裁剪影像文件名、输出文件数据类型，在 Output 中选择 Continous。点击 AOI... 按钮弹出 Choose AOI 对话框，如图 15-3 所示。

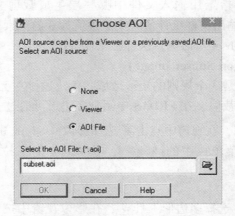

图 15-3 Choose AOI 对话框

⑥ Choose AOI 对话框用来选择一个感兴趣区域进行裁剪而将影像剩余部分排除，其中 None 表示不使用 AOI，Viewer 表示使用视图中已定义的 AOI，AOI File 表示使用已存在的 AOI 文件。影像裁剪的 AOI 可以来自于一个视图或先前存储的 AOI 文件，此处点击 AOI File 选择存储的 AOI 文件，在 Select the AOI File 中输入指定的 AOI 文件名。

⑦ 点击 OK 后按指定的设置进行影像裁剪。

第二节　ENVI 影像裁剪

ENVI 中影像裁剪可分为空间裁剪、光谱裁剪、统计裁剪或掩膜裁剪，很多工具可以在数据处理之前实现对数据进行裁剪。

1. 空间裁剪

使用空间裁剪可以限制一个功能应用到影像的空间子集上，可通过输入裁剪的行列值、输入地图坐标，使用已存在的空间子集、使用感兴趣区域的边界框以及从影像上交互地选择等多种方式实现影像的空间裁剪。ENVI 中实现影像空间裁剪的过程如下：

（1）打开需裁剪影像。在 ENVI 主菜单栏中点击 Basic Tools，在其下拉菜单中选择 Resize Data（Spatial/Spectral）菜单命令，打开 Resize Data Input File 对话框，如图 15-4 所示。

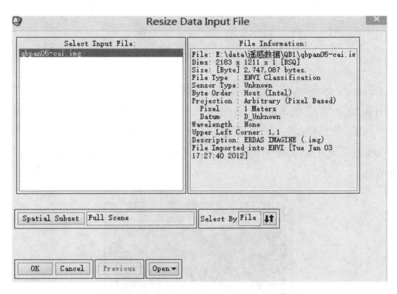

图 15-4　Resize Data Input File 对话框

（2）在 Resize Data Input File 对话框中选择需裁剪的影像 qbpan05-cai.img，点击 Spatial Subset 按钮打开 Select Spatial Subset 对话框，如图 15-5 所示。在其中设置对影像进行空间裁剪的方式，可设置 Samples/Lines、Image、Map、File、ROI/EVF 等裁剪方式。

① 根据行列裁剪。在 Select Spatial Subset 对话框中，Dims 显示了原始数据集的尺寸，

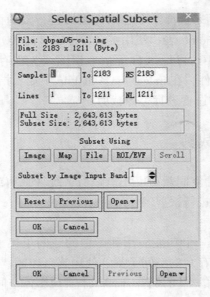

图 15-5　设置空间裁剪对话框

在 Samples 和 Lines 中设置裁剪范围进行裁剪。在 Samples 中输入起始列和结束列，在 Lines 中输入起始行和结束行，或在 NS 和 NL 域中输入裁剪的行数或像素数。点击 OK 开始按指定的行列对影像进行裁剪。

　　② 使用 Image 裁剪。使用影像裁剪，可交互地从影像中选择空间裁剪区域，具体操作过程如下：

　　点击 Image 后出现 Subset by Image 影像裁剪对话框，所选影像波段的二次抽样图像显示在窗口中，用影像上的红色方框标出当前所选区域的轮廓，如图 15-6 所示。为改变裁剪尺寸和位置，可点击方框的一个角拖动或在影像范围内移动方框，这时将改变 Subset by Image 窗口中 Samples 或 Lines 域中的值。点击 OK 起始和结束行列坐标出现在文本框中可对影像进行裁剪。

图 15-6　移动方框裁剪

③ 使用 Map 裁剪。对于具有地理参考的影像，可选择根据地理坐标或经纬度坐标进行裁剪，具体操作过程如下。在 Select Spatial Subset 对话框中点击 Map 后打开 Spatial Subset by Map Coordinates 对话框，如图 15-7 所示，它分为两部分：上面设置裁剪区域左上角的地图坐标，下面设置裁剪区域右下角地图坐标。在相应的域中输入裁剪区域左上角地理坐标和右下角地理坐标，缺省值显示的是整个影像的左上角和右下角地理坐标。使用箭头切换按钮将地理坐标模式切换为经纬度坐标模式，按经纬度值选择裁剪子集。点击 Change Proj 按钮可选择地图投影类型、改变坐标的地图投影。点击 OK 后开始对影像进行裁剪。

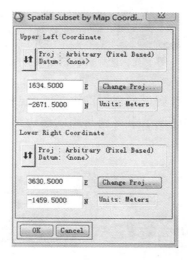

图 15-7 地图坐标裁剪

④ 使用 File 裁剪。File 方式是以另外一个影像文件的范围为标准来确定裁剪区域。基于先前裁剪影像的子集区域去裁剪文件有两种选项：第一种选项是，基于和现在正裁剪的影像具有相同尺寸的影像定义的子集来裁剪影像；第二个选项是，根据先前按像素值或地图坐标值裁剪的相同或较小尺寸的影像来裁剪影像。在 Input File 对话框或 Select Spatial Subset 对话框中点击 Previous，可使用和先前输入的相同空间裁剪范围。

⑤ 使用 ROI/EVF 裁剪。选择 ROI 文件或 EVF 文件，根据感兴趣区域或矢量边界，使用包围盒(例如包围一个 ROI 或 ROI 组的区域)来裁剪文件。裁剪范围是预先定义的任意多边形所表示的完整闭合区域，可以是手工绘制的 ROI 多边形，也可以是 ENVI 支持的矢量数据文件。在 Select Spatial Subset 对话框中点击 ROI/EVF，打开 Subset Image by ROI/EVF Extent 对话框，在其中选择 ROI 后点击 OK 按包围选择的 ROI 区域裁剪。在影像窗口中点击鼠标右键选择 ROI Tool 打开 ROI Tool 对话框，如图 15-8 所示。

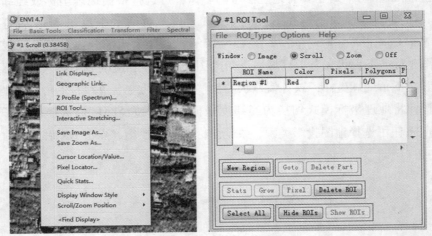

图 15-8 选择 ROI 区域裁剪

点击 New Region，将鼠标移到影像视窗即可手工绘制 ROI 多边形，用鼠标左键确定多边形的顶点，按下鼠标右键选点结束得到封闭的多边形，同时将所选区域进行颜色填充，如图 15-9 所示。

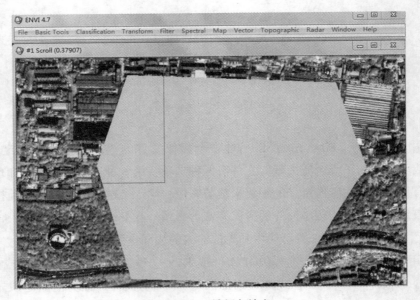

图 15-9 区域颜色填充

此时在 ROI Tool 工具框中出现所绘制的 ROI 属性，包括 ROI 名称、填充颜色、像素数等，点击 File 菜单下的 Save ROIs，将所绘制的多边形存为 roi 文件，如图 15-10 所示。

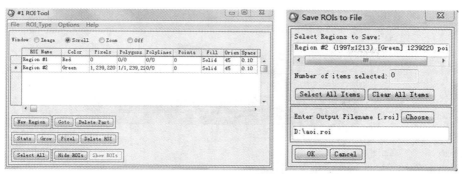

图 15-10　存储 ROI

在 Select Spatial Subset 对话框中点击 ROI/EVF 按钮，打开 Subset Image by ROI/EVF Extent 对话框，点击 Open ROI/EVF file 按钮选择保存的 roi 文件，点击 OK 后将按照 ROI 范围进行裁剪，如图 15-11 所示。

图 15-11　ROI 文件区域裁剪

⑥ 使用 Scroll 裁剪。在 Select Spatial Subset 对话框中点击 Scroll 可根据缩放滚动窗口当前显示的影像范围裁剪文件，需要设置只包含滚动窗口裁剪的起始和结束值。仅当滚动窗口以缩放模式显示所选择的文件时，使用滚动窗口裁剪才有效。

2. 光谱裁剪

使用光谱裁剪可以限制一个功能应用到影像中所选的波段上。

① 按波段裁剪

在输入文件对话框中，点击 Spectral Subset 打开 File Spectral Subset 对话框，在对话框的 Select Bands to Subset 中出现波段列表以选择光谱裁剪所需的波段，如图 15-12 所示选择用于光谱裁剪的三个波段。可使用鼠标左键单击并拖动想要的波段来选择一系列波段，或者按住 Ctrl 键左键单击每个波段以选择多个、不相邻的波段。当选择一系列波段去裁剪时，对话框最初缺省地显示所有波段，可选择一个特定范围的波段而不是缺省的所有波段。在 File Spectral Subset 对话框中点击 Clear 重置缺省设置，在 Add Range 按钮旁的两个文本域中输入起始和结束波段，当单击 Add Range 按钮时这些波段就被选中。单击 OK 后就在所选的光谱子集上执行特定的功能。

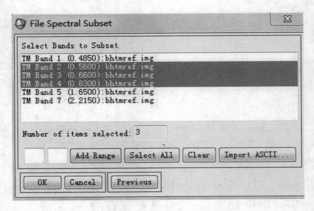

图 15-12 选择波段光谱裁剪

② 应用先前子集裁剪

如果两个文件的光谱波段数量相同，可选择与先前所用相同的光谱子集进行裁剪，点击 Open 后选择 Previous File 显示出最近的文件及在先前 ENVI 任务中所用的裁剪，从列表中选择一个文件打开。

③ 使用 ASCII 文件裁剪

对于含有大量波段的文件，如果已经定义了多个光谱子集，可通过 ASCII 文件进行光谱裁剪。在 File Spectral Subset 对话框中点击 Import ASCII 出现 Enter ASCII Filename 对话框，选择 ASCII 文件。ASCII 文件在格式上必须有与影像中波段数同等数量的行，列数表明可能的光谱子集数。对于 ASCII 文件中的每个列，0 表明对应的波段没有被选择，1 表明相应的波段被选中。例如一个 5 波段的 AVHRR 文件可使用以下数据的 ASCII 文件：

$$0\ 1\ 1$$
$$0\ 0\ 1$$
$$0\ 1\ 1$$
$$1\ 0\ 0$$
$$1\ 1\ 0$$

第 1 列表示不选择波段 1、2、3，而选择波段 4 和 5；第 2 列表示不选择波段 2、4，而选择波段 1、3、5；第 3 列表示不选择波段 4、5，而选择波段 1、2、3。无论 ASCII 文件的行数有多少，仅仅最多 5 个波段显示在 Input ASCII File 对话框中。

3. 统计裁剪

在文件对话框中单击 Stats Subset，打开 Select Statistics Subset 对话框，如图 15-13 所示。从 Calculate Stats On 中可选择 Image Subset、ROI/EVF 选项，Image Subset 表示选择标准的空间裁剪，ROI/EVF 表示选择一个 ROI 或矢量作为裁剪区域，在 Select ROI/EVF 列表中显示了可用的 ROIs 和矢量，单击 OK 后进行统计裁剪。

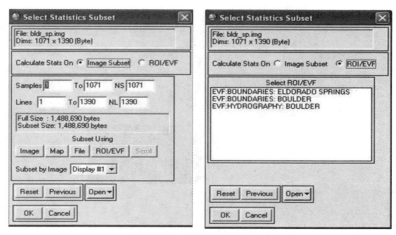

图 15-13　统计裁剪对话框

4. 掩膜裁剪

Masking 工具允许创建和使用图像掩膜，对文件应用一个空间掩膜可不对掩膜对应的影像部分应用所选的 ENVI 功能，相当于进行了裁剪。掩膜是由 0 和 1 值组成的一个二进制图像。当在某一功能中应用掩膜时，1 值区域被处理，0 值区域被屏蔽不包括在计算中。在 ENVI 中仅部分功能允许空间掩膜，包括统计、分类、线性光谱分离、匹配滤波、光谱特征拟合等。在影像中应用先前定义的空间掩膜，可按下面步骤进行：在输入文件对话框中点击 Select Mask Band，或者在任何带有 Select Mask 按钮的对话框中点击 Select Mask，打开选择掩膜输入波段对话框，列出了和输入影像具有相同空间尺寸的所有波段，选择包含掩膜的波段后点击 OK。也可在输入文件对话框中点击 Mask Options 选择 Clear Mask Band，或者在任何带有 Clear Mask 按钮的对话框中点击 Clear Mask，删除应用到影像中的掩膜。

第三节　PCI 影像裁剪

在处理大数据集时，可通过影像裁剪创建子集获得具有代表性的小区域影像进行研究和试验，选择处理方法、设置参数并检验处理效果，当在裁剪区域上获得了满意的处理效果之后，再将所选择的处理方法和调整的参数应用于整个大数据集，可有效减少处理时间，保证处理结果的质量。PCI 提供了两种影像裁剪方式，一种是输入坐标进行裁剪，另一种是根据矢量创建裁剪。

1. 输入坐标范围的影像裁剪

在 Focus 窗口主菜单栏 Tools 下拉菜单中选择 Clipping/Subsetting，打开 Clipping/Subsetting 窗口可对影像指定坐标范围进行裁剪，如图 15-14 所示。

影像裁剪过程介绍如下：

（1）在 Clipping/Subsetting 窗口中，在 Input 下的 File 中选择一个文件，输入影像显示在 Clipping/Subsetting 的视图面板。

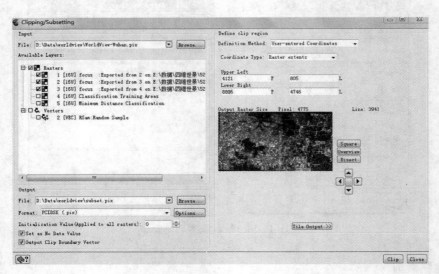

图 15-14　Clipping/Subsetting 窗口

（2）在 Output 下 Format 中指定了数据格式后，在 Available Layers 列表中就列出了所选格式的数据层，从 Available Layers 列表中选择需要裁剪的数据层，所选裁剪的层和段都有检查指示标记。如果选择了仅支持矢量数据的 SHP 格式，则仅列出矢量层。如果矢量地理参考和源文件不兼容，段中的矢量不被裁剪，其他的段类型包括 LUT、GCP、PCT 不进行裁剪。

（3）在 Output 下的 File 中选择裁剪输出文件，在 Format 中选择输出的格式。在裁剪之前应考虑输出格式，缺省情况下裁剪文件是采取源文件的文件类型，也可改变裁剪文件的输出格式为任何 GDB 兼容的数据类型，点击 Options 打开 GDB Options 编辑器选择特定的格式选项。

（4）对于输出文件中没有数据的像素，在 Initialization Value 中输入不出现在裁剪影像中的数值；选中 Set as No Data Value 表示对初始化值赋予无数据的元数据标记；选中 Output Clip Boundary Vector 表示存储定义的裁剪区域边界作为输出文件中的矢量层。

（5）在 Definition Method 的列表中选择裁剪影像使用的方法，提供的 6 种选项是 User-entered Coordinates、Select a File、Select a Clip Layer、Select a Named Region、Select a Script Subset File、Use Current View。选择 User-entered Coordinates 方法，需要输入裁剪区域的角点坐标，裁剪所有层以适合这个区域；选择 Select a File 表示使用一个较小的交集文件以定义裁剪界限；Select a Clip Layer 表示使用文件中较小的交集层以定义裁剪界限；Select a Named Region 表示根据 Focus 中创建的命名区域来进行裁剪；Select a Script Subset File 表示可创建包含坐标和输出文件名的文本文件，在同一影像上创建多个裁剪区域，Focus 自动生成系列裁剪文件；Use Current View 表示根据视图面板中显示的区域进行裁剪。

① User-entered Coordinates 定义裁剪区域。手工输入裁剪数据的确切区域坐标，可定

义裁剪区域。在 Definition Method 的列表中选择 User-entered Coordinates，在 Coordinate Type 的列表中选择以下格式以定义裁剪区域的坐标，如 Raster extents、Geocoded extents、Long/Lat extents、Raster offset/size、Geocoded offset/size。Raster extents 表示指定左上和右下角的行列坐标以定义裁剪区域；Geocoded extents 表示指定左上和右下角的地理参考坐标以定义裁剪区域；Long/Lat extents 表示指定左上和右下角的经纬度坐标以定义裁剪区域；Raster offset/size 表示指定左上角的行列坐标、提供像素列数和行数以定义裁剪区域；Geocoded offset/size 表示指定左上角的地理参考坐标、提供输入坐标系统度量单位的宽度和长度以定义裁剪区域。

②Select a File 定义裁剪区域。在 Definition Method 的列表中选择 Select a File 方法，在 File 中点击 Browse 选择文件。Select a File 方法需要两个文件，使用一个文件作为输入，另一个文件定义子集，使用较小的交集文件来定义裁剪的界限，定义文件必须小于源文件。

③Select a Clip Layer 定义裁剪区域。在 Definition Method 的列表中选择 Select a Clip Layer 方法，在 File 中点击 Browse 选择用做裁剪区域的文件，在 Layer 列表中选择层。Select a Clip Layer 方法和 Select a File 方法类似，使用一个层作为输入、另一个层定义子集，使用较小的交集层来定义裁剪的界限，定义层必须小于源层。

④Select a Named Region 定义裁剪区域。在 Definition Method 的列表中选择 Select a Named Region 方法，要求在源数据中必须至少有一个命名区域，在 Named Region 的列表中选择一个命名区域，使用命名区域的界限来定义子集裁剪。

⑤Select a Script Subset File 定义裁剪区域。在 Definition Method 的列表中选择 Select a Script Subset File 方法，当创建包含坐标和输出文件名的文本文件时，Focus 会自动生成系列裁剪文件，可在同一个影像上创建多个裁剪区域。在 Coordinate Type 的列表中选择以下格式：Raster extents、Geocoded extents、Long/Lat extents、Raster offset/size、Geocoded offset/size。在 File 中点击 Browse 按钮后选择包含坐标和输出文件名的文本文件。

（6）点击 Clip 按指定的坐标范围进行影像裁剪。

2. 创建矢量多边形的影像裁剪

在 PCI 中也可通过创建矢量多边形来确定不规则裁剪范围进行影像裁剪，不规则多边形裁剪过程介绍如下：

（1）在 Focus 窗口中打开需要裁剪的影像文件 WorldView-Wuhan，在 Files 标签页的 Vectors 矢量图层列表中选中[VEC] Clip Layer 后单击鼠标右键，在快捷菜单中选择 View，如图 15-15 所示。

（2）在浏览区视图上用多边形工具绘制不规则多边形以确定裁剪区域，如图 15-16 所示。当多边形裁剪区域绘制完成后，在 Vectors 下选中[VEC] Clip Layer 后单击鼠标右键，在快捷菜单中选择 Save。

（3）选中多边形后单击 Focus 窗口主菜单栏 Tools 下拉菜单中 Clipping/Subsetting，打开 Clipping/Subsetting 窗口设置裁剪选项，如图 15-17 所示。

其中，在 Input 下的 File 中点击 Browse 按钮选择需要裁剪的输入影像文件 WorldView-Wuhan.pix，在 Available Layers 下 Rasters 列表中选中裁剪的数据层；在 Output 下的 File 中

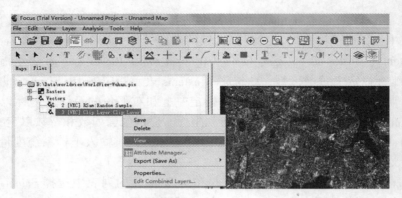

图 15-15　裁剪影像中新建［VEC］Clip Layer 层

图 15-16　绘制不规则多边形裁剪区域

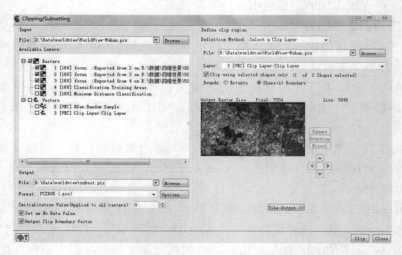

图 15-17　Clipping/Subsetting 窗口设置裁剪选项

选择裁剪输出文件 subset，在 Format 中选择输出的格式，裁剪文件默认采取输入文件的类型；在 Initialization Value 中输入不出现在裁剪影像中的数值 0，选中 Set as No Data Value 以对 0 值赋予无数据的元数据标记，选中 Output Clip Boundary Vector 表示存储多边形边界作为输出文件中的矢量层；在 Definition Method 的列表中选择 Select a Clip Layer 方法，在 File 中点击 Browse 选择用做裁剪区域的文件，因矢量层多边形存储在输入影像文件中，所以选择 WorldView-Wuhan. pix。在 Layer 列表中选择定义裁剪区域的矢量层［VEC］Clip Layer，选中 Clip using selected shapes only 选项表示用所选的多边形进行裁剪，在 Bounds 中选中 Shape(s) Boundary 表示用矢量覆盖的实际区域裁剪影像。

　　（4）点击 Clip 按指定的多边形范围进行影像裁剪，在 Focus 中打开裁剪结果如图 15-18所示。

图 15-18　影像裁剪结果

第十六章 遥感影像镶嵌

由于单幅遥感影像所描述的地理区域都有一定的范围，在实际工作中研究区域不能被一定分辨率的一幅遥感影像完全覆盖较为常见，影像镶嵌是将两幅或多幅遥感影像通过几何纠正、色调调整、去重叠等处理，构成研究区域的整体影像。为使具有地理坐标参考的影像镶嵌连接而形成一个更大影像或影像集合，输入影像必须包含地图投影信息。虽然它们并不需要处于同一投影下或拥有相同的像元尺寸，但它们必须包含相同数量的层数。镶嵌时需要确定参考影像作为输出镶嵌影像的基准，决定镶嵌影像的对比度匹配以及输出图像的地图投影、像元大小和数据类型。在镶嵌之前，还需要对影像进行平滑和颜色均衡处理。

第一节 ERDAS 影像镶嵌

ERDAS 中提供了多种影像镶嵌工具，在图标面板的菜单栏中点击 Data Prep 图标，在 Data Preparation 下拉菜单中选择 Mosaic Images 可弹出 Mosaic Images 子菜单。为使镶嵌处理容易进行，ERDAS 提供的镶嵌工具包括 MosaicPro、Mosaic Tool、Mosaic Direct、Mosaic Wizard。

MosaicPro：点击这个工具可打开 MosaicPro 窗口，能将两幅或更多的影像镶嵌在一起，可绘制或编辑接缝多边形。

Mosaic Tool：点击这个工具可打开 Mosaic Tool 窗口，能将经过校正的两幅或多幅影像镶嵌在一起。镶嵌工具提供了大多数选项和输入设置，有助于创建一个更好的镶嵌影像。

Mosaic Direct：点击这个工具可打开 Mosaic Direct 对话框，提供了简化镶嵌的过程，可让高级用户进入或调整镶嵌方案中所有用到的参数，包括大量的影像预处理过程。该镶嵌方案可立即执行，或者存储起来以后使用，或者在批处理模式中使用。

Mosaic Wizard：点击这个工具可打开 Mosaic Wizard，可引导操作镶嵌方案中的每个步骤，镶嵌向导是一个具有最小选项的简化界面。

1. MosaicPro 工具介绍

使用 MosaicPro 窗口可连接两个具有地理参考的影像形成一个更大的影像或影像集，镶嵌项目命名为 .mop 文件，输入影像必须都包含地图和投影信息并具有相同的层数，但不需要处于相同的投影下或有相同的像素尺寸。在 ERDAS 主菜单栏 Session 的下拉菜单中单击 Preferences 可打开 Preference Editor 窗口，在 Category 中选择 Mosaic Pro 可配置一些影响 MosaicPro 操作的参数，如图 16-1 所示。

其中，Automatic Surface Method 中指定在颜色均衡过程中为计算表面参数而选择的缺

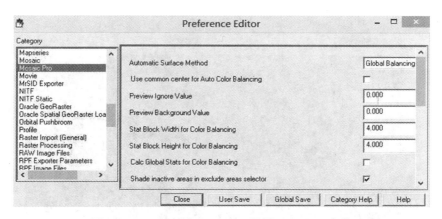

图 16-1　Preference Editor 窗口配置 MosaicPro 参数

省方法，选择 Parabolic 表示图案颜色差异呈椭圆分布而不是各向均衡变化；选择 Exponential 表示图案颜色差异在中心非常亮、各向并非均衡变暗；选择 Linear 表示图案颜色差异在整个图像上是线性渐变；选择 Conic 表示图案颜色差异在中心上处于亮度峰值而在各向上以相同速度变暗；选择 Global Balancing 表示根据重叠区域的亮度值来调整每个影像的亮度，缺省值是 Global Balancing。选中 Use common center for Auto Color Balancing 表示影像的每一层都使用相同的中心点执行颜色均衡。在 Preview Ignore Value 中指定镶嵌预览时忽略的输入像素所具有的值，缺省值是 0。在 Preview Background Value 中指定镶嵌预览时显示为背景的值，缺省值是 0。在 Stat Block Width for Color Balancing、Stat Block Height for Color Balancing 中分别设置颜色均衡时用于计算表面参数的影像块宽度、高度，使用一个较小的值会产生一个更精细的输出但需要更多的处理时间，缺省值是 4。选中 Calc Global Stats for Color Balancing 表示颜色均衡时对影像计算全局统计值。选中 Shade inactive areas in exclude areas selector 表示在镶嵌过程中将指定的遮蔽区域排除不参与计算。选中 Shade inactive areas in image dodging dialog box 表示纠正影像中的光照失衡。选中 Shade inactive areas in color balancing dialog box 表示纠正影像中的颜色失衡。在 Minimum Pixel Overlap Percentage for Inclusion 中输入镶嵌影像中包含的重叠百分数，缺省值是 10。在 Default Automatic Seamline Generation Method 中设置接缝线生成方法，选择 Weighted 表示使用 the most-nadir seamline 生成接缝线，选择 Geometry-based 表示根据重叠区域的几何特征生成接缝线，缺省值是 Weighted。在 Default Resampling Method 中选择重采样时的缺省方法，包括最近邻法、双线性内插、立方卷积、双三次样条法。选择 Sort Images to Minimize Overlap Areas 表示对影像排序以简化接缝线。在 Default Image Area Options 中设置缺省的影像区域，可选整个影像、修剪区域、活动区域、AOI 区域。在 Default Crop Percentage for Compute Active Area 中指定当影像区域设置为 active 时缺省的重叠比例，默认值是 20。

在 Mosaic Images 下拉子菜单中点击 MosaicPro 打开 MosaicPro 窗口，如图 16-2 所示。MosaicPro 窗口由菜单栏、工具栏、视窗栏和状态栏组成。

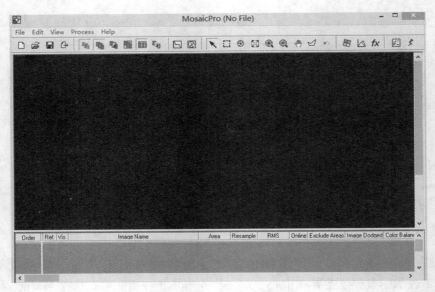

图 16-2 MosaicPro 窗口

（1）File 菜单

在 File 菜单中点击 New 可打开新的 MosaicPro 窗口以开始新的镶嵌处理，点击 Open 打开一个已存在的 .mop 文件，点击 Save 存储修改的 .mop 文件，点击 Save As 将当前 .mop 文件存储到新文件，点击 Load Seam Polygons 从所选的矢量文件 .shp 中加载接缝多边形，点击 Save Seam Polygons 将接缝多边形存储到一个 shape 文件，点击 Load Reference Seam Polygons 从所选的矢量文件中加载参考接缝多边形，点击 Annotation 打开 Mosaic to Annotation 对话框，选择输入影像和输出影像的颜色或显示输入影像 ID。

（2）Edit 菜单

在 Edit 菜单中点击 Add Images 添加影像文件到 .mop 文件；点击 Delete Image(s) 从当前的 .mop 文件中删除所选影像文件；点击 Sort Images 将单元组中的影像根据地理临近或重叠进行排序，由于重叠影像更容易生成接缝多边形，可用于提高接缝多边形的生成；点击 Color Corrections 打开 Color Corrections 对话框，其中提供了纠正颜色和光照不平衡的选项，在单个影像或影像之间存在色调和亮度差异问题时，可使用该工具消除或减少差异以使镶嵌影像不出现斑片；点击 Set Overlap Function 打开 Set Seamline Function 对话框，设置镶嵌影像的平滑和羽化选项；点击 Output Options 打开 Output Image Options 对话框，定义输出镶嵌影像的范围、像元尺寸等；点击 Show Image Lists 在 MosaicPro 底部显示影像名和统计单元组。

（3）View 菜单

在 View 菜单中点击 Show Active Areas 显示活动区域的边界，点击 Show Seam Polygons 显示接缝多边形，点击 Show Rasters 显示栅格影像，点击 Show Outputs 显示输出区域边界，点击 Show Reference Seam Polygons 显示参考接缝多边形，点击 Set Selected to Visible 查看

单元组中选择的影像。

（4）Process 菜单

在 Process 菜单中，点击 Run Mosaic 显示 Output File Name 对话框并运行镶嵌处理，点击 Preview Mosaic for Window 预览镶嵌处理结果，点击 Delete the Preview Mosaic Window 关闭预览的镶嵌处理窗口。

（5）MosaicPro 工具栏

在 MosaicPro 工具栏中有一些镶嵌处理经常使用的图标工具，其中点击 表示添加文件到镶嵌工程文件列表中；点击 可显示活动区域的边界；点击 显示接缝多边形；点击 显示栅格影像；点击 显示输出区域边界；点击 显示或隐藏镶嵌影像列表单元组；点击 表示自动生成接缝线；点击 可删除接缝线；点击 可编辑接缝线，将鼠标放到镶嵌影像中左键单击开始画多边形，双击结束画多边形，可重画接缝线；点击 显示影像重采样选项对话框；点击 显示颜色纠正对话框；点击 显示设置接缝线函数对话框；点击 显示输出影像选项对话框；点击 运行镶嵌处理。

（6）镶嵌影像列表

MosaicPro 视图底部的单元组展示了将要镶嵌的所有当前输入影像及其属性，第一列定义了被用做参考的影像，Area 列分别表示被确定的影像活动区域，Resample 和 RMS 列分别表示影像所用的重采样技术和变换的 RMS 误差，Exclude Areas 列、Image Dodged 列、Color Balanced 列、Histogram Matched 列分别表示相应操作是否被执行在影像列表中的影像上。镶嵌影像列表自动地显示在 MosaicPro 视图的底部。如果这个表没有显示，从 Edit 菜单中选择 Show Image Lists 显示该表。

2. Mosaic Tool 工具介绍

在 Mosaic Images 下拉子菜单中点击 Mosaic Tool 打开 Mosaic Tool 窗口，如图 16-3 所示。Mosaic Tool 窗口由菜单栏、工具栏、视窗栏和状态栏组成。

（1）File 菜单

在 File 菜单中点击 New 开始一个新的镶嵌工具，点击 Open 打开已存在的 .mos 文件，点击 Save 可存储修改的 .mos 文件，点击 Save As 将当前的 .mos 文件存储为新文件，点击 Annotation 打开 Mosaic to Annotation 对话框，将添加输入影像、输出影像边界的图示存储到注记文件。

（2）Edit 菜单

在 Edit 菜单中点击 Add Images 添加影像文件到 .mos 文件，点击 Delete Image(s) 从当前的 .mos 文件中删除所选影像文件，点击 Color Corrections 纠正颜色和光照不平衡，点击 Set Overlap Function 设置镶嵌影像的平滑和羽化选项，点击 Output Options 设置输出镶嵌影像的选项，点击 Show Image Lists 在 Mosaic Tool 底部显示影像名和统计单元组。

（3）Process

在 Process 菜单中，点击 Run Mosaic 显示 Output File Name 对话框并运行镶嵌处理，点击 Preview Mosaic 在视图中显示镶嵌影像的预览，对于高分辨率影像如航空影像的预览处理可能比较耗时。

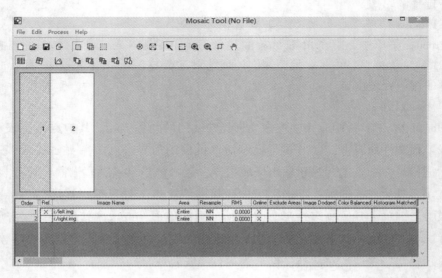

图 16-3   Mosaic Tool 窗口

（4）Mosaic Tool 工具栏

① 在 Mosaic Tool 工具栏中有一些常用模式图标工具，其中点击 ▣ 进入输入影像设置模式，点击 ▣ 进入重叠区交集设置模式，点击 ▦ 进入输出影像设置模式，点击 ▧ 选择一个单点查询，点击 ▤ 选择区域查询。

② 在进入输入影像模式下，Mosaic Tool 窗口工具栏出现如下工具：

点击 ▦ 可显示镶嵌影像列表，点击 ▧ 打开 Image Resample Option 对话框设置重采样网格和方法等，点击 ▧ 打开 Color Corrections 对话框，点击 ▧ 将所选影像移到叠加顺序的顶部，点击 ▧ 将所选影像移到叠加顺序的上一个位置，点击 ▧ 将所选影像移到叠加顺序的底部，点击 ▧ 将所选影像移到叠加顺序的下一个位置，点击 ▧ 将所选影像按叠加顺序反序排列。

③ 在进入重叠区交集设置模式下，Mosaic Tool 窗口工具栏出现如下工具：

点击 ▦ 显示或隐藏镶嵌交集列表，点击 ƒx 打开 Set Overlap Function 对话框设置交集类型和叠加函数，点击 ▧ 设置缺省的交集裁剪线，点击 ▧ 设置 AOI 交集裁剪线，点击 ▧ 切换裁剪线应用，点击 ▧ 删除交集裁剪线，点击 ▧ 进入剪切线选择视图自动模式，点击 ▧ 将裁剪线和叠加区域存储到 shape 文件。

④ 在进入输出影像模式下，Mosaic Tool 窗口工具栏出现如下工具：

点击 ▦ 显示或隐藏镶嵌输出列表，点击 ▧ 打开 Output Image Options 对话框，点击 ⚡ 运行镶嵌处理，点击 ▧ 可预览镶嵌影像。

（5）镶嵌影像列表

在 Mosaic Tool 窗口底部的单元组中显示了所有当前镶嵌输入影像及其属性，是按从上到下的叠加顺序。第 1 列定义了哪个影像被用做参考影像，Area 列指出了确定的影像活动区域，Resample 列和 RMS 列分别指出了影像所用的重采样技术和变换的 RMS 误差，Exclude Areas、Image Dodged、Color Balanced、Histogram Matched 列表示列表中的影像是否执行这些操作。镶嵌交集单元组包含了交集的属性，如裁剪线、叠加函数、顶层交集影像。

3. Mosaic Wizard 工具介绍

在 Mosaic Images 下拉子菜单中点击 Mosaic Wizard 打开 Mosaic Wizard 窗口。通过 Mosaic Wizard，可引导操作者通过一些创建、优化镶嵌的步骤完成镶嵌，镶嵌向导由 9 个不同步骤组成，每个步骤都由镶嵌向导对话框顶部的标签指定。通过这些标签可以看出哪些步骤已经完成或还未完成，以及了解镶嵌处理的进程。可使用 Back 或 Next 按钮到达镶嵌过程的每个步骤，这些步骤包括 Input、Input Area、Elevation、Color Corrections、Cutlines、Output Tiles、Clip、Settings、Output。

4. 影像镶嵌操作

下面以 Mosaic Tool 工具为例，介绍 ERDAS 中的影像镶嵌过程如下：

（1）打开 Mosaic Tool 视窗，在视窗菜单栏 Edit 下拉菜单中点击 Add Images，或者在视窗工具栏中点击图标🔁，打开 Add Images 对话框添加两幅需要镶嵌的影像，如图 16-4 所示。

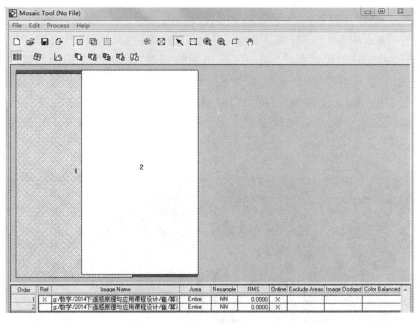

图 16-4　添加镶嵌影像

（2）在视窗工具栏中点击 图标进入设置输入影像模式，点击 图标打开 Color Corrections 对话框如图 16-5 所示，可选用 Use Image Dodging、Use Color Balancing、Use Histogram Matching 及其组合纠正颜色或亮度平衡。

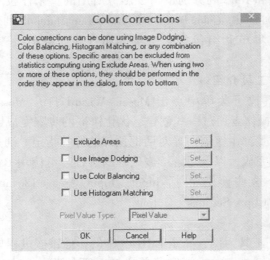

图 16-5 颜色纠正对话框

① Exclude Areas 区域排除。如果亮度和颜色差异是由地物覆盖差异或太阳光照变化效果引起，应使用 Exclude Areas 工具将那些区域排除在统计和直方图计算之外。排除的区域仍进行镶嵌处理，但不参与处理所用参数统计。选中 ✔ Exclude Areas 点击其后 Set... 打开 Set Exclude Areas 对话框如图 16-6 所示，可创建 AOI 设置区域将其排除于镶嵌处理所依赖的参数统计和直方图计算之外。排除的区域不影响直方图匹配、影像匀光和色彩平衡计算。可通过 ✍ 创建多边形 AOI、✎ 区域增长 AOI、✐ 反转区域增长等工具选择排除区域，也可以打开已存的 shape 文件指定排除区域。排除的区域可以是孤立的高亮度区域或黑色水体等，排除的区域歪曲了影像直方图，因为影像之间的某些差异并不是真实的地面特征之间的差异。

图 16-6 设置排除区域对话框

② Use Image Dodging 使用影像匀光。使用颜色匀光可以纠正遥感成像时由于光照不平衡而产生的影像中强度失衡，必须在色彩平衡前使用颜色匀光。影像匀光通过计算图像的统计特性对每个数据层中每个像素的强度值进行统计校正。选中 ☑ Use Image Dodging 点击其后 Set... 打开 Mocaic Image Dodging 对话框如图 16-7 所示，Image Dodging 使用的是格网系统计算纠正参数，通过在整个影像窗口使用全局统计数据的滤波器来纠正影像中的光照不平衡。Mocaic Image Dodging 对话框中，在 Grid Size 中输入影像中创建块的数量，建议使用较小的格网尺寸例如 10 可得到较好的统计数据，对于局部存在的阴影等问题可使用大的格网尺寸。选中 Band Independent 表示单独考虑各个波段，不选中则表示在影像匀光过程中对所有波段相同地考虑。在 Dodging 中选择 Dodging Across Images 表示使参与镶嵌处理的所有影像作为一个整体处理，通过整个影像集计算标准差；选择 Dodge Individually 表示使每个影像单独考虑，分别为参与镶嵌的每个影像计算标准差。点击 Edit Correction Settings 按钮打开 Set Dodging Correction Parameters 对话框，可重置亮度、对比度以及影像中不同波段的约束值。

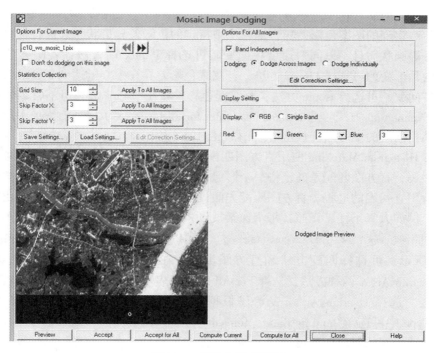

图 16-7　颜色匀光对话框

③ Use Color Balancing 使用色彩平衡。选中 ☑ Use Color Balancing 点击其后 Set... 打开 Color Corrections Method 对话框，提供了设置色彩平衡的两种方法，选择 Automatic Color Balancing 可自动地执行色彩平衡，根据缺省表面方法计算色彩纠正表面设置，选择 Manual Color Manipulation 可允许交互地调整、可视地验证色彩平衡结果。选中 ⊙ Manual Color Manipulation 后点击 Set... 打开 Mosaic Color Balance 对话框进行参数设置，如图

16-8 所示。

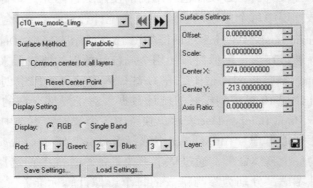

图 16-8 镶嵌颜色均衡参数设置

色彩平衡工具通过将影像中的亮度变异模拟为表面模型，在镶嵌前删除影像中的变异，在 Surface Method 中可选择 4 种表面类型：Parabolic、Linear、Conic 和 Exponential，根据影像中观察到的图案色彩差异，即影像中特定的色彩差异形状，来进行选择。若图案色彩差异是椭圆状而且不以同一速度各向变暗可选择 Parabolic 方法；若图案色彩差异在影像范围内是渐变的可选择 Linear 方法；若图案色彩差异在中心上达到亮度最大值而且以同一速度各向变暗可选择 Conic 方法；若图案色彩差异在中心非常亮但不一定各向均匀变暗可选择 Exponential 方法。选中 Common center for all layers 表示使当前影像中所有层的中心点设置到当前层的中心点。点击 Reset Center Point 按钮将中心点重置到影像中间。

④ Use Histogram Matching 使用直方图匹配。直方图是具有每一个可能数据文件值的像素数的图表，直方图匹配是确定将一个影像一个波段的直方图进行转换使其类似于另一个直方图所用查找表的过程。直方图匹配先假设整个场景内亮度和颜色的差异由一些外部因素引起，例如大气条件、光照，每个像素被以相同的方式影响，从而可将各个影像的直方图调整到相似。选中 ☑ Use Histogram Matching 点击其后 Set... 打开 Histogram Matching 对话框如图 16-9 所示，可选择匹配方法和直方图类型。在 Matching Method 中可选择 For All Images、Overlap Areas 两种方法，选择 For All Images 表示根据所有影像的整个直方图计算匹配查找表，选择 Overlap Areas 表示仅根据重叠区域的直方图计算匹配查找表。在 Histogram Type 中可选择 Band by Band、Intensity（RGB）两种类型，如果影像差异是色彩差异，为实现波段间的对应匹配可选择 Band by Band，如果影像间差异仅是亮度差异，可选择 Intensity（RGB）类型。

（3）在视窗工具栏中点击 ▣ 图标进入设置重叠区交集模式，Mosaic Tool 窗口工具栏出现设置叠加函数、生成交集剪切线等工具，如图 16-10 所示。

① 点击 ***fx*** 打开 Set Overlap Function 对话框，为镶嵌影像设置交集类型和叠加函数，如图 16-11 所示。

其中，在 Intersection Type 中设置交集类型，选择 No Cutline Exists 表示对所选交集区域不存在剪切线，选择 Cutline Exists 表示对所选交集存在剪切线。当交集类型选择为 No

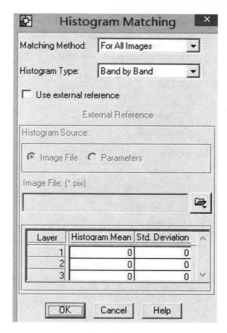

图 16-9　直方图匹配对话框

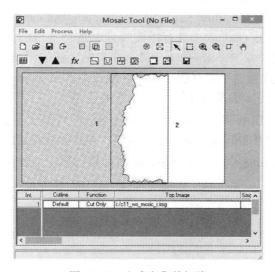

图 16-10　生成交集剪切线

Cutline Exists 时，在 Select Function 中选择将两个影像拼接在一起的方法，选择 Overlay 方法表示重叠区域为在叠加顺序顶部的最后打开的影像，选择 Average 方法表示重叠区域内每个像素值被替换为影像重叠范围内相应像素的平均值，选择 Minimum 方法表示重叠区域内每个像素值被替换为影像重叠范围内相应像素的较小值，选择 Maximum 方法表示重叠区域内每个像素值被替换为影像重叠范围内相应像素的较大值，选择 Feather 方法表示

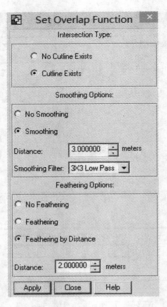

图 16-11　设置叠加函数

重叠区域被替换为像素的线性内插值。若像素在重叠区域中部，则两个影像上相应像素各占 50%。当交集类型选择为 Cutline Exists 时，Smoothing Options 和 Feathering Options 都需要进行设置。在 Smoothing Options 中选择镶嵌影像时进行平滑的方法，选择 No Smoothing 表示不需要平滑剪切线，在 Smoothing 下 Distance 中输入镶嵌平滑到剪切线的距离值，在 Smoothing Filter 中选择在接缝平滑过程中所用的滤波器。在 Feathering Options 中选择镶嵌影像时进行羽化的方法，如果不用剪切线羽化选项应用到整个重叠区域，就选择 No Feathering 表示不使用羽化，而选择 Feathering 可对整个重叠区域执行羽化，选择 Feathering by Distance 需在 Distance 中指定距离值，在接缝线指定距离范围内执行羽化。

② 点击 打开 Cutline Generation Options 对话框如图 16-12 所示，可自动地生成交集区域的剪切线。

图 16-12　设置剪切线生成方法

在 Cultline Generation Method 中选择用于生成剪切线的方法，可选择 Weighted Cutline、

Most Nadir Cutline、Geometry-based Cutline 三种方法。选择 Weighted Cutline 生成方法首先生成最底点剪切线，最底点指传感器正下方的地面点，然后使用像素值精确确定最终结果的剪切线。选择 Most Nadir Cutline 方法表示生成最底点剪切线，不含传感器信息的卫星影像其最底点剪切线位于影像重叠区域内距离各个影像中心点相等的位置，对于有传感器位置信息的航空影像，由影像重叠区域内对两个影像天底角相等的像素生成最底点剪切线。选择 Geometry-based Cutline 生成方法表示根据重叠区域的几何特征而不是像素值生成剪切线，对于仅两个影像的叠加区域，基于几何的剪切线将重叠区域划分为两个相等部分，是三种剪切线生成方法中较快的方法。理论上，在 Most Nadir Cutline 和 Geometry-based Cutline 之间，因 Most Nadir Cutline 方法考虑了更多信息，是首选方法。Most Nadir Cutline 和 Geometry-based Cutline 方法对同质区域如草地、湖泊等效果较好，但对于高层建筑、桥梁、道路、河流等特征密集的区域，推荐使用 Weighted Cutline 方法。

③ 点击⟱打开 Choose Cutline Source 对话框如图 16-13 所示，可设置 AOI 或矢量 shape 文件选择剪切线数据源，如果用其他的方式而不是镶嵌工具中自动生成的方法已经定义了剪切线，可使用这个选项导入剪切线。如果已经编辑了自动生成的剪切线，也应使用 Choose Cutline Source 对话框。

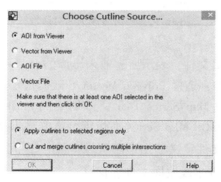

图 16-13　Choose Cutline Source 对话框

选择 AOI from Viewer 表示使用视窗中已生成的 AOI，在 ERDAS 视窗中可以画剪切线并存储为 AOI 文件；选择 Vector from Viewer 表示使用视窗中已生成的 Shape 文件，当选择这个选项时弹出一个视窗选择指示框，指示在包含矢量剪切线的视窗中点击；选择 AOI File 需指定一个 AOI 文件用做剪切线或所选的重叠区域；选择 Vector File 需指定一个矢量文件用做剪切线或所选的重叠区域；选中 Apply cutlines to selected regions only 表示应用剪切线到已指定的区域；选中 Cut and merge cutlines crossing multiple intersections 表示将多个所选区域的剪切线合并成一条剪切线。

（4）在视窗工具栏中点击 ▦ 图标进入设置输出影像模式状态，点击 ⊞ 打开 Output Image Options 对话框如图 16-14 所示，可以选择定义输出镶嵌影像地图范围、输出像元大小、输出数据类型等。

其中，在 Define Output Map Area(s)中选择定义输出地图区域的方法，选择 Union of

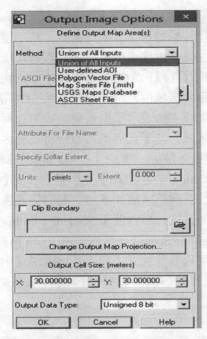

图 16-14 输出影像选项对话框

All Inputs 生成单个镶嵌输出文件，表示所有输入影像的合并；选择 User-defined AOI 表示从 AOI 中设置镶嵌输出文件；选择 Polygon Vector File 需指定所用的矢量文件；选择 Map Series File（. msh）表示使用 Map Series Tool 窗口创建的 . msh 文件定义输出影像；选择 USGS Maps Database 需在 USGS Map Series 中指定合适的输出文件类型；选择 ASCII Sheet File 表示使用 ASCII Sheet 文件定义输出地图区域。点击 ▭ 可预览镶嵌结果如图 16-15 所示，点击 ⚡ 可执行镶嵌处理生成镶嵌文件并保存。

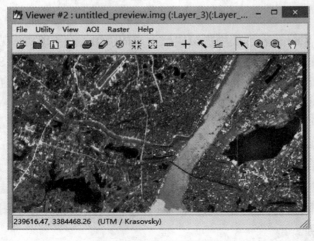

图 16-15 预览镶嵌结果

第二节　ENVI 影像镶嵌

使用影像镶嵌将两个或两个以上具有重叠区域的图像(通常是地理坐标)叠加起来或将一些非重叠的图像整合放在一起或绘制显示输出(通常是基于像素)。镶嵌技术能够处理单个波段、整个文件或多分辨率地理参考影像,可使用鼠标、基于像元坐标或地理坐标,对图像进行镶嵌设置,能够应用羽化技术融合图像边界。镶嵌结果可存为虚拟镶嵌图,镶嵌模版也可以存储为文件,或者从其他输入的文件中恢复。ENVI 主菜单栏 Map 下拉菜单的 Mosaicking 提供了基于像素的影像镶嵌和基于地理参考的影像镶嵌。

1. 基于像素的镶嵌

在 Map 下拉菜单中点击 Mosaicking 后选择 Pixel-based,打开 Pixel Based Mosaic 窗口如图 16-16 所示,在该窗口中可实现基于像素的镶嵌,其过程介绍如下:

图 16-16　基于像素镶嵌窗口

(1)导入镶嵌输入影像

① 在 Pixel Based Mosaic 窗口的 Import 下拉菜单中,点击 Import Files 或 Import Files and Edit Properties 选择镶嵌的输入波段,如果想输入一个透明背景值以及执行羽化、定位输入影像、选择镶嵌显示中出现的波段、执行颜色均衡,可使用 Import Files and Edit Properties 命令。

② 选择输入文件,执行可选的空间裁剪、光谱裁剪,单个波段或整个文件都可以进行镶嵌。要选择单个波段,可点击 Select by 箭头切换按钮后选择 Band,打开 Select Mosaic

对话框如图 16-17 所示，在 Mosaic Xsize 和 Mosaic Ysize 中设置镶嵌尺寸，以能容纳两幅镶嵌的影像。

图 16-17 设置镶嵌尺寸

③ 输入数据选择完毕后点击 OK，打开 Entry 对话框如图 16-18 所示。在其中设置如下参数：在 Data Value to Ignore 中输入透明背景值，使具有该值的像素透明以便下层影像可见，此参数用于镶嵌具有常量 DN 值边界的影像，具有该值的像素不参与统计计算；在 Feathering Distance 中输入所需的羽化参数；单击 Select Cutline Annotation File 按钮，选择剪切线的注记文件；在 Xoffset 和 Yoffset 中输入在镶嵌中定位影像的左上角像素坐标，或点击 Use x/ystart in Positioning? 切换按钮选择 Yes，使用 x、y 起始值形成一个相对起始位置。在 Color Balancing 中选择是否对影像应用颜色均衡，可以选择 No、Fixed 或 Adjust，选择 Adjust 表示此图像与另一幅影像匹配以进行颜色均衡。

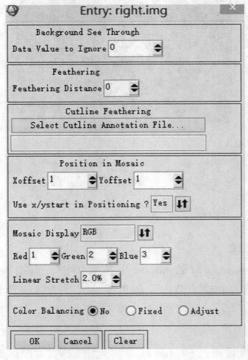

图 16-18 Entry 对话框

④ 点击 OK 后打开 Select Mosaic Size 对话框，在 Mosaic Xsize 和 Mosaic Ysize 中指定镶嵌影像的输出像素尺寸，按以上方法导入所需的另一幅影像，镶嵌影像下显示了每个影像名和轮廓颜色，如图 16-19 所示。

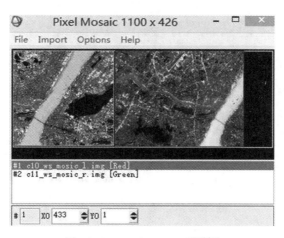

图 16-19　Pixel Mosaic 对话框

⑤ Pixel Mosaic 对话框底部的 X0 和 Y0 中列出了输入影像左上角的坐标，输入影像根据 xstart 和 ystart 值自动放置到镶嵌窗口的偏移位置中，选择 Pixel Mosaic 对话框中列出的影像后可在 X0 和 Y0 中输入希望的左上角坐标，也可左键单击影像后拖动到相应的位置来定位影像。

（2）对影像进行颜色平衡

使用 Color Balancing 匹配影像之间的统计数据以平衡不同影像的数据范围，对文件中的每个波段分别计算增益系数和偏移量并应用于调整影像，使调整后的影像具有相同的统计范围。也可以从整个影像或者仅从重叠区域获得统计数据。

① 在 Pixel Mosaic 对话框中，右键单击用做统计基准的影像后，在弹出的快捷菜单中选择 Edit Entry 打开 Entry 对话框，在 Color Balancing 中选中 Fixed 单选按钮，用所选影像计算统计数据而影像本身不调整。单击 OK 后再右键单击要调整的影像，再选择 Edit Entry 打开 Entry 对话框，在 Color Balancing 中选中 Adjust 单选按钮并点击 OK，如图 16-20 所示。对另一幅影像也进行类似的操作。

② 在 Pixel Mosaic 对话框的菜单栏 File 下拉菜单中选择 Apply 打开 Mosaic Parameters 对话框，可设置重采样方法、背景值等以应用色彩平衡和镶嵌，如图 16-21 所示。其中，点击 Color Balance using 下的切换按钮选择是否使用整幅影像或重叠区域计算统计数据，当存在显著重叠区域时选择仅重叠区域进行统计计算通常可获得较好的结果。在 Background Value 中输入背景值，背景值掩膜可从文件中所用第一波段建立，若所用第一波段的像素包含背景值，则在镶嵌过程中该像素将被屏蔽。

③ 点击 OK 后可生成镶嵌结果，并添加结果输出到有效的波段列表中。

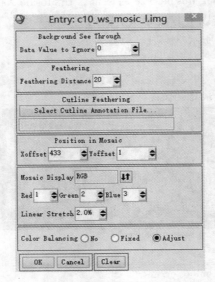

图 16-20　颜色均衡设置

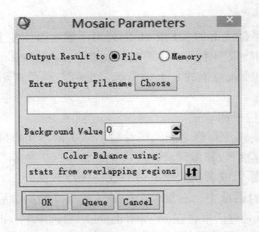

图 16-21　设置重镶嵌采样方法、背景值

2. 基于地理参考的镶嵌

地理参考的镶嵌用于自动叠置多幅地理坐标图像。导入地理参考影像和非地理参考影像到同一镶嵌窗口，应用羽化和颜色均衡，可以镶嵌多分辨率地理参考影像。在 Map 下拉菜单中点击 Mosaicking 后选择 Georeferenced，打开 Map Based Mosaic 窗口，在该窗口中可实现基于地理参考的镶嵌，其过程介绍如下：

① 在 Map Based Mosaic 窗口的 Import 下拉菜单中，点击 Import Files 或 Import Files and Edit Properties 选择镶嵌的输入文件，导入到镶嵌的第一个影像必须是地理参考影像，镶嵌尺寸设置为地理参考影像尺寸。如果想设置透明背景值、执行羽化、选择的镶嵌显示波段或执行颜色均衡，可点击 Import Files and Edit Properties 选择文件后打开 Entry 对话框。

② 在 Entry 对话框中进行参数设置，参数及设置方法与 Pixel Based Mosaic 中 Entry 对话框相同。

③ 导入另外一幅所需地理参考影像到镶嵌窗口中，如图 16-22 所示。

图 16-22　镶嵌影像窗口

地理参考影像根据地理坐标自动定位在输出镶嵌中，新加影像放置到其他影像的前面，镶嵌尺寸自动调整到符合新影像。如果合适的带地图坐标的地理参考影像导入后位于当前镶嵌的地图范围之外，镶嵌尺寸自动改变到包括新影像位置。对于多分辨率镶嵌，镶嵌后像素尺寸在输出中指定，ENVI 对低分辨率影像自动重采样以进行匹配。

④ 在 Pixel Mosaic 对话框的菜单栏 File 下拉菜单中选择 Apply 打开 Mosaic Parameters 对话框，设置相应的参数，如设置输出像素尺寸、重采样方法、背景值等，设置方法与 Pixel Based Mosaic 中相同，如图 16-23 所示。点击 OK 后生成镶嵌文件。

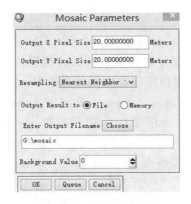

图 16-23　镶嵌参数窗口

第三节　PCI 影像镶嵌

PCI 中的影像镶嵌可以通过两种方式实现：一种方式是在 OrthoEngine 窗口中实现，在 OrthoEngine 中可通过设置投影、定义镶嵌区域、手工镶嵌、自动镶嵌等执行影像镶嵌。另一种方式是通过算法库实现。

1. OrthoEngine 窗口手工镶嵌

在 PCI Geomatica 的图标工具栏中选择 打开 OrthoEngine 窗口进入正射影像纠正处理模块。在 PCI 中，影像镶嵌的数据和处理环节都是以项目形式组织在一起的，因此需要新建一个项目。在 OrthoEngine 窗口的 File 下拉菜单中点击 New 打开 Project Infomation 窗口，如图 16-24 所示，利用该窗口建立项目依次实现影像的镶嵌。具体步骤如下：

（1）在 Project Infomation 窗口中输入项目文件名、项目名、项目描述后，在 Math Modelling Method 中选择数学模型，由于这些模型都是几何纠正的数学模型，此处选择 None 表示仅执行镶嵌操作。

图 16-24　投影信息窗口

（2）点击 OK 后打开 Set Projection 窗口，如图 16-25 所示，需要设置 Output Projection 投影参数，Output Projection 定义了影像镶嵌的最终投影，在 Earth Model 按钮旁的文本框中输入投影字符串，如果不知道投影字符串，可点击 Earth Model 按钮打开 Earth Model 列表，从中选择一个投影类型、datum、ellipsoid 后点击 Accept。在 Output pixel spacing 中输入 x 方向像素尺寸，以投影中所用单位为单位，如 meters、feet、degrees 或 pixels，在 Output line spacing 中输入 y 方向像素尺寸，同样以投影中所用单位为单位，如 meters、feet、degrees 或 pixels。对于影像镶嵌，Output pixel spacing 和 Output line spacing 是输出影像的 x 和 y 分辨率。

（3）点击 OK 后返回 OrthoEngine 窗口，从中选择下一个处理步骤。当完成投影设置后，下一个处理步骤就是输入影像。在 Processing Step 下选择 Image Input 后，OrthoEngine 窗口右边会出现影像选择和输出布局图标，其中， 表示打开新的或已存在的影像， 表示整个影像布局。

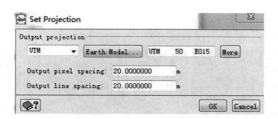

图 16-25 设置投影窗口

① 点击 出现 Open Image 窗口，在该窗口中点击 New Image 后选择需要镶嵌的两幅影像 c10_ws_mosic_l 和 c11_ws_mosic_r 并将其导入到影像列表中，如图 16-26 所示。

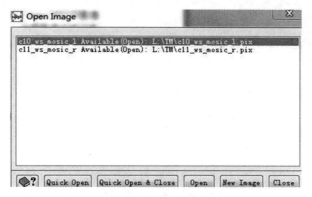

图 16-26 打开镶嵌影像窗口

② 选中两幅镶嵌影像中的第一幅影像文件，点击 Quick Open、Quick Open & Close 或 Open 打开该影像。点击 Open 可打开影像并选择显示的波段；点击 Quick Open 可打开影像并自动选择三个波段，如果影像先前没有打开，则前三个波段自动选择到对应的红、绿、蓝通道，如果影像先前通过点击 Open 打开过，则使用最后一次打开影像时所选择的三个波段对应红、绿、蓝通道；点击 Quick Open & Close 可打开影像并使以前打开的影像窗口自动关闭。如选中 c10_ws_mosic_l 后点击 Open 打开数据通道选择窗口，依次选中三个通道后点击 Load & Close，则打开第一幅影像视图窗口 Viewer：Geocoded Image：c10_ws_mosic_l，如图 16-27 所示。

影像视图窗口是由三个视图显示区组成的，左下视图区显示整个待镶嵌影像，其中红框中的范围放大显示在右边视图区，右边视图区中红色十字附件邻域放大显示在左上视图区中。按上述方法，选中两幅镶嵌影像中的第二幅影像文件 c11_ws_mosic_r 后点击 Open 打开，如图 16-28 所示。

③ 在 OrthoEngine 窗口右边点击影像布局工具 ，打开 Image Layout 窗口，如图16-29 所示。

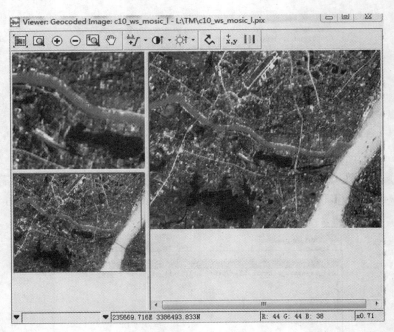

图 16-27　地理编码影像窗口

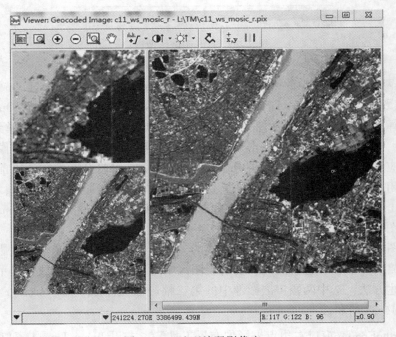

图 16-28　地理编码影像窗口

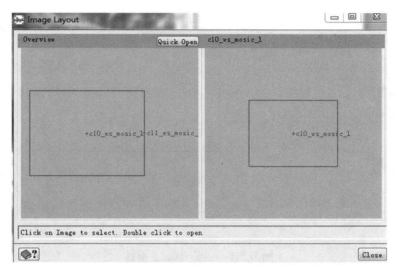

图 16-29　Image Layout 窗口

　　总体布局功能是一个揭示影像覆盖区的相对位置的工具，在 Overview 下方用鼠标单击左侧，红色框显示的是第一幅影像的范围，双击则会打开该影像窗口；用鼠标单击右侧，红色框显示的是第二幅影像的范围，双击则会打开该影像窗口。在打开的相应影像窗口中的左下视图区，可在显示的整个待镶嵌影像上使红色框移动或拖动大小，以调整范围。

　　（4）在 OrthoEngine 窗口中选择下一个处理步骤，当完成投影设置和影像输入后，下一个处理步骤就是影像镶嵌。在 Processing Step 下选择 Mosaick 后，OrthoEngine 窗口右边会出现影像镶嵌的工具图标，其中，▦表示定义镶嵌区域，▦表示手工镶嵌，▦表示再次应用镶嵌，▦表示自动镶嵌。

　　① 在 OrthoEngine 窗口中点击图标▦打开 Define Mosaic 窗口，进入定义镶嵌区域模式，该窗口提供了一个简单方式去识别包含在镶嵌文件中的影像并设置输出镶嵌文件的范围，如图 16-30 所示。OrthoEngine 项目中的所有影像均自动加载到视图面板中显示，红色轮廓定义了镶嵌文件的整个范围，十字线表示了每个影像最主要的点。点击▦图标通过拖动或修改红色框以定义镶嵌区域，在视图面板中点击红色轮廓以手工调整镶嵌区域大小，点击▦图标表示选择已存在的文件定义镶嵌区域，点击▦表示选择镶嵌的影像。

　　在 Define Mosaic 窗口中选择点击▦手工调整镶嵌区域，在 File 中指定镶嵌后文件名，在 Channels 中显示了镶嵌后文件的通道数和类型，这与镶嵌输入文件一致。在 Mosaic Extents 下的 Size 文本框中列出了镶嵌范围，缺省情况下镶嵌区域的范围是影像数据集的最大范围，如果想改变缺省范围，可按住 Ctrl 键点击红色方框内的任何位置后拖动到新区域范围。将鼠标定位在红线上拖动也可调整镶嵌范围的大小，在红色轮廓外点击可定义新区域，在红色轮廓内点击、拖动鼠标到任何位置可移动区域。

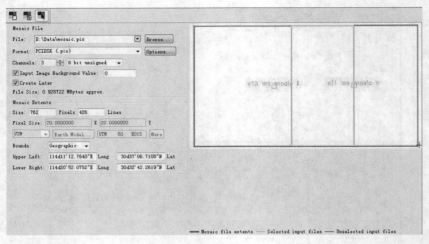

图 16-30 Define Mosaic 窗口

② 点击 OK 后返回 OrthoEngine 窗口，点击图标打开 Mosaic Tool 窗口，进行手工镶嵌。镶嵌工具包含菜单栏、工具栏、视图面板、状态栏等，提供了包含在输出镶嵌中所有影像的低分辨率表示，可手工地镶嵌影像并执行相关的镶嵌任务，为自动地镶嵌处理修改一个单独的镶嵌影像，使用 Collection Viewer 窗口编辑已存在的裁剪线或匹配区域以替换镶嵌中的不满意区域。

③ 进行影像增强。工具栏上 Tools 下拉菜单中的 Enhance 提供了镶嵌影像增强功能，增强功能使屏幕上的影像更清晰、更容易解译而不改变影像文件中的值，镶嵌工具使用所有当前显示的数据来计算增强，并应用到所有显示影像。增强选项包括 Linear、Root、Adaptive、Equalize、Infrequency。Linear 表示对整个输出显示范围均衡拉伸影像中的最小值和最大值，以增强影像中灰度层的整体差异；Root 表示压缩高亮值范围，扩大低暗值范围，以能辨别影像中黑暗区更多细节的同时保留明亮区的细节；Adaptive 可结合均衡化和线性增强的优点产生比均衡化更自然的显示；Equalize 使灰度值均匀分布在整个输出显示范围产生近乎均一的直方图，在揭示高亮区和黑暗区细节时较为有效，但容易降低中间值处的对比度；Infrequency 表示将影像中低频出现的灰度值分配到直方图中高亮值的范围。

④ 进行影像规范化。工具栏上 Tools 下拉菜单中的 Normalize 提供了镶嵌影像规范化功能，规范化选项包括 Hot Spot、Adaptive Filter。Hot Spot 表示从影像中将其移除；Adaptive Filter 表示使用移动窗口均衡化亮度和对比度。

⑤ 进行影像颜色均衡。工具栏上 Tools 下拉菜单中的 Color Balance 提供了镶嵌影像颜色均衡功能，颜色均衡选项包括 Manual Area、Overlap Area。Manual Area 表示手工区域颜色均衡方法，根据影像重叠区指定的匹配区域计算查找表以调整影像颜色；Overlap Area 表示重叠区域颜色均衡方法，仅使用添加到镶嵌文件的影像中的重叠区域的像素计算颜色均衡直方图。

⑥ 定义裁剪线、匹配区域。工具栏上 Tools 下拉菜单中的 Color Balance 可打开 Collection Viewer 窗口。Collection Viewer 窗口提供了活动影像满分辨率显示的特写视图，可生成或精炼裁剪线以匹配整个影像中的区域，剪切线从影像顶部向下绘制，活动影像定义了窗口范围。点击 🞑 打开 Import Cutline 窗口从已存在的矢量文件中载入矢量裁剪线，导入的裁剪线应用到 Collection Viewer 中显示的文件；点击 🞑 表示切换显示输出的镶嵌文件；点击 🞑 表示切换显示放置在活动影像之下的邻近影像；点击 🞑 表示切换显示活动层；点击 🞑 表示切换显示放置到活动影像顶部的邻近影像；点击／表示将增强选项应用到所有显示影像以及镶嵌文件；点击 ◑ 控制所有显示影像中极亮和极暗之间的差异；点击 ▶ 显示 Vector Editing 工具栏，可修改已存在的裁剪线、匹配像素映射的区域；点击 △ 可进入矢量编辑模式，可用多边形、矩形或椭圆定义新的裁剪线并应用到当前所选择的活动影像；点击 🞑 ·可选择活动影像的多边形用以计算颜色均衡的查找表，仅在影像重叠区域绘制匹配区域多边形；点击 🞑 打开 Set Blend Width 窗口，可改变裁剪区域接缝线的像素值。

⑦ 当对镶嵌的影像采集了裁剪线，执行了规范化和颜色均衡后，可点击工具栏的 🞑 添加影像到输出镶嵌文件中，系统处理所选影像，应用定义的规范化和颜色均衡函数生成镶嵌影像，如图 16-31 所示。

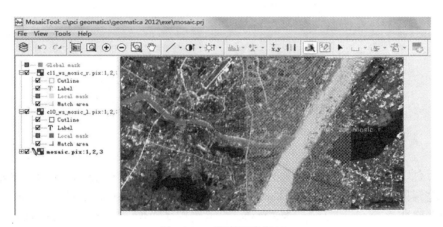

图 16-31　镶嵌影像窗口

2. OrthoEngine 窗口自动镶嵌

在 OrthoEngine 窗口，点击图标 🞑 打开 Automatic Mosaicking 窗口进行自动镶嵌，如图 16-32 所示。缺省情况下，OrthoEngine 自动地载入当前项目中的所有影像文件进行镶嵌处理，影像自动镶嵌过程介绍如下。

（1）影像规范化。规范化用于均衡影像中的亮度以获得更满意的镶嵌结果，可在 Normalization 列中为每个影像选择不同的规范化方法，也可在 Normalization 下拉列表中选择一个规范化方法后点击 Apply to All 为所有影像指定相同的规范化方法，其中，Hot Spot 表示将其从影像中删除；Adaptive filter 表示使用移动窗口均衡亮度和对比度，在 Adaptive filter size（% image）中输入滤波窗口的尺寸，是整个影像尺寸的百分比，作为一个全局设

图 16-32　自动的影像镶嵌窗口

置应用到所有以 Adaptive filter 进行规范化设置的影像；Across Image 1st Order 表示纠正从
影像上一边到另一边的亮度变化；Across Image 2nd Order 表示纠正影像上从暗到亮再到暗
或相反的亮度变化；Across Image 3rd Order 表示纠正从影像一边到另一边亮和暗的模式。

（2）设置自动的镶嵌选项，其中：

① 选中 Clear mosaic file before mosaicking 表示删除已存在的镶嵌文件数据；在 Starting
image 的下拉列表中选择起始影像，起始影像是建立镶嵌、颜色均衡和选择裁剪线的纠正
影像。

② 在 Color balance 下的 Method 列表中选择方法进行设置颜色均衡选项，对镶嵌影像
进行色调和对比度调整，可选择的方法包括 Histogram（Entire Image）、Overlap Area、
Match to Ref Image、Lookup Table、Neighborhood。Histogram（Entire Image）表示从镶嵌文件
和输入影像中计算颜色均衡直方图；Overlap Area 表示仅使用添加到镶嵌文件的影像之间
的重叠区域中像素计算颜色均衡直方图，对于大多数影像推荐使用这个方法；Match to
Ref Image 表示将镶嵌的颜色均衡匹配到 Mosaic reference image 窗口中指定的影像。Lookup
Table 表示根据先前存储的查找表控制镶嵌的颜色均衡，对每个源影像查找表和通道按同

样顺序对应，如文件中第一个查找表分配到第一个通道，第二个查找表分配到第二个通道，依次类推。Neighborhood 表示确定一些模型系数后根据邻域像素的像素值来改变每个影像像素，每个影像的总体像素值被迭代修改使其相似于邻近影像，Neighborhood 颜色均衡方法调整每个重叠区域内影像像素的总体色调值，最小化外围极端像素将其排除在系数计算之外，在平均差异值的标准差范围之外的像素值也排除在系数计算之外。

③ 在 Match area 中输入表示镶嵌文件中用于计算颜色均衡直方图的区域百分数，对于低重叠影像推荐使用缺省值 300%。

④ 在 Trim histogram 中输入表示从直方图范围的上部和底部删除的百分数，对多数数据集推荐使用缺省值 2%。

⑤ 选中 Ignore pixels under bitmap Mask 表示搜索每个输入影像中的位图掩膜，当计算颜色均衡查找表时忽略位图掩膜之下的像素值。

⑥ 定义裁剪线采集方法。根据部分重叠影像的辐射值，裁剪线绘制在接缝线至少可见的区域。在 Cutlines 下 Selected Mehod 的列表中选择裁剪线采集方法，可选的方法包括 Min difference、Min relative difference、Edge features、Use entire image。Min difference 方法将裁剪线放置在影像之间灰度值差异量最小的区域；Min relative difference 方法将裁剪线放置在影像之间梯度值差异量最小的区域；Edge features 方法使用最小差异和最小相对差异相结合来确定最优的裁剪线位置；Use entire image 方法表示镶嵌不重叠的影像，OrthoEngine 使用影像的四个角点坐标作为裁剪线以避免影像之间的间隙。选中 Use existing cutlines 表示使用已存在的裁剪线或导入裁剪线。若影像中没有已存在的裁剪线，则使用 Selected method 中所选的方法生成裁剪线。

⑦ 在 Blend width 后输入或选择在裁剪线每一边的像素数量，以限定平滑影像间辐射差异的区域，例如输入 5 可创建总混合宽度为 10 像素，在裁剪线每一边 5 个像素。

（3）设置输出文件选项。File Options 部分定义了镶嵌预览文件、位图文件以及镶嵌参考文件的名称和路径。在 Preview file 中输入或点击 Browse 选择包含完整镶嵌的低分辨率版本的文件名称和路径。在 Directory for temporary files 中输入或点击 Browse 选择临时工作文件的路径，当镶嵌完成时临时文件都被删除。在 External bitmap file 中输入包含颜色均衡的全局掩膜位图文件的名称和路径，掩膜之下所有影像的所有像素不参与计算颜色均衡纠正。在 Mosaic reference image 中输入用做颜色均衡的影像的路径和文件名。

（4）点击 Generate Mosaic 处理所有文件、创建全分辨率版本的镶嵌，输出镶嵌文件存储到 Define Mosaic 窗口中指定的文件中。为查看输出镶嵌，可从 OrthoEngine 主菜单中点击 File 后选择 Image View。

3. 利用 Image Mosaicking 算法库进行影像镶嵌

在 Focus 窗口的 Tools 下拉菜单中选择 Algorithm Librarian 命令，打开 Algorithm Librarian 窗口，在窗口中依次选择 PCI Predefined→Image Correction→Image Mosaicking 算法目录，依次选择 MATCH：Histogram Matching LUT 和 MOSAIC：Image Mosaicking 实现影像镶嵌，如图 16-33 所示。

（1）MATCH：Histogram Matching LUT

MATCH 程序中读入输入通道的影像数据，创建生成一个查找表，在输出灰度值的整

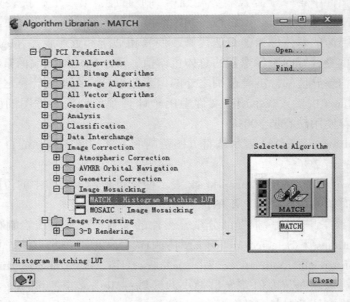

图 16-33　算法库 MATCH 函数

个范围上映射输入直方图，并执行输入影像到主影像的直方图匹配，将输入通道匹配到主通道。MATCH 创建了一个新的查找表段并存储新段的编号，输出查找表存储到输入文件中，LUT 函数使用该输出查找表来修改输入影像。MASK 参数和 MasterMask 参数指定了输入通道和主通道中用做匹配的区域，如果没有指定区域，整个通道参与处理。在 Image Mosaicking 算法目录中选中 MATCH：Histogram Matching LUT，点击 Open 打开 MATCH Module Control Panel 窗口。

①在 MATCH Module Control Panel 窗口的 Files 标签页下进行输入、输出的设置，如图 16-34 所示。

其中，在 Input：Image Layer 下点击 Browse 按钮选择输入影像，并指定匹配到主影像通道的输入通道；在 InputMaster：Master Image 下点击 Browse 按钮选择主影像，并指定被匹配的主影像通道；在 Mask：Image Area Mask 下指定输入栅格中被处理区域的位图层，仅位图下的像素被镶嵌处理，影像中其他部分保持不变，如果不指定则整个通道参与处理。在 MasterMaski：Master Area Mask 下指定定义与输入栅格相匹配区域的位图层，仅位图下的像素被镶嵌处理，影像中其他部分保持不变；在 Output：Lookup Table Layer 下指定 MATCH 将新的查找表写入到的输出查找表层。

②在 Input Params 1 标签页下进行算法所需参数的设置，如图 16-35 所示。

其中，Tail Trimming % left 中指定将输入直方图低端非 0 点修剪设置为 0 的百分数；在 Tail Trimming % right 中指定将输入直方图高端非 0 点修剪设置为 0 的百分数；在 LUT Layer Name 中指定输出查找表段的名字。

③点击 Run 后生成查找表，图 16-36 中左图为原始输入影像，右图为直方图匹配后的影像。

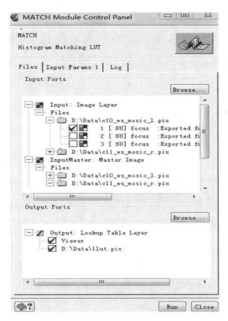

图 16-34 MATCH 函数输入输出设置

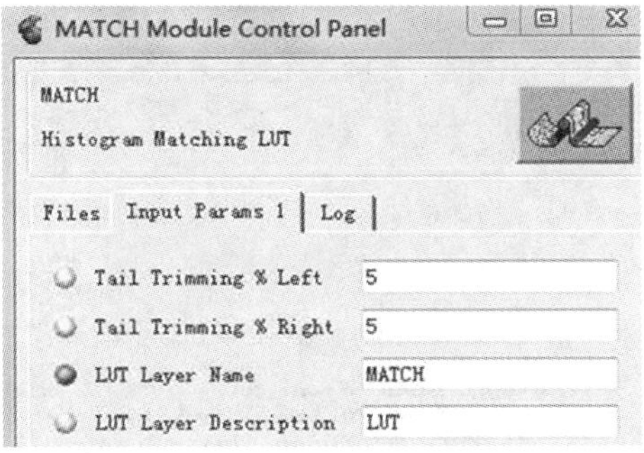

图 16-35 直方图匹配参数设置

图 16-36 影像直方图匹配

（2）MOSAIC：Image Mosaicking

MOSAIC 程序从输入影像数据库文件中将影像数据移动到输出影像数据库文件中，定义镶嵌裁剪线的矢量段控制着镶嵌处理。而且，输入文件中的影像数据在经查找表修改后移动到输出数据库中。在镶嵌过程中，需要用存储在地理参考段中的两个影像的范围来确定它们的重叠区域。MOSAIC 一般用于镶嵌已经被几何纠正的影像，假定 Input 影像和 InputMaster 影像有相同的像素尺寸，不参照输出影像对输入影像进行重采样或几何纠正，如果需要则可在运行 MOSAIC 之前使用几何纠正程序进行几何纠正。MOSAIC 通过以下过程将影像拼凑在一起并尽量减少任何可见的接缝：用矢量段中的矢量定义镶嵌裁剪线，矢量段的单位和输入影像以及主影像地理参考单位相同。裁剪线是有三个或更多顶点的矢量，定义了感兴趣区域的多边形，裁剪线上顶点越多则镶嵌处理时间越长。如果输入矢量缺省则不定义裁剪线，输入影像数据简单地覆盖输出中相应的影像数据。使用输入文件中的查找表修改输入影像数据，输入影像数据在移动到输出文件中之前先被查找表转换。定义到镶嵌裁剪线的混合距离，根据到裁剪线的距离给输入影像数据和主影像数据分配权重。在 Image Mosaicking 算法目录中选中 MOSAIC：Image Mosaicking，点击 Open 打开 MOSAIC Module Control Panel 窗口。

① 在 MOSAIC Module Control Panel 窗口的 Files 标签页下进行输入、输出的设置，如图 16-37 所示。

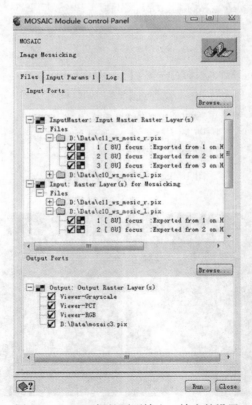

图 16-37　Files 标签页下输入、输出的设置

在 InputMaster：Input Master Raster Layer(s)下点击 Browse 按钮选择输入主影像 c11_ws
_mosic_r，在 Input：Raster Layer(s) for Mosaicking 下指定包含被处理输入数据的文件名，
这两个影像必须在其地理参考范围内部分重叠；在 InputVector：Vector Layer Defining the
Lines for Mosaicking 下指定输入文件中的矢量段以定义用做镶嵌的裁剪线，如果没有指定
矢量段，输入数据移动到并覆盖输出中的相应数据；在 InputLUT：Lookup Table Layer(s)
下指定输入文件中的查找表段以在移动到输出文件之前修改输入影像数据，点击 Browse
按钮后选择 MATCH 程度中生成的查找表 LUT，如果不指定这个参数，则输入影像数据不
做任何改变地移动到输出文件中；在 Output：Output Raster Layer(s)下指定接收输出数据
的文件名。

② 在 Input Params 1 标签页下进行算法所需参数的设置，如图 16-38 所示。

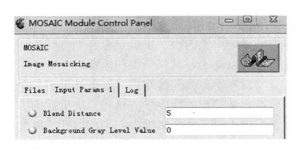

图 16-38　影像镶嵌参数设置

在 Blend Distance 中指定混合像素值到镶嵌裁剪线的距离，在 Background Grey Level
Value 后指定输出文件中非影像的背景数据的灰度值。OrthoEngine 对几何纠正的影像使用
0 背景值，相应地输出镶嵌文件的背景值也缺省设置为 0。

③ 点击 Run 后生成镶嵌文件。

第十七章　遥感影像非监督分类

遥感技术的一个重要应用是根据地物电磁辐射强弱程度在影像上的成像特征，识别地面物体的类属，分析其空间分布，这一应用称为遥感分类。遥感影像分类是根据影像上像素在多个波段的亮度值将其划分为若干个子集的过程，这些子集互不相交且并集构成整个影像集合，集合内部像素特征差异尽可能小，而集合之间像素特征差异尽可能大。在影像分类中，像素满足特定的规则集则分配为规则集对应的类别，实现了影像特征空间向目标模式空间的转变，是影像解译的重要内容。根据是否有训练样本作为先验知识监督分类过程进行划分，遥感影像分类可以分为非监督分类和监督分类。

非监督分类是在没有监督样本作为先验知识情况下的聚类分析过程，先选择若干个模式点作为聚类中心，然后选定某种相似性度量方法建立决策规则，根据各个模式点特征分布的自然聚类特性计算各个模式对于各个聚类中心的相似性，以此相似性作为决策依据将各个模式划归为相应聚类。最后由聚类准则判断聚类结果是否合理，如果结果不合理就重新迭代修改聚类直到合理为止。非监督分类以影像的多波段灰度为基础，通过计算相关特征参数，如均值、协方差等，将特征相近的像素聚为一类，特征相异的像素归为不同类别，仅是对不同类别达到了区分，不能确定类别的属性，可进一步通过目视判读、实地调查或与已知类型的地物对比才能确定类别属性。

第一节　ERDAS 非监督分类

非监督分类仅需要较少的初始输入，但非监督算法产生的类别需要人工解译。非监督分类基于特征空间中像素的自然分组。根据指定的参数，这些分组在后续的处理过程中可能合并、消失。ERDAS 中提供了 ISODATA 和 RGB 聚类非监督分类功能。迭代自组织数据分析技术（ISODATA）使用光谱距离迭代地划分像素类别、再定义类准则，数据中的光谱距离模式逐渐合并。RGB 聚类方法专门用于三波段、8 位数据，在三维特征空间中处理像素并将特征空间进行划分并定义聚类。

1. ISODATA 分类

在 ERDAS 的图标面板中点击 Classifier 弹出的菜单中选择 Unsupervised Classification ... 可实现影像的非监督分类。ERDAS 使用 ISODATA 算法执行非监督分类，ISODATA 代表"Iterative Self-Organizing Data Analysis Technique"，其迭代在于重复地执行完整的分类可输出专题栅格层并重新计算统计值，自组织是指确定数据中内在聚类的方式。ISODATA 聚类方法是模式识别中一种典型、广泛使用的非监督分类技术，通过统计提取地物特征，利用地物光谱信息或纹理信息的差异，反复自组织数据分析特征差异以实现分类。ISODATA 最开始使用任意聚类中心或已存在的聚类模板作为聚类中心，按最小光谱距离准则进行重复聚类将待分类像元分配到相应的簇，每次聚类结果都会用于下次迭代，聚类每重复一次、聚类的平均值就更新一次，直到迭代次数达到设定的最大次数或两次迭代结果一致的像素达到设定的比例。ISODATA 聚类使用了误差平方和作为基本聚类准则，设定了相关参数来决定归并与分裂的机制：当某两类聚类中心距离小于某一阈值时进行类别归并，当某类标准差大于某一阈值或其样本数目超过某一阈值时进行类别分裂，在某类样本数目少于某阈值时进行类别消亡，具有自动调节最优类别数的能力。如果初始聚类中心是任意设置的，聚类输出文件有灰度和彩色的两种色彩方案设置，如果初始聚类中心来自于已存在的聚类模板，聚类输出文件使用该初始中心的颜色方案。

（1）ERDAS 的非监督分类过程

① 点击 Unsupervised Classification... 打开 Unsupervised classification（Isodata）对话框。

② 在 Unsupervised Classification 非监督分类对话框中设置相应的参数，如图 17-1 所示。

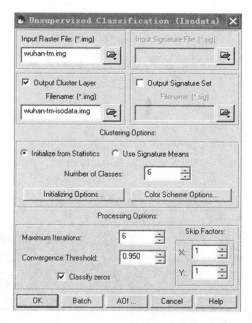

图 17-1　ISODATA 分类参数设置

在 Input Raster File 中选择要聚类的输入影像文件名 Wuhan-tm. img。在 Input Signature File 中选择输入模板集文件的名称，缺省文件扩展名是 . sig。Output Cluster Layer 表示打开这个检查项将生成输出一个分类专题栅格层。在 Filename 中定义输出聚类层文件的名称 Wuhan-tm-isodata. img。Output Signature Set 表示打开这个检查项以生成和输出一个模板文件，扩展名是 . sig。选中 Initialize from Statistics 表示从完整的 img 文件或定义的 AOI 的统计值生成任意聚类。选中 Use Signature Means 表示仅仅使用特征编辑器中所选模板生成聚类，创建的类的数量等于所选模板的数量。Number of Classes 表示创建的类的数量，这里输入 6。有些类只有很少的像元，这些类可以剔除，实际工作中一般将分类数取为最终分类数的 2 倍以上。点击 Initializing Options 按钮可打开文件统计值选项对话框，确定生成 ISODATA 的初始均值的方法，在 Initialize Means Along 中指定用做初始化类均值的数据空间的坐标轴，其中，Diagonal Axis 表示均值沿着对角线向量计算，均匀分布在每个波段的缩放范围内，Principal Axis 表示均值沿着第一主分量向量计算，均匀分布在第一主分量的缩放范围之内；在 Scaling Range 中选择计算初始类均值的缩放范围模式，其中，Std. Deviations 表示用做缩放的标准差的数值，类数沿着上述指定的坐标轴均匀分布，较高的标准差数量初始化更多的类均值，Automatic 表示根据类数自动计算缩放范围并假设数据是正态分布的，类数越多则缩放范围越宽。点击 Color Scheme Options 按钮打开 Output Color Scheme Options 对话框，选择输出色彩方案是灰度级还是近似于真彩色，其中，Grayscale 表示使输出影像为灰度级影像，Approximate True Color 表示使输出影像为近似真彩色影像，Red、Green、Blue 中分别输入红、绿、蓝通道为波段号。Maximum Iterations 中输入 ISODATA 工具再聚类数据的最大次数，这个参数防止 ISODATA 运行太长时间或达不到收敛阈值时陷入循环。Convergence Threshold 指定收敛阈值，收敛阈值是前后两次迭代之间聚类不变的像素的最大比例，这个阈值防止 ISODATA 工具无限期地运行，收敛阈值 0.95 表示前后两次迭代相比，聚类结果不变的像素只要达到 95% ISODATA 工具将停止运行。Classify zeros 表示对 0 像素值进行分类。Skip Factors 用于加快处理速度，输入的 X 和 Y 略过因子，在 X 方向和 Y 方向每隔 X skip factors、Y skip factors 个像素进行处理。

　　③ 点击 OK 按钮，关闭 Unsupervised Classification 对话框，执行非监督分类输出分类结果文件。图 17-2 中左图为原始影像，右图为 ISODATA 分类输出图像。

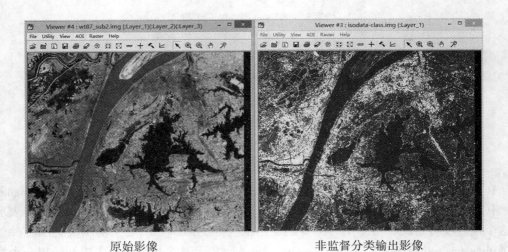

原始影像　　　　　　　　　　　　　　　　非监督分类输出影像

图 17-2

（2）分类属性设置

非监督算法产生的类别还需要人工解译，分类后影像仅仅是根据原始影像自身特征分布对像素进行了聚类，将不同像素归为不同聚类，但各个聚类的地类属性和专题意义并不明确，通过分类前后影像的叠加、半透明显示对比观察相互之间的关系，可对各个聚类的地类属性和专题意义进行判断和明确。对 ISODATA 分类结果进行分类属性调整和设置的过程如下。

① 叠加显示分类前后影像

影像分类并不改变分类前后像素的空间分布关系，分类前后的影像在同一坐标系统中且具有相同的坐标范围，可在同一视窗中叠加显示。在 ERDAS 图标面板中选择 ![Viewer],在打开的视窗中点击 █ 打开 Select Layer to Add 对话框，其中，在 File 标签页下选择分类前影像 Wuhan-tm. img，点击 Raster Options 标签页在 Display as 中选择 TrueColor 真彩色模式，在 Red、Green、Blue 通道中选择 1、2、3 波段，点击 OK 后打开 Wuhan-tm. img。继续在该视窗中点击 █ 打开 Select Layer to Add 对话框，其中，在 File 标签页下选择分类后影像 Wuhan-tm-isodata. img，点击 Raster Options 标签页在 Display as 中选择 Pseodu Color 假彩色模式，将 Clear Display 选项前面的钩去掉，点击 OK 使两个影像在同一视窗中叠置打开，如图 17-3 所示。

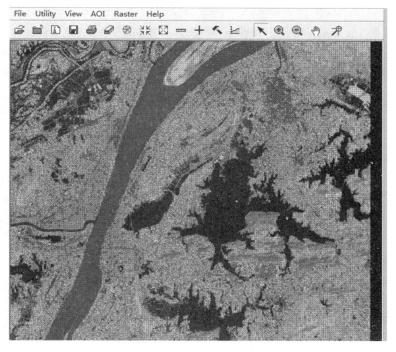

图 17-3　分类前后影像叠置显示

② 打开分类影像属性表并调整字段显示顺序

在视窗工具条中点击图标 🖱 打开 Raster 工具面板，或者在视窗的菜单条 Raster 下拉菜单中选择 Tools 也可打开 Raster 工具面板，在其中点击 ▦ 图标打开 Raster Attribute Editor 对话框后显示 wuhan-tm-isodata 的属性表。或在影像视窗菜单条 Raster 下拉菜单中选择 Attributes 也可打开 Rarster Attribute Editor 对话框，如图 17-4 所示。

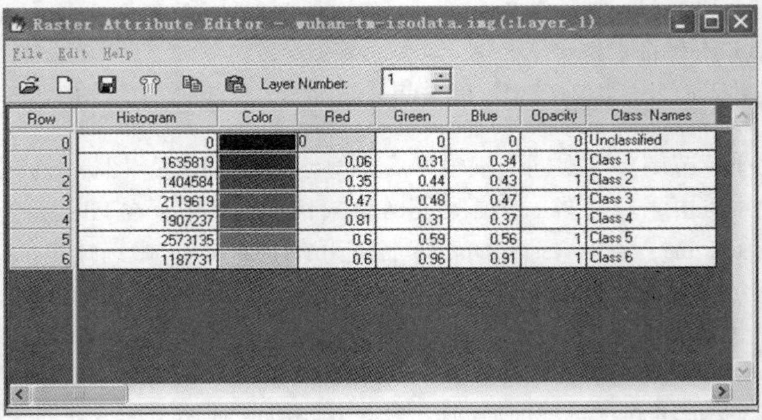

图 17-4 属性编辑器

在 wuhan-tm-isodata 属性表中有 7 个记录分别对应产生的 6 个类，类名缺省为 class 1 到 class 6，以及 Unclassified 类，每个记录都有一系列的字段：Histogram、Color、Red、Green、Blue、Opacity、Class Names，也可自定义或删除字段、调整字段显示顺序。在 Edit 下拉菜单中选择 Column Properties 命令后打开 Column Properties 对话框，如图 17-5 所示。

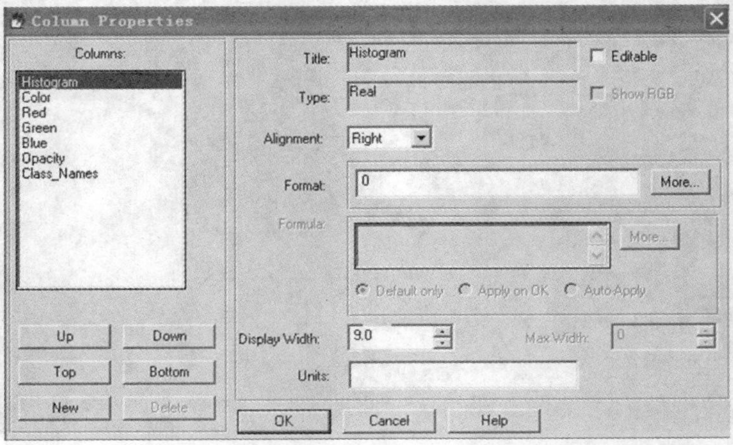

图 17-5 列属性对话框

其中，在 Columns 中单击选中要调整显示顺序的字段，通过 Up、Down、Top、Bottom

等几个按钮调整位置；Editable 用于设置选中列是否可编辑，一些列如 Histogram 缺省是不可编辑；Type 域显示了选中列的数据类型，可以是 String、Integer、Real Complex、Color，仅当创建新列时可编辑。Format 表示按后面文本框中的显示格式对选中列统一格式，对 Color 类型列、String 类型列不能应用格式操作；Formula 表示对选中列应用公式，不能对 Color 类型列应用公式。在 Column Properties 对话框中调整字段顺序，最后使 Histogram、Opacity、Color、Class Names 四个字段的显示顺序依次排在前面。

③ 点击 OK 按钮关闭 Column Properties 对话框，返回 Raster Attribute Editor 对话框，可给各个类别赋相应的颜色，改变其透明设置以及编辑类名。在属性表中点击一个类别行的 Row 字段可选中该类别，如图 17-6 所示。

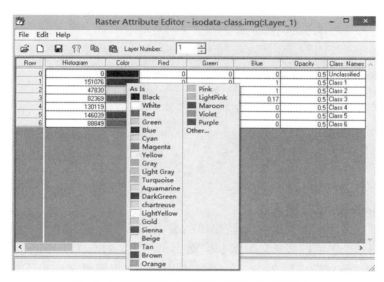

图 17-6　设置类颜色、不透明度以及编辑类名

其中，在 Color 字段上单击鼠标右键后弹出颜色菜单栏，在 As Is 中为该类别选择一种颜色，重复以上步骤可对所有类别选择合适的颜色；在 Opacity 字段上单击鼠标左键，更改每个类别的不透明程度（Opacity），Opacity 值设为 0 表示全透明，Opacity 值设为 1 表示完全不透明，Opacity 值设为 0 和 1 之间表示半透明；由于在同一窗口中同时叠加显示了分类前后影像，而且分类后的影像 wuhan-tm-isodata. img 覆盖在原始影像 wuhan-tm. img 上面，输入 0 到 1 之间的 Opacity 值，显示在上层的分类后影像 wuhan-tm-isodata. img 中该类别的颜色呈现出半透明状，显示在下层的原始影像的像素颜色也部分呈现出来，可方便对照比较确定各个分类的地类属性；在 Class Names 字段上单击鼠标左键，更改每个类别的地类专题名称。

为了便于比较判断，还可以运用 Flicker 闪烁显示、Swipe 卷帘显示、Blend 混合显示等图像叠加显示工具进行辅助判断。选中视窗的菜单条中的 Utility 菜单，在弹出的菜单列表栏中选择 Swipe 命令，打开 Viewer Swipe 卷帘显示对话框，如图 17-7 所示。

在其中设置以下参数：Swipe Position 表示卷帘显示的位置，可拖动右侧的滑动条手工

229

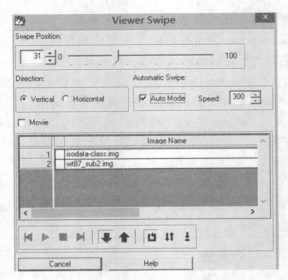

图 17-7　卷帘显示对话框

选择显示位置；Direction 表示卷帘显示的方向，Vertical 表示垂直卷帘显示，Horizontal 表示水平卷帘显示；Automatic Swipe 表示自动卷帘显示，选中 Auto Mode 自动模式，并在 Speed 中输入显示速度数值。

2. RGB Clustering（RGB 聚类）

对于三波段数据，RGB 聚类是比较简单的分类和数据压缩技术，它能快速简单地压缩三波段影像到一个单波段假彩色影像和实现简单的非监督分类。不同于其他聚类方法，RGB 聚类可以创建专题栅格层文件，在分类过程中不创建模板文件也不使用其他分类决策规则。RGB 聚类将所有像素放在三维特征空间中处理，沿着三维散点图的每个坐标轴，波段直方图都有其相应范围，根据指定的限值如均值上下一定数量的标准差或每个波段数据的最小值和最大值，对直方图进行划分从而将特征空间分割为聚类或格网。在三维散点图的每维数据中，应根据波段直方图指定 R、G、B 分割部分的数量，如果直方图覆盖范围较宽应有更多划分，而直方图覆盖范围较窄则应有较少划分。每个波段的缺省划分数量为：红波段划分为 7 个部分、绿波段划分为 6 个部分、蓝波段划分为 6 个部分，可产生 7×6×6＝252 个类别，在简单的 RGB 聚类算法中该缺省设置通常能产生好的结果，为减少输出类的数量可减少这些值。

在 ERDAS 图标面板点击 Interpreter 图标打开 Image Interpreter 菜单栏，在 Utilities 下拉菜单中点击 RGB Clustering 打开 RGB Clustering 对话框，如图 17-8 所示。

其中，No. of Layers 中显示了输入文件的层数，Red、Green、Blue 中分别输入用做红、绿、蓝波段的层号；Total Bins 中显示了输入文件划分等级数，R Bin 中输入红波段的划分数，缺省值 7 通常产生较好的结果，G Bin 中输入绿波段的划分数，缺省值 6 通常产生较好的结果，B Bin 中输入蓝波段的划分数，缺省值 6 通常产生较好的结果；在 Stretch Method 中选择应用到输出文件的对比度拉伸类型，Standard Deviation 表示标准差拉伸应用

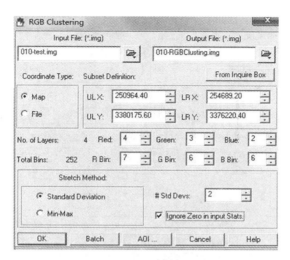

图 17-8 RGB Clustering 对话框

到数据，Min-Max 表示在输入文件每个波段的最小、最大值之间拉伸数据；# Std Devs 中输入用于标准差拉伸的标准差数量；选中 Ignore Zero in Input Stats. 表示 0 像素值在计算统计值时可忽略。

3. Advanced RGB Clustering（高级 RGB 聚类）

高级 RGB 聚类能用于压缩三波段的 24 位数据成为一个通道的 8 位文件或执行简单的非监督分类。高级 RGB 聚类选择三个输入波段将像素放在三维特征空间中处理，3D 格网用于将特征空间分割为聚类。高级 RGB 聚类需要设置聚类的最小阈值，大于阈值的聚类成为输出专题层中的类，没有聚集到任何类别的像素按最小街区距离分配到相应聚类。街区距离按三维空间中红、绿、蓝方向的距离之和进行计算。

在 ERDAS 图标面板点击 Interpreter 图标打开 Image Interpreter 菜单栏，在 Utilities 下拉菜单中点击 Advanced RGB Clustering 打开 RGB Cluster 对话框，如图 17-9 所示。

① 在 Image I/O 标签页中，在 Input File 中选择输入文件后，在 Input Layer to Color 中指定用做红、绿、蓝通道的波段，Data Type 中显示输出数据类型，点击 Load Image Data 将影像数据载入到分割中。

② 调整参数。点击 Partition Data 标签页调整参数以获得期望的类数，如图 17-10 所示。Number of Partitions 中显示读入数据的初始分割数量，缺省值是 32，在数据载入分割之后这个数值不能改变，如果要改变这个值应重新选择分割波段。Red Sections、Green Sections、Blue Sections 分别表示红、绿、蓝波段分割部分的数量，最大值是 32，在高级算法中红、绿、蓝波段一般都划分为 32 个分区。Total Pixel Count 中显示了读入到分割中的像素总数。Threshold Count 中输入被认为是一个类的簇群中像素的最小数量，改变这个值也改变了 Threshold Percent。Threshold Percent 中输入被认为是一个类的簇群中像素的最小比例，可通过 Threshold Count 除以像素总数来计算，改变这个值也改变了 Threshold Count。改变 Sections 数量也可自动计算阈值，阈值控制着输出类数接近于但不超过指定的

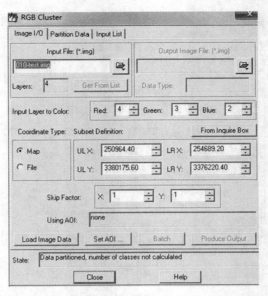

图 17-9　RGB Cluster 对话框影像输入及输出设置

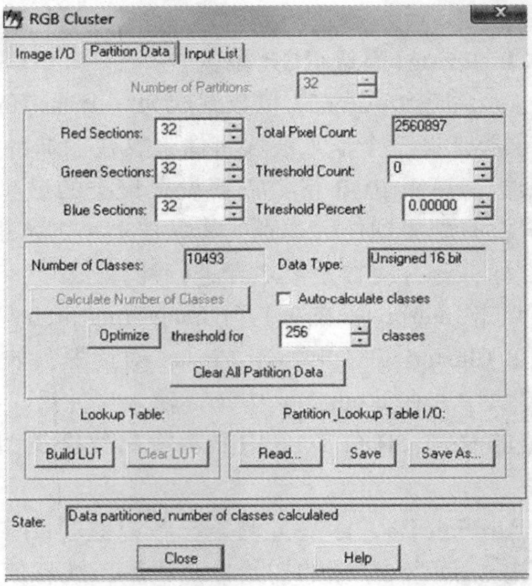

图 17-10　RGB Cluster 对话框调整参数

类数。增加阈值将减少输出类数，减少 Sections 一般也会降低输出类数。Number of Classes 显示了基于当前阈值计算的类数。Data Type 显示了输出的数据类型。点击 Calculate Number of Classes 基于当前阈值计算当前类数。选中 Auto-calculate classes 表示当阈值或分割参数改变时自动重新计算类数。调整这些参数以获得希望的输出类数，对于 8 位输出一般是 256。在 threshold for 中指定实际优化输出的类数，点击 Optimize 表示调整阈值、不改变分割部分的数量直到实际输出类尽可能接近但不超出指定的类数。点击 Clear All Partition Data 删除所有当前载入的分割数据，返回到数据载入分割前的初始状态。

③ 建立查找表。当 Partition Data 标签页底部的 State 中显示有计算类数之后，点击 Build LUT 按钮对聚类输入数据建立查找表，ERDAS 计算街区距离后从 3D 格网建立输出类集。点击 Clear LUT 可删除查找表、调整修改参数。

④ 创建输出文件。Input List 标签页包含输入影像的列表，Input Images 中显示分区的影像，通过所建立的查找表映射输入文件可以创建输出专题文件。使用相同的查找表可以映射输出多个文件，每个输出文件具有相同的颜色方案。

第二节　ENVI 非监督分类

非监督分类仅仅使用统计方法对影像数据进行分类，没有监督样本提供先验知识训练分类器。ENVI 主菜单栏 Classification 下拉菜单中的 Unsupervised Classification 提供了 Isodata 和 K-Means 两种非监督分类技术。

1. ISODATA 分类

ISODATA 非监督分类计算数据空间中均匀分布的初始类均值，然后用最小距离技术将剩余像元迭代聚集。每次迭代重新计算了均值，且用新的均值对像元进行再分类。基于输入阈值参数迭代进行类的分裂、合并和删除。对于指定的标准差或距离阈值，所有像素按最近距离准则被归类到最近的类别，这一过程持续到每一类的像元数变化少于选择的变化阈值或已经到了迭代的最大次数。

（1）ENVI 主菜单栏 Classification 下拉菜单中点击 Unsupervised 后选择 IsoData，选择需分类的影像作为输入文件执行可选的空间裁剪或光谱裁剪，点击 OK 后打开 ISODATA Parameters 对话框。

（2）在 ISODATA Parameters 对话框中设置分类数范围、像元变化阈值、最大迭代次数，分割、合并和删除分类的阈值、距离阈值等分类参数以及输出文件，如图 17-11 所示。

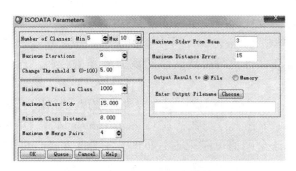

图 17-11　ISODATA 参数设置

① 输入被限定的类数范围。在 Number Of Classes 中定义类数的最小值和最大值，由

于 ISODATA 算法要根据输入阈值对聚类进行分裂、合并操作，在迭代过程中不会保持一个固定类数，ENVI 经典需要指定所需类数范围，Min 中的最小类数不能小于最终分类数量，Max 中的最大类数一般为最终分类数量的 2~3 倍。

② 输入迭代次数的最大值和变化阈值。在 Maximum Iterations 中输入迭代的最大次数，迭代次数越多得到的结果越精确但运算时间也越长，迭代达到最大数量迭代过程结束。在 Change Threshold % 中输入变化阈值，在每一类中像素变化的数量小于该阈值，则迭代过程结束。

③ 输入类最少像元数。在 Minimun # Pixel in Class 中输入形成一个类所需像素的最小数量，如果某一类中的像素数小于最小像素数，删除该类并将其中的像元归并到距离最近的类。

④ 输入最大类标准差。在 Maximum Class Stdv 域中输入最大类标准差 DN 值。如果某一类的标准差大于这个阈值，则该类分裂为两类。

⑤ 输入最小类距离和最大合并对数。在 Minimum Class Distance 域中输入类均值之间的最小距离 DN 值，如果类均值之间的距离小于该阈值，则类别将被合并。在 Maximum # Merge Pairs 域中输入最大的类合并对数，如果类合并对数达到该阈值，则类别合并就停止。

⑥ 输入距离类均值的最大标准差数和最大距离误差。在 Maximum Stdev From Mean 域中输入距离类均值的最大标准差数，在这个范围内的像素参与分类。在 Maximum Distance Error 中输入最大允许距离误差 DN 值，在这个最大距离误差范围内的像素参与分类。如果这两个可选参数的数值都已经设置，就用两者中较小的一个判定像素是否参与分类。如果两个参数都没有输入，则所有像素都将被分类。

（3）点击"OK"开始进行数据分类，状态栏显示每次分类迭代地处理进度，分类输出结果添加到 Available Bands 列表中。

2. K-Means 非监督分类

K-Means 非监督分类计算均匀分布在数据空间上的初始类均值，使用最小距离技术迭代地将像素聚集到最近的类。每次迭代重新计算类均值，并用新均值对像元进行再分类。根据指定的标准差和距离的阈值，所有像素都被归类到最邻近类。这一过程持续到每一类的像元数变化少于选择的变化阈值或已经到了迭代的最大次数。

（1）在 ENVI 主菜单栏 Classification 下拉菜单中点击 Unsupervised 后选择 KMeans，选择需分类的影像作为输入文件执行可选的空间裁剪或光谱裁剪，点击 OK 后打开 K-Means Parameters 对话框。

（2）在 K-Means Parameters 对话框中设置分类参数以及输出文件，如图 17-12 所示。

在 Number of Classes 中输入分类数；在 Change Threshold %（0-100）中输入变化阈值，当每类像素变化数小于这个阈值可结束迭代处理；在 Maximum Iterations 中输入最大迭代次数；在 Maximum Stdev From Mean 域中输入距离类均值的最大标准差数，在这个范围内的像素参与分类；在 Maximum Distance Error 中输入最大允许距离误差 DN 值，在这个最大距离误差范围内的像素参与分类。如果这两个可选参数的数值都已经设置，就用两者中较小的一个判定像素是否参与分类。如果两个参数都没有输入，则所有像素都将被分类。

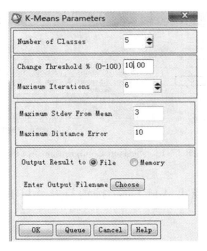

图 17-12　K 均值参数设置

（3）点击"OK"开始进行数据分类，状态栏显示每次分类迭代地处理进度，分类输出结果添加到 Available Bands 列表中。

第三节　PCI 非监督分类

非监督分类将影像信息编组为光谱相似的像素值的离散类别，PCI 中提供了丰富的影像分类功能，其中集成的非监督分类功能包括 K 均值聚类、模糊 K 均值聚类、ISODATA 聚类、纹理分割以及 8 位 Narendra-Goldberg 聚类、Multi-bit Narendra-Goldberg 聚类等。PCI 的非监督分类功能可以通过两种方式实现：一种方式是在 Unsupervised Classification 窗口中实现，在 Focus 中可通过窗口配置数据文件、选择区分的类数来执行非监督分类。另一种方式是通过算法库实现。

1. Unsupervised Classification 窗口实现非监督分类

在 PCI 的面板工具栏中选择 打开 Focus 应用程序，非监督分类功能在 Focus 应用程序中实现，其具体过程介绍如下：

① 在 Focus 窗口主菜单栏的 Analysis 下拉菜单中点击 Image Classification 后选择 Unsupervised，打开 Session Selection 窗口，在该窗口中点击 New Session 按钮后打开 Session Configuration 窗口，如图 17-13 所示。

② 在 Session Configuration 窗口中开始会话配置并开始非监督分类任务，其中，在 Description 的文本框中定义描述名。在非监督分类中，不使用训练样本集，将影像像素划分为统计相似的灰度像素值的自然组合。点击每个通道所在的列可调整红、绿、蓝颜色值到需要的组合，一个项目能包含几个分类，每个分类使用不同的输入通道集合，在 Input Channels 列中选择项目所需的通道。通过在 Output Channel 列点击想使用的 Channel，可选择一个输出通道存储分类结果。既可选择一个空的通道也可改写已存在的通道。如果没有

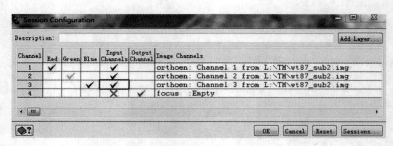

图 17-13 Session Configuration 窗口

希望的或可用的输出波段，点击 Add Layer 按钮打开 Add Image Channels to 窗口，如图
17-14所示。

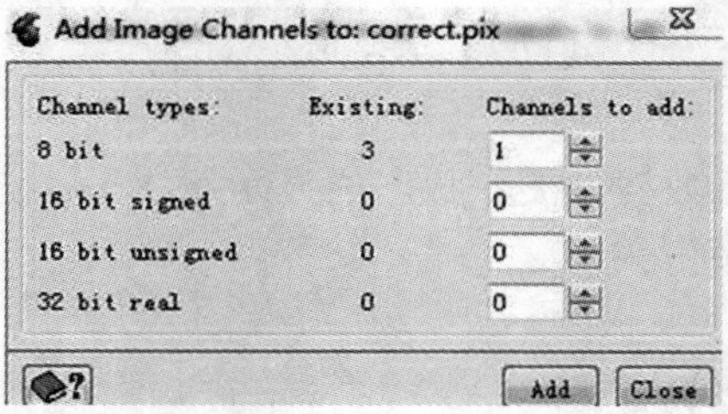

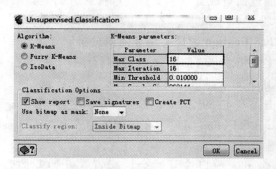

图 17-14 添加影像通道窗口

在 Channels to add 中为合适的 Channel types 输入通道数后点击 OK，Session
Configuration 窗口中会新添加一个通道。点击 OK 后打开 Unsupervised Classification 窗口，
如图 17-15 所示。

图 17-15 非监督分类窗口

③ 在非监督分类窗口中可选择算法类型和分类中所用的参数。其中，Algorithm 中提
供了三种算法选项，分别是 K-Means、Fuzzy K-Means 和 IsoData。算法参数表中，在 Value
列中点击合适的参数行，然后输入分类中要使用的参数。在 Classification Options 区域中选

择以下选项：Show report、Save signatures、Create PCT。应注意的是，可先使用较多的聚类数进行非监督聚类，例如一个 8 位无符号通道允许 255 个聚类，然后执行聚合以获得实际信息类数。

2. 利用 Classification 算法库进行 8-Bit Narendra-Goldberg 聚类

在 Focus 窗口的 Tools 下拉菜单中选择 Algorithm Librarian 命令，打开 Algorithm Librarian 窗口，在窗口中依次选择 PCI Predefined → Classification → Unsupervised Classification 算法目录，选择 NGCLUS：8-Bit Narendra-Goldberg Clustering，点击 Open 后打开 NGCLUS Module Control Panel 窗口。在该窗口中进行非参数多维聚类，最多可使用 4 个 8 位输入层，输出是分类专题图。该算法对直方图进行操作，将其分离为具有单峰的类簇而类簇之间的边界通过直方图中的山谷划分，可合理地描述任何形状的类簇。类簇的数量不需要预先指定，而且算法是非迭代的。Narendra-Goldberg Clustering 的缺点是由于使用了哈希表，最大仅可使用 4 个 8 位输入影像层，能生成最大 256 类。在直方图聚类程序中首先对非监督数据生成直方图，然后使用非参数算法将一个 4 维直方图分割为类簇。在 NGCLUS Module Control Panel 窗口中进行 8-Bit Narendra-Goldberg 聚类的过程如下：

（1）在 NGCLUS Module Control Panel 窗口的 Files 标签页下进行输入、输出的设置，如图 17-16 所示。

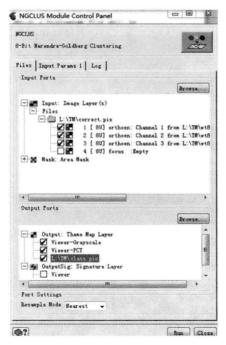

图 17-16　NGCLUS Module Control Panel 窗口的文件标签页

① 在 Input：Image Layer(s) 下点击 Browse 按钮，选择生成直方图文件的输入影像层。
② 在 Mask：Area Mask 下点击 Browse 按钮，选择输入区域掩膜层。掩膜层是表示输

入栅格中被处理区域的位图。卫星影像通常含有很多 0 像素值的黑色填充区域，应该不对其进行分类。为此首先运行 THR 模块创建位图并设置最小阈值为 1、最大阈值为 255，仅在非 0 的影像数据上创建位图掩膜。将这个位图掩膜作为掩膜输入端，指定输入层中被分类的区域，仅掩膜层下的区域写入到输出层中，如果不提供掩膜位图连接则整个输入层数据都参与处理。

③ 在 Output：Theme Map Layer 下点击 Browse 按钮，选择接收聚类结果专题图层的输出影像文件，输出层可采用一个输入层，仅指定区域掩膜下的数据写入到输出中。输出端包含聚类结果，专题图对每个聚类进行编码，如果要直接显示，应加载伪彩色表使每个聚类呈现不同的色彩。在 OutputSig：Signature Layer 中指定接收生成的模板层的输出文件。

（2）在 Input Params 1 标签页下进行算法所需参数的设置，如图 17-17 所示。

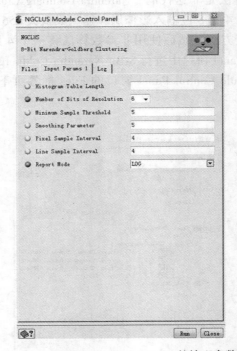

图 17-17　NGCLUS Module Control Panel 的输入参数标签页

① 在 Histogram Table Length 中指定直方图表可包含的最大项数。Histogram Table Length 指定了直方图表所能容纳的 4 维直方图项的最大数，直方图表长度缺省为最大值，这取决于有效的内存大小。如果指定直方图表长度，则实际所用的直方图表长度是小于或等于指定长度的最大素数。

② 在 Number of Bits of Resolution 中输入在构造直方图文件中每 8 位数据值所用的高阶位的数量，对于 8 位数据推荐值是缺省值 6，此时数据的两个低阶位被放弃。一般的，每字节中使用更多位不会相应地增加精度，反而使聚类不稳定。用数据的整个 8 位可产生错误的直方图峰值而导致类数过多，可指定 NBIT < 8。

③ 在 Minimum Sample Threshold 中指定类簇中允许的最小样本数，如果类簇中样本数少于指定的最小样本阈值，则可删除该类簇而将类簇中每个样本合并到邻近的类簇中。缺省值为 5。

④ 在 Smoothing Parameter 中指定用于平滑直方图的阈值，在不同的邻域上对直方图的值进行平均并用新的平滑值替代原直方图值。由于倾向于对低密度区域平滑直方图而容易产生噪声。其缺省值为 5。

⑤ 在 Pixel Sample Interval 中指定采样网格的像素间隔，在 Line Sample Interval 中指定采样网格的行间隔。该模块中使用矩形网格(Pixel Sample Interval, Line Sample Interval)来控制采样过程，采样网格增量指定了控制着像素值采样的网格水平方向和垂直方向的大小，例如 Pixel Sample Interval 参数为 3、Line Sample Interval 参数为 4 表示每隔第 4 行、每隔第 3 个像素被采样，Pixel Sample Interval 和 Line Sample Interval 的缺省值均是 4。

⑥ 在 Report Mode 的下拉列表中指定存储生成报表的文件，可选择 LOG、NGCLUS. RPT、DISK、OFF 或指定的文件名，缺省值是 LOG。

(3)点击 Run 可生成聚类结果。

3. 利用 Classification 算法库进行非监督分类

在 Unsupervised Classification 算法目录中，选择 USUPCLAS：Unsupervised Classification 点击 Open 后打开 USUPCLAS Module Control Panel 窗口。该窗口综合提供了 5 种不同的非监督方法，包括 K 均值、模糊 K 均值、ISODATA 以及 8-Bit Narendra-Goldberg 聚类、Multi-bit Narendra-Goldberg 聚类。USUPCLAS 窗口中的输入输出部分以及所需参数都会根据控制面板左边函数列表中所选函数而发生变化。

① 当选择 ⊙ KCLUS 时需要输入的参数如图 17-18 所示。

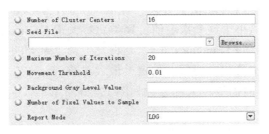

图 17-18　KCLUS 方法的输入参数

其中，在 Number of Cluster Centers 中指定期望的聚类数，缺省值是 6；在 Seed File 下点击 Browse 选择用于读取初始中心的文本文件，如果未指定中心文件则种子点沿 n 维直方图对角分布产生；在 Maximum Number of Iterations 中指定计算聚类均值位置的最大迭代次数；在 Movement Threshold 中指定按聚类均值比例的改动阈值，如果所有聚类均值的改动低于这个参数指定的值，即 $\mathrm{fabs}(m_n - m_o)/m_o < \mathrm{MT}$，$m_n$ 是新聚类均值位置，m_o 是旧聚类均值位置，MT 指改变阈值，则已完成收敛；在 Background Gray Level Value 中指定分类过程中忽略的背景灰度值，如果指定该参数，具有指定值的像素被赋予空类；在 Number of Pixel Values to Sample 中指定执行迭代聚类采集的样本数，如果没有指定这个参数，缺

省值为 262144，如果指定的数值大于影像中像素的总数，则影像中所有像素都被使用。

②当选择 ⊙ ISOCLUS 时需要输入的参数如图 17-19 所示。

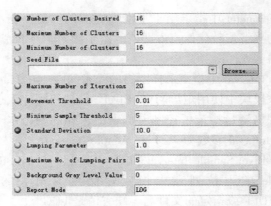

图 17-19　ISOCLUS 方法的输入参数

其中，Number of Clusters Desired 中指定期望的聚类数，仅是一个估计值，最终的聚类数可能改变，然而通过设置 Maximum Number of Clusters、Minimum Number of Clusters 也可限制这种改变；由于将聚类 256 保留作为存储丢弃的类簇，这个参数的范围是从 1 到 255，缺省值是 6；在 Maximum Number of Clusters 中指定允许的最大聚类数，这个参数的范围是从 1 到 255，缺省值是 6；在 Minimum Number of Clusters 中指定允许的最小聚类数；在 Minimum Sample Threshold 中指定最小样本阈值，当聚类中的样本数小于这个指定的最小阈值，则该聚类被丢弃且总聚类数减少 1；在 Standard Deviation 中指定标准差，如果聚类的标准差大于这个指定值可能发生分裂；在 Lumping Parameter 中指定归并参数，如果两个聚类中心之间的距离小于这个指定值，聚类总数大于 Minimum Number of Clusters，归并对数小于 Maximum No. of Lumping Pairs，则将发生两个聚类的归并；在 Maximum No. of Lumping Pairs 中指定每次迭代中能归并的聚类最大对数。

③当选择 ⊙ NGCLUS2 时需要输入的参数如图 17-20 所示。

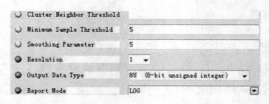

图 17-20　NGCLUS2 方法的输入参数

其中，在 Cluster Neighbor Threshold 中指定聚类阈值距离，当向量之间在每个通道的差异小于这个阈值时，认为两个向量是邻近的。缺省值是所有通道的最大、最小灰度值之间的差异除以 64；在 Resolution 中指定在直方图生成期间缩小每个像素的灰度值的缩放幂，Resolution 值大于 0，缺省为 1；例如：输入灰度值是 256，而 Resolution 设置为 2，则得到的灰度值是 64；在 Output Data Type 中选择新的输出层数据类型，可以选择 8U、16S、16U、32R，缺省值是 8U。

第十八章 遥感影像监督分类

监督分类（Supervised Classification）是在由一定数量监督样本提供的先验知识支持下，通过统计特征参数对分类器进行训练并用训练好的分类器确定决策规则，实现对影像进行分类的技术。与非监督分类技术不同的是，监督分类需要训练样本提供先验知识来监督分类，是用已知类别的样本完成未知类别像素的识别过程。在监督分类中，首先要通过目视判读或野外调查，对每一种类别选取一定数量的训练样本以计算地类特征的统计值，从而对遥感影像上地物类别属性信息有个先验知识。然后确定分类器并用训练样本的先验知识对判决函数进行训练，使分类器符合于对各种类别参考样本分类的精度要求，达到最好分类后完成训练过程。最后使用训练好的分类器自动识别每一像元，并对其类别进行划分。监督分类是以统计识别函数为基础，依据典型样本训练判决函数进行分类，要求训练区域具有典型性和代表性。若判别准则满足分类精度要求，则按判别准则将像素划分到与其最相似的样本类以此完成对整个影像的分类；若判别准则不满足分类精度要求，则对训练样本进行修改以建立比较准确的训练样区，重新训练分类器直至分类决策规则满足精度，并用训练好的判决函数对影像像素进行判断。监督分类一般要经过以下几个步骤：建立训练样本、评价训练样区、修改训练样区、训练分类器、分类判断。

第一节 ERDAS 监督分类

ERDAS 监督分类（Supervised Classification）要根据像素值将像素归类到有限数量的类别或数据种类，如果像素满足一定的规则集，像素被分配到对应该规则的类别。在监督分类前，要训练分类器以能识别数据的模式，训练是定义识别模式的规则集的过程，训练的结果是类别规则的模板集。ERDAS 提供的监督分类功能有最小距离、最大似然等多种监督分类方法，利用已知属性的训练样本建立判别准则，然后将像元归类。监督分类一般有以下几个过程：定义分类模板（Define Signatures）、评价分类模板（Evaluate Signatures）、执行监督分类（Perform Supervised Classification）。在 ERDAS 中监督分类功能可通过两种方式打开：

① 在图标面板中点击 ，在弹出的菜单栏中选择 Supervised Classification 后打开 Supervised Classification 对话框实现，如图 18-1 所示。如果已经定义好模板文件 .sig，可在 Supervised Classification 对话框中直接完成监督分类过程。

② 在图标面板中点击 ，在弹出的菜单栏中选择 Signature Editor 后打开 Signature

图 18-1　监督分类对话框

Editor，如图 18-2 所示。如果没有创建特征模板文件，可在 Signature Editor 中完成样区选择、分类器训练以及监督分类的过程。

在 ERDAS 中 Signature Editor 是进行监督分类的主要组件，几乎所有监督分类功能如选择训练样本、定义训练样区、修改训练样区、保存训练样本、统计地类特征、训练分类器、评价分类性能以及监督分类等都可在分类模板编辑器中完成。ERDAS 的 Signature Editor 可创建、管理、评估、编辑分类模板，模板可分为参数统计型模板和非参数特征空间型模板。本节主要介绍 ERDAS 中 Signature Editor 以及通过 Signature Editor 进行监督分类的过程。

1. Signature Editor 模板编辑器

ERDAS 的监督分类是基于分类模板进行，而分类模板的生成、管理、评价和编辑等功能是在模板编辑器中实现。点击 [Classifier] 在弹出菜单栏中选择 Signature Editor 后打开 Signature Editor，如图 18-2 所示，模板编辑器由菜单条、工具条和分类模板属性表 3 部分组成。

选择好的训练样区及地物类型统计特征存储为一个 .sig 文件中，称之为分类模板。

（1）菜单功能

File 菜单主要提供了打开、存储模板文件 .sig 功能，其中，Open 可将已存在的模板文件 .sig 加载到特征编辑器；New 可打开一个新的特征编辑器；Save 或 Save As 将模板编辑中的模板集及其所有属性存储定义为 .sig 文件；Report 可将模板编辑器中模板的统计值、直方图等形成报告打印输出；Close 可关闭当前使用的特征编辑器；Close All 可关闭所有打开的特征编辑器。

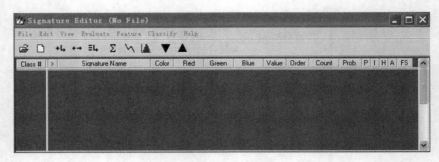

图 18-2 模板编辑器

Edit 菜单主要提供了编辑模板编辑器中模板的功能，其中，Undo 可撤回最近的编辑；Add 可添加基于视图中所选 AOI 创建的新模板；Replace 表示用视窗中所选 AOI 替换当前模板；Merge 可合并所选模板以创建一个新模板；Delete 可删除所选模板；Colors 下拉菜单提供了改变所选模板或所有模板的颜色：Approximate True Colors 可创建近似真彩色方案，Gray Scale 表示为模板创建灰度级方案，Levels Slice 表示为模板使用层次颜色方案；Values 下拉菜单提供了重置、反转模板编辑器中所有模板的 Value 列的值，Reset 可将所有模板 Value 列的值重置为从最小值(1)到最大值(类数)的连续增量，Invert 可从最高值到最低值反转模板值；Order 下拉菜单提供了重置、反转模板编辑器中所有模板的 Order 列的值，在模板文件中模板出现的 Order 决定了模板被处理的序号，例如：在平行六面体分类中，如果像素 A 落入类 3 和类 7 重叠部分则它将被分为类 3，因为类 3 在类 7 前面处理。Reset 可将所有模板 Order 列的值重置为从最小值(1)到最大值(类数)的连续增量，Invert 可从最高值到最低值反转模板 Order 列的值；Probabilities 下拉菜单可设置模板编辑器中所选模板或所有模板 Prob. 列的概率值，Initialize 表示将初始概率值设置为 1.0，Normalize 表示对概率值归一化使其总和为 1；Parallelepiped Limits 可查看和设置当前模板的平行六面体的界限；Layer Selection 可定义 img 文件的哪些层将用于其他操作，例如分类和可分性分析；Image Association 可打开设置关联影像对话框，定义模板编辑器中模板的源影像文件；Extract from Thematic Layer 可打开 Signature Extract from Layer 对话框，使用专题栅格层中的类创建新模板。

View 菜单提供了显示模板 AOI、模板警报以及查看模板属性等功能，其中，Image AOI 可显示当前模板在视图中的 AOI；Image Alarm 可打开 Signature Alarm 对话框，执行视图中的模板警报；Statistics 可打开 Signature Statistics 对话框，可显示当前模板在每层数据中的单变和协方差统计值；Mean Plots 可打开 Signature Mean Plot 对话框，查看在分类影像所有波段每一模板均值的光谱剖面；Histograms 可显示特征编辑器中所选模板的直方图；Columns 可指定哪些列出现在模板编辑器中。

Evaluate 菜单提供了评估模板编辑器中模板的功能，其中，Separability 可打开 Signature Separability 对话框，计算模板之间的统计距离；Contingency 可打开 Contingency Matrix 对话框，评估从影像中 AOI 创建的模板并输出一个百分比混淆矩阵。

Feature 菜单提供了特征空间影像分析功能，其中，Create 下拉菜单可从 .img 影像文件中创建特征空间影像，Feature Space Layers 可打开 Create Feature Space Maps 对话框，从 .img 影像文件的连续栅格层中创建特征空间影像，Feature Space Thematic Layers 可打开 Thematic Feature Space Maps 对话框，从 .img 影像文件的专题栅格层中创建特征空间影像；View 下拉菜单提供了视窗、AOI 处理功能，Select Viewer 可选择显示特征空间影像的视窗；Linked Cursors 可打开 Linked Cursors 对话框，将影像视窗中的光标链接到特征空间视窗中的光标；View AOIs 可在特征空间视窗中显示当前模板的特征空间 AOI；Masking 下拉菜单提供了掩膜处理功能，Image to Feature Space 可打开 Image to FS Masking 掩膜对话框，可使用影像模板关联的 AOI 创建掩膜，使其显示在特征空间影像的同一视窗中，Feature Space to Image 可打开 FS to Image Masking 对话框，可使用所选特征空间模板创建掩膜，使其显示在模板关联影像的同一视窗中；Statistics 可生成特征空间模板的统计值，特征空间 AOI 被掩膜到 img 文件，根据掩膜下的像素计算统计值；Objects 命令可打开 Signature Objects 对话框，可查看特征空间图像中模板统计值的图表以对模板进行比较。

Classify 菜单提供了影像分类功能，其中，Unsupervised... 可打开 Unsupervised Classification 对话框使用 ISODATA 算法执行非监督分类；Supervised 可打开 Supervised Classification 对话框执行监督分类。

（2）图标工具

点击🖻打开 Load Signature File 对话框，可加载已存在的模板文件 .sig 或 .sbd 到模板编辑器；点击🗋可打开新的模板编辑器；点击🔣可从所选 AOI 中创建新模板；点击🔣可用所选 AOI 替换当前模板；点击🔣可合并所选模板；点击Σ可显示当前模板每一次的单变量和协方差统计值；点击〰可查看在分类影像所有波段每一模板均值的光谱剖面；点击▲可显示模板编辑器中所选模板直方图。

（3）分类模板属性表

模板编辑器属性表中单元组显示了模板的所有信息，其中，Class #列显示了相应行的模板，符号>指示当前所选模板；Signature Name 列标识模板名，也被用做输出专题栅格层的类名，缺省模板名是 CLASS <编号>，类名可以更改但每个类名必须是唯一的；Color 列表示模板的颜色，也被用做输出专题栅格层类的颜色，点击打开颜色下拉列表可改变模板的颜色，Red、Green、Blue 分别表示模板和类的红色分量、绿色分量和蓝色分量值；Value 列是一个正整数表示模板输出分类的类别值，输出类值不一定是模板的类编号；Order 列是模板在序号依赖处理过程中的处理序号，例如模板警报、平行六面体分类，序号也能编辑；Count 列表示样本中像素的数量，不能编辑，对于非参数模板 Count 列为空；Prob. 列表示用于最大似然法和可分离性分析等功能的模板先验概率或权重；另外，P 列标识模板是否是参数化的，例如存在均值向量和协方差矩阵，I 列表示协方差矩阵是否可逆，对于一些功能例如最大似然法是必需的，H 列表示模板直方图是否存在，A 列表示模板是否关联到影像中感兴趣区域，FS 列表示是否从特征空间影像中创建模板，这些列都是不可编辑的。

分类模板属性表中的列可以调整列而不显示，在 Signature Editor 对话框 View 下拉菜单中点击 Columns 可打开 View Signature Columns 对话框，如图 18-3 所示。

图 18-3　查看特征模板列

其中，可选择指定哪些列出现在模板编辑器属性表中，例如点击第一行的 Column 字段向下拖拉直到最后一行可选择所有字段出现在属性表中，按住 Shift 键同时分别点击 Signature Name、Color、Value、Order、Count、Prob.、Histogram、AOI（Image）、AOI（Feature Space）这九个字段，则仅这些字段显示在模板属性表中。点击 Statistics 按钮打开 Column Statistics 对话框，点击选中统计值使其以列形式出现在属性表中。

2. 评估分类模板

监督分类的决策函数是由各个类别训练样区训练得到，训练是定义识别模式规则的过程，训练的目的是使分类器对训练样本达到最好分类，训练结果是类别规则特征的集合。如果类别的训练样区选择不纯，包含大量其他地类像素或混合像素较多，则训练的分类器判别性能就很差。当所有类别的模板输入到 Signature Editor 后，可使用 Edit、View、Evaluate 菜单功能编辑和评估类别模板。模板评估是基于训练样本的分类情况和实际类别相比较进行的。Signature Editor 中 Evaluate 下拉菜单中的 Separability 命令和 Contingency 命令提供了分类模板评估功能，View 下拉菜单中的 Image Alarm 命令提供了模板警报功能。

① 在 Signature Editor 中 Evaluate 下拉菜单中点击 Separability 命令，可打开 Signature Separability 对话框，如图 18-4 所示。

该对话框提供了 4 种模板统计距离计算方法：均值之间的欧式光谱距离、分散度、变换分散度、Jefferies-Matusita 距离。模板统计距离表示模板之间的区别程度，也可根据统计距离确定影像中哪些层组合的分类效果最好。模板分离性分析工具可在多个模板之间执行，如果没有选择任何模板，将计算所有参数模板之间的统计距离。在 Signature Separability 对话框中，在 Layers Per Combination 中输入用于分类的波段数量；Combinations 显示了在当前波段数量下波段组合数量；Pairs Per Combination 显示了每一组合下所选模板的对数；Distance Measure 中指定用于计算模板可分离性的算法，Euclidean 表示基于模板均值之间的欧式光谱距离计算，Divergence 表示用分散度算法计算，Transformed

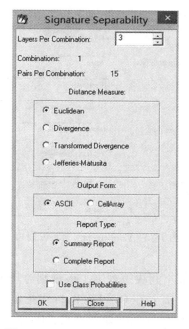

图 18-4　Signature Separability 窗口

Divergence 表示用变换分散度算法计算，Jefferies-Matusita 表示用 Jefferies-Matusita 距离算
法；Output Form 中指定输出格式，ASCII 表示可分离性输出为 ASCII 文件，CellArray 表示
可分离性输出为单元组；如果选择输出 ASCII 文件，则需在 Report Type 中指定输出报告
类型，Summary Report 表示输出简要报告，仅给出具有最佳平均和最佳最小可分离性的波
段组合的可分离性列表，Complete Report 表示输出完整报告；Use Class Probabilities 表示
使用 Signature Editor 中指定的每一模板的概率作为可分离性计算的权重。

　　② 在 Signature Editor 中 Evaluate 下拉菜单中点击 Contingency 命令后打开 Contingency
Matrix 对话框，如图 18-5 所示，可评估由影像 AOI 创建的分类模板的准确性。

　　在评估模板时仅对 AOI 训练样本中的像素进行分类，统计 AOI 像素所分类别与训练
类别的一致性来确定分类模板的准确性。理论上，每个 AOI 训练样本主要由属于其相应
模板类的像素组成，因此希望 AOI 像素所分类别为训练类别。但由于同一模板的像素之
间并非完全同质，很难保证所分类别与训练类别完全一致。输出的混淆矩阵是一个百分比
或像素数的矩阵，显示了各个 AOI 训练样本中有多少像素分配到相应类别。混淆矩阵工
具能用于多个模板，如果没有选中任何模板，则所有模板被使用。在 Contingency Matrix 对
话框中，Decision Rules 中需要定义 AOI 训练样本的分类规则，应与影像文件分类所用的
决策规则相同。Non-parametric Rule 中选择非参数规则，有两种不同的非参数决策规则：
平行六面体和特征空间，非参数规则在分类过程中不使用任何统计值；None 表示不使用
任何非参数决策规则，此时 Overlap Rule 和 Unclassified Rule 两种规则处于不活动状态表
示不可使用，Parallelepiped 表示使用平行六面体决策规则，所有模板具有平行六面外接

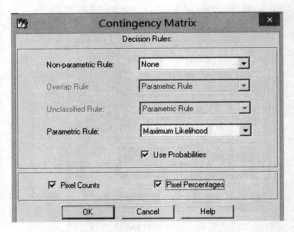

图 18-5　Contingency Matrix 窗口

框，Feature Space 表示使用特征空间决策规则，该规则对于不用特征空间定义的模板可忽略。如果使用非参数决策规则，需要在 Overlap Rule 中指定当像素落入多个平行六面体或多个特征空间 AOI 的重叠区域时该像素的处理方式，Parametric Rule 表示对重叠区域的像素按定义的参数规则分类，如果两个模板都不是参数的则像素不被分类，如果仅一个模板是参数的则像素自动分配为该模板类；Classify by Order 表示对重叠区域的像素按模板序号顺序分类；Unclassified 表示不对重叠区域的像素分类。如果使用非参数决策规则，需要在 Unclassified Rule 后指定当像素不落入平行六面或特征空间 AOI 时该像素的处理方式，Parametric Rule 表示根据定义的参数规则分类像素，如果模板都是非参数的则该像素不分类；ERDAS 监督分类提供三种不同的参数决策规则：Maximum Likelihood、Mahalanobis Distance、Minimum Distance，这些规则都使用统计值。Maximum Likelihood 决策规则基于像素属于类的概率，并且假定这些多个类的概率是相等的，而且输入波段服从正态分布；Mahalanobis Distance 决策规则使用方差和协方差矩阵度量模板距离；Minimum Distance 决策规则计算像素与模板均值向量之间的光谱距离。如果选择最大似然参数规则，需用 Use Probabilities 选择是否使用模板概率，最大似然分类器可输入先验概率以对特定模板加权，缺省时所有模板概率权重相等，可在 Signature Editor 的 Prob. 列输入不同的权重。选中 Pixel Counts 表示包括分配到各个类的像素数量，选中 Pixel Percentages 使矩阵中包括分配到各个类的像素比例。

③ 模板警报。ERDAS 提供的模板警报功能可对一个模板或多个模板执行警报，根据平行六面体决策规则高亮度突出显示视窗中属于一个类的像素。如果没有选中模板，Signature Editor 中的活动模板就被用于进行警报。在 Signature Editor 的属性表中选中一个模板后点击该行的> 列，在 View 的下拉菜单中点击 Image Alarm 后打开 Signature Alarm 工具框，如图 18-6 所示。其中，选中 Indicate Overlap 表示使属于超过 1 个类的像素以所选颜色显示，点击 Edit Parallelepiped Limits 打开 Limits 对话框可查看平行六面体的界限，如图 18-6 所示。在 Limits 对话框中可以为所选模板的平行六面体查看和设置上、下界限，

在单元组中列出了所选模板在每个波段的平行六面体的上、下界限，缺省的界限值是模板中每个波段的最小值和最大值。点击 Set 打开 Set Parallelepiped Limits 对话框可以定义平行六面体的界限，在 Method 中可选择两种定义方法：Minimum、Maximum，分别表示使用模板中每层数据的最小值、最大值，Std. Deviation 表示以模板均值为中心指定数量标准差范围。设置好新的平行六面体界限后，警报像素以黄色显示在视窗中，可在视窗 Utility 下拉菜单中点击 Flicker 查看。

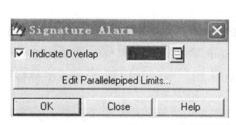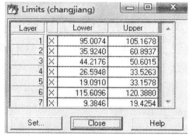

图 18-6　模板警报及 Limits 对话框

3. 监督分类

监督分类法首先对影像进行目视判读确定其分类体系，并对每一种地物类别选取一定数量的训练样本、定义训练样区，可通过 ERDAS 的 AOI Tools 创建点、线、多边形和感兴趣的种子区域实现训练样区的定义。其次计算每种地物类别的训练样区的统计特征，如最小值、最大值、均值、标准差等，从而获得遥感影像上地物类别属性信息的先验知识；然后用训练样区的先验知识训练分类器使分类器对训练样本达到最好分类；最后用训练好的分类器自动识别具有相同特征的像元，使每个像素和地物类别特征作比较，按不同的规则将其划分到和其最相似的类别，以此完成对整个影像的分类。

（1）打开影像

为创建分类模板需要在视窗中打开分类影像，在 ERDAS 图标面板中选择 Viewer，在打开的视窗中点击 打开 Select Layer to Add 对话框。其中，在 File 标签页下选择分类前影像 Wuhan-tm. img，点击 Raster Options 标签页在 Display as 中选择 True Color 真彩色模式，在 Red、Green、Blue 通道中选择 4、3、2 波段，点击 OK 在视窗中以准假彩色的方式打开 Wuhan-tm. img，右键单击，在快捷菜单中选择 Fit to Frame 使影像完整地显示在视窗范围。

（2）定义分类体系

目视判读分类影像 wuhan-tm. img，通过对一系列解译标识如色调、形状、纹理等的目视判读，确定影像上存在着长江、湖泊、植被、居民区、裸露地等五类地物，定义分类体系如下：长江—1，湖泊—2，植被—3，居民区—4，裸露地—5。

（3）创建模板

① 在分类影像 wuhan-tm. img 视窗中菜单栏 Raster 的下拉菜单中，点击 Tool 打开

Raster 工具面板，或单击工具条中的 ✎ 图标打开 Raster 工具面板。Raster 工具面板能快速访问几乎所有栅格编辑功能，也便于 AOI 编辑和数字化面板等功能，其中与 AOI 编辑有关的工具功能如下：点击 ▲ 选择、移动和调整 AOI 元素，点击 ▦ 选择所有 AOI 元素，点击 ▢ 创建矩形 AOI，点击 ◯ 创建椭圆 AOI，点击 ✓ 创建多边形 AOI，点击 ∿ 创建线型 AOI，点击 ✎ 选择单个像素增长形成 AOI，点击 ＋ 创建点 AOI，点击 ✂ 删除所选元素，点击 ✐ 改变所选 AOI 形状，点击 ▣ 打开所选元素的 Properties 对话框。

② 在 Raster 工具面板中点击 ✓ 图标，为每一类绘制多个多边形 AOI 作为训练样区。如对于植被类点击 ✓ 图标后，在影像中植被类型典型区域上用鼠标左键点击多个顶点绘制一个多边形，然后双击生成一个 AOI 训练样区。按类似的方法在整个影像范围内为植被类型创建多个 AOI 训练样区，然后按住 Shift 键并同时用鼠标左键单击选中植被类所有训练样区，点击 Signature Editor 菜单栏 Edit 下拉菜单的 Add 或点击 ⊹ 图标将训练样区添加到模板编辑器中。

③ 在 Signature Editor 的分类模板属性表中，植被类型有多个训练样区，但只能有一个模板表示植被类。在 Class #列鼠标左键选中第一行样区拖动直到连续选中最后一行样区，点击 Edit 下拉菜单中的 Merge 命令或点击合并图标 ▣，将选中的多个 AOI 训练样区合并为一个模板，合并生成的模板显示在属性表新增行中。此时单击 Edit 下拉菜单中的 Delete 命令，将植被类的多个 AOI 训练样区删除而只保留合并生成的植被类模板。

④ 按上述步骤，依次为各个地类选择训练样本、创建训练样区、合并生成地类模板。选中各个模板，可更改 Signature Name 列的类名和 Color 列的类显示颜色。在菜单条 File 下拉菜单中点击 Save，打开 Save Signature Fiel As 对话框，将类别模板的样本及统计信息保存为模板文件 .sig。选中某一个模板则只将相应类别保存为模板文件，选择所有模板则将所有类别保存为模板文件。模板也能用 Feature 菜单从特征空间图像视窗中通过 AOI 工具生成。

（4）评估分类模板

① 在 Signature Editor 中 Evaluate 下拉菜单中点击 Separability 命令，打开 Signature Separability 对话框。在 Layers Per Combination 中设置为 7，表示参与分类的波段数为 7，此时 Combinations 为 1。因为存在 5 个地类模板，Paris Per Combination 为 10，在 Distance Measure 中选择 Euclidean，Output Form 中选择 CellArray，Which Listing 中选择 Best Average，选中 Use Class Probabilities，如图 18-7 所示。

点击 OK 后生成可分性单元组，在可分性单元组中可看到最佳的平均可分性为 96.5806，可分性单元组中的类别可分性表格列出了每两个类别之间的可分离性。两个类别之间的可分离性越高，则这两个类别越容易分离，分类区分效果就好。反之，两个类别之间的可分离性越低，则这两个类别之间越容易存在混分和错分情况。Best Average Separability 最佳的平均可分性越高，则训练好的分类器对所分类别的区分性能就越好，如图 18-8 所示。

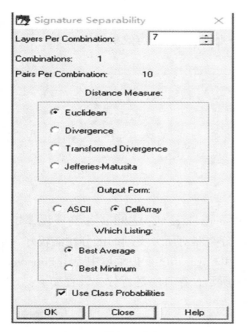

图 18-7　模板可分性设置

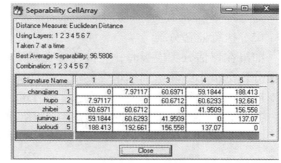

图 18-8　模板可分性单元组

② 在 Signature Editor 中 Evaluate 下拉菜单中点击 Contingency 命令后打开 Contingency Matrix 对话框，其中，Non-parametric Rule 中选择 Parallelepiped 平行六面体，Overlap Rule 中选择 Parametric Rule 参数规则，Unclassified Rule 中选择 Parametric Rule 参数规则，Parametric Rule 中选择 Maximum Likelihood 最大似然决策规则，选择 Use Probabilities，选择 Pixel Percentages，如图 18-9 所示。

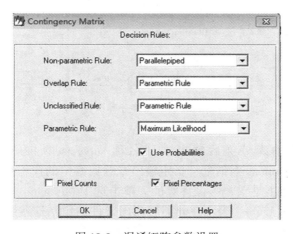

图 18-9　混淆矩阵参数设置

点击 OK 后按所选参数运行生成一个误差矩阵，如图 18-10 所示。在误差矩阵中对于对角线上的元素，其值越高则说明该分类器对该类别的识别性能越好；对于非对角线元素，其值越低则表示该分类器对相应两个类别的误判性越低，分类效果越好。

Classified Data	Reference Data				
	changjiang	hupo	zhibei	juminqu	luoloudi
changjiang	98.86	0.00	0.00	0.00	0.00
hupo	0.90	100.00	0.00	0.00	0.00
zhibei	0.00	0.00	100.00	0.00	0.00
juminqu	0.24	0.00	0.00	100.00	0.00
luoloudi	0.00	0.00	0.00	0.00	100.00

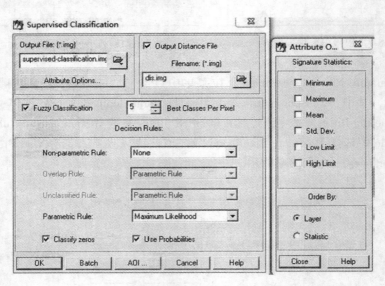

图 18-10　混淆矩阵报告

（5）执行监督分类

如果在评估分类模板时，可分性单元组中的 Best Average Separability 很高或误差矩阵中错分比例很小，满足训练精度要求，则训练好的分类器对所分类别的区分性能较好，可以对所有像素执行监督分类。在 Signature Editor 菜单栏 Classify 下拉菜单中点击 Supervised 后打开 Supervised Classification 对话框，如图 18-11 所示，在其中进行分类设置如下：

图 18-11　监督分类设置

在 Output File 中输入分类后输出文件名称 supervised-classification。点击 Attribute Options 打开 Attribute Options 对话框，指定输出专题栅格中的模板统计信息，统计量是根据模板各层的数据值而不是整个影像计算的。单击选中 Minimum、Maximum、Mean、Std. Dev.、Low Limit、High Limit，表示在分类后输出文件中包括这些统计量并以列的形式出现在栅格属性表中。选中 Output Distance File 生成输出距离文件，用于阈值和模糊分类。选中 Fuzzy Classification 表示执行模糊分类，模糊分类由多层分类输出和距离测度确定，多层分类输出的类层数在 Best Classes Per Pixel 域中指定，第 1 层分类输出包含最优分类的类值，第 2 层分类输出是次优分类的类值，依次类推。在 Best Classes Per Pixel 输入 5

表示在分类过程中每个像素计算 5 类，多层分类输出的类层数为 5。在 Non-parametric Rule 中选择 None 表示不使用任何非参数决策规则，在 Parametric Rule 中选择 Maximum Likelihood，选中 Classify zeros 表示 0 像素值也参与分类，选中 Use Probabilities 表示分类中使用类别模板的概率。在设置决策规则时要注意：如果分类模板是非参数的如由特征空间 AOI 创建，则决策规则可以是 feature space 或 parallelepiped，对于非参数模板还需确定 Overlap 规则和 Unclassified 规则。对于参数模板，决策规则可以是 Maximum Likelihood、Mahalanobis Distance、Minimum Distance。很多情况下，分类模板中既有非参数模板也有参数模板，则需确定这两种情况分别需要用哪些决策规则。

第二节　ENVI 监督分类

ENVI 经典主菜单栏 Classification 的下拉菜单提供了较多的分类功能，包括监督分类、非监督分类、决策树分类、波谱端元采集、先前规则影像分类、分类统计量计算以及分类后处理等。ENVI 的监督分类功能，根据用户定义的训练样区将数据集中的像素聚类成为相应类别，训练样区是被选择作为输出类别的代表性区域的像素群组（ROIs）或单个光谱。同一 ROI 中的像素应是同质，应尽可能选择较为同质的像素构成 ROI，在 ENVI 中可将 ROI 像素转换输出到 N 维可视化工具中检查 ROI 的可分离性、获得 ROI 对之间可分离性的报告，查看各个 ROI 内部点的分布是否紧密聚集在一起以及不同类之间是否具有重叠区域。ENVI 的监督分类功能包括平行六面体分类、最小距离分类、Mahalanobis 距离分类、最大似然法分类、波谱角映射分类、光谱信息散度分类、二进制编码分类、神经网络分类以及支持向量机分类。对于所有监督分类方法，都可以创建类别的规则影像。规则分类器中的规则影像表示在最终类别分配之前仅某一规则下的分类结果，可用于调整阈值、生成最终的分类影像。例如，在最小距离分类中，类别的规则影像中像素值表示各个像素与该类别的距离。在监督分类前可使用 Endmember Collection 对话框选择光谱或用 ROI 定义训练样区，训练样区可以是不规则多边形、矢量或单个像素等。使用 Endmember Collection 对话框定义训练样区，可无需重新加载而使多个分类使用相同的训练样区或端元，简化了分类结果的比较。下面介绍 ENVI 的监督分类功能和实现过程。

1. Parallelepiped Classification 平行六面体分类

平行六面体的边界构成了影像数据空间的分类决策规则，平行六面体分类的界限范围定义为偏离各个被选类均值的标准差阈值。对于分类的所有波段，如果像素值都位于低阈值之上、高阈值之下，那么该像素分配为该类别；如果像素值在多个类的范围，ENVI 将像素分配到最后匹配的类；如果像素不在任何平行六面体类别范围，则该像素作为未分类像素。在 ENVI 经典主菜单栏 Classification 下拉菜单中点击 Supervised 后选择 Parallelpiped 或用 Endmember Collection 对话框采集了端元光谱后点击主菜单栏 Algorithm 下拉菜单中的 Parallelpiped，都可以实现平行六面体分类。

① 点击 Classification → Supervised → Parallelpiped，选择输入文件并执行可选的空间裁剪或光谱裁剪或掩膜操作，点击 OK 后打开 Parallelepiped Parameters 对话框，如图 18-12 所示。

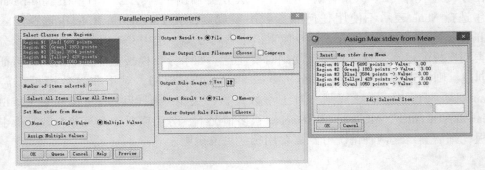

图 18-12　平行六面体分类设置

② 在 Select Classes from Regions 列表中列出了在 ROI Tool 对话框中可用的 ROI 区域，或在 Available Vectors 列表中打开的矢量，从中选择创建训练样区。点击 Select All Items 以选择所有区域创建训练样区。

③ 在 Set Max stdev from Mean 中选择阈值选项：选择 None 表示不用标准差阈值；选择 Single Value 表示对所有类别使用单个阈值，在 Max stdev from Mean 域中输入数值表示偏离均值的标准差数量；选择 Multiple Values 表示要对各个类都输入不同的阈值，在类列表中选择准备分配不同阈值的类点击 Assign Multiple Values，打开 Assign Max stdev from Mean 对话框进行设置，或者选择某个类后在对话框底部输入阈值然后对每个类重复操作，如图 18-12 所示。

④ 使用 Output Rule Images？切换按钮选择是否创建规则影像，使用规则影像可在最终类别分配前创建中间分类结果。规则分类器产生的规则影像可用于创建新的分类影像而不需重新计算整个分类。

⑤ 点击 OK 后分类输出文件添加到 Available Bands 列表中，生成的规则影像的像素值取值范围是 0 到 n，n 是波段数，表示满足平行六面体规则的波段数。每个被选类都有一个规则影像，对于某个区域，如果在所有波段上都匹配到某个类，则该区域在分类影像上分为该类别。如果多于 1 个匹配出现，匹配的第 1 个类作为区域在分类影像上所分类别。

2. Minimum Distance Classification 最小距离分类

最小距离分类使用每个端元的均值向量，计算每个未知像素到每个类均值向量的欧式距离，将满足指定的标准差和距离阈值的像素分类到最近的类。ENVI 经典主菜单栏 Classification 下拉菜单中点击 Supervised 后选择 Minimum Distance 或用 Endmember Collection 对话框采集了端元光谱后点击主菜单栏 Algorithm 下拉菜单中的 Minimum Distance，都可实现最小距离分类。

① 点击 Classification → Supervised → Minimum Distance，选择输入文件并执行可选的空间裁剪或光谱裁剪或掩膜操作，点击 OK 后打开 Minimum Distance Parameters 对话框，如图 18-13 所示。

② 在 Select Classes from Regions 列表中列出了在 ROI Tool 对话框中可用的 ROI 区域，或在 Available Vectors 列表中打开的矢量，从中选择创建训练样区。点击 Select All Items

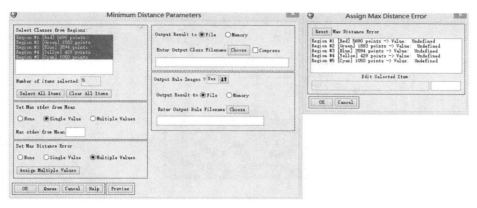

图 18-13　最小距离分类设置

以选择所有区域创建训练样区。

③ 分别在 Set Max stdev from Mean 区域和 Set Max Distance Error 区域设置阈值选项。选择 None 不使用标准差阈值，选择 Single Value 表示对所有类别使用单一阈值，在 Max stdev from Mean 中输入使用的偏离均值的标准差数，ENVI 对此范围之外的像素不进行分类。在 Max Distance Error 中输入误差 DN 值，ENVI 对距离大于这个值的像素不进行分类。如果在 Set Max stdev from Mean 下和 Set Max Distance Error 下都设置了值，则使用二者中较小的确定分类像素，如果两个参数都选择了 None，ENVI 将对所有像素分类。选择 Multiple Values 表示对每个类输入不同的阈值，在类列表中选择准备分配不同阈值的类点击 Assign Multiple Values，打开 Assign Max Distance Error 对话框进行设置，或者选择某个类后在对话框底部输入阈值然后对每个类重复操作。如果从 Endmember Collection 对话框执行最小距离分类，则 Max Stdev from Mean 是不可用的。

④ 使用 Output Rule Images？切换按钮选择是否创建规则影像以在最终类别分配前创建中间分类结果，点击 OK 后分类输出文件添加到 Available Bands 列表中，每个类的规则影像上的像素值等于像素到类均值的欧式距离，满足最小距离规则的区域在分类影像上分为该类别。

3. Mahalanobis Distance Classification Mahalanobis 距离分类

Mahalanobis 距离分类是对方向敏感的距离分类器，相似于最大似然分类需对每个类使用统计值，但需假定所有类的协方差是相等的。如果不指定距离阈值，所有像素都将分类到最近的 ROI 样区。如果指定距离阈值，不满足阈值条件的像素将不被分类。

ENVI 经典主菜单栏 Classification 下拉菜单中点击 Supervised 后选择 Mahalanobis Distance 或用 Endmember Collection 对话框采集了端元光谱后点击主菜单栏 Algorithm 下拉菜单中的 Mahalanobis Distance，都可实现 Mahalanobis 距离分类。下面介绍利用 Endmember Collection 对话框进行 Mahalanobis Distance 分类的过程：点击 Classification → Supervised → Endmember Collection 打开 Endmember Collection 对话框，如图 18-14 所示。

在菜单栏 Algorithm 下拉菜单中选择 Mahalanobis Distance 作为分类方法，在 Import 下

图 18-14　端元光谱采集

拉菜单中选择 from ROI/EVF from Input File 导入训练样区计算其协方差信息，点击 Select All 选中所有样区光谱后点击 Apply 打开 Mahalanobis Distance Parameters 对话框。在 Set Max Distance Error 中设置阈值选项，如图 18-15 所示，各选项含义与最小距离法的 Minimum Distance Parameters 对话框中类似。

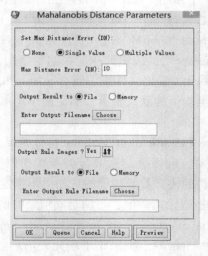

图 18-15　Mahalanobis 距离分类设置

4. Maximum Likelihood Classification 最大似然分类

最大似然分类假定各个类在每个波段的统计值是正态分布的，计算给定像素属于指定类的概率，每个像素分配到具有最大概率的类。如果不选择概率阈值，所有像素将被分类，如果最大概率小于指定阈值，则像素不被分类。ENVI 通过对影像中每个像素计算以下判别函数进行最大似然分类：

$$g_i(\boldsymbol{x}) \cdot \ln p(\omega_i) - \frac{1}{2}\ln |\boldsymbol{\Sigma}_i| - \frac{1}{2}(\boldsymbol{x} - \boldsymbol{m}_i)^{\mathrm{T}}\boldsymbol{\Sigma}_i^{-1}(\boldsymbol{x} - \boldsymbol{m}_i)$$

判别函数中，i 代表类别，$\boldsymbol{x}$ 代表 n 维数据，n 是波段数，$p(\omega_i)$ 是类 ω_i 在影像中出现的概率，$|\boldsymbol{\Sigma}_i|$ 是类 ω_i 中数据协方差矩阵的行列式，$\boldsymbol{\Sigma}_i^{-1}$ 是逆矩阵，$\boldsymbol{m}_i$ 是均值向量。

ENVI 经典主菜单栏 Classification 下拉菜单中点击 Supervised 后选择 Maximum Likelihood 或用 Endmember Collection 对话框采集了端元光谱后点击主菜单栏 Algorithm 下拉菜单中的 Maximum Likelihood，都可实现最大似然分类。

① 点击 Classification → Supervised → Maximum Likelihood，选择输入文件并执行可选的空间裁剪或光谱裁剪或掩膜操作，点击 OK 后打开 Maximum Likelihood Parameters 对话框，如图 18-16 所示。

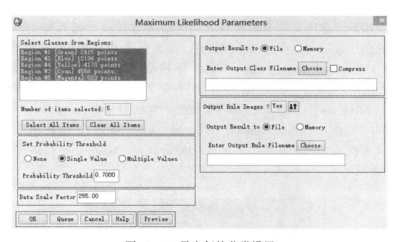

图 18-16　最大似然分类设置

② Select Classes from Regions 列表中列出了在 ROI Tool 对话框中可用的 ROI 区域，或在 Available Vectors 列表中打开的矢量，从中选择创建训练样区。点击 Select All Items 以选择所有区域创建训练样区。

③ 在 Set Probability Threshold 中选择以下阈值选项：选择 None 表示不用阈值，选择 Single Value 表示对所有类别输入 0 到 1 的单一概率阈值，对于概率低于阈值的像素，ENVI 不对其进行分类。选择 Multiple Values 表示对每个类输入不同的阈值，在类列表中选择准备分配不同阈值的类点击 Multiple Values，打开 Assign Probability Threshold 对话框进行设置，或者选择某个类后在对话框底部输入阈值然后对每个类重复操作。

④ 在 Data Scale Factor 中输入数据比例因子，比例因子是用于将整型缩放的反射或辐射数据转换成为浮点值的除系数，例如：对于放大到 0~10000 范围的反射数据比例因子可设置为 10000，对于未定标的整型数据设置 Data Scale Factor 为仪器能测量的最大值 $2^n -$

1，n 是仪器的位深，对于 Landsat 4 的 8 位设备 Data Scale Factor 可设置为 255，对于 NOAA 12 AVHRR 的 10 位设备 Data Scale Factor 可设置为 1023，对于 IKONOS 的 11 位设备 Data Scale Factor 可设置为 2047。

⑤ 使用 Output Rule Images？切换按钮选择是否创建规则影像以在最终类别分配前创建中间分类结果，点击 OK 后分类输出文件添加到 Available Bands 列表中，每类的规则影像包含了具有改进 Chi 平方概率分布的最大似然判别函数值，规则影像上较高的像素值表示较高的概率。使用规则分类器实现规则影像数据空间和概率之间的转换时，输入用于最大似然分类的概率阈值，规则分类器自动搜索相应规则影像的 Chi 平方值。最终的分类将像素分配为最高概率的类。

5. Spectral Angle Mapper Classification（SAM）光谱角映射分类

光谱角映射是基于物理的光谱分类技术，使用 n 维角度将像素与参考光谱匹配，将两个光谱处理为 n 维空间的矢量，并计算它们之间的角度来确定光谱相似性。光谱角映射主要用于定标的反射率数据，对反照率的影响不敏感，如果将光谱角映射用于辐射数据由于原点仍然接近于 0 从而导致错误一般不很明显。SAM 所用的端元光谱可来自于 ASCII 文件、光谱库或直接从影像中提取 ROI 平均光谱。SAM 比较端元光谱向量和像素向量之间的角度，较小的角度表示对参考光谱匹配较好，如果角度大于指定的最大角度阈值，则像素不被分类。ENVI 经典主菜单栏 Classification 下拉菜单中点击 Supervised 后选择 Spectral Angle Mapper 或用 Endmember Collection 对话框采集了端元光谱后点击主菜单栏 Algorithm 下拉菜单中的 Spectral Angle Mapper，都可实现光谱角映射分类。

① 点击 Classification → Supervised → Spectral Angle Mapper，选择输入文件并执行可选的空间裁剪或光谱裁剪或掩膜操作，点击 OK 后打开 Endmember Collection：SAM 对话框，如图 18-17 所示。

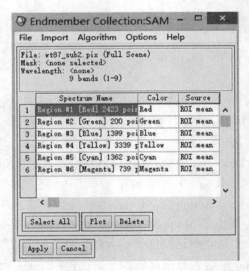

图 18-17 Endmember Collection：SAM 对话框

② 在 Endmember Collection：SAM 对话框菜单栏 Import 的下拉菜单中选择 spectra_ source 采集端元光谱，然后点击 Apply 打开 Spectral Angle Mapper Parameters 对话框，如图 18-18 所示。

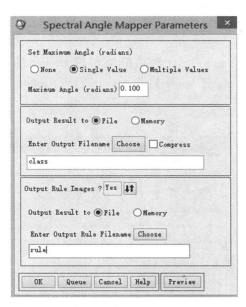

图 18-18　光谱角分类设置

③ 在 Set Maximum Angle 中选择以下阈值选项：选择 None 表示不使用阈值，选择 Single Value 表示对所有类使用相同的阈值，在 Maximum Angle（radians）域中输入角度阈值，这是端元光谱向量和像素向量之间最大可接受的角度。对于角度大于这个值的像素，ENVI 不进行分类。选择 Multiple Values 表示对每个类输入不同的阈值，在类列表中选择准备分配不同阈值的类点击 Multiple Values，打开 Assign Maximum Angle（radians）对话框进行设置，或者选择某个类后在对话框底部输入阈值然后对每个类重复操作。

④ 使用 Output Rule Images? 切换按钮选择是否创建规则影像以在最终类别分配前创建中间分类结果，点击 OK 后 SAM 的输出为分类影像和一些规则影像，每个端元都有一个规则影像。规则影像的像素值表示与每个类参考光谱的光谱角度，较低的光谱角度表示与端元光谱匹配较好。

6. Spectral Information Divergence Classification（SID）光谱信息散度分类

光谱信息散度分类和光谱角分类都是基于光谱统计测度的分类方法，SAM 是确定性的方法，它搜索确切的像素匹配，以相同权重处理测度值差异。SID 是概率性方法能考虑像素测度值差异，测得的概率值是从 1 到用户定义的阈值。光谱信息散度是使用散度测度将像素和参考光谱匹配的光谱分类方法，散度越小、相似性越高。散度测度大于指定的最大散度阈值的像素不被分类，SID 所用的端元光谱可来自于 ASCII 文件、光谱库或直接从影像中提取 ROI 平均光谱。在 ENVI 经典主菜单栏 Classification 的下拉菜单中点击

Supervised 后选择 Spectral Information Divergence 或用 Endmember Collection 对话框采集了端元光谱后点击主菜单栏 Algorithm 下拉菜单中的 Spectral Information Divergence，都可实现光谱信息散度分类。

① 点击 Classification → Supervised → Spectral Information Divergence，选择输入文件并执行可选的空间裁剪或光谱裁剪或掩膜操作，点击 OK 后打开 Endmember Collection：SID 对话框。

② 在 Endmember Collection：SID 对话框菜单栏 Import 的下拉菜单中选择 spectra_source 采集端元光谱，然后点击 Apply 打开 Spectral Information Divergence Parameters 对话框，如图 18-19 所示。

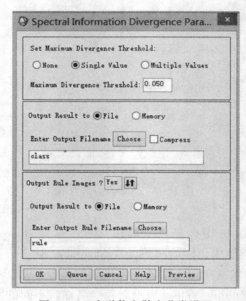

图 18-19　光谱信息散度分类设置

③ 在 Set Maximum Divergence Threshold 中选择以下阈值选项：选择 None 表示不使用阈值，选择 Single Value 表示对所有类使用相同的阈值，在 Maximum Divergence Threshold 域中输入最大散度阈值，这是端元光谱向量和像素向量之间最大可允许的变化量，缺省值是 0.5。由于概率分布的相似性或不相似性，对一对光谱向量判别较好的阈值，对于另一对光谱向量来说可能是过于敏感或缺乏必要敏感。选择 Multiple Values 表示对每个类输入不同的阈值，打开 Assign Maximum Divergence Threshold 对话框进行设置，或者选择某个类后在 Edit Selected Value 域输入阈值后对每个类重复操作。

④ 使用 Output Rule Images？切换按钮选择是否创建规则影像以在最终类别分配前创建中间分类结果，点击 OK 后 SAM 的输出为分类影像和一些规则影像，每个端元都有一个规则影像。规则影像的像素值表示 SID 公式的输出值，较低的光谱散度表示与端元光谱匹配较好。

7. Binary Encoding Classification 二进制编码分类

二进制编码分类技术根据波段值低于光谱均值或高于光谱均值，将像素和端元光谱编码为 0 和 1，利用异或函数将每个编码的参考光谱与编码的数据光谱进行比较，所有像素被分类为匹配波段数量最大的端元从而产生分类影像。如果不指定最小匹配阈值，一些不满足分类规则的像素可能不被分类。在 ENVI 经典主菜单栏 Classification 的下拉菜单中点击 Supervised 后选择 Binary Encoding 或用 Endmember Collection 对话框采集了端元光谱后点击主菜单栏 Algorithm 下拉菜单中的 Binary Encoding，都可实现二进制编码分类。

① 点击 Classification → Supervised → Binary Encoding，选择输入文件并执行可选的空间裁剪或光谱裁剪或掩膜操作，点击 OK 后打开 Binary Encoding Parameters 对话框，如图 18-20 所示。

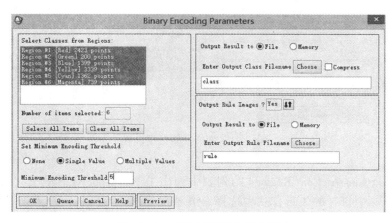

图 18-20　二进制编码分类设置

② 在区域列表中列出了 ROI Tool 对话框中有效的 ROI 以及 Available Vectors 中打开的矢量，从中选择 ROI 或矢量作为训练样区。

③ 在 Set Minimum Encoding Threshold 中设置阈值选项：选择 None 表示不使用阈值；选择 Single Value 表示对所有类使用相同阈值，在 Minimum Encoding Threshold 中输入从 0 到 1 的小数百分比值，表示必须匹配的波段数量；选择 Multiple Values 表示对每个类输入不同的阈值。

④ 使用 Output Rule Images? 切换按钮选择是否创建规则影像以在最终类别分配前创建中间分类结果，点击 OK 后分类输出文件添加到 Available Bands 列表中，每类的规则影像上像素值等于匹配该类的波段百分比。

8. Neural Net Classification 神经网络分类

ENVI 使用的分层前馈神经网络技术使用的是标准 BP 监督学习算法，可选择隐含层的数量和神经元核函数。学习的过程就是调整节点的权重、最小化实际输出与参考值之间差异的过程，错误通过网络后向传播，权值调整是通过使用递归方法完成的。神经网络可用于非线性分类，每个类选择 ROIs 用做训练像素时，像素越多分类效果越好。

① 点击 Classification → Supervised → Neural Net，选择输入文件并执行可选的空间裁剪或光谱裁剪或掩膜操作，点击 OK 后打开 Neural Net Parameters 对话框，如图 18-21 所示。

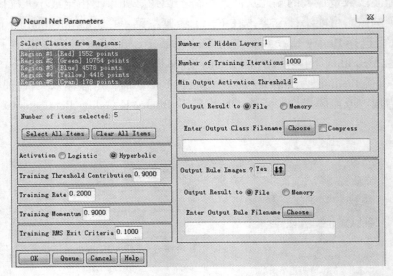

图 18-21　神经网络分类设置

② 在 Select Classes from Regions 的列表中列出了 ROI Tool 对话框中有效的 ROI 以及 Available Vectors 中打开的矢量，从中选择 ROI 或矢量作为训练样区，点击 Select All Items 将所有区域分别选为训练样区。

③ 在 Activation 中选择激活方法，选择 Logistic 表示采用对数方法，选择 Hyperbolic 表示采用双曲线函数方法。

④ 在 Training Threshold Contribution 域中输入 0 到 1.0 之间的值，训练阈值贡献决定了与激活节点层相关的内部权重贡献大小，它用于调整节点内部权重的变化。训练算法交互地调整节点间的权重和节点阈值从而最小化实际输出和期望输出之间的误差。将 Training Threshold Contribution 设置为 0 表示不对节点的内部权重进行调整。适当调整节点的内部权重可产生较好的分类结果，但权重调整不合适也会产生较差的分类结果。

⑤ 在 Training Rate 域中输入 0 到 1 之间的数值，训练率决定了权重调整的幅度，较高的训练率使训练过程加快但也增加了震荡或训练结果不收敛的风险。

⑥ 在 Training Momentum 域中输入 0 到 1 之间的数值，其作用是促使权重沿当前方向变换。该数值大于 0 可使训练率较高时训练结果不震荡，该值增大将加大训练的步幅。

⑦ 在 Training RMS Exit Criteria 域中输入训练停止的 RMS 误差值，RMS 误差值在训练过程中将显示在图表中。当 RMS 误差小于误差阈值时，即使还没有达到最大迭代次数，也会停止训练并对影像进行分类。

⑧ 在 Number of Hidden Layers 中输入隐含层的数量。对于线性分类，输入数值为 0 表示没有隐含层，1 个超平面即可分隔各个类。当输入数据非线性可分，且需要 2 个超平面

才能分隔各个类时，设置 Number of Hidden Layers 为大于 1 的数从而使神经网络至少有一个隐含层再执行分类。

⑨ 在 Number of Training Iterations 中输入训练迭代次数，在 Min Output Activation Threshold 中输入最小输出激活阈值。如果被分类像元的激活值小于该阈值，则该像素在输出影像中标记为未分类。

⑩ 使用 Output Rule Images? 切换按钮选择是否创建规则影像以在最终类别分配前创建中间分类结果，点击 OK 后分类输出文件添加到 Available Bands 列表中。在训练过程中每次迭代都会显示 RMS 误差，如果训练迭代趋于收敛，RMS 误差将降低到一个稳定的较低值。如果 RMS 误差是震荡变化不收敛，可降低训练率数值或重新选择 ROI 样区。

9. Support Vector Machine Classification(SVM) 支持向量机分类

支持向量机 SVM 是源于统计学习理论的有监督学习算法，将低维特征空间中非线性可分的样本通过非线性映射转化为高维特征空间中线性可分的问题，即升维和线性化。与传统统计学相比，统计学习理论是研究小样本情况下学习规律的理论。最简单形式的 SVM 是二类分类系统，使用非线性核成为非线性分类器，用最优超平面最大化类别之间的界限以分隔两个类别，最靠近超平面的数据点成为支持向量，支持向量是训练 SVM 的关键。在 ENVI 中 SVM 是多类分类器，它使用两两分类策略结合多个二类分类器从而实现多类分类，对于复杂含有噪声的数据，SVM 能提供较好的分类结果。SVM 分类输出的是每个像素对于每个类别的决策值，该决策值用于概率估计以判别最终输出类别。每个像素对每个类别的概率值取值范围是 0 到 1，所有类别概率值的总和为 1，在其中选择最高概率对应的类别作为像素的分类类别。可设置一个概率阈值，如果像素对所有类别的概率值低于该阈值，则像素不进行分类判别。

当训练样本集不可分时，在 SVM 中可设置一个惩罚参数来允许一定程度的误分类。惩罚参数可创建软界限以允许一定的分类误差，控制着可允许的训练误差和严格的类别界限之间的平衡，增加惩罚参数值将增加误分类的代价。ENVI 的 SVM 分类器提供了 4 种类型的核：Linear、Polynomial、Radial Basis Function（RBF）和 Sigmoid，缺省为径向基函数核，适用于大多数情况。每个核的数学描述如下：

Linear $\qquad\qquad K(\boldsymbol{x}_i, \boldsymbol{x}_j) = \boldsymbol{x}_i^{\mathrm{T}} \boldsymbol{x}_j$

Polynomial $\qquad K(\boldsymbol{x}_i, \boldsymbol{x}_j) = (g\boldsymbol{x}_i^{\mathrm{T}} \boldsymbol{x}_j + r)^d,\ g > 0$

RBF $\qquad\qquad K(\boldsymbol{x}_i, \boldsymbol{x}_j) = \exp(-g\|\boldsymbol{x}_i - \boldsymbol{x}_j\|^2),\ g > 0$

Sigmoid $\qquad\ K(\boldsymbol{x}_i, \boldsymbol{x}_j) = \tanh(g\boldsymbol{x}_i^{\mathrm{T}} \boldsymbol{x}_j + r)$

当处理较大的高分辨率影像时，SVM 分类器的执行比较耗时，在 ENVI 中 SVM 采取了分层降低分辨率的分类策略，既提高了性能又没有明显降低分类效果，当处理包含同质特征的区域时，如水体、停车场、农田等，是最有效的。分层分类处理的步骤包括：将影像重采样到所需的最低分辨率层，将 ROI 也重采样到相同的分辨率。在分辨率降低的影像和 ROI 上训练，运行 SVM 分类器。SVM 检查所有规则影像值以确定超出再分类概率阈值的部分，这些像素关联的类信息和概率信息被存储后续应用到结果影像中。在下一更高分辨率的金字塔层继续检查过程，SVM 仅对在低层分辨率上未分类的像素执行分类，此过程持续到最高分辨率层。

ENVI 中实现 SVM 分类的过程如下：

① 点击 Classification → Supervised → Support Vector Machine，选择输入文件并执行可选的空间裁剪或光谱裁剪或掩膜操作，点击 OK 后打开 Support Vector Machine Classification Parameters 对话框，如图 18-22 所示。

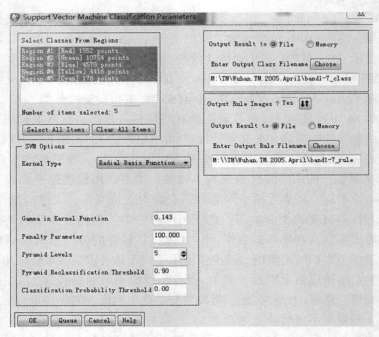

图 18-22　支持向量机分类设置

② 在 Select Classes From Regions 列表中列出了 ROI Tool 对话框中有效的 ROI 以及 Available Vectors 中打开的矢量，点击 Select All Items 将所有 ROI 分别选为训练样区。

③ 从 Kernel Type 的下拉列表中选择 SVM 分类器所用的核，可以选择 Linear、Polynomial、Radial Basis Function 和 Sigmoid。根据所选择的核分别设置相应的核参数：如果选择 Polynomial 核，需设置核多项式的次数，最小值是 1、缺省值是 2、最大值是 6；如果选择 Polynomial 或 Sigmoid 核，需设置 SVM 算法所用核函数中的偏置，缺省值是 1。如果选择 Polynomial、Radial Basis Function 或 Sigmoid 核，需在 Gamma in Kernel Function 区域中设置核函数所用的 gamma 参数，该值是大于 0 的浮点数，缺省值是输入影像中波段数的倒数。

④ 在 Penalty Parameter 中指定 SVM 算法所用的惩罚参数，这个值是大于 0 的浮点值，缺省值是 100。

⑤ 在 Pyramid Levels 中设置分层处理的层数，如果该值设置为 0，ENVI 仅在原影像分辨率上执行 SVM 分类，缺省值是 0。最大值随处理影像的尺寸变化，一般应使最高金字塔层影像的尺寸大于 64×64，例如对于 24000×24000 的影像最大层数是 8。

⑥ 如果分层处理的层数大于 0，需在 Pyramid Reclassification Threshold 中指定在较低

分辨率层次被分类的像素为避免在较高分辨率层次被再次分类所必须满足的概率阈值，该值取值范围是 0 到 1，缺省值是 0.9。

⑦ 在 Classification Probability Threshold 中设置 SVM 分类器对像素分类所需的概率，像素对所有类的概率都低于这个阈值则不被分类，概率阈值的取值范围是 0 到 1，缺省值是 0.0。

⑧ 使用 Output Rule Images？切换按钮选择是否创建规则影像以在最终类别分配前创建中间分类结果，点击 OK 后分类输出文件添加到 Available Bands 列表中。如果创建了某个类的规则影像，则像素值等于匹配该类波段数的百分比。

第三节　PCI 监督分类

监督分类需要根据训练样本所提供的影像数据知识如空间或光谱特征等，以确定合适的统计标准生成分类的模板。在 PCI 中监督分类过程主要包括：指定通道、采集训练样本、训练分类器、预览分类结果、评定分类结果、精练训练样本、获得分类结果等。训练样区的确定在监督分类中很重要，训练样区代表着要定义的每个土地覆盖类型，而仅参考影像通常难以确定实际的地面覆盖，因此要根据对地理区域的熟悉和影像中显示的实际地表覆盖类型的知识来综合决定。通过对训练样区的统计，获得各个类的统计模板，分类模板是影像分类的关键，影像中的像素与各分类模板相比较而划分到相应类别。PCI 中提供了丰富的影像分类功能，其中集成的监督分类功能包括最大似然法、最小距离法、平行六面体法、K 最近邻分类、频率上下文分类等。PCI 的监督分类功能可以两种方式实现：一种方式是在 Supervised Classification 窗口中实现，在 Focus 中可通过窗口配置数据文件、选择训练样本、训练分类器来执行监督分类。另一种方式是通过算法库实现。

1. Supervised Classification 窗口实现监督分类

在 PCI 的面板工具栏中选择 📷 打开 Focus 应用程序，监督分类功能在 Focus 应用程序中实现，其具体过程介绍如下：

① 在 Focus 窗口主菜单栏的 Analysis 下拉菜单中点击 Image Classification 后选择 Supervised，打开 Session Selection 窗口，在该窗口中点击 New Session 按钮后打开 Session Configuration 窗口，如图 18-23 所示。

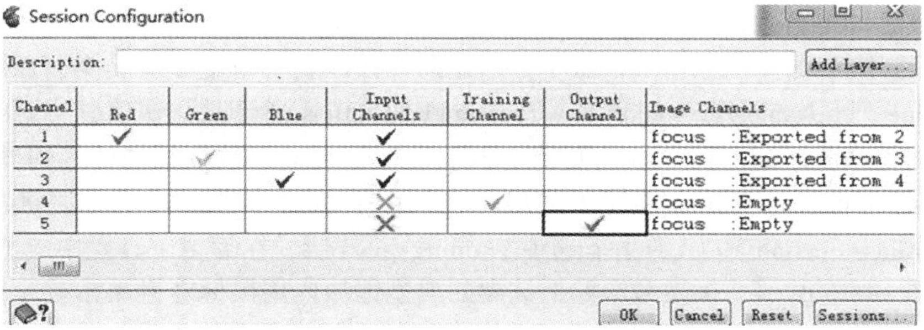

图 18-23　Session Configuration 窗口

② 在 Session Configuration 窗口中开始会话配置并开始监督分类任务，点击 Add Layer 按钮打开 Add Image Channels to 窗口，如图 18-24 所示，在 Channels to add 中为合适的 Channel types 输入通道数后点击 Add，Session Configuration 窗口中会新添加通道。点击 OK 后打开 Training Site Editor 窗口，在该窗口中根据影像中不同的地表覆盖类型的样本来确定训练样区对影像进行监督分类。

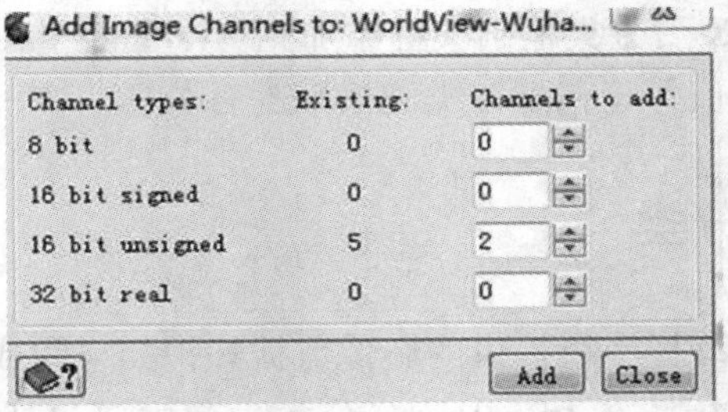

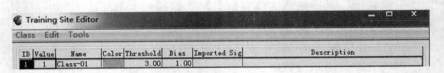

图 18-24　添加影像通道窗口

③ Training Site Editor 窗口由菜单栏和训练样区表组成，每个训练样区包括 ID 列、Value 列、Name 列、Color 列、Threshold 列、Bias 列、Imported Sig 列以及 Description 列，如图 18-25 所示。

图 18-25　训练样区编辑窗口

其中，ID 列表示类样区的 ID 不能编辑，Value 列表示类样区的编码值可以改变，Name 列表示样区名通常是类名，Color 列表示类的颜色，Threshold 列表示类样区的阈值。每个类样区都有一个相关的阈值和偏置值，阈值是用于控制每个类的超椭球半径的相对量测值，改变阈值可减少像素被分为多个类的变化。Bias 列表示偏置值，其范围是从 0 到 1，偏置值越高则更侧重于衡量这个类，也可用于解决类之间的重叠。这两个测度还用于测试训练样区的可分性。

在 Class 下拉菜单中点击 New 命令，则在训练样区表中新增了一个类，新增的类行在 ID 列、Value 列、Name 列、Color 列、Threshold 列、Bias 列已赋默认值，可对列进行双击后输入值进行修改，如双击 Name 列修改类名，双击 Color 列改变类及样区的显示颜色。

④ 用 Training Site Editor 创建了类后，在视图面板的参考影像中绘制训练样区。在 Maps 树的 Classification MetaLayer 下选中 Training areas 层，在编辑工具栏中点击 选择多边形，如图 18-26 所示。在参考影像上该类的典型区域内用鼠标左键单击确定多边形的顶点，当完成多边形后在靠近第一点附近双击左键结束样区绘制。按上述步骤确定影像中该类的其他样区。

266

图 18-26　训练样区编辑工具

⑤ 在 Training Site Editor 中按上述方法依次新建各个类，并对该类的 Value 列、Name 列、Color 列、Threshold 列、Bias 列进行适当修改后，在视图面板的参考影像中绘制训练样区，分类信息如图 18-27 所示。对各个类确定的训练样区越多，分类精度将越高。训练样区边界之间的重叠将导致训练样区的可靠性降低。为统计评估，建议每个类的所有训练样区至少有 $5(N^2 + N)$ 个像素，N 是所选的通道数，如选择了 4 个通道进行分类，每个类训练样区的推荐数量是 100。训练样区越大，有利于获得较好的统计，产生更好的分类结果。

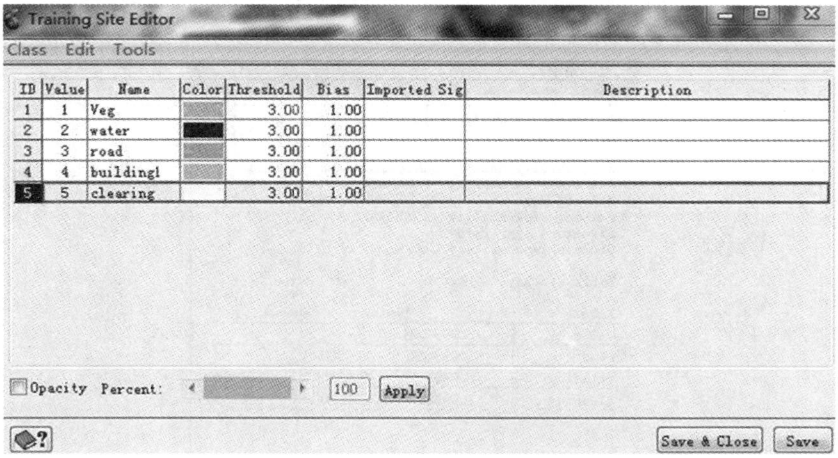

图 18-27　分类训练样区

⑥ 对训练样区进行分析。对监督分类中所选取的训练样区，要使同一地类的训练样区特征纯度尽可能高，不同地类的训练样区分离性尽可能高。在 Training Site Editor 中利用 Signature Statistics 窗口和 Scatter Plot 窗口对训练样区进行分析。在类样区表中右键单击类名如 road，在弹出的快捷菜单中选择 Histogram，打开 Class Histogram Display 窗口创建训练样区的直方图，如图 18-28 所示。直方图的 X 轴表示灰度级，Y 轴表示训练样区中该灰度值的频数。

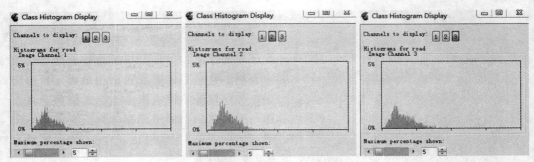

图 18-28　训练样区的直方图

　　纯度较高的样区直方图应该是单峰形状，多峰直方图表明类的训练样区可能不纯，包含多于一个不同的土地覆盖类。如果类的训练样区在各个波段呈现多峰形状，可以删除该类原有训练样区后重新进行选择。

　　⑦ 计算模板可分性衡量模板之间的统计差异。在 Training Site Editor 中的 Tools 下拉菜单中选择 Signature Separability，打开 Signature Separability 窗口，如图 18-29 所示。使用该窗口可监控训练样区的质量，Bhattacharyya Distance 和 Transformed Divergence 均可表示散度，是 0 到 2 之间的数值，0 表示两个类的模板完全重叠，2 表示两个类的模板完全可分，这些测度都与分类精度相关。较高的 separability 值可导致较好的分类结果。

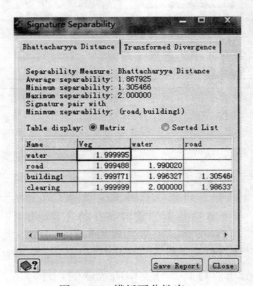

图 18-29　模板可分性窗口

　　⑧ 在类样区表中使用 Plot Ellipses 选项评估光谱类的可分性，编辑和精练训练样区。在 Training Site Editor 中的 Tools 下拉菜单中选择 Scatter Plot，打开 Scatter Plot 窗口如图18-30所示，可显示训练样区的椭圆图形。在 Plot Ellipses 列点击需要包括在散点图中的类，可以看

出该所选训练类的散点图显示为一个椭圆，类椭圆显示了由类阈值定义的最大似然等概率轮廓。椭圆散点图中，如果在几个波段组合中出现重叠，就应该调整类的阈值。

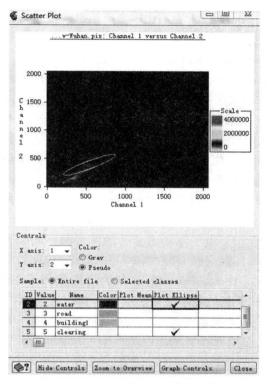

图 18-30　训练类的散点图

　⑨ 执行监督分类。当分析了训练样区、测试了可分性和对训练样区调整、精练之后，可执行监督分类，在 Maps tree 中选中 Classification MetaLayer 后点击右键，在弹出的快捷菜单中选择 Run Classification，打开 Supervised Classification 窗口如图 18-31 所示。

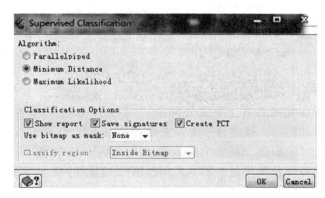

图 18-31　监督分类窗口

其中，在 Algorithm 中选择监督分类方法，可选择 Parallelpiped、Minimum Distance、Maximum Likelihood。在 Classification Options 中可选择三个选项：Show report、Save signatures、Create PCT，Show report 表示生成分类数据报表，Save signatures 表示保存由训练样区获得的分类模板，Create PCT 表示比较分类结果。点击 OK 即可获得所选监督分类方法的分类结果。

2. K-nearest-neighbor Classification K-最邻近算法分类

在 Focus 窗口的 Tools 下拉菜单中选择 Algorithm Librarian 命令，打开 Algorithm Librarian 窗口，在窗口中依次选择 PCI Predefined→Classification→Advanced Classification 算法目录，选中 KNN：K-nearest-neighbor supervised classifier，点击 Open 后打开 KNN Module Control Panel 窗口。在该窗口中使用 K-最邻近算法执行非参数监督分类，训练和未分类数据集不作为类模板段，而以影像通道提供，通过从包含在指定类位图段中的输入子区域通道读入所有影像数据创建训练集，每个位图对应一个类，使用位图段号标记。未分类输入通道中 MASK 指定区域下的样本按样本特征向量和每个训练集样本特征向量的欧式距离进行分类。找出 K 个最近的训练样本的标签，未分类样本分配为 K 个标签中大多数的类，典型的 K 值范围是从 1 到 10。由于每个未分类的像素都要同每个训练像素进行比较，K 最近邻分类器涉及大量的计算，在创建数据库模板位图时应使其能代表每个覆盖类别，也可使用 Maximum Number of Samples per Class 参数指定类训练集的最大尺寸，缺省值是 200。K 最近邻分类器适用于参数和非参数的类条件概率密度函数，而且不需要训练特征空间的全局降维就可获得较准确的结果。在 KNN Module Control Panel 窗口中进行 K-nearest-neighbor 分类的过程如下：

① 在 Files 标签页下进行输入、输出的设置，如图 18-32 所示。

其中，在 InputA：Layers to be Classified 中点击 Browse 按钮，选择要分类的通道，必须指定和输入子区域通道相同数量的通道；在 InputB：sub-area channel 中指定包含训练集数据分类像素的通道，这些通道可以是一个分类函数所创建的分类通道；在 InputBitmap：Training Site Layers 中指定包含分类使用的训练样区的位图段；在 InputBitmapMask：Area mask 中指定输入位图掩膜，该掩膜定义了输入栅格中被分类的区域，如果不指定则整个通道参与分类；在 Output：Output Theme Map Layer 中指定接收专题图的通道。

② 在 Input Params 1 标签页下进行算法所需参数的设置。其中，在 Number of nearest neighbors 中指定所用的邻域数 K 值，K 值在 1 到 10 范围通常是有效的，缺省值是 5；在 Maximum number of samples per class 中指定每个训练类中最大样本数，缺省值是 200；在 Report 中指定生成报表的选项，可以选择 LOG、KNN. RPT、DISK、OFF。

③ 点击 Run 进行 K 最近邻分类，获得分类结果。

3. Contextual Classification 上下文分类

在 Advanced Classification 算法目录中，选择 CONTEXT：Contextual Classification，点击 Open 后打开 CONTEXT Module Control Panel 窗口。在该窗口中进行基于频率的上下文分类，根据一系列训练样区位图层对利用 REDUCE 程序创建的灰度级减量影像进行监督法分类，生成指定窗口下的分类影像，每个输入位图分配唯一的输出类值。灰度级减量影像是在指定的窗口下对一系列输入波段采样生成的。上下文分类器使用围绕每个像素指定尺

图 18-32　KNN 的 Files 标签页

寸的像素窗口，像素窗口尺寸必须是 3 到 21 之间的奇数，缺省值为 3。对于类模式复杂的影像如城区，窗口尺寸可取较大值。对于同一输入数据，可用不同的像素窗口尺寸多次运行上下文分类器，直到产生期望的输出结果，上下文分类算法引起的错误模式通常沿着类边界分布。

4. Supervised Classification 监督分类

在 Supervised Classification 算法目录中，选择 SUPCLAS：Supervised Classification 点击 Open 后打开 SUPCLAS Module Control Panel 窗口。该窗口综合提供了 5 种不同的监督方法，包括最小距离分类法、最大似然分类法、K 最近邻分类器、上下分类器等。SUPCLAS 窗口中的输入输出部分以及所需参数都会根据控制面板左边函数列表中所选函数而发生变化。

① 当选择 ⦿ MLC 时需要输入的参数如图 18-33 所示，其中，在 Classifier 中选择分类器的类型，可选 PARA、TIES、FULL。PARA 表示平行六面体分类方法，TIES 表示由最大似然限制解决的平行六面体分类，FULL 表示全最大似然分类法；在 Null Class 中指定像素是否能被分配为空类，YES 表示仅当像素值在类指定的高斯阈值内时分配为一个类，如果不在任何阈值之内则被分配为空类，NO 表示阈值被忽略，根据 Mahalanobis 距离每个像素分配为最近的类；在 Report Mode 中指定生成报表的选项，可以选择 LOG、

271

KNN. RPT、DISK、OFF。

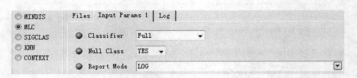

图 18-33　MLC 输入参数设置

② 当选择 ◉ SIGCLAS 时需要输入的参数如图 18-34 所示，执行平行六面体或最大似然单类分类，其中，在 Classifier 中选择分类器的类型，可选 Parallelepiped、Ties、Full、Minimum Distance，缺省的分类方法是 Parallelepiped。

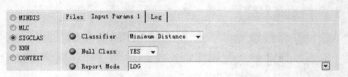

图 18-34　SIGCLAS 输入参数设置

③ 当选择 ◉ CONTEXT 时需要输入的参数如图 18-35 所示，其中，在 Gray Level Value List 中指定对应到每个输入训练样区位图的输出类值，其范围是 2~254，如果未指定则输出类依次分配为从 1 到位图数量的值；在 Pixel Window Size 中指定当在每个像素上执行上下文分类时所用的像素窗口尺寸，一般地，如果指定一个较大的窗口尺寸，特别是当原始输入影像包含复杂的混合地类如居民地、商业区、工业区时，上下文分类效果较好，如果类的特征比较均衡、光谱比较纯，则较小的窗口尺寸也可以满足要求。

图 18-35　CONTEXT 输入参数设置

第十九章　遥感影像分类效果评价

遥感影像分类过程中由于受多种因素影响，分类结果与实际地物类型及分布并不一致而不可避免地在一定程度存在分类错误，这些影响分类效果的因素主要有以下三方面：

① 分类算法的局限性。每种分类算法都有制约其适用性的因素，对分类数据存在着一定的要求。对满足其适用性要求的数据分类效果较好，而对不符合其要求的数据分类效果就较差。如最大似然分类法（MLC）属参数型分类方法，要求各类分布函数为正态分布，而当影像数据特征不服从正态分布时，其分类可靠性将下降。最大似然分类法要利用训练样本的均值、方差以及协方差等求解先验概率密度函数，在训练样本数量较少、特征值近乎相同或多个波段相关性较强的情况下，不一定能保证协方差矩阵可逆，难以准确表征概率密度函数，从而导致分类结果不准确。

② 影像数据的复杂性和不确定性。在遥感影像中同物异谱、异物同谱现象的广泛存在，使得不同地物之间的特征差异有时并不明显，而同一地物内部的特征差异却相对较高，这给分类识别带来了较大的干扰，使分类结果存在一定程度的错误。

③ 主观操作因素。在解译操作时，由于操作员作业经验或主观因素的影响，可能对分类算法参数的设置不合适或对训练样本的选择不准确，导致训练的分类器性能降低，也会使分类结果存在或多或少的错误。在监督分类法中，训练样本的选择对于分类器性能训练影响较大，如果采集的样本较差将导致最终分类模型的准确度降低，特别是对部分面积较小的类别采集较少数量的样本点，可能会引起错误的分类结果。

分类结果评价是遥感影像解译的一个重要环节，通过分类结果评价可确定分类模型的有效性，并通过改进分类方法、调整最优参数设置、提高训练样本质量等方法提高分类精度，从而正确、有效地获取影像分类结果。

第一节　ERDAS 分类结果评价

在 ERDAS 中可以对分类结果进行定性分析和定量评价，定性分析可通过在同一个视窗中将分类前原始影像和分类后图像叠加显示，进行比较、判断分类效果。定量评价可通过 Classifier 下拉菜单中 Accuracy Assessment 工具计算生产者精度、用户精度、总体分类精度、Kappa 系数等定量评价指标来实现。

1. 叠置分析

（1）Swipe 叠加显示

Swipe 叠加显示就是在同一个视窗中将分类原始影像与分类专题图同时打开，分类原始影像置于下层、分类专题图叠加置于上层，通过视窗菜单条中 Utility 下拉菜单中点击

Swipe 命令，打开 Viewer Swipe 对话框，在其中设置以下参数：Swipe Position 表示卷帘显示的位置，可拖动右侧的滑动条手工选择显示位置；Direction 表示卷帘显示的方向，Vertical 表示垂直卷帘显示，Horizontal 表示水平卷帘显示；Automatic Swipe 表示自动卷帘显示。通过 Swipe 叠加显示可比较分类专题图与原始影像之间的关系，目视判断分类结果的准确性。

（2）半透明叠加显示

分类叠加就是在同一个视窗中将分类原始影像与分类专题图同时打开，分类原始影像置于下层、分类专题图叠加置于上层，通过改变分类专题图中各个地物类别的透明度及颜色等属性，查看分类专题图与原始影像之间的关系，评价分类结果的准确性。其具体操作过程如下：

在 ERDAS 图标面板中选择 Viewer ，在打开的视窗中点击 打开 Select Layer to Add 对话框，其中，在 File 标签页选择分类原始影像 Wuhan-tm. img，点击 Raster Options 标签页在 Display as 中选择 TrueColor 真彩色模式，在 Red、Green、Blue 通道中分别选择 4、3、2 波段，点击 OK 在视窗中打开 Wuhan-tm. img。在同一视窗中以 Pseodu Color 假彩色模式、取消 Clear Display 的方式打开分类后图像 Wuhan-tm-class. img，如图 19-1 所示。

在视窗菜单条的 Raster 下拉菜单中点击 Atrribute 命令，打开 Raster Atrribute Editor 框，其中每一行记录代表一个地物类别的属性，每一列代表一个属性字段。左键单击选中某一行，修改相应地物类别的 Color 字段（颜色）和 Opacity（不透明度），如将每一类别的 Opacity 改为 0.2，然后比较分类专题图与原始影像之间的关系，目视判断分类结果的准确性。

图 19-1　分类叠加显示

2. 分类精度评估

ERDAS 图标面板中 Classifier 下拉菜单的 Accuracy Assessment 工具提供了分类精度定量评价功能，这个工具的单元组中列出了分类专题图中随机选择的检查点的两种类别值，一种类别值是自动分配给这些选中随机点的分类值，另一种类别值（参考值）是人工输入的基于地面真实数据、地图或其他数据的真实值，单元组中随机点的数据能存储在分类影像文件中。精度评估通过比较单元组中的这两种类别值，计算生产者精度、用户精度、总体分类精度、Kappa 系数等指标来实现对分类效果的定量评价。精度评估工具可以生成三种类型的报告，错误矩阵、总精度和 Kappa 统计值。错误矩阵以 c×c 矩阵简单地比较参考类别值和分配类别值，c 是类数。总精度根据错误矩阵计算了精度百分比的统计值。

（1）Accuracy Assessment 对话框

在 ERDAS 图标面板中选择 ［Classifier］，在弹出下拉菜单中点击 Accuracy Assessment 后打开 Accuracy Assessment 对话框，其功能介绍如下：

① File 菜单功能

File 菜单功能可实现打开分类影像文件、存储单元组数据、存储随机点为注记层等功能，其中：单击 Open 可打开用于精度评估的分类专题图，分类专题图载入到单元组后使用 View 下拉菜单中的 Select Viewer 指定显示随机检查点的分类原始影像视窗；单击 Save Table 可存储单元组中的随机点数据到分类专题图中，下次在精度评估工具中载入分类专题图时随机点数据可自动载入到单元组中。单击 Save as Annotation 可另存随机点数据为注记层。

② Edit 菜单功能

Edit 菜单可实现生成随机点，显示、隐藏单元组中的类值等功能，其中，Create/Add Random Points 可打开 Add Random Points 对话框生成随机点，随机点生成后在 View 下拉菜单中点击 Show All，可在影像视窗中显示所有随机点；单击 Import User-defined Points 可从 ASCII 文件中导入用户定义的检查点；单击 Class Value Assignment Options 可设置类值分配参数；单击 Show Class Values 可显示单元组中随机检查点的类值；单击 Hide Class Values 可隐藏单元组中随机检查点的类值。

③ View 菜单功能

View 菜单可实现在与精度评估单元组连接的视窗中显示随机点的功能，其中，选择 Select Viewer 后要求在显示随机点的影像文件视窗中单击选中，单击 Change Colors 可打开 Change Colors 对话框改变随机点的颜色；单击 Show All 可显示视窗中所有随机点；单击 Hide All 可隐藏视窗中所有随机点；单击 Show Current Selection 可在视窗中显示所选随机点；单击 Hide Current Selection 可在视窗中隐藏所选随机点。

④ Report 菜单功能

Report 菜单可实现生成精度评估报告的功能，其中，单击 Options 列出了可根据精度评估单元组中的数据生成的报告类型选项，选择 Error Matrix 表示精度报告中包括错误矩阵，选择 Accuracy Totals 表示精度报告中包括精度汇总，选择 Kappa Statistics 表示精度报告中包括 Kappa 统计值；单击 Accuracy Report 可生成精度评估报告；单击 Cell Report 可查看生成的单元报表。

⑤ 单元组

单元组列出了影像文件中随机选择的检查点的两种类值，一种类值是自动分配的分类值，另一种类值是输入的参考类值，其中，Point #列显示了随机点序号，Name 列显示了

275

随机点的名称，X、Y 列分别显示了随机点的 X、Y 坐标，Class 列显示了自动分配的分类值，Reference 列需输入随机点的参考类值。

（2）ERDAS 精度评估

分类精度评估是将分类结果同假定真实的地理数据进行比较，以确定分类处理的精度。然而，采集分类影像上每个像素的地面真实状况来评定分类精度，通常是不切实际的。因此，精度评估通常在一定数量的参考像素上进行，参考像素是在分类影像选择的实际类别已知的像素。ERDAS 精度评估工具对 ERDAS 生成的分类图或导入到 ERDAS 的专题层进行分类精度评估，其过程主要如下：

① 在 Accuracy Assessment 对话框中，在 File 下拉菜单中点击 Open 后导入监督分类生成的分类专题层文件 WuhanTM-Class. img。

② 在 Edit 下拉菜单中点击 Create/Add Random Points 可打开 Add Random Points 对话框，从分类专题图中随机选择检查点用于精度评估。在创建随机点时，一个搜索窗口用于判断该像素是否能被选作检查点。将待选像素作为搜索窗口的中心像素，如果窗口中的所有像素值满足设置的标准，则该中心像素可被选为检查点。例如：设置标准为当搜索窗口内存在指定的多数像素值时窗口中心像素才能被选为检查点，当窗口内这个多数分类值不存在时其中心像素不被选为检查点，当窗口内这个多数分类值确实存在时，其中心像素被选为检查点。当随机检查点生成后，必须在精度评估单元组中输入这些点的参考类值，用于与分配的分类值进行比较。在 Add Random Points 对话框中设置生成随机点的参数，如图 19-2 所示，其中，在 Number of Points 中输入随机点的总数，此处输入 1000；在 Search Count 中输入每次运行用于采集随机点的搜索窗口数，一般要比 Number of Points 大很多，此处输入 5000 表示最多 5000 个遍及影像的搜索窗口用于采集检查点；在 Distribution Parameters 中需定义这些随机点的分布方式，Random 表示采集随机点时不采用任何规则；Stratified Random 表示使随机点数按专题层的类分布成比例分层，Equalized Random 表示每个类有相同数量的随机点。如果选择了 Stratified Random 分布方式，则可在选中 Use Minimum Points 后在 Minimum Points 中输入每个类的最小点数，确保最小的类也有足够数

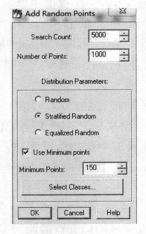

图 19-2　添加随机检查点设置

量的检查点以真实地进行精度评估；点击 Select Classes 打开 Raster Attribute Editor 框，指定专题层中用于选择随机点的类，缺省情况下所有类都被选中。

③ 点击 OK 后，在 Accuracy Assessment 对话框的单元组列表中列出了所生成的全部随机检查点的数据行，在每个随机点行数据中 Point #列、Name 列、X 列、Y 列已赋值，Class 列中各随机点自动分配的分类值还未显示，Reference 列中待输入各随机点的地面真实类别。在 Edit 下拉菜单中选择 Show Class Values，单元组中 Class 列显示出各随机检查点的分配类值。

④ 新建视窗并以 True Color 模式打开分类原始影像，在 Accuracy Assessment 对话框的 View 下拉菜单中选择 Select Viewer 或单击视窗选择图标，在原始影像视窗中单击以指定显示随机点的视窗。此时单击 View 下拉菜单中的 Show All 可将生成的所有随机点以默认白色显示在原影像视窗中，也可单击 View 下拉菜单中 Change colors 打开 Change colors 对话框后改变随机点的显示颜色，如在 Points with no Reference 中设置还未输入地面真实类别的随机点显示颜色为黄色，在 Points with Reference 中设置已输入地面真实类别的随机点显示颜色为红色，如图 19-3 所示。

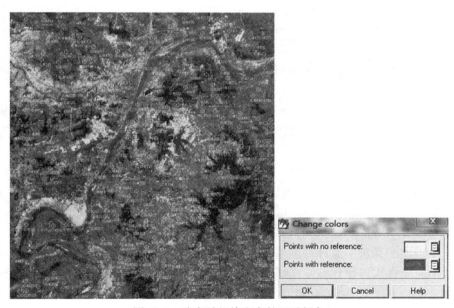

图 19-3　改变随机检查点的显示颜色

⑤ 在原影像视窗中对每个参考点，分析和评估其位置，目视判读，以确定其真实类别值输入到精度评估单元组的 Reference 列中。为准确判读出参考点的真实类别，可使用地面真实数据、先前测试的地图以及航空影像或任何其他的参考数据等辅助解译。

⑥ 每输入一个检查点的真实类别值，在原始影像视窗中该检查点的显示颜色就改为红色，当对所有检查点都输入其真实类别值以后便可进行精度评定，生成分类精度报告。在 Accuracy Assessment 对话框的 Report 下拉菜单中单击 Options 并选中 Error Matrix、

Accuracy Totals、Kappa Statistics 以使精度报告中包括误差矩阵、总精度、Kappa 等。在 Report 下拉菜单中单击 Accuracy Report 生成精度报告，精度报告中列出了选择随机点所用的窗口设置以及精度评定结果。其中，误差矩阵的列代表地表真实分类的参考数据，误差矩阵的行代表分类器分类得到的类别数据，误差矩阵的对角线代表被正确分类的像元；总体分类精度为被正确分类的像元总数除以总像元数；制图精度或生产者精度是指分类器将整个影像的像元正确分为某类的像元数与该类真实参考总数的比率；用户精度是指正确分到某类的像元总数与分类器将整个影像的像元分为该类的像元总数的比率；Kappa 系数的分子为所有地表真实分类中的像元总数乘以误差矩阵对角线的和再减去某一类中地表真实像元总数与该类中被分类像元总数之积对所有类别求和的结果；Kappa 系数的分母为总像元数的平方减去某一类中地表真实像元总数与该类中被分类像元总数之积对所有类别求和的结果。

⑦ 根据精度评定报告，如果不满意分类精度，可使用专题栅格层的各种处理工具进一步修改，修改可以从两个方面进行：如修改分类样区、调整分类器参数设置等提高分类效果，还可进行分类后处理空间建模等修改分类文件，去除噪声，改善分类结果。如果对分类精度满意，可在 Signature Editor 的 File 下拉菜单中单击 Save as 存储模板文件 .sig，在 Accuracy Assessment 对话框的 File 下拉菜单中单击 Save table 存储单元组中的随机点数据到分类专题图中。

第二节 ENVI 分类结果评价

ENVI 提供了两种方式用于对分类结果进行定量评价以确定分类的精度和可靠性：一是混淆矩阵，二是 ROC 曲线，比较常用的为混淆矩阵，ROC 曲线可以用图形的方式表达分类精度。

1. Confusion Matrix 混淆矩阵

ENVI 能使用地面真实影像或地面真实 ROI 计算混淆矩阵，混淆矩阵通过对分类结果和地面真实信息进行比较，计算出可评定分类结果精度的相关指标，如总体精度、生产者精度、用户精度、Kappa coefficient 系数等。

（1）使用地面真实影像计算混淆矩阵

当使用地面真实影像计算混淆矩阵时，也可计算每个类的误差掩膜影像以显示错误分类的像素。ENVI 经典主菜单栏中 Classification 下拉菜单中选择 Post Classification → Confusion Matrix → Using Ground Truth Image，可实现使用地面真实影像计算混淆矩阵。

① 选择分类专题图作为输入文件，执行可选的空间裁剪或光谱裁剪，点击 OK 后打开 Ground Truth Input File 对话框。

② 选择地面真实影像，该影像需是一幅参考标准分类专题层文件，单击 OK 后打开 Match Classes Parameters 对话框，如图 19-4 所示。

③ 在 Match Classes Parameters 对话框中，Select Groud Truth Class 的列表中列出了地面真实专题层文件中还未与分类专题图同类配对的类，在 Select Classification Image 的列表中列出了分类专题图中还未与地面真实专题层同类配对的类。在 Select Groud Truth Class 的

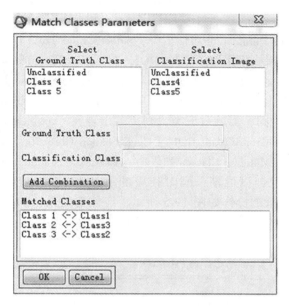

图 19-4 类匹配参数对话框

列表中单击某个类，则类名出现在 Groud Truth Class 下，在 Select Classification Image 的列表中单击与 Groud Truth Class 为同一类的对应类，则类名出现在 Classification Class 下。此时单击 Add Combination 表示将 Ground Truth Class 与 Classification Class 结合配对，配为同类，此时匹配的类出现在 Matched Classes 列表中。如果认为在 Matched Classes 列表中的配对组合类错误，可单击该组合以取消，同时相应的类又出现在其类列表中。应注意的是，如果地面真实影像中的类名和分类影像中的类名相同，则会被自动匹配。

④ 当对地面真实影像中的所有类和分类影像中的所有类完成配对结合后，点击 OK 后出现 Confusion Matrix Parameters 对话框，其中，在 Output Confusion Matrix 中选中 Pixels 或 Percent，如果两个都选中则像素数矩阵和像素比例矩阵都包含在同一窗口中；在 Report Accuracy Assessment 中选择 Yes 表示在精度报告中包括各种精度统计值；在 Output Error Images 中选择 Yes 表示输出误差影像，输出的误差影像是掩膜影像，在每类的误差影像上，所有正确分类的像素值都为 0，而不正确分类的像素值都为 1。最终的误差影像波段显示了所有类的不正确分类像素。点击 OK 后生成混淆矩阵，混淆矩阵列出了总精度、Kappa 系数、生产者精度、用户精度等统计数据。

（2）使用地面真实 ROI 计算混淆矩阵

ENVI 经典主菜单栏中 Classification 下拉菜单中选择 Post Classification → Confusion Matrix → Using Ground Truth ROIs，可实现使用地面真实 ROI 计算混淆矩阵。

① 选择分类专题图作为输入文件，执行可选的空间裁剪或光谱裁剪，点击 OK 后打开 Match Classes Parameters 对话框。地面真实 ROI 必须打开并关联到和分类输出影像相同尺寸的影像上，此时 ROI 自动载入到 Match Classes Parameters 对话框。若地面真实 ROI 定

义在不同尺寸的影像上，可使用 Basic Tools → Region of Interest → Reconcile ROIs 进行调整。

②在 Match Classes Parameters 对话框中，Select Groud Truth ROI 的列表中列出了地面真实 ROI 中还未与分类专题图同类配对的 ROI，在 Select Classification Image 的列表中列出了分类专题图中还未与地面真实 ROI 同类配对的类。在 Select Groud Truth ROI 的列表中单击某个 ROI，则区域名出现在 Groud Truth ROI 下，在 Select Classification Image 的列表中单击与 Groud Truth ROI 为同一类的对应类，则类名出现在 Classification Class 下。此时单击 Add Combination 表示将 Groud Truth ROI 与 Classification Class 结合配对，配为同类，此时匹配的 ROI 和类出现在 Matched Classes 列表中。如果认为在 Matched Classes 列表中的配对组合错误，可单击该组合以取消，同时相应的 ROI 和类又出现在其类列表中。Match Classes Parameters 对话框的操作如图 19-5 所示，应注意的是，如果地面真实 ROI 中的区域名和分类影像中的类名相同，则会被自动匹配。

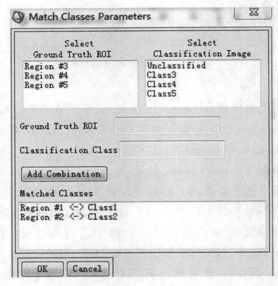

图 19-5　ROI 与类匹配对话框

③当对地面真实 ROI 中的所有区域和分类影像中的所有类完成配对结合后，点击 OK 出现 Confusion Matrix Parameters 对话框，按前述方法进行类似设置点击 OK 后生成混淆矩阵。

2. ROC 曲线

Receiver Operating Characteristic（ROC）曲线提供了对分类器性能可视化以选择合适决策阈值的功能。ENVI 使用地面真实影像或地面真实 ROI 计算得到 ROC 曲线，并用 ROC 曲线将不同阈值对应的一系列规则影像分类结果和地面真实信息进行比较，绘制出每个所选类的检测概率-虚警概率曲线和检测概率—阈值曲线。在介绍 ROC 曲线之前，先介绍规则影像的概念以及规则影像分类。

（1）Rule Image 规则影像

对于所有监督分类方法，都可以创建规则影像，规则影像是最终类别分配之前的中间分类结果。每个类都对应一个规则影像，规则影像可代表分类测度例如匹配数、距离测度或概率，每个像素值表示类与像素之间的测度值。在规则分类器中可对规则影像应用不同阈值生成新的分类图像。对规则影像应用规则分类器的过程如下：

① 在 ENVI 经典主菜单栏的 Classification 下拉菜单中选择 Post Classification → Rule Classifier 打开 Rule Image Classifier 对话框。

② 选择输入规则影像文件，执行可选的空间裁剪，点击 OK 后打开 Rule Image Classifier Tool 对话框，如图 19-6 所示。

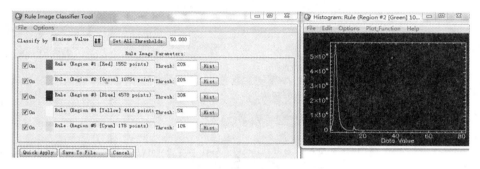

图 19-6　规则影像分类器工具框及直方图

③ 点击 Classify By 切换按钮，选择影像是按最小值还是按最大值分类，按下列方式设置阈值：在 Set All Thresholds 域中输入所有类共同的阈值后点击 Set All Thresholds，共同的阈值出现在每个类的 Thresh 中；在每个类的 Thresh 中可为各个类输入不同的阈值；为了有助于确定每个类的合适阈值，可点击该类的 Hist 按钮绘制所选规则波段的直方图，根据直方图在 Thresh 中输入百分比阈值，则相应的 Chi 平方值自动计算出来。

④ 点击 Quick Apply 后，当前设置下的分类影像显示在新窗口中。

（2）使用地面真实影像绘制 ROC 曲线

在 ENVI 经典主菜单栏中 Classification 下拉菜单中选择 Post Classification → ROC Curves → Using Ground Truth Image，可实现使用地面真实影像绘制 ROC 曲线，具体过程如下：

① 在 Rule Input File 对话框中选择分类规则影像作为输入文件，执行可选的空间裁剪或光谱裁剪后点击 OK，在 Ground Truth Input File 对话框中选择地面真实影像，点击 OK 后打开 Match Classes Parameters 对话框。规则影像中每个所选波段用于生成一条 ROC 曲线，每个规则波段都映射到一个地面真实类别。

② 在 Match Classes Parameters 对话框中，Select Groud Truth Class 的列表中列出了地面真实类中还未与规则影像同类配对的类名，在 Select Classification Image 的列表中列出了规则影像中还未与地面真实类同类配对的规则。在 Select Groud Truth Class 的列表中单击某个类，则类名出现在 Groud Truth Class 下，在 Select Classification Image 的列表中单击与

Groud Truth Class 为同一类的对应规则，则规则名出现在 Classification Class 下。此时单击
Add Combination 表示将 Groud Truth Class 与规则结合配对，配为同类，此时匹配的类和规
则出现在 Matched Classes 列表中。如果认为在 Matched Classes 列表中的配对组合错误，可
单击该组合以取消，同时相应的类和规则又出现在其类列表中。Match Classes Parameters
对话框的操作如图 19-7 所示，应注意的是，如果地面真实类中的类名和分类影像中的规
则名相同，则会被自动匹配。

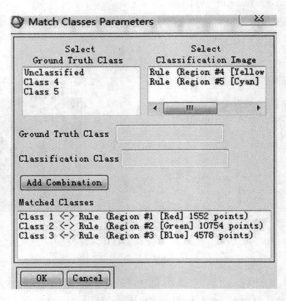

图 19-7　规则影像类与地面真实类匹配

③ 点击 OK 后打开 ROC Curve Parameters 对话框，如图 19-8 所示，其中，点击
Classify by 的切换按钮选择是按最小值还是按最大值分类规则影像，如果规则影像来自于
最小距离分类器或 SAM 分类器，则选择按最小值分类；如果规则影像是由最大似然法分
类器生成，则选择按最大值分类；在 ROC Curve Threshold Range 下的 Min 和 Max 中分别输
入 ROC 曲线阈值范围的最小值和最大值，规则影像以 Min 和 Max 之间 N 个（Points per
ROC Curve 指定）均匀间隔的阈值进行分类；每个类与真面真实情况比较，成为 ROC 曲线
上的单个点，例如最大似然法分类器产生的规则影像，最好的选择是输入最小值 0、最大
值 1；在 Points per ROC Curve 域中输入 ROC 曲线的点数。

④ 在 ROC Curve plots per window 域中输入每个窗口 ROC 曲线绘制数，选择 Yes 或 No
确定是否输出检测概率-阈值图，点击 OK 后在窗口中绘制出 ROC 曲线以及检测概率曲线。

（3）使用地面真实 ROI 绘制 ROC 曲线

在 ENVI 经典主菜单栏中 Classification 的下拉菜单中选择 Post Classification → ROC
Curves → Using Ground Truth ROIs，可实现使用地面真实 ROI 绘制 ROC 曲线，具体过程
如下：

① 在 Rule Input File 对话框中选择分类规则影像作为输入文件，执行可选的空间裁剪

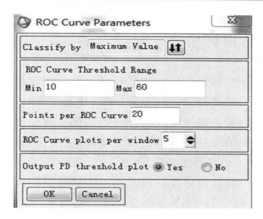

图 19-8　ROC 曲线参数设置

或光谱裁剪后点击 OK，打开 Match Classes Parameters 对话框，如图 19-9 所示。

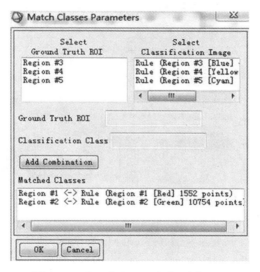

图 19-9　地面真实 ROI 与规则类匹配

② 地面真实 ROI 必须是打开的并关联到与所选规则影像相同大小的影像，如果地面真实 ROI 定义到不同大小的影像上，可使用 Basic Tools → Region of Interest → Reconcile ROIs 进行处理。规则影像中每个所选波段用于生成一条 ROC 曲线，每个规则波段都映射到一个地面真实 ROI。

③ Match Classes Parameters 对话框中可按前述方法进行 ROI 与规则波段的匹配。

④ 点击 OK 后打开 ROC Curve 参数对话框，按前述方法进行 Min、Max、Points per ROC Curve、ROC Curve plots per window 等 ROC 参数设置。

⑤ 点击 OK 后在窗口中绘制出 ROC 曲线以及检测概率曲线。

第三节　PCI 分类结果评价

分类精度评价是对比分类数据和真实数据，对分类后影像与真实类别分布的一致程度进行统计、评价的过程。根据真实数据的来源，PCI 中分类精度评价方法有两种：一种方法是真实数据来源于参考影像，通过创建一系列的随机检查点，用分类后的影像对照参考影像，目视判读来检查分类结果与参考影像真实地类信息之间的相符程度。另一种方法是真实数据来源于 GPS 调查，通过创建一系列的随机检查点，用 GPS 方式进行实地查看各随机检查点的真实地类属性与分类影像进行对比，检查分类的准确性。

在 Focus 窗口的 Maps 树中选中 Classification MetaLayer，点击鼠标右键在快捷菜单中选择 Post-classification Analysis→Accuracy Assessment，如图 19-10 所示，打开 Accuracy Assessment 窗口，利用该窗口进行精度评估。

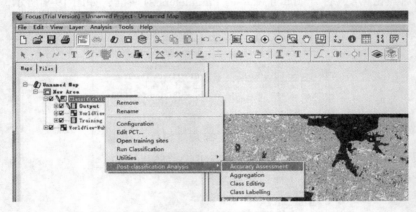

图 19-10　执行精度评估

精度评估窗口包含三个区域：左上区域是 Operations，如图 19-11 所示，包括：Select

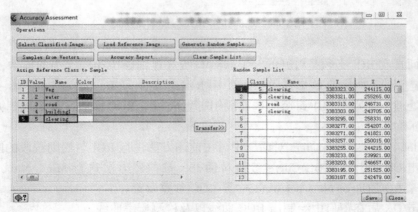

图 19-11　精度评估窗口

Classified Image、Load Reference Image、Generate Random Sample、Samples from Vectors、Accuracy Report 和 Clear Sample List；左下区域是 Assign Reference Class to Sample，包含的表格列出了所选分类影像中的所有类别，测试像素分配的类值是根据这个表来赋值；右边区域是 Random Sample List，包含了所有随机生成的测试像素的信息表。

①选择分类影像。在 Accuracy Assessment 窗口点击 Select Classified Image 打开 Select Classified Image 窗口，从有效的通道列表中选择监督分类通道后点击 OK，如图 19-12 所示。

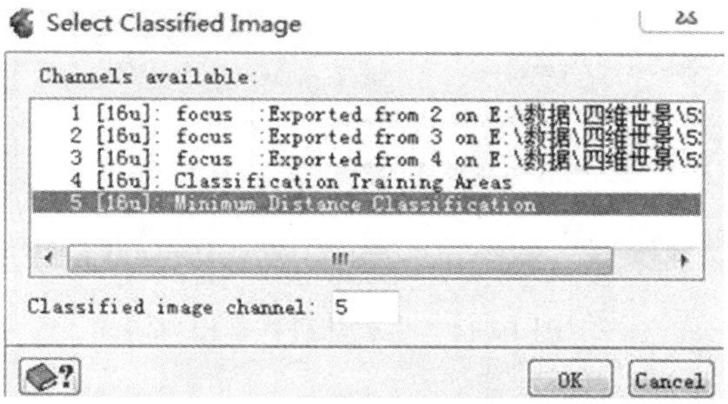

图 19-12　选择分类影像窗口

②选择参考影像。在 Accuracy Assessment 窗口点击 Load Reference Image 打开 Load Reference Image 窗口，如图 19-13 所示，从有效通道列表中选择一个或三个影像通道，如果仅选择一个通道还需选择伪彩色表段，点击 OK。

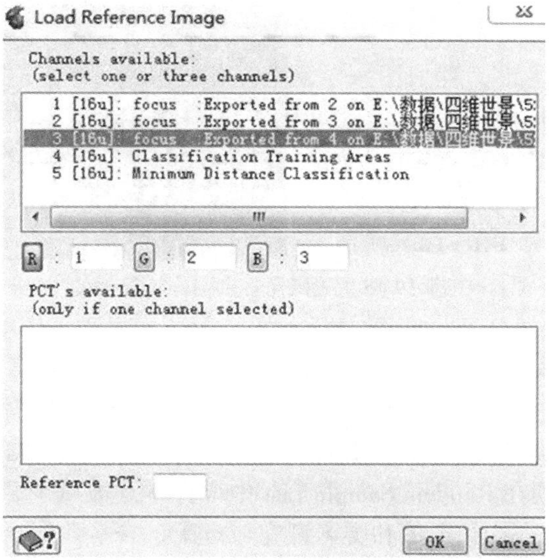

图 19-13　导入参考影像窗口

③ 生成随机样本。在 Accuracy Assessment 窗口中点击 Generate Random Sample 后打开 Generate Random Samples 窗口，如图 19-14 所示。利用该窗口在分类影像中生成一系列的随机测试像素点位。该窗口中 Number of samples 中指定生成的随机样本数，如果要使随机地从每类选择的样本数与该类所占的影像的百分数成正比，选中 Stratify Samples to class percentages 复选框，使更大的类比较小的类包含更多的样本。如果仅要对参考类列表中的类生成随机样本，选中 Include only existing classes 复选框。

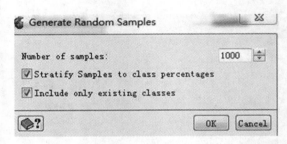

图 19-14　生成随机样本窗口

④ 点击 OK 后在 Random Sample List 中列出了所有随机生成的测试像素的信息，包含 Class、Name、Y、X。同时，随机生成的测试像素以 Random Sample 矢量点层加载到 Maps 的 Accuracy Assessment Metalayer 中，并以红色标记叠加显示在影像视图中，如图 19-15 所示。

图 19-15　随机样本层与样本显示

⑤ 在 Accuracy Assessment 窗口中，选择随机样本列表中的第一个样本，鼠标自动地移动到视图面板中的点位，可对影像进行放大显示，被选中的样本点被蓝色方框所包围。目视判读确定该样本点对应的真实类别后，在 Assign Reference Class to Sample 表中选择该类别并点击 Transfer，则在 Random Sample List 中该样本点被赋予了所选类值和类名。继续上述步骤，直到所有检查点的类值和类名都完成分配。

⑥ 点击 Save 按钮打开 New Item Detected 窗口，如图 19-16 所示，可将随机样本测试数据存储到原始层或新层中，在 File 下点击 Browse 选择影像文件，将列表中的矢量数据存储到影像文件中。

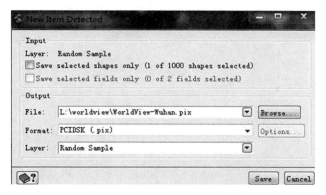

图 19-16　样本层存储

⑦ 在 Accuracy Assessment 窗口中点击 Accuracy Report 打开 Accuracy Report 窗口，当所有随机样本都被分配参考类别之后，可通过比较每个测试像素的分配参考值与分类影像中的类别来确定精度。Accuracy Report 窗口可创建三种类型的精度报告：Sample Report Listing、Error（Confusion）Matrix、Accuracy Statistics。Sample Report Listing 显示了被正确分类的样本；Error（Confusion）Matrix 显示了精度评定处理的结果，矩阵的列中列出的参考数据表示正确分类的样本数量；Accuracy Statistics 列出了总精度和每个类精度的不同统计测度。

选中 Sample Report Listing 标签页，点击 Generate Report 后在 Random Sample Listing 中列出了样本号、地理参考位置、影像上位置、分类值和参考值。如图 19-17 所示。

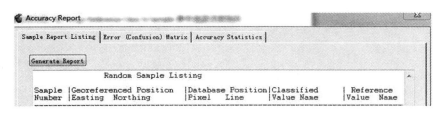

图 19-17　精度报告

选中 Error（Confusion）Matrix 标签页，点击 Generate Report 后生成分类数据和参考数据之间的混淆矩阵。选中 Accuracy Statistics 标签页，点击 Generate Report 后生成各种精度统计数据，包括总体精度、总 Kappa 系数、置信区间、各个类的生产者精度、使用者精度、Kappa 系数。

第四篇　综合应用

应用一　彩红外航空影像目视判读

【实习目的】

　　① 学习彩红外航空影像解译的基本原理。

　　② 掌握彩红外影像解译标识和解译检索表。

　　③ 掌握彩红外航空影像解译的方法与过程。

【实习原理】

1. 彩红外航空影像概念

　　航空像片是由航空遥感平台上的摄影机在空中某瞬间对所摄区域各类目标信息的一种图像记录，不仅指示了物体的存在和几何特征，也反映了地面物体的一些物理特征以及人为和自然的影响。航空影像可分为全色航空影像、红外摄影影像。由于红外摄影影像可以记录景物反射的绿、红、近红外光，并在像片上呈现由蓝、绿、红 3 色组成的假彩色影像，又称为彩红外航空影像。

2. 彩红外航空影像解译标识

　　航空影像的解译通过色调、形状、大小、纹理、阴影、图案等解译标识根据影像成像特征来进行，下面简要介绍一下航空影像的成像特征。

　　色调是判读地物最主要、直接的解译标识，色调是地面物体在像片上所呈现的亮度或色彩。物体的颜色不同，在像片上的色调也不相同，凡是深色或黑色的物体，影像的色调则较深；凡是浅色或白色的物体，其影像的色调则较浅。在彩红外像片上，物体反射红外线呈现为红色，反射红光呈现为绿色，反射绿光则呈现为蓝色，因此物体呈现的色调为红、绿、蓝按一定比例叠加形成的彩色。植物在近红外波段比在绿光波段具有较高的反射率，不同植被因对红外波段的反射率不同而在影像上的红色程度不同。水体对红外线有较强的吸收性，净水在彩红外像片上呈现为暗蓝色或黑色，当水体中有悬浮物质时，可能呈现为浅蓝色。

　　形状是人工地物判读的重要标识，指地物的形态、结构和轮廓在影像上的表现。在垂直摄影的航空像片上显示的地物影像，形状按中心投影的性质而变化。在像片的中心部分，保持垂直投影的地物俯视影像；偏离中心时，垂直目标就成为侧视的斜像，离中心愈远，则斜形影像愈长。形状提供了判读的重要信息，根据像片上的形状特征可以判读地物，特别是人工地物一般具有规则的几何外形。

　　大小是指物体在影像空间上所表现出来的尺寸或面积的测量，物体在航空像片上的成像大小，决定于像片的比例尺。通过像片的比例尺，就能算出物体的实地大小，也可通过比较相对大小，加以区分或确定。对形状相似的物体，大小具有主要揭示标识的意义。例如：在知道了地物的大小以后，可以区分不同种类的道路、居民地中建筑物的性质等。

阴影是由地物遮挡光线或物体上未被光线照射的部分产生的，一般为深色或黑色的色调，阴影内因地物反射光较少掩盖或削弱了部分信息。在航空像片上阴影色调显得很深，分为本影和落影。本影是地物未被阳光直接照射到的部分在影像上的成像，本影有助于获得地物的立体感。落影是由于部分光线被物体阻挡，一般表现物体的侧面形状，落影的形状和长度有助于识别物体轮廓。当落影遮盖其他物体时，又会给解译造成一定的困难。

纹理是影像上细小色调在一定区域内以一定的规律重复出现组合而成，表现为色调变化频率，是一些标识(形状、尺寸、色调、相互位置等)的组成要素表象的总和。纹理可以揭示出目标地物的细部结构或内部细小的物体，是用以解译某些类型影像的主要特征。例如：海滩纹理能表示组成海滩沙粒的粗细，果园纹理能识别果树种类等。

另外，物体间一定的位置关系和排列方式，形成了很多天然和人工目标的特点，在解译时若其他标识不明确，可根据地理位置关系来解释。不同地物之间的内在联系，也为识别这些地物提供了依据。

3. 彩红外航空影像解译索引

为使解译过程方便而有条理地进行，可以建立解译索引。根据彩红外航空影像的解译标识，如形状、大小、色调、阴影、纹理特征等，把关键性的特征加以比较，进行一系列两者必居其一的选择，将目标归入两种可能中的一种，从分类系统中最高级的类型开始逐级归类，逐级淘汰，其示意图如下所示：

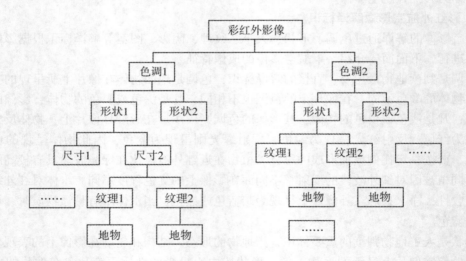

【软件和数据】

遥感软件 ERDAS 9.2，ENVI 5.1，PCI 2012，彩红外航空影像 1 幅，透明薄膜纸 1 张，铅笔，橡皮，直尺等。

【实习方法】

实习方法包括直接判读、对比判读、相关推理以及实地调绘等。直接判读法是通过解译标识直接辨认地物类型属性。对比判读法是在直接判读的基础上，分析影像特征之间的差异，根据已判读物体的特征对比确定出未判读的地物类别。相关推理法是根据影像特征所反映的地物之间的内在联系，通过逻辑推理来进行解译。实地调绘是指对判读结果特别是难以区分和新增的地物进行查证、检核和现场补绘加注。

【实习考核】

①　建立解译标识表，分析彩红外影像上 5 个最主要解译标识的特征，要求附上说明该特征的图片（截取一小块图像），然后在旁边叙述其特征。

②　根据解译标识，解译出彩红外影像上的地物类型，分析解译依据并说明其解译过程。

③　将透明薄膜纸套合在航片上，勾绘目标地物的边界，绘制出土地覆盖解译图。

④　对影像区域的土地覆盖分布规律进行说明。

应用二　多光谱卫星影像目视判读

【实习目的】

　　① 学习多光谱卫星影像解译的基本原理。

　　② 掌握多光谱卫星影像解译标识和解译检索表。

　　③ 掌握多光谱卫星影像解译的方法与过程。

【实习原理】

1. 多光谱卫星影像概念

　　多光谱卫星影像,是指利用具有两个以上波谱通道的传感器对地物进行同步成像获取的卫星影像,它将物体反射辐射的电磁波信息分成若干波谱段进行存储,经彩色合成后形成假彩色像片。多光谱卫星影像常常利用可见光和近红外波段成像,能够集成二者各自的优点,提供比单波段影像更为丰富的遥感信息,在航天遥感中得到广泛应用,如陆地卫星上的多波段扫描系统 TM 能提供广泛应用的多光谱卫星影像。

2. TM 影像特点

　　TM 影像为美国陆地(LANDSAT)卫星上搭载的专题绘图仪(Thematic Mapper)获取的影像,在光谱分辨率方面,它采用可见光区、红外光区、热红外区 7 个波段来记录遥感器获取的目标地物信息;在辐射分辨率方面,TM 采用双向扫描,改进了辐射测量精度,以 256 级辐射亮度来描述不同地物的光谱特性;在地面分辨率方面,TM 瞬间视场对应的地面分辨率为 30m,热红外为 120m。

　　TM1 为蓝光波段,对水体透射能力较强,用于判别水深,研究浅海水下地形、水体浑浊度等,进行水系及浅海水域制图。TM2 为绿光波段,位于绿色植物的反射峰附近,能探测健康植物绿色反射率,可区分植被类型和评估作物长势,对水体有一定透射力。TM3 波段为红光波段,位于叶绿素的主要吸收带,可用于区分植物类型、覆盖度,也可用于地貌、土壤、水中泥沙流等方面,其信息量大,为可见光最佳波段。TM4 为近红外波段,该波段位于植物的高反射区和水体的强吸收区,对绿色植物类别差异最敏感为植物通用波段,多用于生物量调查、作物长势测定,勾绘水体边界、显示水域范围。TM5 为短波红外波段,该波段位于水体吸收带内,对植物和土壤水分含量敏感,用于土壤湿度、植物含水量调查、水分状况研究、作物长势分析等,易于区分云与雪,信息量大,应用率较高。TM6 为热红外波段,对地物热量辐射敏感,可区分农、林覆盖类型,水体温度变化测图以及监测与人类活动有关的热特征。TM7 为中红外波段,处于水的强吸收带,是为地质调查追加的波段,可用于区分岩石类型、土壤类型等。TM 影像具有较高波谱分辨率、极为丰富的信息量,是 20 世纪 80 年代中后期得到世界各国广泛应用的重要的地球资源与环境遥感数据源，能满足区域规划、环境监测、小比例尺专题制图以及修测中大比例尺地图的要求。

【软件和数据】

遥感软件 ERDAS 9.2，ENVI 5.1，PCI 2012，武汉地区 TM 影像，辅助解译地图。

【实习方法】

多光谱卫星影像判读可通过两种方法进行，一种方法是多波段对比法，另一种是多波段假彩色合成法。

① 多波段对比法

主要是根据不同地物在同一波段反射特性的差异和同一地物在不同波段反射特性的差异，并结合色调、形状、大小、纹理等解译标识进行解译，该方法通过各波段影像的对比分析，充分顾及了地物波谱特性与影像灰度的关系。同样，为使解译过程方便和有条理地进行，也可建立多波段对比分析解译的检索表，把解译标识相同的归一项，不相同的归另一项，并将互相矛盾的进行对比，逐步缩小范围，最后定出种属名称。TM 影像某区域多波段对比解译检索表举例如下：

1　第 5 波段呈黑色
　　1-1　第 4 波段呈现灰色，面积较大，长条状——长江
　　1-2　第 4 波段呈现黑色
　　　　1-2-1　形状不规则，面积大——湖泊
　　　　1-2-2　形状规则，小方形——渔溏
2　第 5 波段呈灰色
　　2-1　第 4 波段呈现亮色，形状规则，方形，紧密排列——农田
　　2-2　第 4 波段呈现灰色
　　　　2-2-1　呈现线状
　　　　　　2-2-1-1　较长，蜿蜒，在灰色区域中——路
　　　　　　2-2-1-2　较短，直型，跨越黑色水域——桥
　　2-3　第 4 波段呈现灰白色，形状不规则，无明显纹理——植被
　　2-4　第 7 波段呈现亮灰色，夹杂白色，块状纹理——居民区
3　第 5 波段呈白色
　　3-1　第 4 波段、第 7 波段呈现白色，形状不规则——空地

② 多波段假彩色合成法

由于多光谱影像提供了可见光区和红外区的多个波段，因而可从中任选 3 个波段进行彩色合成处理，以颜色来反映物体波谱特性差别，提高人眼的辨别能力而增强判读性能。可根据各种不同的需求，针对地物波谱的特点以及波段间的相关性，进行综合分析以选择能突出地物的最佳波段组合。如 TM4、3、2 波段组合合成的影像，类似于彩色红外图像，

有利于植物分类和水体的判别，称为标准假彩色影像。TM3、2、1 波段合成影像类似天然真彩色，但影像色调灰暗、彩色不饱和、信息量相对减少。TM7、4、3 波段组合的影像接近天然真彩色，市容街道和公园水体清楚。若研究地质构造环境，可选取 TM7、5、4 波段组合。研究植物分类用 TM5、4、1 波段组合等。TM 影像某区域多波段假彩色合成解译检索表举例如下：

1　第 5 波段呈灰黑色
　　1-1　TM4、TM5、TM3 波段合成影像呈蓝黑色
　　　　　1-1-1　长条状，TM7、TM4、TM2 波段合成影像浅蓝色——长江
　　　　　1-1-2　形状不规则，TM7、TM4、TM2 波段合成影像深蓝黑色——湖泊
　　1-2　TM4、TM5、TM3 波段合成影像呈黄褐色
　　　　　1-2-1　形状不规则，TM7、TM4、TM2 波段合成影像呈深绿色——树林植被
　　　　　1-2-2　形状规则，块状排列，TM7、TM4、TM2 波段合成影像呈墨绿色——鱼塘
　　　　　1-2-3　形状规则，块状排列，TM7、TM4、TM2 波段合成影像呈浅绿色——园地
　　1-3　TM4、TM5、TM3 波段合成影像浅蓝色
　　　　　1-3-1　块状大面积区域、TM7、TM4、TM2 波段合成影像呈浅红色，夹杂灰白色——城镇区
　　　　　1-3-2　短线条状、贯穿两个区域之间，TM7、TM4、TM2 波段合成影像呈红色——桥梁
2　第 5 波段呈亮白色
　　2-1　TM4、TM5、TM3 波段合成影像呈亮白色
　　　　　2-1-1　形状不规则，TM6、TM4、TM2 波段合成影像亮白色——建筑用地

【实习考核】
　　① 分别分析 TM6 个波段影像成像特点。
　　② 分析每个波段区分哪种地物比较好，并说明原因。
　　③ 按波段建立解译标识，通过各波段图像对比分析，建立多波段影像对比解译的解译标识和解译检索表。
　　④ 根据 TM6 个波段成像特点，分析波段合成假彩色图像的特点。
　　⑤ 至少确定 3 种地物，针对每种地物找出一种波段组合构成假彩色图像，用来突出显示这种地物，并分析其原因。
　　⑥ 通过选择波段假彩色合成，建立多波段影像假彩色合成解译的解译标识和解译检索表。

应用三　热红外卫星影像目视判读

【实习目的】
　　① 学习热红外卫星影像解译的基本原理。
　　② 掌握热红外卫星影像解译标识和成像特征。
　　③ 掌握热红外卫星影像解译的方法。

【实习原理】
　　1. 热红外卫星影像的概念
　　热红外成像技术的发展是为了获取地物的热状况信息，从而推断地物的特征及其与环境相互作用的过程，热红外卫星影像是指利用星载传感器收集、记录地物的热红外信息而形成的影像。热红外卫星影像主要用于与温度相关的一些方面，如调查地表的热辐射特性，探测常温下物体温度分布、目标的温度场以及热制图。热红外影像的另一个重要应用就是获取高温目标的信息，常用于火灾(如：森林起火、残火、隐火)监测、活火山探查、火箭发射、地热调查、土壤分类、水资源调查、城市热岛、地质找矿、海洋渔群探测、海洋油污染等。另外，利用热红外影像可识别地物和反演地表参数，如温度、发射率、湿度和热惯量等。
　　2. 热红外卫星影像解译标识
　　热红外卫星影像解译通过色调、形状、大小、纹理、阴影、图案等解译标识根据影像成像特征来进行，下面简要介绍下热红外卫星影像的成像特征。
　　色调是热红外卫星影像解译的关键指标，色调反映地面物体热辐射(自身反射或反射辐射)能量的状况，以温度亮度信息表现地面物体热辐射能力的差异。热红外卫星影像上黑暗区的冷色调为表面温度较低、热辐射弱的物体所致，影像上的暖色调明亮区为表面温度较高、热辐射强的物体所致。
　　热红外影像上色调的另一个特征是很多地物在夜间成像的色调与白天成像的色调表现出很大差异，甚至是相反。如：树木在白天由于树叶水汽蒸腾作用，使其比周围地面温度低，在白天热红外影像上呈暗色调；晚上，由于夜间逆温却使树吸收热量升高温度而呈现灰色调。水体由于比热大，白天升温慢，晚上降温慢，因此白天成像呈现出冷色调，夜间成像呈现出亮色调。房屋建筑，白天在热红外影像上呈现暖色调；夜晚，由于建筑物散热比较快而呈现冷色调。也有一些地物在白天获取的热红外影像上和夜间获取的热红外影像上色调近似，如路面热容量大、土壤辐射能力强，在白天和夜间热红外图像上均呈现为亮色调。
　　在热红外影像上，形状和大小有时并非是地物真实的几何形状与大小，而是与温度相关，是地物温度分布的形状与大小。地物目标相比于背景越热、热扩散越强，其成像形状和大小与真实的差别也越大，如发热目标呈现的是点状或延展扩散状亮斑，面积较大的热源呈现为轮廓不规则的片状。如果地面物体具有相同的辐射温度，在热图像为同一色调，这种色调在图像上呈现的形状并不反映某地物真实"形状"和"大小"。

在热红外影像上，阴影是地物与背景之间辐射差异或温度差异造成的，可分为冷阴影和热阴影两种。由于温度变化需要一个过程，所以在热红外影像上阴影的形成与消失都较慢。在多数情况下，热红外图像上所反映的阴影称为热阴影，热阴影形成与消失的快慢与阴影区域物体的物理属性有关，比热大的物体，其热阴影形成与消失均比较慢。如热红外影像上飞机已经飞离，但飞机发动机发动时高温热气流，在地面形成"热阴影"，而飞机在地面上留下的暗黑色轮廓为冷阴影。

【软件和数据】

遥感软件 ERDAS 9.2，ENVI 5.1，PCI 2012，白天、夜间 MODIS 热红外影像，TM6 热红外影像。

【实习方法】

热红外影像的解译也是通过解译标识来进行，其色调、形状、大小、阴影等特征与光学遥感影像并不相同，有其自身特点。很多地物在白天和夜间的热红外影像上成像特征也不相同，甚至差异很大，这些都可以在热红外影像解译中加以充分利用。室内观察、了解气象卫星（或 MODIS）影像上热红外波段的特点。室内观察、了解资源卫星上热红外影像的特点。室内进行白天和夜晚热红外影像的比较、解译。

【实习考核】

① 热红外影像解译可以用哪些解译标识，并分析热红外影像特征。

② 分析常见地物如水系、土壤、树木、草地、建筑物、街道等在热红外影像上的成像特征。

③ 判断 TM6 影像是白天还是夜晚拍摄的热红外影像，分析原因。

④ 在 TM6 影像上解译出 3 种地物，并分析解译原因、说明解译过程。

⑤ 对比分析白天和夜晚拍摄的 MODIS 热红外影像，解译出 4 种地物，并分析解译原因，说明解译过程。

应用四　DRG 的几何纠正

【实习目的】

① 学习 DRG 概念、地形图分带概念。

② 掌握地形图上中央经线的计算及坐标读取。

③ 掌握地形图几何纠正方法与过程。

【实习原理】

1. DRG 概念

DRG 数字栅格地图，是将现有纸质、胶片等地形图经扫描后形成的电子栅格数据，扫描后生成的 DRG 在内容、几何精度和色彩上与同等比例尺地形图一致。在扫描过程中因图纸变形误差、扫描仪性能等原因不可避免地会引起几何变形，且扫描后一般以 JPG 文件保存不具备地图投影信息和地理坐标数据。因此地形图栅格数字化以后，还需要通过几何纠正使其消除几何误差，并且建立地图投影信息、保存地理坐标数据，便于实际应用。

2. 地形图分带

我国大中比例尺地图均采用高斯-克吕格投影，通常是按 6 度和 3 度分带投影。1：2.5万及 1：5 万的地形图采用 6 度分带投影，即经差为 6 度，从零度子午线开始，自西向东每个经差 6 度为一投影带，全球共分 60 个带，用 1，2，3，4，5，…表示，即东经 0~6度为第 1 带，其中央经线的经度为东经 3 度，东经 6~12 度为第 2 带，其中央经线的经度为 9 度。

1：1 万的地形图采用 3 度分带，从东经 1.5 度的经线开始，每隔 3 度为一带，用 1，2，3，…表示，全球共划分 120 个投影带，即东经 1.5~ 4.5 度为第 1 带，其中央经线的经度为东经 3 度，东经 4.5~7.5 度为第 2 带，其中央经线的经度为东经 6 度。

六度带中央经线经度的计算为 6°×当地带号 - 3°，例如：地形图上的横坐标为 20345000，其所处的六度带的中央经线经度为：6°×20-3°＝117°（适用于 1：2.5 万和 1：5万地形图）。而三度带中央经线经度的计算为 3°×当地带号（适用于 1：1 万地形图）。

3. 地形图上坐标读取

地图上的坐标系统分为两种，即平面直角坐标系和地理坐标系。

① 地理坐标

地理坐标是确定地球表面上某点位置的经度和纬度数值。为了使用方便，在地图上按照一定的间隔绘有经线和纬线构成地理坐标网，在图廓线的四周有经、纬度数值注记。在大于 1：10 万图上，只是在内图廓外绘有分度带，在内图廓的四角注有经、纬度值。将南图廓与北图廓、东图廓与西图廓上分度带的相应分划连接起来，就构成了可用经纬度确定位置的地理坐标图。

② 平面直角坐标

经纬线在图上多是弧线，为便于量测距离，在大比例尺图上还绘有平面直角坐标网。平面直角坐标是由两条垂直相交的直线建立起来的坐标系统，两直线的交点为坐标原点。以某点到横轴的垂直距离为纵坐标、到纵轴的垂直距离为横坐标，纵坐标在横轴以上为正、以下为负，横坐标值在纵轴以右为正、以左为负。

我国地形图的平面直角坐标网，是按高斯投影构成。每个投影带构成独立坐标系，以中央经线为纵轴，以赤道为横轴，其交点为坐标原点。我国位于赤道以北，所有投影带纵坐标均为正值，而横坐标位于中央经线以东为正、以西为负，而将横坐标值均加上 500 km 常数，使其全为正数。在制图时，以 1 km 为单位，作中央经线和赤道的平行线，构成正方形方格网。在图上纵坐标数值由南向北增加、横坐标数值由西向东增加。

地形图上公里网横坐标前 2 位就是带号，例如：1：1 万地形图上的横坐标为 38537000，其中 38 即为带号，537000 为横坐标值。

【软件和数据】

遥感软件 ERDAS 9.2，ENVI 5.1，PCI 2012，武汉地区 JPG 格式数字栅格地图。

【实习方法】

将 JPG 格式的数字栅格地图，经过格式转后，转换成遥感软件专用的内部数据格式。正确读取 DRG 上的带号计算出中央经线，正确设置数字栅格地图的地图投影信息，包括投影类型、椭球体名称、中央经线等。选取数字栅格地图上公里格网点作为控制点，用键盘输入读取的大地坐标，用鼠标采集其图像坐标，利用遥感软件的几何纠正功能，完成数字栅格地图的几何纠正，并采取正确的重采样方法输出纠正后的数字栅格地图。

【实习考核】

① 完成数字栅格地图的格式转换，将其转换成遥感软件专用的内部数据格式。
② 设置数字栅格地图的地图投影信息。
③ 利用 ERDAS、ENVI 或 PCI 进行几何纠正，选取必要数量的控制点解算模型，选取一定数量的检查点评定模型误差，使几何纠正的误差在 0.2 像素以内。
④ 选取不同的重采样方法，并比较采样后结果，确定合适的重采样方法。
⑤ 完成几何纠正全过程的实习报告。

应用五　DRG 对影像、影像对影像的几何纠正

【实习目的】

① 了解地形图比例尺和影像分辨率的关系。

② 掌握 DRG 对影像几何纠正的方法。

③ 掌握影像对影像几何纠正的方法。

④ 会用 ERDAS、ENVI、PCI 分别实现 DRG 对影像、影像对影像的几何纠正。

【实习原理】

测绘部门对 DLG 数据都是通过比例尺来区分数据的精度。通常把 1 : 500、1 : 1000、1 : 2000 和 1 : 5000 比例尺地形图称为大比例尺地形图。1 : 1 万、1 : 2.5 万、1 : 5 万、1 : 10 万的图称为中比例尺图。1 : 20 万、1 : 50 万、1 : 100 万的图称作为小比例尺图。而遥感影像都是通过分辨率来描述精度，在用数字栅格地图纠正遥感影像时，由于数字栅格地图缺乏实际地物成像特征的描述，控制点选取较为不易，难以定位准确。因此，在用数字栅格地图对遥感影像几何纠正时，要选取比例尺与遥感影像分辨率能较好对应的数字栅格地图，使地图和影像上的细小地物尽可能容易判读，以尽量保证控制点的精度。由于几何纠正的主要工作是通过人眼目视判读选取控制点，为便于人眼方便在数字栅格地形图和卫星遥感影像上判读同名点，可以估算数字栅格地图比例尺和遥感影像分辨率最佳对应关系如下：一般的显示屏幕是 1 个像素占 1/96 英寸，1 英寸为 0.0254 m，即 1 个像素是 1/96×0.0254 m，而最佳的对应关系要能使选择控制点时数字栅格地图像素与影像像素能建立一一对应，因此，对于快鸟影像 2.44 m 分辨率而言，数字栅格地图的比例尺最好为 1 : (96×2.44/0.0254) = 1 : 9222 即选取 1 : 10000 比例尺的 DRG 参与纠正。一般地，根据人眼的分辨率(0.2mm)也可以计算几何纠正时各比例尺地形图所适合的遥感影像地面分辨率，0.0002mm 乘以地图比例尺的分母，据此可估算出纠正卫星遥感影像的最佳地形图比例尺。

在几何纠正时，同名点的选取是关键，同名点包括两类，一类是解算几何纠正模型的控制点，另一种是评定模型精度的检查点。选点的数量、质量和分布直接影响几何纠正和成图精度。选点时要注意同一对输入点和参考点要严格同名，应该选取特征明显、容易定位的点作为控制点。另外点位分布要均匀，遍及整个图像范围内。

几何纠正还需检查纠正的效果是否满足精度要求，只有满足纠正精度要求的影像才能用于后续的处理环节，几何纠正效果检查有定量评估和目视检验两个方面，定量评估是指在几何纠正过程中 RMS 误差要控制在规定范围之内，如总误差小于 1 个像素。目视检验

是在几何纠正之后，将纠正结果影像和参考影像在同一视窗叠加显示，判断同名地物是否重合。

【软件和数据】

遥感软件 ERDAS 9.2，ENVI 5.1，PCI 2012，武汉某地区 1∶10000 万数字栅格地图，武汉某地区多光谱波段的快鸟影像，武汉地区 SPOT 影像。

【实习方法】

简单估算数字栅格地图的比例尺所对应的最适合纠正的影像地面分辨率，确定 DRG 对哪种影像进行几何纠正，以及在影像几何纠正过程中，哪种影像适合作为参考影像。利用 ERDAS 软件工具面板中 Interpreter 下拉菜单的 Image Geometric Correction 提供的几何纠正功能，或 ENVI 经典主菜单栏 Map 的下拉菜单中的 Registration 提供的配准和几何纠正功能，或 PCI 中 GCP Work Step 提供的几何纠正功能实现利用数字栅格地图对快鸟影像进行几何纠正，利用纠正好的快鸟影像作为参考影像对 SPOT 影像进行几何纠正，并统一分辨率。几何纠正时对纠正效果做定量评估和定性检查，使 RMS 总误差在一个像素之内，而且同名地物要重合。如果几何纠正效果达不到精度要求，则要重新添加控制点或检查点，或者精确调整已有控制点点位，使达到纠正精度要求。

【实习考核】

① 确定 DRG 对哪种影像进行几何纠正，以及在影像几何纠正过程中，哪种影像适合做参考影像，并叙述原因。

② 利用 ERDAS、ENVI 或 PCI 实现数字栅格地图对卫星影像的几何纠正，并叙述几何纠正过程。

③ 用 ERDAS、ENVI 或 PCI 实现影像对影像的几何纠正，并叙述几何纠正过程。

④ 从操作界面、纠正效果方面比较 ERDAS、ENVI、PCI 三种软件的几何纠正功能，并叙述对三种软件几何纠正功能的评价。

应用六　遥感影像辐射校正

【实习目的】

① 理解辐射校正的原理和意义。

② 掌握辐射校正常用的方法。

③ 会用 ERDAS、ENVI、PCI 实现影像的辐射校正。

【实习原理】

在遥感成像时，由于受大气、太阳、地形以及传感器等因素影响使影像上产生一定程度的辐射量失真现象。辐射校正是指消除或改正因辐射误差而引起影像畸变的处理，目的是纠正影像数据中依附在辐射亮度中的各种失真。辐射误差产生的原因包括传感器响应特性、太阳高度与传感器观察角度的变化、地形以及大气中不同成分的散射和吸收等，辐射误差或失真不利于影像的解译与应用，必须对其做消除或减弱处理。辐射校正包括传感器校正、大气校正以及太阳辐射和地形校正，通常购买得到的影像数据都已对系统辐射强度进行了校准，但为了更精确地校正辐射值，需要进行大气校正以削弱由大气散射引进的辐射误差。本实验需要掌握的简单常用的大气校正，主要包括：直方图法辐射校正、线性回归法、FLAASH 大气校正。

直方图法辐射校正的原理是大气对地物目标辐、反射电磁波的散射具有选择性，即对电磁波中的短波如可见光的散射影响较大，对长波如红外线的散射影响较小。TM 多光谱影像中既有可见光波段，又有红外波段。当影像中有暗目标如深水体或地形阴影、高山背阴处时，由于红外波段受大气散射影响小，地面暗目标在影像上表现为暗色调灰度值为 0，而可见光波段实际上受大气散射影响较大，其在影像上产生辐射偏置量灰度值不为 0，可近似作为大气校正的修正量。

线性回归法也是根据大气散射对电磁波的选择性，建立不受大气影响的参考波段和待校正波段上同一段暗目标的灰度值 Y、X 之间的函数关系，假定为线性关系 $Y = AX + B$，在影像上选择一系列暗目标区域，如深水体或地形阴影、高山背阴处，并分别采集暗目标对应的像素值向量 Y、X 进行回归分析，用最小二乘直线拟合可以解算线性回归方程的系数 A 和 B，将 B 作为待校正波段上灰度的修正值。

FLAASH 大气校正模型对大多数高光谱和多光谱传感器有效，能够精确补偿大气影响，其适用的波长范围包括可见光至近红外及短波红外，其大气校正模型计算方法可基于查找表(Look-up Table)、利用插值方法计算。

【软件和数据】

遥感软件 ERDAS 9.2，ENVI 5.1，PCI 2012，湖北某地区 TM 影像。

【实习方法】

用 PCI 的建模工具 EASI Modeling 可方便地建立直方图法辐射校正模型实现辐射校正。ERDAS 进行回归分析时，在影像视窗中用 Raster 工具栏中的 AOI 工具在影像上选取选择一系列暗目标区域，如深水体或地形阴影、高山背阴处，并用 Utilities 下拉菜单中的 Convert Pixels to ASCII 得到每个采集点在各个波段的灰度值。将每个采集点在 7 波段的灰度值作为 X、在其他某波段的灰度值作为 Y 记录在 Excel 中。在 Excel 中对记录的每一个波段的 Y 和 7 波段的 X 进行线性回归分析得到修正量，利用 ERDAS 的空间建模工具将波段灰度值减去其波段校正值即可减弱大气散射对图像的影响。ENVI 经典主菜单栏 Spectral 下拉菜单中提供 FLAASH 大气校正方法。但其输入影像必须是辐射定标后的辐亮度影像，且需要转换为 BIL 或 BIP 格式存储，Radiance Scale Factors 转换比例因子设为 10。在设定传感器参数时，Scene Center Location、Flight Date、Flight Time GMT 这些参数都可以在 TM 的头文件中获得。大气模式根据成像时间和区域来确定，气溶胶模式可选择为 Urban。

【实习考核】

① 总结 ERDAS 软件、ENVI 软件和 PCI 软件分别提供了哪些辐射校正方法。
② 利用 ERDAS 软件完成回归分析法的辐射校正，并叙述其实现过程和步骤。
③ 利用 PCI 软件完成直方图法的辐射校正，并叙述其实现过程和步骤。
④ 利用 ENVI 软件完成 FLAASH 法的辐射校正，并叙述其实现过程和步骤。
⑤ 对比三种辐射校正结果，对其校正效果进行评估。

应用七　遥感影像去云处理

【实习目的】

① 理解遥感影像去云处理的原理和意义。

② 掌握去云处理常用的方法。

③ 会用 ERDAS、ENVI、PCI 实现影像的去云处理。

【实习原理】

光学遥感成像时容易受气候因素影响，例如云层遮挡，获取完全无云的遥感影像有时是比较困难的，大部分影像在获取时都会或多或少的受到云的影响。云覆盖使遥感影像中不可避免存在着噪声，导致无法获得云层覆盖地区的信息，使后续的图像识别、分类难以保证精度，有时甚至无法进行，从而使遥感影像的可利用率大大降低。去云处理是遥感影像处理的重要步骤，不仅是增强遥感数据有效性、可用性的重要途径，而且是遥感影像进行准确解译的基础，去云处理具有十分重要的实际意义。本实验需要掌握基于同态滤波的遥感影像去云处理和利用 ENVI 的 Haze Tool 去云处理。

同态滤波适合于处理单幅影像上大范围的薄云，把频率过滤与灰度变化结合起来分离云与背景地物、去除云的影响，受主观干预影响较小。在有云区域，遥感卫星所接收到的图像信号 $s(x,y)$ 可以描述为照射分量 $i(x,y)$ 和反射分量的乘积 $r(x,y)$：

$$s(x,y) = i(x,y)r(x,y)$$

照射分量与光照和云相关，通常以空间域的慢变化为特征，而反射分量与地物相关，往往相对突变，特别是在地物边缘。去云处理就是要从传感器接收到的综合信息中去除大范围的低频薄云信息。但由于两分量是乘积关系，采用常规的傅里叶变换无法分开，可对上式两边取对数转换为叠加关系得到：

$$\ln s(x,y) = \ln i(x,y) + \ln r(x,y)$$

该过程是一个线性变换，是云层反射分量与地物照射分量的叠加。通过傅里叶变换将转换到频率域为

$$S(u,v) = F(\ln s(x,y)) = F(\ln i(x,y)) + F(\ln r(x,y))$$
$$= I(u,v) + R(u,v)$$

傅里叶变换后 $S(u,v)$ 中低频成分与照度相联系，而高频成分与反射相联系，云层主要表现为低频成分。

$$S'(u,v) = I(u,v)H(u,v) + R(u,v)H(u,v)$$

对 $S(u,v)$ 采用高通滤波，提取高频分量、抑制低频分量，从而使与低频成分相联系的云信息从综合信息中去除，然后再进行傅里叶逆变换从频率域回到空间域，再取指数处理得

到影像去云处理结果。传统的同态滤波是针对影像中存在着大范围薄云的情况下,用高通滤波器去除表现为低频信息的云信息。如果影像中还存在着小范围的高频云信息,还可以通过在空间区进行平滑处理。

haze_tool 是在 envi4.4 的 IDL 二次开发环境下开发的专门用于去云处理的工具包,利用该工具包嵌入 ENVI 中可以实现去除影像中的云,对厚云和薄云都有较好的效果。

【软件和数据】

遥感软件 ERDAS 9.2,ENVI 5.1,PCI 2012,湖北某区域有云 TM 影像。

【实习方法】

ERDAS 图标面板的 Interpreter 下拉菜单中的 Fourier 中提供了 Homomorphic Filter 功能,可实现常规的同态滤波去云处理,在利用 ERDAS 同态滤波去云时,要注意准确设置以下参数:Illumination Gain 中输入合适的乘以影像中照射分量的因子,如果在 0 和 1 之间将降低输出影像中照度的影响,如果大于 1 则增加输出影像中照度的影响;Reflectance Gain 中输入合适的乘以影像中反射分量的因子,如果在 0 和 1 之间将降低输出影像中反射量的影响,如果大于 1 则增加输出影像中反射量的影响;Cutoff Frequency 中输入合适的确定高、低频的截止频率,低于这个值就是云信息,高于这个值就是地物信息。利用 PCI 的建模工具 EASI Modeling 建立改进的同态滤波模型、实现去云处理,包括对原影像进行对数运算、对对数运算结果进行傅里叶变换、对傅里叶变换结果进行高通滤波、对高通滤波结果进行反傅里叶变换、对反变换结果进行中值滤波、然后再进行指数变换,生成去云处理的结果。利用 ENVI 进行去云处理时候,首先在网上下载 haze_tool.rar 工具包,将工具包中的 haze_tool.sav 拷贝到 ENVI 的安装目录下的 \ Exelis \ ENVI 51 \ classic \ save_add 文件夹,再打开 ENVI 5.1 经典工具条,在 Basic Tools 下拉菜单中出现 haze_tool 去云工具。Haze Tool 主要由三部分组成,包括 haze detection 检测云厚度、haze perfection 完善云层厚度、haze removal 去除云层。在云厚度检测过程中,如果影像中没有厚云或云比较薄可以选择 HOT13,如果云比较厚就选择 HOT123;在云层厚度完善中,haze perfection QB 适用范围较广,haze perfection TM 适用于 TM 等含有中红外波段的影像;在云层去除时提供了三种方法,Dark Substract 暗物质法、Hist Match 直方图匹配法、Cloud Point 云点法。

【实习考核】

① 总结 ERDAS 软件、ENVI 软件和 PCI 软件分别提供了哪些去云处理方法。

② 利用 ERDAS 软件的 Homomorphic Filter 完成同态滤波去云处理,并叙述其实现过程和步骤。

③ 利用 PCI 建模工具 EASI Modeling 完成改进的同态滤波去云处理,并叙述其实现过程和步骤。

④ 利用 ENVI 软件和 haze_tool 工具包完成去云处理,并叙述其实现过程和步骤。

⑤ 对比三种去云处理结果,对其去云效果进行评估,指出各种方法的优点和不足。

应用八　遥感影像阴影检测

【实习目的】

① 理解遥感影像阴影检测的原理和意义。

② 掌握阴影检测的常用方法。

③ 会用遥感软件实现在影像上检测阴影区域。

【实习原理】

随着遥感技术的发展，遥感影像的空间分辨率越来越高，相比传统的中、低分辨率卫星影像，高分辨率影像上细节更清晰、特征更丰富，但阴影也更明显，阴影对信息提取、分类、解译等方面影响较大。同时阴影也有利的方面，如可用来辅助识别建筑物，高分辨率卫星影像上阴影的检测与消除是处理与解译的一个重要方面。在阴影区域内，仍有一定的信息，但亮度和颜色与周边的影像不一致，检测阴影区域是阴影信息补偿、改善影像质量的基础。较为简单常用的阴影检测一般是根据阴影的光谱和几何特性，通过阴影区与非阴影区的亮度、颜色、几何结构等的差别来区别阴影区与非阴影区。本实验需要掌握的阴影检测技术主要包括以下几种：

1. 波段比值阴影检测

波段比值是最简单的阴影检测，通过对蓝、绿、红、红外波段像素值的统计对比，一般可以近似地认为，阴影区域在近红外波段具有较低的亮度值，而蓝、绿、红三个波段中阴影区域的亮度均值要高于近红外波段。根据这一规律，可以将蓝、绿、红三个波段分别与近红外波段进行比值运算，可有效增强阴影信息。一般地，将近红外波段、红波段与近红外波段的比值、绿光波段进行组合，再根据阈值法来检测阴影区域。由于波段比值算法简单，其阴影检测效果也相对较差，特别是容易与水体混淆。一个后续处理就是采用水体指数法排除水体部分，保留易与水体混淆的阴影区。

2. HIS 模型阴影检测

在 RGB 空间中阴影区域的地表反射率较低，而在 HIS 颜色空间中：I 为亮度 intensity，表示由地物辐射波谱能量所决定的影像空间信息，实际上是表达空间分辨率的大小；H 是色度，由红、绿、蓝的比例决定；S 是饱和度，表示色彩的纯度。在 HIS 模型中，阴影区域相比于非阴影区域具有一些特性：① 阴影区域亮度较低，即 I 值较小；② 阴影区域散射光主要是蓝光，S 值较大；③ 阴影区域接近于黑色、色调较大，即 H 值较大。根据阴影区域 H 和 S 值较大、I 值较小这一特性，进行阴影检测的原理如下：先对多光谱影像进行色彩空间变换，将其由 RGB 空间变换到 HSI 空间获得 I、H、S 分量值；构造归一化差值因子 $k = (S-I)/(S+I)$，由获得的 I、H、S 分量值计算 k 值分布图；由于阴影区域 S 值较大、I 值较小，一般地可近似认为，阴影区域相对于非阴影区域 k 值更大。然后，通过对归一化差值结果图采用阈值分割的方法，通过选取合适的阈值来进行阴影检测，从而得到大致的阴影区域。HIS 模型阴影检测只利用阴影区域 k 值较大这一近似条件，仅仅考虑了阴影区域 3 个特性中的 2 个，使检测结果存在一定的误差，若影像上存在着非阴影区域其饱和度 S 很大，尽管在 I 值较大的情况下，也能使 k 值较大，从而被判定为阴影区域而出现错误。此时，可结合 I 分量图和 H 分量图，再设置因子 h＝H/I，同时设定 k 和 h 双阈值来进行阴影检测，则阴影区域检测的条件是：归一化差值 k 高于某一阈值并且因子 h 高于某一阈值。

3. 基于 $C_1C_2C_3$ 彩色空间的阴影检测

彩色不变特征 $C_1C_2C_3$ 模型是像素 RGB 分量之间的一种非线性变换模型，该模型对反射光较为敏感。而在遥感光学成像中，阴影区域难以得到太阳光直射，主要是靠环境散射光和目标反射光成像，阴影区域像素值比非阴影区域像素值一般要小。阴影区域在 RGB 空间的像素值一般都有所下降，且在红、绿波段下降的幅度要高于蓝光波段，该规律可用于阴影检测。文献认为利用 RGB 颜色空间进行阴影检测精度低，而用彩色不变特征 $C_1C_2C_3$ 进行的变换是用做阴影检测最好的非线性变换。将影像蓝、绿、红波段由 RGB 空间转换到 $C_1C_2C_3$ 空间的转换关系为：

$$C_1 = \arctan\left(\frac{R}{\max(G,\ B)}\right)$$
$$C_2 = \arctan\left(\frac{G}{\max(R,\ B)}\right)$$
$$C_3 = \arctan\left(\frac{B}{\max(R,\ G)}\right)$$

对于阴影区域，由于 R、G 的下降幅度超过 B 的下降幅度，相当于蓝色分量的相对比重增加，所以在 $C_1C_2C_3$ 空间中表现为阴影区域 C_3 分量一般值比较高。对 C_3 分量分布图进行阈值分割便可初步确定阴影区域。

【软件和数据】

遥感软件 ERDAS 9.2，ENVI 5.1，PCI 2012，湖北某区域 QuickBird 多光谱影像。

【实习方法】

在 ENVI 软件的 Band Math 波段运算工具中可调用常用的 IDL 的基本运算、逻辑运算，利用波段运算功能方便实现波段比值阴影检测。ERDAS 软件 Image Interpreter 模块的 Spectral Enhancement 下拉菜单中提供了 RGB 到 HIS 变换功能，利用该功能将结合 Spatial Modeler 的空间建模功能可实现 HIS 模型阴影检测。利用 PCI 的建模工具 EASI Modeling 实现基于 $C_1C_2C_3$ 色彩空间的阴影检测，包括将 RGB 空间转换到 $C_1C_2C_3$、根据 C_3 分量直方图确定阈值、对 C_3 分量分布图进行阈值分割、标示阴影区域。

【实习考核】

①利用 ERDAS 软件完成 HIS 模型阴影检测、标示阴影区域，并叙述其实现过程和步骤。

②利用 PCI 软件完成基于 $C_1C_2C_3$ 色彩空间的阴影检测、标示阴影区域，并叙述其实现过程和步骤。

③利用 ENVI 软件完成波段比值阴影检测、标示阴影区域，并叙述其实现过程和步骤。

④对比三种阴影检测结果，对其效果进行比较和评估，指出各种方法的优点和不足以及进一步改进的方法。

应用九　遥感影像去条带处理

【实习目的】

① 理解遥感影像去条带噪声处理的原理和意义。

② 掌握去条带噪声处理的常用方法。

③ 会用遥感软件实现在影像上去条带噪声处理。

【实习原理】

在遥感对地成像时，往往并排多个探测器同时对地物进行扫描，为获得高质量的对地观测影像就需要各个探测器光谱响应特性一致。尽管在发射前做了相对定标，但随着时间的推移，卫星传感器在反复扫描地物的过程中受光、电器件性能、温度变化等的影响，造成探测器扫描响应产生差异，各探测器相互之间的光谱响应特性不可能完全相同，在图像中就表现为条带噪声。条带噪声是一种周期性、方向性且呈条带状分布的一种特殊噪声。如：MODIS 是美国极地轨道环境遥感卫星 Terra 和 Aqua 卫星平台上搭载的主要探测仪器，扫描带中每一个探测器的扫描观测数据在图像中是形成一条扫描线，MODIS 影像也存在条带噪声，其中以第 5 波段和第 26 波段最为明显。而对于 TM 影像，Landsat-7 ETM+机载扫描行校正器故障导致 2003 年 5 月 31 日之后的图像都出现数据条带丢失。条带噪声的出现严重影响了遥感数据的解译和信息提取，需对其进行去条带处理。本实验需要掌握的去条带处理技术主要包括以下几种：

1. 傅里叶变换去条带

傅里叶变换是一种正交变换，将空间域中复杂的卷积运算转换为频率域的简单乘积运算，可在频率域中简单、有效进行特征提取。在空间域，影像中真实的地物内部特征往往是平稳变化，而在噪声或地物边缘处才会产生特征突变，这一现象在频率域中表现为影像中真实的地物往往是低频信号，而在边缘或噪声处呈现出高频信号。而对于影像中的条带噪声，在频域中则表现为周期分布的高强度高频信号。例如：MODIS 条带噪声在影像中呈水平分布，在频率域中表现为垂直方向强度比较明显，亮点呈周期性分布。傅里叶变换去条带噪声的原理是：将影像进行快速傅里叶变换，获得其频谱图。频谱图中心为原点表示最低频率成分，原点值表示最低频率成分的强度，原点附近的低频分量强，由原点向外扩散的点表示高频信息其强度逐渐降低。频谱图中周期性分布的亮点，可能就是影像中的条带噪声频率分布，可以选择频率域的低通滤波器滤波，如 Butterworth 滤波器、Ideal 滤波器、Gaussian 滤波器等，去除条带高频噪声。

2. 插值去条带

对于影像上规则出现的条带，其像元值是无效的。插值法对条带噪声所在行或列进行插值处理，将无效的像素值用邻域像素的插值来代替。插值去条带的原理叙述如下，假定条带噪声是行条带或列条带。首先记录下条带噪声所在行或列，条带噪声一般比较有规律，而且相邻条带噪声线之间的距离是固定值。准确而有效地找出条带噪声是算法的关键。可以先定义噪声点，如某像素的像素值相对于上下像素或左右像素的均值的差值超过设定阈值，就可以定义为噪声点，而每行或每列中噪声点数如果超过设置阈值，则可以认为是条带噪声；然后计算条带周围上下两行数据或两列数据的插值结果，用其赋值条带数据，如利用噪声像元周边 6 个非噪声像元的灰度平均值替代噪声像元的灰度值，便可去除条带噪声。

【软件和数据】

　　遥感软件 ERDAS 9.2，ENVI 5.1，PCI 2012，含条带噪声 MODIS 影像，湖北某区域含条带噪声的 TM 影像。

【实习方法】

　　ERDAS 软件 Image Interpreter 模块的 Radiometric Enhancement 下拉菜单中提供了 Destripe TM Data 功能，可实现 TM 数据的简单去条带处理。在 Fourier Analysis 下拉菜单中提供了 Periodic Noise Removal 功能，通过增强的傅里叶变换可去除影像中的周期性条带噪声。输入影像首先被划分为重叠的像素块，计算每一块的傅里叶变换，平均每个 FFT 块的对数幅度。平均功率谱用做滤波器调整整个影像的 FFT 变换，执行逆傅里叶变换后的结果影像就能显著减少或是消除周期噪声。使用该方法时要尽可能高的设置 Minimum Affected Frequency 值，以达到最好的效果。较低的值会影响傅里叶变换中代表影像全局特征的低频成分，如亮度和对比度，较高的值会影响代表影像细节的频率成分。在 ERDAS 中也可以使用 Fourier Editor，交互地进行傅里叶变换去条带，可获得更好的结果。

　　ENVI 提供了 Destriping Data 功能，可以在去条带噪声的同时保持图像原有的信息。在 ENVI 经典主菜单栏的 Basic Tools 下拉菜单中选择 Preprocessing → General Purpose Utilities → Destripe 可进行影像去条带处理，在进行参数设置要在 Number of Detectors 域后准确输入探测器的数量，探测器的数量就是条纹出现的周期，例如 Landsat MSS 数据，探测器数量是 6。而对于 MODIS 影像，波段数据一个扫描带所包含的探测器单元个数因分辨率而异，250m 分辨率的波段数据一个扫描带包含 40 个探测单元，500m 分辨率的波段包含 20 个探测单元，1km 分辨率的波段包括 10 个探测单元。也可以通过 ENVI 的傅里叶变换、滤波功能实现去条带处理。ENVI 软件 Filter 下拉菜单的 FFT Filtering 中提供了 Forward FFT 实现傅里叶正变换、Filter Definition 定义低通滤波器、Inverse FFT 实现傅里叶逆变换，可完成傅里叶去条带处理。

　　对于插值去条带处理，通过遥感软件一个简单实现方法如下：首先利用软件的像素定位工具定位到条带所在的行或列，在每个条带行或列周围确定一个感兴趣区域，然后将这些感兴趣区域进行邻域处理，用邻域像元的 DN 值均值来赋值条带噪声像元。

【实习考核】

　　① 利用 ERDAS 软件完成 TM 影像、MODIS 影像去条带处理，并叙述其实现过程和步骤。

　　② 利用 PCI 软件完成 TM 影像、MODIS 影像去条带处理，并叙述其实现过程和步骤。

　　③ 利用 ENVI 软件完成 TM 影像、MODIS 影像去条带处理，并叙述其实现过程和步骤。

　　④ 对比三种去条带结果，对其效果进行比较和评估。

应用十　遥感影像边缘检测

【实习目的】
① 理解遥感影像边缘检测的原理和意义。
② 掌握遥感影像边缘检测的常用方法。
③ 会用遥感软件实现遥感影像边缘检测。

【实习原理】

边缘是遥感影像最基本的特征，边缘检测是影像处理中的基本问题。边缘是指影像上局部强度变化最显著的部分，主要存在于目标与目标、目标与背景、区域与区域之间。边缘检测是影像分割、特征分析、影像匹配的重要基础。边缘检测可大幅度地减少数据量、剔除不相关信息，保留影像中重要的结构属性。边缘检测的原理是通过检测每个像素和其邻域的状态，以决定该像素是否是边缘，这可以通过对原始影像中像素的某小邻域构造边缘检测算子来达到检测目的。图像的边缘有方向和幅度两个属性，沿边缘方向像素值变化较小，垂直于边缘方向像素值变化较大，边缘上的这种变化可以用微分算子检测出来。边缘检测算法主要是基于影像强度的一阶导数和二阶导数，例如常用的一阶算子有 Roberts、Prewitt、Sobel 等算子，常用的二阶算子有 Canny、Laplacian 算子等。但导数的计算对噪声很敏感，必须使用滤波器来降噪，而大多数滤波器在降低噪声的同时也导致了边缘强度的损失。因此，增强边缘和降低噪声之间需要平衡。

Sobel 算子是典型的基于一阶导数的边缘检测算子，以离散型的差分来获得亮度梯度的近似值，该算子引入了类似局部平均的运算且对像素的位置影响进行了加权，对噪声具有平滑作用，能减弱噪声的影响。Sobel 边缘检测通常带有方向性，用两组 3×3 的模板与影像卷积，可检测竖直边缘和水平边缘。Sobel 边缘检测算法实际应用中效率高，在很多应用中是首选。

Roberts 算子是最简单的边缘检测算子，是一个 2×2 的模板，采用对角线方向相邻两像素之差近似梯度幅值来检测边缘。由于是采用偶数模板，导致所求的梯度幅度值偏移了半个像素，而且该算子对噪声敏感，适用于边缘明显且噪声较少的影像。

Prewitt 算子利用垂直方向和水平方向两个模板与图像进行邻域卷积，计算像素点上下、左右邻点的灰度差来检测边缘，若差值大于或等于阈值则是边缘点，Prewitt 算子对噪声具有平滑作用。

Laplace 算子是简单的各向同性二阶微分算子，算子模板中心元素值为正，其余元素值都为负，模板元素值之和为 0。Laplace 算子在孤立像素处的响应要比在边缘像素处的响应更强，只适用于无噪声情况，在实际应用中，使用 Laplace 算子检测边缘之前需要先进

313

行低通滤波。Laplace 算子只关心边缘的位置而不能检测边缘的方向。

Canny 算子是具有平滑滤波、边缘增强、双阈值边缘检测的综合算子，首先利用高斯平滑滤波器去除影像中的噪声，然后采用一阶偏导的有限差分来计算梯度幅值和方向，利用梯度的方向保留局部梯度最大点而抑制非极大值点，最后用双阈值算法检测和连接边缘。

【软件和数据】

遥感软件 ERDAS 9.2，ENVI 5.1，PCI 2012，湖北某区域 QuickBird 多光谱影像。

【实习方法】

ERDAS 软件中提供了多种方式可以实现边缘检测功能。在影像视窗中 Raster 下拉菜单中 Filtering 下的 Convolution Filtering 提供了卷积滤波功能，在卷积滤波的核设置中选择对应的边缘检测算子，就可实现边缘检测。同样在 Filtering 下的 Find Edges 可得到 ERDAS 内置的边缘检测算子的检测结果。Image Interpreter 模块的 Spatial Enhancement 下拉菜单中 Convolution 也提供了设置边缘检测算子实现边缘检测功能。另外 Spatial Enhancement 下拉菜单中的 Non directional edges 可实现 Sobel 或 Prewitt 边缘检测。ENVI 软件的 Filter 下拉菜单中的 Convolutions and Morphology 提供了卷积运算功能可实现边缘检测，如拉普拉斯算子增强影像边缘，但不考虑边缘方向，方向滤波检测可选择性地增强特定方向的边缘以及 Sobel 边缘增强和 Robers 边缘增强。PCI 软件的 Focus 主窗口中 Tools 下拉菜单提供了 Filter 功能，可实现 Laplacian 边缘检测、Sobel 边缘检测、Prewitt 边缘检测、Edge Sharpen 边缘增强等。

在对多光谱影像边缘检测时，由于涉及多个波段，比灰度影像边缘检测要复杂。一种方法是首先对多光谱影像进行 PCA 变换，PCA 变换后第一主分量集中了多光谱影像的绝大多数信息，然后选择第一主分量执行边缘检测，获得检测结果。另一种方法是分别对多光谱影像的各个波段分别进行边缘检测，然后将多个波段的边缘检测结果通过逻辑运算或按主投票法，确定最终的边缘检测结果。

【实习考核】

① 利用 ENVI 对 QuickBird 多光谱影像进行 PCA 变换，在第一主分量上完成边缘检测，叙述其实现过程和步骤。

② 利用 ERDAS 软件对 QuickBird 多个波段分别进行边缘检测，并将多个波段的边缘检测结果进行综合，叙述其实现过程和步骤。

③ 利用 PCI 软件完成 QuickBird 多光谱影像边缘检测，并叙述其实现过程和步骤。

④ 对比三种边缘检测结果，对其效果进行比较和评估。

应用十一　遥感影像融合

【实习目的】
　　① 理解遥感影像融合的原理和意义。
　　② 掌握遥感影像融合的常用方法。
　　③ 会用遥感软件实现遥感影像融合。

【实习原理】
　　由于遥感成像特点和传感器性能的限制，不同传感器获取的遥感影像光谱分辨率和空间分辨率不同，即使是同一传感器，其全色波段和多光谱数据的空间分辨率也不一致。影像融合是将高空间分辨率的单波段影像和低空间分辨率的多光谱影像按照一定的规则或算法进行运算，获得既具有较好的空间分辨率、又具有多光谱特征的合成影像。融合影像重采样到高分辨率像素尺寸，提高了空间分辨率，并具备多光谱特征。影像融合可以改善影像的视觉解译效果，增强解译的可靠性，减少模糊性(即多义性、不确定性和误差)，有助于提高像素分类精度。本实验需要掌握的遥感影像融合技术主要包括以下几种，其算法原理介绍如下：
　　主成分变换融合，对多光谱影像进行主分量变换，然后将高分辨率影像缩放以匹配第一主成分，在替换第一主成分后再进行主分量反变换后，重采样到高分辨率像素尺寸获得融合影像。
　　IHS 融合，将高分辨率的全色数据同低分辨率的多光谱数据通过 IHS 正反变换结合，产生一个细节信息丰富的彩色影像。将多光谱影像由 RGB 空间变换到 IHS 空间，用高分辨率影像代替 I 分量后反变换到 RGB 空间获得融合影像。
　　HSV 融合，将 RGB 影像转换到 HSV 颜色空间，用高分辨率影像替换 Value 波段，使用最近邻法、双线性法或立方卷积法将 Hue 波段和 Saturation 波段重采样到高分辨率像素尺寸，然后将三个波段转回到 RGB 颜色空间获得融合影像。
　　高通滤波融合，影像信息是由不同空间频率的成分组成，其中高频成分包含影像的空间结构，而低频成分包含影像的整体地形概貌。高通滤波融合采用高通滤波算子提取全色影像中的空间信息，将其加到多光谱影像上获得融合影像。
　　小波分辨率融合，小波变换将影像分解为频率空间上不同频带的子图像，分离出高频信息和低频信息。对高频信息和低频信息采取不同的融合策略，在各自的变换域进行特征信息抽取，分别进行融合后再采用小波重构算法对处理后的小波系数进行反变换即可得到融合图像。

Ehlers 融合，对全色影像进行快速傅里叶变换滤波后得到高分辨率锐化影像，将多光谱影像从 RGB 空间变换到 IHS 空间，将高分辨率锐化影像与多光谱的 I 分量进行直方图匹配，与多光谱的 H、S 分量组合成新的 IHS 分量进行 IHS 逆变换到 RGB 空间，获得融合后的多光谱影像。

Brovey 融合，将多光谱影像和高分辨率影像进行数学运算结合，运用最近邻、双线性或三次卷积技术将多光谱波段重采样到高分辨率像素尺寸，然后每个波段乘以高分辨率数据与各波段总和的比值，获得融合影像。

Pan Sharpening 融合，首先从低分辨率多光谱波段中模拟全色波段，把模拟的全色波段和多光谱波段进行 Pan Sharpening 变换，将模拟的全色波段作为第一波段。然后用高分辨率的全色波段替换 Pan Sharpening 变换后的第一波段，再通过 Pan Sharpening 逆变换获得融合影像。

Gram-Schmidt 融合，首先从低空间分辨率光谱波段模拟全色波段，然后将模拟的全色波段作为第一波段和光谱波段一起执行 Gram-Schmidt 变换，用高分辨率全色波段替换 Gram-Schmidt 的第一波段，最后应用反 Gram-Schmidt 变换以形成 Pan-sharpened 影像。一般而言 Gram-Schmidt 使用给定传感器的光谱响应函数去评估 Pan 数据，因此更精确而在大多数场合被推荐使用。

【软件和数据】

遥感软件 ERDAS 9.2，ENVI 5.1，PCI 2012，湖北某区域 QuickBird 全色影像，SPOT 多光谱影像。

【实习方法】

ERDAS 软件 Image Interpreter 模块的 Spatial Enhancement 下拉菜单中提供了多种影像融合功能，Resolution Merge 可实现主成分变换、乘积运算以及比值变换的分辨率融合，Mod. IHS Resolution Merge 可实现 IHS 融合，HPF Resolution Merge 可实现高通滤波融合、Wavelet Resolution Merge 可实现小波变换融合、Ehler Fusion 可实现 Ehler 融合。ENVI 软件 Transform 下拉菜单中的 Image Sharpening 提供了影像融合功能，如 HSV 变换融合、Color normalization（Brovey）变换融合、Gram-Schmidt 变换融合、Principal components（PC）变换融合等。PCI 软件中在 Focus 的 Tools 菜单里，选择 Algorithm Librarian 后打开 Select Algorithm 面板，在 Image Processing 目录的 Data Fusion 文件夹中，应用 PANSHARP 算法可实现 Pan Sharpening 融合。影像融合后，对居民区、道路、建筑物等目标，通过目视判读，观察其色彩和纹理以及细节信息可大致判断影像融合的效果。

【实习考核】

① 利用 ENVI 对快鸟全色影像和 SPOT 影像进行多种方法的融合，叙述其实现过程和步骤，并找出目视效果最好的融合影像。

② 利用 ERDAS 对快鸟全色影像和 SPOT 影像进行多种方法的融合，叙述其实现过程

和步骤，并找出目视效果最好的融合影像。

③ 利用 PCI 软件完成对快鸟全色影像和 SPOT 影像的 Pan Sharpening 融合，并叙述其实现过程和步骤。

④ 对比三种融合结果，对融合效果进行比较和评估。

应用十二 遥感影像分类

【实习目的】
　　① 理解遥感影像分类的原理和意义。
　　② 掌握遥感影像分类的常用方法。
　　③ 会用遥感软件实现遥感影像分类。

【实习原理】
　　遥感影像上反映了各种地物的光谱信息和空间信息，遥感影像分类就是对影像中的光谱信息和空间信息进行分析，按照某种规则或算法将影像像素划分为不同类别的过程。影像分类是模式分类在影像处理中的应用，实现影像数据从二维灰度空间转换到目标模式空间的转换，这种转换的依据是同类地物特征相似、不同类地物特征相异。遥感影像分类正是在这种基础上进行的，根据影像的特征向量，建立判别函数，实现将遥感影像自动分成若干地物类型。但由于遥感影像所反映地物的复杂性及遥感影像获取的不确定性，导致遥感影像分类的依据"同类地物特征相似、不同类地物特征相异"很多时候并不严格成立，由于"同物异谱、异物同谱"现象的广泛存在，使遥感影像分类不同于普通的模式分类，显得更为复杂，充满着不确定性。遥感影像分类既是科学研究的难点和热点，也是实际应用中急需解决的问题，对于提高遥感应用范围具有重要意义。本实验需要掌握的遥感影像分类技术主要包括以下几种，其算法原理介绍如下：

　　最大似然分类，假设遥感多波段数据服从多维正态分布，同类地物的已知像素在特征空间中形成一个概率分布的集群，通过训练样本可计算出各类的多维正态分布模型。而对于任何一个未分类像素，根据其特征向量和各类的分布模型，便可计算出该像素属于各类的概率，对像素隶属不同类别集群的条件概率进行比较，条件概率最大的类别将是该像素判别类别。由于该判别仅是基于统计概率意义上的，为减少分类错误，以错分概率最小来建立判别准则即为贝叶斯判决规则，根据最大似然比贝叶斯判决准则建立的非线性判别函数如下：

$$d_i(\boldsymbol{x}) = \ln P(W_i) - \frac{1}{2}\ln|\boldsymbol{\Sigma}_i| - \frac{1}{2}[(\boldsymbol{x}-\boldsymbol{M}_i)^{\mathrm{T}}(\boldsymbol{\Sigma}_i)^{-1}(\boldsymbol{x}-\boldsymbol{M}_i)]$$

　　最小距离分类法是监督法分类器里面最简单的一种分类方法，其判别函数是未知类别像素的特征向量与各类别中心向量的距离，判别准则为像素判别为距离最小的类别。该分类方法的关键是分类距离的计算方法，如欧氏距离、曼哈顿距离、闵可夫斯基距离等。最小距离分类法只考虑每一类样本的均值，而不考虑类样本的分布以及类别之间的相关关系，一般不用于对分类精度要求较高的情况。

支持向量机分类，是源于统计学习理论的有监督学习算法，通过最小化结构风险确定学习问题的最优解。其基本思想是将低维特征空间中非线性可分的样本通过非线性映射，转化为高维特征空间中线性可分的问题，通过求取最优分类超平面最大化类别之间的界限来构造判别函数。最优分类面的目标函数为：

$$f(\omega, b, \xi) = \frac{1}{2} \parallel \Omega \parallel^2 + C \sum_{i=1}^{m} \xi_i$$

$C > 0$ 是惩罚因子，控制着对错分样本的惩罚程度，ξ_i 是松弛因子。C 越大，对错分样本的惩罚越大，要保证结构风险越小，错分样本数就要越少。目标函数中第一项使分类间隔 $\dfrac{2}{\parallel \omega \parallel}$ 最大，第二项使错分样本数最少，保证所求的分类函数实现了结构风险最小化原则，具有最优的泛化性能。根据 KKT 理论将其转化为二次规划（QP）最优求解问题，则分类判别函数为

$$f(x) = \mathrm{sgn}(\sum_{i=1}^{n} \alpha_i y_i k(x_i, x) + b)$$

α_i 是拉格朗日乘子，b 决定分类超平面相对于原点的距离，$k(x_i, x)$ 是核函数，最常用的核函数有多项式核、径向基函数核、双曲正切核等。

BP 神经网络分类，是一种多层前馈神经网络的非参数分类方法，相对于统计分类法，无需对类别的概率分布函数作假定或估计，适合于对复杂的遥感影像分类。BP 神经网络包括输入层、隐含层、输出层，一般含有多个隐含层，隐含层之间各个神经元全连接，即前一层的每个神经元与后一层每个神经元都连接。BP 神经网络采用误差反传学习算法，使用梯度搜索技术，训练网络以使实际输出与期望输出的误差最小。神经网络的训练包括正向传播过程和反向传播过程，在正向传播过程中，输入信息通过各隐含层的激活函数运算后，传递到输出节点实际输出，每层神经元的状态只影响后一层神经元的状态；在反向传播过程中，若实际输出与期望输出有差异，则反向逐层计算实际输出与期望输出之间的误差、调整各连接权值和阈值。通过这两个过程的反复迭代，使得误差在允许范围之内。隐含层激活函数一般是 S 形的对数或正切函数。

光谱角映射是基于物理的光谱分类技术，使用 n 维角度将像素与参考光谱匹配，将两个光谱处理为 n 维空间的矢量，并计算它们之间的角度来确定光谱相似性。光谱角映射主要用于定标的反射率数据，对反照率的影响不敏感，SAM 比较端元光谱向量和像素向量之间的角度，较小的角度表示对参考光谱匹配较好，如果角度大于指定的最大角度阈值，则像素不被分类。

【软件和数据】

遥感软件 ERDAS 9.2，ENVI 5.1，PCI 2012，湖北某区域 SPOT 多光谱影像。

【实习方法】

ERDAS 软件 Classifier 模块的 Signature Editor 提供了最大似然分类、最小距离分类的功能，在 Signature Editor 中完成样区选择、分类器训练以及监督分类的过程。ENVI 软件

Classification 下拉菜单中的 Supervised 提供了 BP 神经网络分类功能和支撑向量机分类功能。在 BP 神经网络分类过程中，Training Threshold Contribution、Training Rate、Training Momentum、Training RMS Exit Criteria、Number of Hidden Layers、Number of Hidden Layers 这些参数影响了分类器的性能和效率，要对这些参数反复调整、观察分类结果，从中找出规律，调整到合适状态，以获得较好分类结果。在支持向量机分类中，Kernel Type 和 Penalty Parameter 对分类性能影响较大，Kernel Type 一般选择 Radial Basis Function，Penalty Parameter 惩罚参数可设置一个较大值，以加大对错分样本的惩罚。分类结束后，对分类结果可进行定量评估，统计分类结果的精度指标，以及定性比较、目视判断观察分类结果的正确性。

【实习考核】

① 利用 ERDAS 对 SPOT 影像进行最大似然分类和最小距离分类，叙述其实现过程和步骤，并找出分类效果好的作为 ERDAS 的分类结果。

② 利用 ENVI 对 SPOT 影像进行 BP 神经网络分类和支持向量机分类，叙述其实现过程和步骤，并找出分类效果好的作为 ENVI 的分类结果。

③ 利用 PCI 软件对 SPOT 影像进行模糊逻辑分类和光谱角映射分类，叙述其实现过程和步骤，并找出分类效果好的作为 PCI 的分类结果。

④ 对比三种软件的分类结果，对分类效果进行比较和评估。

应用十三　遥感影像水体信息提取

【实习目的】
　　① 理解遥感影像水体信息提取的原理和意义。
　　② 掌握遥感影像水体信息提取的常用方法。
　　③ 会用遥感软件实现遥感影像水体信息提取。

【实习原理】
　　遥感传感器主要通过接收和记录地球表面反射、发射的电磁波来获得地表各类地物的信息，遥感数据具有获取周期短、监测范围广、地物信息丰富等优点，通过遥感影像快速、准确、可靠地提取水体信息对于水资源调查、湿地调查、洪水灾害预测评估和环境监测等有着重要作用。遥感影像提取水体的基本原理是，在红外波段水体与其他地物光谱反射率存在着较大差异，在其他波段水体也总体呈现出较弱的反射率。太阳电磁波照射到水体，会产生反射和吸收，水体在不同波段对太阳电磁波反射和吸收情况也不相同，在可见光波段水体具有一定的反射率，而在近红外波段水体几乎全吸收，而植物、土壤、建筑物等在近红外波段范围内则具有较高的反射性。根据水体对不同波长的反射和吸收特性，对不同波段所产生的影像数据进行分析，即可实现对水体信息的提取。由于不同传感器的波段设置不同，接收的波谱范围也存在差异以及成像分辨率、成像时间、成像地域特征等方面的因素，水体提取往往需要结合专门的影像数据来进行，本实验需要掌握的遥感影像水体信息提取技术主要包括以下几种，其算法介绍如下：
　　对于 MODIS 影像数据，共有 36 个波段，其中，波段 1 是红光波段、波段 2 是近红外波段、波段 3 是蓝光波段、波段 4 是绿光波段，波段 5、6、7 都是近红外波段，前 7 个波段的波段宽度一般小于 0.03 μm，其光谱的细分程度较高，能够将极其复杂的地物区分开来。根据水体在不同的 MODIS 通道下反射率不同的特性，MODIS 的 3 个可见光波段（即波段 1、波段 3 和波段 4）反射率总和大于红外波段中 3 个波段的总和，如波段 2、波段 5 和波段 6，因此水体提取的初步模型如下：

$$CH1+CH3+CH4>CH2+CH5+CH6$$

　　各个波段的反射率值可以通过波段 DN 值和波段增益系数进行求解，但该模型对水体与阴影的区分较差，导致水体提取不够精确。由前述实验知道，阴影区域主要是靠环境散射光和目标反射光成像，阴影区域在 RGB 空间的像素值一般都有所下降，且在红、绿波段下降的幅度要高于蓝光波段，相当于蓝色分量的相对比重增加。因此可以对前 7 个波段进行主分量变换获得其第一主成分，然后用蓝光波段 DN 值与第一主成分的比值作为阴影检测因子并设置分割阈值，从提取的水体中检测可能的阴影成分后加以滤除，从而获得水体提取的最终结果。

在遥感影像水体提取中，基于水体指数计算的方法应用的较为广泛，这类方法操作简单、精度较高，如归一化水体指数 NDWI、改进的归一化水体指数 MNDWI、增强型水体指数 EWI、修订型归一化水体指数 RNDWI、新型水体指数 NWI 等。下面以 TM 影像为例，介绍主要的水体指数。归一化水体指数 NDWI 是基于绿光波段 2 与近红外波段 4 所构建形成的，归一化差异水体指数计算公式为：$NDWI=(B2-B4)/(B2+B4)$。改进的归一化水体指数 MNDWI 是基于绿光波段 2 与短波红外波段 5 构建的，相比于 NDWI 更适合于提取城镇范围内的水体，且很容易地区分阴影和水体，改进的归一化水体指数计算公式为：$MNDWI=(B2-B5)/(B2+B5)$。修订型归一化水体指数 RNDWI 是基于短波红外波段 5 和红波段 3 构建的，能较准确地提取水陆边界处的水体和狭窄条状水体，可减弱、消除山体阴影影响，改进的归一化水体指数计算公式为 $RNDWI=(B5-B3)/(B5+B3)$。增强型水体指数（EWI）是基于绿光波段 2、近红外波段 4 和短波外波段 TM5 构建的，适合于提取半干旱地区的水体信息，其计算公式为：$EWI=(B2-B4-B5)/(B2+B4+B5)$。新型水体指数 NWI，利用了水体在蓝光波段的反射较高代替绿光波段构建水体指数，以进一步扩大水体与其他地物的反差，其计算公式如下：$NWI=(B1-B4-B5-B7)/(B1+B4+B5+B7)$。

影像分类法是专题信息提取的重要方法，通过影像分类技术很容易实现水体信息的专题提取。影像分类时将水体作为一个单独类别，应用特定的分类器进行类别划分获取水体信息。由于地物分布的复杂性，影像中可能存在多种不同类型的水体，其光谱特征并不一致。为准确获取水体信息，应将光谱特征差异大、不同的水体作为不同类别，分别选择样区进行分类得到一个或多个水体类，分类后再将不同类别水体进行类别合并，从而获得最终的水体信息。应用分类技术，因考虑到不同类别水体信息的光谱特征差异，并运用比值指数方法、谱间关系法更为复杂的模式识别技术去划分水体，能获得较好的提取结果。

【软件和数据】

遥感软件 ERDAS 9.2，ENVI 5.1，PCI 2012，湖北某区域快鸟多光谱影像，TM 影像，MODIS 影像。

【实习方法】

利用 ERDAS 软件在 MODIS 影像中提取水体信息，ERDAS 的 Spatial Modeler 模块提供了空间建模功能，能建立模型实现影像波段间的数学运算、逻辑运算，通过该模块建立水体提取的谱间关系模型 CH1+CH3+CH4>CH2+CH5+CH6 来实现水体信息的初步提取。利用 Image Interpreter 模块下 Spectral Enhancement 中的 Principal Comp 主分量变换，对 MODIS 影像进行主分量变换，提取出第一主成分。建立蓝光波段 DN 值与第一主成分的比值模型以及阈值分割模型，实现从水体信息中滤除阴影信息。利用 ENVI 软件在 TM 影像中提取水体信息，在 ENVI 的波段运算功能中实现归一化水体指数 NDWI、改进的归一化水体指数 MNDWI、增强型水体指数 EWI、修订型归一化水体指数 RNDWI、新型水体指数 NWI 的计算并生成各水体指数分布图，再设置阈值从各水体指数图中分割出水体信息，阈值的设置需多次实验比较确定。利用 PCI 软件在快鸟影像中提取水体信息，PCI 的最大似然分类法对影像进行分类，把长江、汉江、湖泊、鱼塘分别作为 4 种不同的水体类别，选择训练样区进行分类，分类后将水体相关的类别进行合并。分类影像并不一定是原始影像，可选择水体信息增强的变换数据参与分类，如将红外波段、蓝光波段与红外波段的比值、蓝光波段作为分类的波段。

【实习考核】

　　① 利用 ERDAS 对 MODIS 影像进行基于谱间关系的水体信息提取，并滤除混杂阴影信息，叙述其实现过程和步骤。

　　② 利用 ENVI 对 TM 影像进行基于水体指数的水体信息提取，叙述其实现过程和步骤，从各种指数中选取提取效果最好的图作为水体信息图。

　　③ 利用 PCI 软件对快鸟影像进行基于分类的水体信息提取，叙述其实现过程和步骤。

　　④ 对比三种软件的水体信息提取结果，对提取效果进行比较和评估。

应用十四　遥感影像植被信息提取

【实习目的】
　　① 理解遥感影像植被信息提取的原理和意义。
　　② 掌握遥感影像植被信息提取的常用方法。
　　③ 会用遥感软件实现遥感影像植被信息提取。

【实习原理】
　　植被信息是反映环境状况的重要指标，也是环境评价的重要参数，对区域环境的监测和建设具有重要意义。植被覆盖情况、植被信息提取是遥感应用的重要领域，也是地理国情普查的重要内容之一，对于解释地表空间变化规律及其影响具有重要的现实意义。在遥感专题信息提取中，根据不同地物在同一波段反射特性的差异和同一地物在不同波段反射的差异，常常通过波段间的代数运算来突出特定的地物信息，从而达到利于信息提取的目的，其中比值运算可以检测波段的斜率信息并加以扩展，以突出不同波段间地物光谱的差异，从而提高对比度。遥感影像提取植被信息的基本原理是，植被在红外波段的反射率要比可见光波段的反射率高，而云、水体等物体在可见光波段的反射率比近红外波段高，裸土在两波段的反射率相近。影像上植被信息提取常常通过遥感植被指数来进行，遥感植被指数是一些利用卫星探测数据的线性或非线性组合来反映植被的时空分布特点的指数，利用了可见光波段和红外波段不同组合来增强植被信息，可见光红波段和近红外波段是植被提取中最有价值的两个波段。本实验需要掌握的遥感影像植被信息提取技术主要包括以下几种，其原理介绍如下：

　　在遥感影像植被信息提取中，基于植被指数计算的方法应用的较为广泛，这类方法操作简单、精度也较高。植被的生长环境和状态不同，对电磁波的反射强弱也不同，导致植被指数随时间和地域分布而产生影响。根据不同的研究对象及不同的应用，人们提出了多种植被指数。各类植被指数均是基于植物的反射光谱特征来实现的，都有各自对绿色植被信息的特定表达方式。差值植被指数 DVI 是通过红外波段与红波段的差值来定义的，其计算公式为 $DVI=IR-R$，植被在红波段和红外波段的差值很大，明显大于土壤、水、建筑物等，因此容易被区分出来，适用于监测植被的生态环境，对低、中覆盖率的植被监测更为有效，由红外波段与红波段的比值还可定义比值植被指数 $RVI=IR/R$。调整土壤亮度的植被指数 SAVI 定义为 $SAVI=(IR-R)/(IR+R+L)\times(L+1)$，其中 L 表示土壤调节系数是 SAVI 提取植被信息的关键，能够降低土壤背景的影响，其取值范围为 0 到 1，L = 0 表示土壤影响最大、植被覆盖为零，L = 1 表示土壤影响最小，植被覆盖高。修正型土壤调整植被指数 MSAVI 定义为 $MSAVI=(2IR+1-((2R+1)^2-8(IR-R))^{1/2})/2$，在监测高植被覆盖时效果较好。归一化植被指数 NDVI 作为应用最为广泛的植被指数，是指近红外波段与红光波段数值之差与数值之和的比值，取值范围在-1 和 1 之间，其计算公式为：NDVI =（IR-R）/（IR+R）。不同地物在近红外波段和红光波段反射率具有差异，这种差异可以通过 NDVI 得到增强，如云、水体等物体在可见光波段的反射率高于近红外波段其 NDVI 为负值，裸土在两波段的反射率相近其 NDVI 趋近于零，而植被区域 NDVI 则为正。

影像分类也是实现植被信息提取的常用技术。影像分类时将植被作为一个单独类别，应用特定的分类器进行类别划分获取植被信息，如果存在特征并不一致的多种植被，可将其作为不同类别，分别选择样区进行分类，分类后再将不同类别的植被进行合并，从而获得最终的植被信息。在影像分类时，可将突出植被信息增强的变换数据参与分类，还可以利用植被表现出一定的纹理特征，从影像中提取纹理特征参与分类。

植被覆盖度是反映植被资源和绿化水平的重要指标，是指植被在地面的垂直投影面积占统计区总面积的百分比。像元二分模型是一种线性组合光谱混合分析模型，是计算植被覆盖度最简单实用的遥感估算模型。假设影像上一个混合像素所对应的地表由无植被覆盖部分与有植被覆盖部分地表组成，其 NDVI 值可以表达为由无植被覆盖部分 $NDVI_1$ 和绿色植被 $NDVI_2$ 组成，即 $NDVI=NDVI_1+NDVI_2$，则植被覆盖度 R 计算如下：

$$R=(NDVI-NDVI_1)/(NDVI-NDVI_2)$$

其中，$NDVI_1$ 为无植被覆盖区域的 NDVI 值，$NDVI_2$ 是完全植被覆盖区域的纯净像元 NDVI 值，从该模型可知，植被覆盖度可由 NDVI 计算，参数 $NDVI_1$ 和 $NDVI_2$ 可由图像中采样得出，削弱了大气等其他因素的影响。

【软件和数据】

遥感软件 ERDAS 9.2，ENVI 5.1，PCI 2012，湖北某区域快鸟多光谱影像、TM 影像、MODIS 影像。

【实习方法】

利用 ERDAS 软件在 MODIS 影像中计算植被覆盖度，按 6 个等级划分生成植被覆盖度影像图。在 ERDAS 的 Spatial Modeler 空间建模中，根据植被覆盖度计算公式建立模型，$NDVI_1$ 是无植被覆盖区域的 NDVI 值会随着地物分布而变化，$NDVI_2$ 是全植被覆盖的纯净像元的 NDVI 值，会随着植被类型和植被分布而变化。在实验中，用 ROI 工具对影像中的无植被覆盖区域和纯净植被区域进行空间采样，取影像中裸露地等其他地物的 NDVI 最小值作为 $NDVI_1$，取影像中全植被覆盖区域 NDVI 值的最大值作为 $NDVI_2$。利用 ENVI 软件在快鸟多光谱影像上提取植被信息。在 ENVI 软件中利用 BP 神经网络分类技术提取植被信息，将树林、灌木和草地分别作为 3 种不同的植被类别，选择训练样区进行分类，分类后将植被相关的类别进行合并。由于无论是树林、灌木和草地均表现出纹理特征，可从影像中提取纹理特征参与分类。利用 Texture 下拉菜单的 Co-occurrence Measures 生成灰度共生矩阵提取同质性和熵作为纹理波段。另外，还可计算归一化植被指数作为植被专题波段。将快鸟影像的 4 个多光谱波段和 2 个纹理波段、1 个植被专题波段总共 7 个波段作为 BP 神经网络的输入，分类后获得植被专题信息图。利用 PCI 软件在 TM 影像上计算各种植被指数生成植被指数图。在 PCI 的建模工具 EASI Modeling 中实现差值植被指数、比值植被指数、调整土壤亮度的植被指数、修正型土壤调整植被指数、归一化植被指数的计算并生成各种植被指数分布图，再设置阈值从各植被指数图中分割出植被信息，阈值的设置可根据植被指数图的直方图经多次实验比较确定。

应用十五　遥感影像道路提取

【实习目的】

① 理解遥感影像道路提取的原理和意义。

② 掌握遥感影像道路提取的常用方法。

③ 会用遥感软件实现遥感影像道路提取。

【实习原理】

在遥感影像中道路信息是最为明显的地物之一，由于遥感影像的复杂性和不确定性，从影像中准确提取道路信息还存在困难，如何快速、自动识别和提取影像上的道路信息，对推动遥感影像的应用有着重要作用。从遥感影像上提取道路可以为地理信息数据库更新、城市规划、交通管理等提供资料，对辅助其他地物提取提供了依据。在高分辨率影像上道路表现出多种特征，如光谱、形状、纹理、相关等，最主要的是灰度变化缓慢、宽度变化缓慢、形状狭长。由于在遥感影像上专题信息的提取主要还是通过光谱特征来进行，而道路的 DN 值一般高于非人工地物，而与其他人工地物间有一定程度的相似性，因此道路的提取面临着建筑物、路面噪声(如汽车、非均一材质、绿化带以及阴影等)、停车场等带来的干扰，道路提取一直是遥感研究和应用中的热点和难点。本实验需要掌握的遥感影像道路提取技术主要包括以下几种，其算法介绍如下：

数学形态学道路提取。数学形态学是一种空间结构分析的理论，用一定形态的结构元素分析图像中的对应形状和结构，通过几何结构的定量化，保持基本形状特性并除去不相干的结构，从而简化图像数据。数学形态学的非线性滤波可用于图像信息提取，通过使用结构元素提供膨胀、腐蚀等运算，以形状为基础处理影像，可有选择地抑制图像某种结构如噪声或不相关目标，而突出感兴趣的信息。在处理图像时可以根据需要，由膨胀和腐蚀组成其他的复杂运算，如先腐蚀、再膨胀组成开运算，先膨胀、再腐蚀组成闭运算，由开运算、闭运算的组合又可构造形态学重建运算等。在遥感影像中，通过使用这些算子可以实现对图像形状、结构的分析和处理，从中提取几何特征，从而进一步提取道路信息等。首先采用阈值分割算法对影像进行分割，分割的结果是可能的道路信息和非道路背景信息，从背景中区分出道路等线状特征，获得包含道路基本信息的二值图像。然后采用开、闭运算去噪，由于二值图像中除了道路信息外，还包含各种明暗细节，可选择合适的结构元素，执行开运算去除亮细节噪声、平滑轮廓，执行闭运算去除暗细节噪声、填充缝隙。最后，对经过多次膨胀和腐蚀运算去除各种细节、填充空洞后剩下的少数较大的孤立图斑，可用面积阈值将其去除。

道路边缘提取。边缘是影像中的重要特征，在影像中确定了目标边缘，也就确定了目标的空间分布范围，对于提取专题信息具有重要意义。道路边缘检测是道路信息提取的主要方法之一。道路边缘检测实际上是提取出影像中道路与非道路背景间的分界线，由于影像中道路边缘可能是多种走向，传统边缘检测算子如 Sobel 算子对于边缘方向有局限性，对于水平和垂直方向的边缘检测效果较好，但因遥感影像中可能的边缘方向较多，边缘检测的效果就不好。为减小误差可采取增加边缘检测的方向，采用如下 8 个扩展 Sobel 算子：

$$\begin{pmatrix} 1 & 2 & 1 \\ 0 & 0 & 0 \\ -1 & -2 & -1 \end{pmatrix} \quad \begin{pmatrix} 2 & 1 & 0 \\ 1 & 0 & -1 \\ 0 & -1 & -2 \end{pmatrix} \quad \begin{pmatrix} 1 & 0 & -1 \\ 2 & 0 & -2 \\ 1 & 0 & -1 \end{pmatrix} \quad \begin{pmatrix} 0 & -1 & -2 \\ 1 & 0 & -1 \\ 2 & 1 & 0 \end{pmatrix}$$

方向 1(0°) 　　　 方向 2(45°) 　　 方向 3(90°) 　　 方向 4(135°)

$$\begin{pmatrix} -1 & -2 & -1 \\ 0 & 0 & 0 \\ 1 & 2 & 1 \end{pmatrix} \quad \begin{pmatrix} -2 & -1 & 0 \\ -1 & 0 & 1 \\ 0 & 1 & 2 \end{pmatrix} \quad \begin{pmatrix} -1 & 0 & 1 \\ -2 & 0 & 2 \\ -1 & 0 & 1 \end{pmatrix} \quad \begin{pmatrix} 0 & 1 & 2 \\ -1 & 0 & 1 \\ -2 & -1 & 0 \end{pmatrix}$$

方向 5(180°) 　　 方向 6(225°) 　　 方向 7(270°) 　　 方向 8(315°)

首先对影像进行监督分类，对分类结果进行提取生成二值影像，获得大致的道路区域。然后对二值影像的图斑进行统计，确定出非道路信息的图斑最大面积，以此面积为阈值去除所有非道路部分。最后在图像上进行 8 个方向的扩展 Sobel 检测，设置阈值求出最终的道路边缘像素。

决策树分类提取道路信息。决策树分类是以信息论为基础，是一种用树结构表示一系列易于理解和表达的决策规则并进行分类决策的方法，作为一种基于空间数据挖掘和知识发现的分类技术，不需要假设数据样本满足某种概率分布规律，可有效地联合多种复杂特征进行决策规则设计与分类识别，这些特征既可以是物理意义、量纲尺度不同的特征，也可以是数值型特征或非数值型的语义特征。决策树由一个根节点、一系列内部节点和叶节点组成，根节点和一系列内部节点表示决策的特征规则，可以是光谱特征、纹理特征、变换指数、语义特征等，叶结点为要区分的各个类别。决策树分类从根节点开始，根据每个节点的当前特征规则将当前数据进行划分形成分支，此过程用自上向下的递归进行，直到将影像数据分成所需类别。

【软件和数据】

遥感软件 ERDAS 9.2，ENVI 5.1，PCI 2012，湖北某区域 SPOT 影像。

【实习方法】

利用 ERDAS 软件在 SPOT 影像中进行基于数学形态学的道路提取。在提取道路信息前，运用 ERDAS 的 Image Interpreter 模块中 Radiometric Enhancement 提供的直方图均衡功能对影像进行增强处理，以提高对比度，运用低通滤波器在影像中滤除高频噪声成分。在对增强平滑后的影像进行阈值分割时，应选择直方图的谷对应的灰度值作为阈值。在形态学运算过程中，也可以采用不同方向特征的复合结构元素。利用 ENVI 软件在 SPOT 影像中进行基于决策树分类的道路信息提取，ENVI 的 Classification 中提供了 Decision Tree 分类功能，在决策树分类时关键要确定各内部节点的属性及其划分规则，选取当前最能划分的属性形成规则建立决策树的内部节点，如可以在 ENVI 中生成各种变换指数特征，如水体指数、植被指数、土壤覆被指数等，这些特征波段在 ENVI 中都可以用 Band Math 提取。在确定划分规则时，可以用 ROI 工具选取各类的样区分别进行统计，从中找出划分的界限。利用 PCI 软件在 SPOT 影像中进行道路边缘提取，先利用 PCI 影像视窗中 Analysis 菜单下 Image Classification 提供的监督法分类，对影像进行最小距离法分类后再生成包含道路信息和非道路信息的二值影像，用 PCI 的卷积运算工具自定义 8 个方向的卷积核，分别对影像进行卷积运算，再将卷积运算结果进行合成。阈值分割时同样应选择直方图的谷对应的灰度值作为阈值。

【实习考核】

① 利用 ERDAS 软件对 SPOT 影像进行基于数学形态学的道路提取，叙述其实现过程和步骤。

② 利用 ENVI 软件对 SPOT 影像进行基于决策树分类的道路信息提取，叙述其实现过程和步骤。

③ 利用 PCI 软件对 SPOT 影像进行道路边缘提取，叙述其实现过程和步骤。

④ 对比三种软件、三种方法的道路信息提取结果，对提取效果进行比较和评估，并分别找出其存在的不足和可以改进的措施。

应用十六 遥感影像建筑用地提取

【实习目的】

① 理解遥感影像建筑用地提取的原理和意义。

② 掌握遥感影像建筑用地提取的常用方法。

③ 会用遥感软件实现遥感影像建筑用地提取。

【实习原理】

随着我国城市化进程的不断加快，城市建筑用地也在不断变化，建筑用地是城市最主要的用地类型，也是变化最为迅速的地类。建筑用地的合理布局与有效利用，对城市发展起着极为关键的作用。准确、快速地提取城市建筑用地和对其变化进行有效的检测分析，对城市规划、动态监测、城乡战略发展布局以及资源环境保护起着重要的决策支持作用。从遥感影像中对地面建筑信息进行有效、精确提取，掌握建筑用地的空间分布信息一直是研究和应用中的热点问题和难点问题。全国资源环境遥感监测采用的土地利用/土地覆盖分类体系分为：耕地、林地、草地、水域、建筑用地、裸露地，大致可归类为水体、植被、建筑用地和裸地等基本单元。遥感成像时，由于各类地物对太阳光的吸收和反射的程度不同，在卫星传感器上记录的电磁波谱信息也各不相同，城市建筑用地提取正是基于这一原理。在各个波段上各种地类的反射光谱强度具有差异，分析和找出城市建筑用地和其他背景地物之间的差距，就有可能将城市建筑用地信息与它们区别开来，从而提取出城市建筑用地的信息。但建筑用地与其他地类也存在一定的光谱相似性，如建筑用地与裸地的光谱特征相似，建筑用地的反射率介于裸地和水体（或植被）之间，这给建筑用地提取带来一些困难。由于不同传感器、不同地域以及不同时间的遥感成像特征不同，建筑用地提取往往需要结合专门的影像数据来进行。本实验需要掌握的遥感影像建筑用地提取技术主要包括以下几种，其算法介绍如下：

指数模型建筑用地提取。在多光谱影像上往往根据地类的光谱特征和谱间关系，将最强反射波段和最弱反射波段通过比值运算生成指数，以扩大二者的差距、增强所要突出的地类信息，而其他的背景地物受到普遍地抑制。对于 Landsat TM 影像因其涵盖了可见光区、近红外波段、中红外波段以及热红外波段，可以方便地用于设计各种指数算子，以突出相应的地类信息。归一化建筑用地指数 NDBI 通过中红外波段与近红外波段来定义，主要基于城市建筑用地在 TM5 波段的反射率高于 4 波段的特点而创建，其计算公式为

$$NDBI = (MR - NR) / (MR + NR)$$

利用该建筑物指数，根据 NDBI>0 时判定为建筑物用地。但由于建筑用地较为复杂，在 TM5 和 TM4 波段之间的差异并不一定总是大于其他地类的反射率在 TM5、TM4 之间的差

异，因此单一的 NDBI 指数尽管能提取部分建筑用地信息，还需结合其他的指数因子建立建筑用地提取的综合模型，以提高建筑用地提取的准确性。通过对 TM 影像上主要土地利用类型光谱特征曲线分析和比较，可以定义乘积型建筑用地指数

$$MDBI = A(R-NR)(MR-NR)$$

$$A = \begin{cases} -1, & NR>R, \ NR>MR \\ -1, & R>NR, \ MR>NR \\ 1, & 其他 \end{cases}$$

利用该建筑物指数，根据 MDBI>0 时判定为建筑物用地。另外为减少植被、土壤等地类对城市建筑用地提取造成的不利干扰，还需结合植被指数，水体指数。植被指数 SAVI 定义为 $SAVI = (IR-R)/(IR+R+L) \times (L+1)$，其中 L 表示土壤调节系数。水体指数 MNDWI 定义为 $MNDWI = (G-MR)/(G+MR)$。通过选取植被、水体、土壤、建筑用地等样本的灰度均值，绘制各指数特征曲线进行分析后比较得出，城市建筑用地的提取模型为：NDBI 值同时大于 SAVI 值和 MNDWI 值，且 MDBI 大于 0。

　　决策树建筑用地提取。决策树的分层处理结构以一定的规则将遥感影像数据集进行从上而下的划分，适合于遥感影像中专题信息的提取。在快鸟影像上通过对典型地类进行采样，对各种典型地物的光谱均值和光谱响应函数进行分析可知，QuickBird 影像上建筑用地在波段 2 和波段 4 的光谱特征对比度最大，是最佳比值波段，利用波段 2、波段 4 可设置快鸟影像的建筑用地因子 Index。建筑用地因子 Index 计算公式为 $Index = (G-NR)/(G+NR)$，对 Index 采样分析可知，建筑用地、裸露地、水体的 Index 值高于耕地、林地、草地。因此可通过设置 Index 阈值规则进行划分，去除耕地、林地、草地信息。为提高建筑用地信息提取的准确性，还需要对 Index 值较高的水体和裸露地信息用其他属性规则进行划分。由于水体在近红外波段表现为强吸收性，可通过设定 QB_4 阈值规则去除水体。裸露地的 Index 值小于建筑用地，可再次设置 index 阈值规则进行划分，以去除裸露地。快鸟影像上，城镇用地的决策树模型如下：

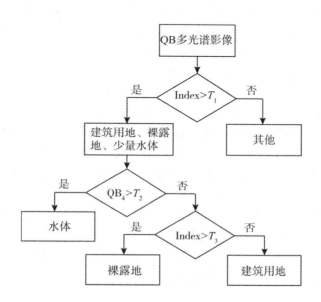

　　基于仿建筑指数的建筑用地提取。虽然建筑物指数 NDBI 能够增强影像中的建筑用地信息，依据建筑指数建立的提取模型或决策规则能提取影像中的建筑用地信息，但其计算却依赖于影像中的中红外波段，在缺乏中红外波段的情况下无法构建建筑指数。部分卫星影像(如 IKONOS 影像等)没有中红外波段，无法利用其 NDBI 指数提取建筑用地信息。在缺乏中红外波段时，可设计一种仿建筑用地指数，该指数利用绝大多数卫星影像具有的绿波段、红波段、近红外波段进行运算，不需要依赖中红外波段，适用于多种没有中红外波段的影像提取建筑用地信息。仿建筑用地指数 MIBI 的计算如下：

$$MIBI = \frac{SNDBI-(NDWI+SAVI)/2}{SNDBI+(NDWI+SAVI)/2}$$

其中，SNDBI 是用近红外波段与绿光波段构建，计算公式为

$$SNDBI = (2NR-G)/(2NR+G)$$

NDWI、SAVI 分别是水体指数和植被指数，其计算公式为：

$$NDWI = (G-NR)/(G+NR)，SAVI = (IR-R)/(IR+R+L)\times(L+1)$$

　　在仿建筑用地指数图像上，建筑用地信息的值大于植被信息的值和水体信息的值，采用合适的分割阈值进行分割，就可获取建筑用地信息。

【软件和数据】

　　遥感软件 ERDAS 9.2，ENVI 5.1，PCI 2012，湖北某区域的快鸟影像，SPOT 影像以及 TM 影像。

【实习方法】

　　利用 ERDAS 软件在 TM 影像中进行基于指数模型的建筑用地提取。利用 ERDAS 的 Spatial Modeler 模块建立归一化建筑物指数的计算模型、乘积型建筑用地指数的计算模型、植被指数的计算模型以及水体指数的计算模型，并分别生成相应的指数分布图。根据这些指数的综合应用建立起建筑用地的提取模型：NDBI 值同时大于 SAVI 值和 MNDWI 值，且 MDBI 大于 0。利用 ENVI 软件在快鸟影像中进行基于决策树的建筑用地提取。首先利用 ENVI 的 Band Math 功能计算建筑用地因子 Index 并生成 Index 波段。然后将 index 波段和原始影像的蓝、绿、红、红外波段一起构成决策树的输入影像。ENVI 的 Classification 中提供了 Decision Tree 分类功能，在决策树分类时关键要确定各内部节点的属性及其划分规则，选取当前最能划分的属性形成规则建立决策树的内部节点，如首先根据判断条件"建筑用地因子是否大于阈值"，将影像数据划分为两大类，一类是建筑用地、裸露地以及部分水体，另一类是小于阈值的其他地类。然后对于大致建筑用地类，根据判断条件"近红外波段是否小于阈值"，又可划分为水体类和不含水体的大致建筑用地类。最后，对于不含水体的大致建筑用地类，根据条件"建筑用地因子是否小于阈值"，最终划分为裸露地和建筑用地，从而提取出建筑用地信息。在确定划分规则时，可以用 ROI 工具选取各类的样区分别进行统计，从中找出划分的界限。利用 PCI 软件对 SPOT 影像进行基于仿建筑指数的建筑用地提取。利用 PCI 的建模工具 EASI Modeling 工具分别对 SNDBI、NDWI、SAVI 进行建模计算，生成相应的指数波段，然后根据生成的指数波段和仿建筑指数计算

公式，建立其计算模型生成仿建筑用地指数图，再设置合适的分割阈值进行分割，就可获取建筑用地信息。选取阈值时可参考仿建筑用地指数分布图的直方图来进行，通过试验结果分析比较后最终确定。

【实习考核】

① 利用 ERDAS 软件对 TM 影像进行基于指数模型的建筑用地提取，叙述其实现过程和步骤。

② 利用 ENVI 软件对快鸟影像进行基于决策树的建筑用地提取，叙述其实现过程和步骤。

③ 利用 PCI 软件对 SPOT 影像进行基于仿建筑指数的建筑用地提取，叙述其实现过程和步骤。

④ 分析三种软件、三种方法的道路信息提取结果，对提取效果进行评估，并分别找出其存在的不足和可以改进的措施。

应用十七　遥感影像气溶胶光学厚度反演

【实习目的】

① 理解遥感影像气溶胶光学厚度反演的原理和意义。

② 掌握遥感影像气溶胶光学厚度反演的暗目标法。

③ 会用遥感软件、C++编程实现遥感影像气溶胶光学厚度反演。

【实习原理】

大气气溶胶是指大气中悬浮的半径小于几十微米的固态或液态微粒。气溶胶在大气辐射收支平衡和全球气候中扮演着重要的角色，既是大气物理学也是大气定量遥感中的重要研究对象。气溶胶通过散射和吸收太阳辐射及地面辐射直接影响地-气系统的辐射收支平衡，不仅影响全球气候变化，而且也是影响区域大气环境质量的主要因素。气溶胶改变了云的微物理特性（云滴半径和吸收特性），影响了全球地表平均温度。在遥感成像时，气溶胶以吸收和散射方式与太阳电磁辐射发生作用，直接干扰了光学遥感器接收的信号，影响了遥感影像的质量。精确测量分析气溶胶的光学厚度，对于了解气候变化，掌握地面平均温度，去除遥感数据中大气影响、提高遥感定量应用水平都具有重要意义。许多直接和间接的遥感技术已被用于测量气溶胶的光学厚度，其中利用遥感影像反演气溶胶光学厚度不仅能快速、有效地获得大气气溶胶光学厚度，而且还能提供气溶胶空间具体分布和变化趋向，为区域气候的研究以及城市污染的分析提供了丰富的研究资料。另外，气溶胶反演也是影像大气校正的基础，可提供大气校正所需的当时当地的气象参数。本实验主要掌握基于运用 6S 程序和 MODIS 影像进行气溶胶光学厚度反演的方法，其原理介绍如下：

6S 大气辐射传输模式是由法国大气光学实验室开发的太阳光谱波段卫星信号模拟程序，用来模拟地气系统中太阳辐射的传输过程并计算卫星入瞳处辐射亮度，定义了缺省的 7 种气溶胶模式，自带了大部分主要传感器的可见光、近红外波段的通道响应函数。在一定的大气气溶胶模式下，大气上界卫星观测的陆地表观反射率 ρ 可以表示为太阳天顶角、卫星天顶角、相对方位角、地表反射率和气溶胶光学厚度的函数，考虑了太阳的辐射能量通过大气传递到地表，再经地表反射通过大气传递到传感器的整个传播过程。根据太阳和传感器的观测几何、地面反射率、大气气溶胶光学厚度，就可算出大气上界的观测辐射。而通过 MODIS 的角度波段数据和影像波段数据，很容易获得太阳天顶角、卫星天顶角、相对方位角、地表反射率以及观测辐射，就可以对应匹配到计算观测辐射的光学厚度值。在实际计算气溶胶光学厚度时，为避免重复计算和提高效率，可以对一系列的卫星天顶角、相对方位角、地表反射率和光学厚度组合，循环调用 6S 程序生成一系列的观测辐射值，而将每一对卫星天顶角、相对方位角、地表反射率和光学厚度组合和对应的观测辐射

334

值作为一条记录保存下来，就可以形成一个查找表。以后在计算光学厚度时，不需要再重复运行 6S 程序，而仅需在查找表中根据相关值进行匹配即可。

用 MODIS 影像反演气溶胶光学厚度是通过暗目标进行的，当地表反射率很低时，而且气溶胶散射占重要地位时，表观反射率与气溶胶光学厚度呈较大斜率和线性增加关系，暗目标反演气溶胶光学厚度才具有较高的精度。MODIS 影像反演气溶胶光学厚度需要重点解决以下问题：暗目标的确定，暗目标可以是水体也可以是浓密植被，水体在整个可见光和近红外区的地表反射率都很低，浓密植被在红波段和蓝波段的反射率也非常低，这些地物下垫面适宜于气溶胶光学厚度的反演。地表反射率的确定，研究表明红、蓝通道与中红外通道地表反射率之间存在近似线性关系，

$$\rho_{2.1} = \rho_b/4, \quad \rho_r = \rho_{2.1}/2$$

其中 $\rho_{2.1}$，ρ_b，ρ_r 分别是 2.1 μm，0.47 μm，0.66 μm 处的地表反射率。而由于 2.1 μm 通道受气溶胶影响较小，可以利用卫星观测的表观反射率值代替此通道的地表反射率值，从而直接利用卫星观测资料就可以得到 0.66 μm 和 0.47 μm 通道的地表反射率。本实验对 MODIS 影像数据光谱可计算卫星观测到的辐射度，做出 0.67 μm 和 0.46 μm 波段的大陆型气溶胶的查算表。求取暗目标像元后在查找表中分别利用 1、3 波段的表观反射率匹配获得各暗像元气溶胶光学厚度，而非暗目标点的气溶胶光学厚度由暗目标点内插得到，最终气溶胶光学厚度取 1、3 波段计算出的光学厚度的平均值。

【软件和数据】

遥感软件 ERDAS 9.2，ENVI 5.1，PCI 2012，6S 程序，可视化编程工具 VC6 或 VS2010，湖北某区域的 MODIS 影像。

【实习方法】

本实验基于 6S 模型从 MODIS 影像中反演大气气溶胶光学厚度，根据光谱波段数据求出暗目标像素，然后逐个对每个暗目标像素求其气溶胶光学厚度。方法的第一步是对所给的影像数据进行预处理，预处理包括格式转换、去除条带噪声、波段分离、分辨率调整、影像裁剪、太阳天顶角订正。在格式转换时，将 bin 格式的数据转换为遥感软件内部的图像处理格式，MODIS 不同分辨率波段的影像高宽可在自带的属性文件中查询获得。在波段分离时，要明确每种分辨率影像的波段含义才可正确提取所需波段。实验数据主要用的是空间分辨率为 250 m 的 1 波段(620~670 nm)、500 nm 的 3 波段(459~479 nm)、500 m 的 7 波段(2105~2155 nm)三个影像波段以及 1000 m 分辨率的角度文件中的 3、4、7 波段。由于波段之间的分辨率不统一，可将 250 m 分辨率的红波段、500 m 分辨率的蓝波段以及中红外波段，都调整统一到角度数据的 1000 m 分辨率。角度数据都是余弦值，还需要进行反余弦转换，才能获得三个角度数值。方法的第二步是确定暗目标像素，由于 2.1 μm 通道受气溶胶影响较小，可以利用卫星观测的表观反射率值代替此通道的地表反射率值，因此可以通过 2.1 μm 的观测数据在 0.036 和 0.044 之间就判定为暗目标，而 2.1 μm 的观测数据可通过波段 DN 值和波段增益系数获得。求取暗目标既可以通过 C++ 编程实现，也可以通过遥感软件建模或波段运算来实现。方法的第三步是 6S 程序的循环

调用，以生成气溶胶光学厚度反演的查找表。由于查找表包含一系列的输入参数，如卫星天顶角、相对方位角、地表反射率、光学厚度，和 6S 输出反射率的组合记录，因此需要用 C++编程实现 6S 程序的循环调用以生成查找表。6S 程序调用时需要输入几何参数、大气模式、气溶胶类型、气溶胶含量参数、目标高度参数、传感器高度参数、光谱参数、地表反射率类型等，特别是几何参数、地表反射率和气溶胶光学厚度对影像上每一像素都有特定取值，需要建立循环输入，其中，太阳天顶角考虑 62.00°~63.00°，每间隔 0.20°；卫星天顶角考虑 40.00°~40.80°，每间隔 0.20°；相对方位角 26°~34°，每间隔 1°；地面反射率 0.018~0.022，每间隔 0.001。所有参数输入存储到文本文件以批处理方式输入到 6S 程序中。实习的第四步是查找表光学厚度匹配。根据 MODIS 影像上每个暗目标点的特征值在查找表中匹配出最符合的特征组合，从而得到与之对应的气溶胶光学厚度。由于暗目标点的一系列特征值和查找表记录之间并不存在严格相等的匹配。因此需要设置匹配准则，实现暗目标点的一系列特征值与查找表中的特征组合记录之间的最好匹配。可运用 C++编程实现最小距离准则的暗目标点光学厚度匹配。在最小距离准则中角度与反射率量纲不一致，注意不同量纲单位之间的归一化。在求得每个暗目标像素蓝光波段、红光波段气溶胶光学厚度后，取二者均值为该点的气溶胶光学厚度。实习第五步是利用遥感软件的内插工具，通过暗目标点的平均气溶胶光学厚度内插出非暗目标点的气溶胶光学厚度，从而得到整个区域光学厚度分布图。

【实习考核】

① 用 VC 或 VS 编程或运用遥感软件的建模工具获得暗目标像素，输出暗目标像素的分布图，生成存储暗目标像素行列号的文本文件。

② 根据 MODIS 影像的 2.1 μm 波段、0.47 μm 波段、0.66 μm 波段地表反射率的关系，计算每个暗目标像素在 0.47 μm 波段、0.66 μm 波段地表反射率，存储到暗目标文本文件中。根据波段的 DN 值和增益系数计算每个暗目标像素的观测数据存储到暗目标文本文件的对应记录中。

③ 用 VC 或 VS 编程实现 6S 程序的循环调用，分别生成 0.47 μm 波段、0.66 μm 波段的查找表。在生成查找表时注意对两个波段进行正确的光谱参数设置。

④ 用 VC 或 VS 编程实现查找表记录和暗目标像素一系列特征的最小距离匹配，求出每个暗目标像素的 1、3 波段气溶胶光学厚度。

⑤ 用遥感软件的数值内插功能，实现由暗目标像素内插非暗目标像素的气溶胶光学厚度，生成整个区域的气溶胶光学厚度分布图。

⑥ 叙述上述实现过程和步骤，完成实习报告。

应用十八　遥感影像地表温度反演

【实习目的】

① 理解遥感影像温度反演的原理和意义。

② 掌握遥感影像温度反演的单窗法。

③ 会用遥感软件实现单窗法遥感影像地表温度反演。

【实习原理】

　　地表温度是重要的地球物理参数，对自然资源、植被生长、气候变化和人类活动都有重要的影响，同时也是监测地球资源环境动态变化的重要指标，对水文、生态、环境等研究具有重要意义。热红外遥感技术是获取地表热状况信息的重要手段，热红外遥感记录的是地物发射的热辐射能量，利用热红外遥感数据反演地表温度可以快速同步地获取大面积区域地表温度分布，进而结合农业生产活动的时空分布，就能判断农业旱情和灾情的发生与发展。因此利用卫星数据演算地表温度已经成为遥感科学的一个重要领域。热红外影像反演地表温度的理论基础是维恩位移定律和普朗克定律。地物向外发射电磁波，其辐射能量强度和波谱分布位置是温度的函数。当温度一定时，其对应的辐射源辐射能量强度是确定的，而且随着温度的增加其辐射能量也相应增加，同样地从物体的能量谱分布及辐射强度也可确定出物体的实际温度。本实验主要掌握基于单窗算法的热红外波段地表温度反演方法，其原理介绍如下：

　　物体在温度 T 时的辐射强度可以看做是其热力学温度和波长的函数，表示为

$$NB_\lambda(T) = \varepsilon(\lambda)B_\lambda(T)$$

其中，λ 是波长，$\varepsilon(\lambda)$ 是物体的比辐射率，$B_\lambda(T)$ 是同温黑体的辐射强度，根据普朗克定律可以计算为

$$B_\lambda(T) = \frac{C_1}{\lambda^5(e^{C_2/\lambda T} - 1)}$$

因此，如果从遥感影像上获取了辐射强度，又已知地物的比辐射率，是可以计算出其同温黑体的辐射强度，从而计算出温度 T。由于受大气和地表的多重影响，卫星高度 TM 传感器所接收到的热辐射强度可以表述为

$$B_{Sat}(\lambda) = \tau(\lambda)[\varepsilon(\lambda)B_\lambda(T_s) + (1 - \varepsilon(\lambda))B_\downarrow(\lambda)] + B_\uparrow(\lambda)$$

其中：$B_{Sat}(\lambda)$ 为传感器入瞳光谱辐射强度，$\tau(\lambda)$ 为光谱大气透过率，$B_\downarrow(\lambda)$、$B_\uparrow(\lambda)$ 分别为大气下行、上行光谱辐射强度，T_s 为地表温度，$\varepsilon(\lambda)$ 为地表比辐射率，$B_{Sat}(\lambda)$ 为传感器所接收到的热辐射强度，$B_\lambda(T_s)$ 为地表在 TM6 波段区间内的实际热辐射强度，直接决取于地表温度，根据该式可以推演地表温度。在实际应用中，进行一些合理假设和对一

些参数取值后，可将其进行简化求解。TM6 波段数据反演地表温度的计算公式如下：

$$T_s = [a(1 - C - D) + (b(1 - C - D) + C + D)T_6 + DT_a]/C$$

上式中，T_s 为地表温度，a，b 为回归系数，C，D 分别定义为

$$C = \varepsilon\tau, \quad D = (1 - \tau)[1 + (1 - \varepsilon)\tau]$$

ε 为地表比辐射率，τ 为大气透射率，T_a 是大气平均作用温度，T_6 是卫星高度上传感器所接收的亮度温度。T_6 受热辐射传输时的大气作用影响比较大，从 TM6 波段数据中计算亮度温度时，首先把灰度值转化为相对应的热辐射强度值，然后依据热辐射强度反演推算出所对应的亮度温度，计算公式如下：

$$T_6 = 1260.56/\ln[1 + 607.76/(1.2378 + 0.55158 \times DN_6)]$$

DN_6 是 TM6 波段的像素 DN 值。

【软件和数据】

遥感软件 ERDAS 9.2，ENVI 5.1，PCI 2012，湖北某区域的 TM 影像。

【实习方法】

利用遥感软件的建模或波段运算工具完成运用单窗法在 TM 影像上反演地表温度。实习方法的第一步是用遥感软件的建模或波段运算工具建立由波段 DN 值计算亮温的公式，计算出亮温分布图。实习方法的第二步是对影像进行分类，参考中科院 2000 年土地利用/覆盖分类体系，将研究区土地利用类型确定为林地、草地、水域、城市用地。在遥感软件中综合影像色调、颜色、阴影、纹理、大小、形状等解译标志，通过多边形工具为每种地类创建训练样区，建立各种地类的分类模板，利用最大似然法提取土地利用类型。实习的第三步是计算植被覆盖度分布图，运用多边形工具选取一定数量完全没有植被覆盖的典型区域（如建筑密集区等），统计每一区域的 NDVI 值后将其平均值作为无植被覆盖区域的标准 NDVI 值，并定义其植被覆盖度为 0，选取一定数量植被覆盖非常高的区域（如树林），统计出样本内平均 NDVI 值作为植被全覆盖区的标准值，并定义其植被覆盖度为 1。介于两者间的地物其植被覆盖度则由 NDVI 线性拉伸计算获得；实习方法的第四步是计算地表比辐射率，应用建模或波段运算工具建立地表比辐射率的计算模型，根据植被覆盖度可计算得到。实习第五步是根据公式建立地表温度反演的模型，其中，参数 a 取值 67.355351，参数 b 取值为 0.458606，T_a 大气平均作用温度取值是 303，τ 大气透射率和水分含量有关，可取值为 0.89422。实习方法第六步是，对计算所得的地表温度数据进行等级划分，结合区域实际情况，将地表温度数据分成"低温"、"较低温"、"中温"、"次高温"、"高温"，生成温度等级分布图。

【实习考核】

① 利用遥感软件实现单窗法地表温度的反演，生成研究区域的地表温度等级分布图。

② 统计各类地物的地表温度分布，生成不同土地利用类型地表温度均值统计表，分析地物类型与温度之间的关系。

③ 植被覆盖地表温度分布的影响分析。

④ 叙述上述实现过程和步骤，完成实习报告。

应用十九　遥感影像叶绿素浓度反演

【实习目的】

① 理解遥感影像叶绿素浓度反演的原理和意义。

② 掌握遥感影像叶绿素浓度反演的回归分析法。

③ 会用遥感软件实现遥感影像叶绿素浓度反演。

【实习原理】

海洋叶绿素是浮游植物现存量的表征，叶绿素浓度直接反映了浮游植物数量，即海域初级生产者的现存生物量。叶绿素浓度的常规测定需要先采集水样，对水样进行一系列处理，在实验室对水样进行分析测定，获得水样的叶绿素浓度。该方法速度慢、费用高，难以实现大范围海域的同步采样测量。而遥感技术具有连续、可视化程度高等特点，在反映叶绿素浓度变化的连续性、空间性和规律性方面具有明显优势，是对传统方法的有效补充。

反演叶绿素浓度所采用数据为 2010 年 8 月 17 日 Landsat-5/TM 获取的遥感影像，包含 1~7 波段。实测数据为在 2010 年 8 月 15 日至 19 日测量得到的监测站点叶绿素质量浓度数据，利用 ASD 光谱仪实时测量各采样点的水体光谱曲线。经实验室检测，获取每个样点的叶绿素浓度值。这 4 天中天气情况及海面情况比较稳定，没有出现异常，因此可以用这 4 天的实测数据与 Landsat5/TM 卫星遥感数据配合进行实验研究。根据 TM 影像各波段的特点选择波段组合，由于 tm1、tm2、tm3、tm4 这 4 个波段对叶绿素差异较敏感，可选择以下几个波段组合模型做比较：（tm4 − tm3）/（tm4 + tm3）、（tm2 − tm4）/（tm2 + tm4）、（tm1 − tm4）/（tm1 + tm4）、tm4/tm3、tm3/（tm1 + tm4）、（tm1 + tm4）/（tm2 + tm3）、（tm2 + tm3）/（tm1 + tm4）、（tm2 − tm3）/（tm2 + tm3）、（tm1 − tm3）/（tm1 + tm3），在建立各个波段组合模型时要对运算波段中的值采取逻辑判断处理，即对波段运算公式中分母值为零的情况特殊处理，以避免运算结果产生溢出的情况。将用于回归分析的各个采样点的坐标逐个输入，分别记录每个坐标的 FILE PIXEL 值，即该点的各个波段组合模型值。在 MATLAB 中以叶绿素浓度的自然对数为因变量，依次选择各个波段组合模型值为自变量，生成散点图并进行非线性估计，建立非线性回归方程。9 个波段组合模型得到 9 个二次多项式回归方程和参数估计值，根据参数估计值转化成方程式的形式，选取复相关系数最大的一组回归方程作为叶绿素浓度的反演模型进行叶绿素浓度的反演。

【软件和数据】

遥感软件 ERDAS 9.2，ENVI 5.1，PCI 2012，MATLAB，某区域的 TM 影像。

【实习方法】

首先对影像进行辐射定标，将影像 DN 值转化为有物理意义的辐射亮度。在此基础上，采用 FLAASH 模型或 ATCOR 模型对影像进行辐射校正。然后对 TM 遥感影像进行几何精纠正，总误差控制在 0.5 个像素点之内，影像重采样采用最近邻法，以避免光谱信息的丢失，投影选择 UTM 投影，椭球体选择 WGS84，以使采样点定位坐标和遥感影像投影坐标精确匹配。针对遥感影像水体提取中构建水体指数，利用计算机快速提取水体边界。利用 ERDAS IMAGINE 中的 Modeler 模块或 ENVI 的 Spectral Math 工具或 PCI 的 EASI Modeling，根据复相关系数最大的一组回归方程建立叶绿素浓度的反演模型，计算得到灰度值的变化反映了叶绿素浓度的变化，得到叶绿素浓度分布图。

【实习考核】

① 利用遥感软件对影像进行辐射定标和辐射校正。
② 利用遥感软件对影像进行几何纠正。
③ 实现叶绿素浓度反演的回归分析法，反演获得水域的叶绿素浓度分布图。
④ 叙述上述实现过程和步骤，完成实习报告。

应用二十　植被覆盖度与气象因子相关性分析

【实习目的】
　　① 理解植被覆盖度与气象因子相关性分析的原理和意义。
　　② 掌握植被覆盖度与气象因子相关性分析的方法。
　　③ 会用遥感软件实现植被覆盖度与气象因子相关性分析。

【实习原理】
　　植被覆盖度是反映植被资源和绿化水平的重要指标，在一定程度上反映植被生长状况，而植被生长又与天气、气候有关系，因此植被覆盖度与气象因子有很大的相关性，植被覆盖度与气象因子的相互关系，是农作物估产、气象灾害评估的重要指标。研究植被覆盖度与地表生态环境参数(气温、降水、蒸发量、土壤水分等)的关系，具有重要的意义。MODIS 等卫星影像能够获得归一化植被指数，也已经在植被动态变化监测、宏观植被覆盖分类和植物生物物理参数反演方面得到了广泛的应用。已有相关研究对植被指数与气象因子相互关系进行了分析，但因为提供大范围宏观植被监测的遥感影像空间分辨率比较低，而不可避免地存在大量的混合像元，使得 NDVI 的计算必须考虑这种混合像元的影响。本实验用植被覆盖度代替植被指数，通过 MODIS 影像与气象观测资料，对植被覆盖度与气象因子相关性进行试验分析，其原理介绍如下：
　　分析植被覆盖度与气象因子的相关性，可以用以气象因子为自变量，植被覆盖度为因变量进行函数表达。对于植被覆盖度，通常选用对绿色植物(叶绿素引起的)强吸收的可见光红光波段(0.6~0.7 μm)和对绿色植物(叶内组织引起的)高反射和高透射的近红外波段(0.7~1.1 μm)。这两个波段不仅是植物光谱、光合作用中最重要的波段，而且它们对同一生物物理现象的光谱响应截然相反，形成明显的反差，因此可以对它们用比值、差分、线性组合等方式来增强植被信息，同时使非植被信息最小化。
　　植被覆盖度已在前面实验单元中进行过介绍，是指植被在地面的垂直投影面积占统计区总面积的百分比，常用混合像元的二分模型来计算，植被覆盖度 Veg 计算如下：
$$Veg = (NDVI - NDVI_1) / (NDVI - NDVI_2)$$
其中，$NDVI_1$ 为无植被覆盖区域的 NDVI 值，$NDVI_2$ 是完全植被覆盖区域的纯净像元 NDVI 值，从该模型可知，植被覆盖度可由 NDVI 计算，参数 $NDVI_1$ 和 $NDVI_2$ 可由图像中采样得出。
　　与植被覆盖度有关的气象因子，主要包括：降水、温度、积温、日照时数等，本实验主要分析这几种气象因子。降水是土壤水分和农业用水的主要来源，降水量的多少，主要取决于大气中水汽的含量与气流上升动力的强弱，还受纬度、环流、海陆、地形和洋流等制约。降水对植物进行光合作用起着重要作用，影响土壤湿度、农田蒸散量和农田水分平衡。降水量的差异可导致不同的自然景观和农业生产类型。年降水量大于 1000 mm 的湿润地区适于栽培水稻，年降水量 400～1000 mm 的半湿润地区主要是旱作农业区。气温，是指空气的温度，通过对温度表一天观测 3～4 次，多次观测的气温之和除以观测次数，得到日平均气温。温度直接影响光合作用、呼吸作用、细胞壁渗透性、水分和矿质养分的吸收、蒸腾作用等，这些影响最终反映在植物生长上。积温指某一时段内 0° 以上日平均温度累加之和，是研究温度与植物生长之间关系的一种指标，植物从播种到成熟，对积温有一定要求。日照时数是指太阳直射光线在无地物、云、雾等任何遮蔽的条件下，照射到地面所经历的时间。日照为植物光合作用提供能源、控制植物的形态建成，植物的茎、枝、根、冠都与光照强弱有关。日照时数也影响着植物生长与休眠，植物一般是长日照条件促进生长、短日照诱导休眠。

植被覆盖情况取决于气候、地形、土壤等，对于特定区域和时间，地形、土壤对植被影响可以看做是稳定的，植被覆盖度可被看做是气象因子的函数。以气象因子为自变量，植被覆盖度为因变量，分别对 Veg/降水、Veg/日照、Veg/积温进行回归分析，并运用相关系数检验法得到复相关系数值，计算如下：

$$R^2 = \frac{U}{S_{yy}} = \frac{\sum\limits_{k=1}^{n} (\hat{y}_k - \bar{y})^2}{\sum\limits_{k=1}^{n} (y_k - \bar{y})^2}$$

其中，U 为回归平方和，是回归值 $\hat{y}_k$ 与均值 $\bar{y}$ 之差的平方和，S_{yy} 为离差平方和，R 称为复相关系数。复相关系数表示自变量与因变量的相关程度，$0 \leq R \leq 1$，复相关系数越接近 1 回归效果就越好。根据样本数在相关系数检验临界值表中查询 临界值，若相关系数大于临界值可认为两者拟合关系的相关性。对植被覆盖度和降水进行回归分析，计算前 15 天、前 30 天累计降水与植被覆盖度值的拟合关系，分析其相关性。对植被覆盖度和日照时数，计算前 5 天、10 天、15 天累计日照时数与植被覆盖度值的拟合关系，分析其相关性。对植被覆盖度和积温，计算积温与植被覆盖度值的二次多项式拟合关系，分析其相关性。

【软件和数据】

遥感软件 ERDAS 9.2，ENVI 5.1，PCI 2012 以及 Matlab，湖北某区域的 MODIS 影像和气象资料。

【实习方法】

① 利用遥感软件对 MODIS 影像进行预处理，包括去条带噪声、去蝴蝶结现象、几何纠正、太阳天顶角校正、影像裁剪等。去条带噪声具体可参考前述实验单元中的方法，如从 ENVI 主菜单中选择"Basic Tools→Preprocessing→General Purpose Utilities→Descript"，设定探测器的数目，即波段数据一个扫描带所包含的探测器单元个数。Bow-tie 校正可利用 ENVI 的 Bow-tie Correction 命令实现。太阳天顶角订正是将探测点太阳天顶角不同造成的探测值的偏差换算成太阳处于天顶时的探测值，用遥感软件的建模工具或波段运算工具，

将订正前的反射率除以探测点太阳天顶角的余弦作为订正后的反射率。

② 计算植被覆盖度，对气象因子进行统计。植被覆盖度的计算方法参见前述实验单元中的介绍。降水是将数据库中的日平均降水量乘以比例因子 0.1 后，得到单位为 mm 的降雨量值，并去除其中的最大值，然后分别累加计算出相对于当日的前 15 天累计降雨量和前 25 天降雨量。日照是将数据库中的日照时数乘以比例因子 0.1 后，得到单位为小时（h）的日照时数值，然后分别累加计算出前 5、10、15 天累计日照时数。积温是将数据库中的日平均气温乘以比例因子 0.1 后，得到单位为摄氏度（℃）的日平均气温值，以 1 月 1 日为起点累加出对应与当日的积温值。

③ 利用 Matlab 软件做相关性回归分析。在 Command Window 中输入相应数据，用"Start"→"Toolboxes"→"Curve Fitting"→"Curve Fitting Tool"制作植被覆盖度与降水量、积温和日照时数之间的关系曲线，并进行相关性分析。

【实习考核】

① 利用遥感软件对 MODIS 影像进行预处理，包括去条带噪声、去蝴蝶结现象、几何纠正、太阳天顶角校正、影像裁剪等。

② 分析影像植被覆盖度与气象因子之间的相关性。结合植被覆盖度与气象因子的拟合曲线以及相关系数，得出实际影响植被覆盖的气象因子。

③ 叙述上述实现过程和步骤，完成实习报告。

应用二十一　遥感影像变化检测

【实习目的】

　　① 理解遥感影像变化检测的原理和意义。

　　② 掌握遥感影像变化检测的常用方法。

　　③ 会用遥感软件实现影像变化检测。

【实习原理】

　　由于社会经济的迅速发展，对自然资源的开发和利用也日益扩大，人类活动引起地表环境的变化也越来越剧烈。为加强对土地资源的有效管理和合理利用，促进经济可持续发展和社会的全面进步，迫切需要科学、及时地对国土资源利用情况进行动态的监测。遥感技术以其快速、准确、周期性短等特点在国土资源变化检测中得到了广泛的应用，影像是获取地表信息的有效手段，遥感影像能连续、可重复地提供对地表覆盖的动态、宏观观测，广泛应用于土地资源普查、城镇用地调查、地质环境评估等各个方面，其中一个重要的应用就是土地利用遥感变化检测。遥感变化检测是从不同时期的遥感数据中分析确定、定量评价地表随时间的变化而引起影像像元光谱响应发生变化的特征与过程，如何有效地从遥感数据中提取变化信息，已经成为遥感应用的研究热点。目前，针对遥感影像变化检测已经提出了大量方法，且有多种分类方式，但还没有一个统一的类型划分方案。本实验要求掌握的遥感影像变化检测技术主要包括以下几种，其原理介绍如下：

　　① 特征比较法。特征比较法是最为常见的方法，它是对同一区域不同时相影像的光谱特征进行运算、变换和比较，再采用阈值分割方法确定变化信息发生的位置，但阈值的确定是其应用的难点，通常很难找到一个适合于整个影像范围的全局阈值。常用的特征比较法包括图像差值法、图像比值法、指数比较法、主成分分析法、变化向量分析法等，下面介绍多光谱影像的主成分分析法。主成分分析法能够减少数据之间的冗余，突出和保留主要地物类别信息，但只能反映变化的分布和大小难以表达变化的类型。主成分分析应用于多光谱遥感影像变化检测有两种方法：第一种方法的原理是，先对两时相多光谱影像的各个波段计算像素灰度差值，得到一个多波段差值影像。然后对多波段差值影像做主分量变换，主分量变换后的第一分量集中了差异影像的主要信息也是原多光谱影像的主要差异信息，再设置合适的阈值提取出变化信息。第二种方法的原理是，首先分别对两时相多光谱影像做主分量变换，主分量变换后第一分量集中了两个影像的主要信息，再对其进行差值后设置阈值提取变化信息。

　　② 分类比较法。分类比较法是在影像分类的基础上比较分类结果发现变化信息，该方法依赖于分别分类的精度和分类标准的一致性，不仅能提供变化的位置信息，还能提供

变化的类别信息，但每个时相影像单独分类的误差会在变换检测过程中累积从而降低了变化检测的精度。分类比较法首先需要对两时相影像建立统一的分类标准，然后选择合适的影像分类方法，分别对两个时相的遥感影像进行分类处理，再对每一像素的分类结果进行比较，判断出类别的变化信息。分类比较法的关键是影像分类。

③ 特征比较与分类比较相结合的方法。该方法首先利用特征比较法产生变化信息，然后生成二值变化掩膜文件，0 表示未变化像素、1 表示变化像素；将变化掩膜叠加在时相 2 的影像上，运用代数乘法只对时相 2 影像中的变化区域进行分类，最后应用传统的分类后比较方法得到类别变化信息。

【软件和数据】

遥感软件 ERDAS 9.2，ENVI 5.1，PCI 2012，湖北某区域的两时相 SPOT 影像。

【实习方法】

利用 PCI 软件在 SPOT 多光谱影像中进行基于特征比较的影像变化检测，在构造特征差异图之前按前述实验单元遥感影像辐射校正，利用 PCI 软件对两时相影像分波段进行直方图匹配以实现相对辐射校正，在辐射校正后可生成差值影像图。在对特征差异图进行阈值分割时，要根据差异图的直方图分布选取合适的阈值，如差值影像的直方图基本符合高斯分布，没有变化的像元分布在平均值附近而变化的像元分布在远离平均值的两端，可以设置高、低两个阈值，小于低阈值或大于高阈值的像元为变化像元，在低阈值和高阈值之间的像元为未变化的像元。阈值需通过反复实验来进行，可利用 0.25~2 个标准差之间每 0.25 个标准差生成阈值进行变化检测和变化检测效果评估，找到变化检测效果较好的阈值作为初阈值，再以 0.1 个标准差在初阈值附近做更为细致的实验以确定最终的阈值。利用 ERDAS 软件在 SPOT 多光谱影像中进行基于分类比较的变化检测。在 ERDAS 软件主菜单中 Classifier 的 Signature Editor 中，利用 Feature→View 查看两时相影像聚类地物在 Feature Space 中的可分性，利用 Linker→Cursors 功能查看可分聚类指示的地物类，结合武汉市的实际地形特征确定待分地物类。分别在两时相影像上选择四种地物特征较纯的训练样区后对其进行监督分类。也可对影像进行非监督分类，在分类后影像中提取训练样区，再对其进行监督分类，即监督与非监督结合的分类法。在对两时相影像分类后，需要利用 ERDAS 的 Recode 功能对两时相分类结果进行类别重编码以统一类别编号，凡是同一类别其类别编号在两个分类结果中要一致，将分类类别统一类别重编码为 1~4。最后，需要利用 ERDAS 的空间建模功能建立分类比较的变化检测的模型，运行该模型得到变化检测的结果，变化模型可设置为 Classa * 10+Classb，Classb 为前时相分类结果，Classa 为后时相分类结果。根据该模型生成的变化检测结果中类别编号分别为 11~14、21~24、31~34、41~44 共 16 个 2 位数编号。在 16 个 2 位数类别编号中，凡个位与十位相等的 11、22、33、44 表示未变化像素，凡个位与十位不等的类别编号表示从个位对应类别变化到十位对应类别。利用 ENVI 软件在 SPOT 多光谱影像中进行基于特征比较和分类比较相结合的变化检测。在生成二值变化掩膜文件时，可综合考虑多个波段的变化信息生成多个波段的掩膜文件，再对多个波段的掩膜文件进行或运算，从而产生综合掩膜文件。

【实习考核】

① 利用 PCI 软件对 SPOT 多光谱影像进行基于特征比较的影像变化检测，要求分别实现主成分分析应用于多光谱遥感影像变化检测的两种方法分别获得两个变化检测结果，并选取效果较好的结果作为最终的变化检测结果，叙述其实现过程和步骤。

② 利用 ERDAS 软件对 SPOT 多光谱影像进行基于分类比较的变化检测，叙述其实现过程和步骤。

③ 利用 ENVI 软件对 SPOT 多光谱影像进行基于特征比较和分类比较相结合的变化检测，叙述其实现过程和步骤。

④ 分析三种软件、三种方法的变化检测的结果，对检测效果进行评估、分析，并分别找出其存在的不足和可以改进的措施。

应用二十二 遥感影像变化检测精度评定

【实习目的】

① 掌握遥感影像变化检测精度评定的方法。

② 会用遥感软件实现影像变化检测精度评定。

【实习原理】

分类后比较法是在各时相影像分别分类的基础上进行变化信息提取，不仅能提供变化的位置信息，还能提供变化的类别信息。由于每个时相影像单独分类的误差会在变化检测过程中累积从而降低检测精度，因此该方法的关键是影像分类，检测效果依赖于各时相影像单个分类的精度。在利用分类后比较法进行变化检测后，需要对其检测精度进行定量评价。

【软件和数据】

遥感软件 ERDAS 9.2，ENVI 5.1，PCI 2012，湖北某区域的两时相 SPOT 影像。

【实习方法】

在对两时相 SPOT 影像分别进行监督法分类并建立分类后比较的检测模型后，运行模型得到变化检测的结果，即可进行变化检测精度评定。变化检测精度评定实际上是以标准变化图为参考，对计算机自动分类后比较获取的变化图进行定量评价的过程。变化检测精度评定分为两步进行：首先要制作用做参考的标准变化图，其次是要建立定量评价模型。为获取标准变化图，需要对影像进行目视解译并结合必要的外业调绘，按相同的分类体系和统一的分类编码制作标准分类图。当获得两时相影像的标准分类图后，再利用相同的分类比较模型 Classa * 10+Classb，Classb 为制作的前时相标准分类图，Classa 为制作的后时相标准分类图。在需要精度评定的变化图和标准变化图中，类别编号分别为 11~14、21~24、31~34、41~44 共 16 个 2 位数编号，凡个位与十位相等的 11、22、33、44 表示未变化像素，凡个位与十位不等的类别编号表示从个位对应类别变化到十位对应类别。将两个变化图的这 16 个类别编号分别进行重编码为 0~15。精度评定的模型为 change_a * 16+ change_ref，在用该模型生成的精度评定图中，像素值取值范围为 0~255，凡像素值是 17 的整数倍的像素表示检测结果正确，凡像素值不是 17 的整数倍的像素表示检测结果错误，则变化检测的精度计算为 $A = n_{17}/n$，其中 n_{17} 表示像素值为 17 的整数倍的像素总数，n 影像中的总像素数。

【实习考核】

　　① 利用 PCI 软件或 ERDAS 软件、ENVI 软件手工制作变化检测的标准图。

　　② 利用 ERDAS、PCI 的建模工具或 ENVI 的波谱运算工具，建立变化检测的精度评定模型，并生成精度评定图，计算出变化检测的精度。

　　③ 叙述上述实现过程和步骤，完成实习报告。

参 考 文 献

［1］葛洁. 植被指数与气象因子关系研究［D］. 武汉：武汉大学，2007.

［2］关泽群，刘继琳. 遥感图像解译. 武汉：武汉大学出版社，2007.

［3］胡晓雯，曹爽，赵显富. 基于植被指数的绿地信息提取的比较［J］. 南京信息工程大学学报：自然科学版，2012，4（5）：420-425.

［4］刘广峰，吴波，范文义，等. 基于像元二分模型的沙漠化地区植被覆盖度提取——以毛乌素沙地为例［J］. 水土保持研究，2007，14（2）：268-271.

［5］马红. 一种基于遥感指数的城市建筑用地信息提取新方法［J］. 城市勘测，2014，（3）：20-23.

［6］孟令奎，郭善昕，李爽. 遥感影像水体提取与洪水监测应用综述［J］. 水利信息化，2012，（3）：18-25.

［7］孟瑜，赵忠明，彭舒，等. 基于谱间特征分析的城市建筑用地信息提取［J］. 测绘通报，2008，（12）：36-38.

［8］宁津生，陈俊勇，李德仁，刘经南，张祖勋，等. 测绘学概论. 第2版. 武汉：武汉大学出版社，2008.

［9］孙家柄. 遥感原理与应用. 武汉：武汉大学出版社，2013.

［10］覃志豪，等. 用陆地卫星TM6数据演算地表温度的单窗算法［J］. 地理学报，2001，56（4）：456-466.

［11］徐芳，黄昌狄. 基于WorldView影像的植被自动提取研究［J］. 测绘地理信息，2016，41（1）：47-50.

［12］杨雪，马骏，赖积保，等. 基于傅里叶变换的HY-1B卫星影像条带噪声去除［J］. 航天返回与遥感，2012，33（1）：53-59.

［13］姚花琴，杨树文，刘正军，等. 一种城市高大地物阴影检测方法［J］. 测绘科学，2015，40（10）：109-113.

［14］郑小慎，林培根. 基于TM数据渤海湾叶绿素浓度反演算法研究［J］. 天津科技大学学报，2010，25（6）：51-53.

［15］周启鸣. 多时相遥感影像变化检测综述［J］. 地理信息世界，2011，（2）：28-32.

［16］周小军，郭佳，周承，仙谭薇. 基于改进同态滤波的遥感图像去云算法［J］. 无线电工程，2015，45（3）：14-17.

［17］Anys H, Bannari A, He D C, Morin D. Texture analysis for the mapping of urban areas using airborne MEIS-II images［C］. Proceedings of the First International Airborne Remote Sensing Conference and Exhibition, 1994, 3：231-245.

［18］ Bigdeli B, Samadzadegan F, Reinartz P. A Multiple SVM System for Classification of Hyperspectral Remote Sensing Data［J］. Journal of the Indian Society of Remote Sensing, 2013, 41(4): 763-776.

［19］ Bradley A P. The use of the area under the ROC Curve in the evaluation of machine learning algorithms［J］. Pattern Recognition , 1997,30(7): 1145-1159.

［20］ Chander G, Markham B, Helder D. Summary of current radiometric calibration coefficients for Landsat MSS, TM, ETM +, and EO-1 ALI sensors［J］. Remote Sensing of the Environment, 2009, 113: 893-903.

［21］ Chen C, Qin Q M, Zhang N, et al. Extraction of bridges over water from high-resolution optical remote-sensing images based on mathematical morphology［J］. International Journal of Remote Sensing, 2014,35(10): 3664-3682.

［22］ Conrac Corporation. Raster Graphics Handbook. New York: Van Nostrand Reinhold,1985.

［23］ Crippen R E. A Simple Spatial Filtering Routine for the Cosmetic Removal of Scan-Line Noise from Landsat TM P-Tape Imagery［J］. Photogrammetric Engineering & Remote Sensing,1989, 55 (3): 327-331.

［24］ Du Y Z, Chang C I, Ren H, et al. New Hyperspectral Discrimination Measure for Spectral Characterization［J］. Optical Engineering, 2004, 43(8): 1777-1786.

［25］ ELIASON E M, MCEWEN A S. Adaptive Box Filters for Removal of Random Noise from Digital Images［J］. Photogrammetric Engineering and Remote Sensing, 1990, 56 (4): 453-458.

［26］ Gharbia R, El Baz A H, Hassanien A E, Tolba M F. Remote Sensing Image Fusion Approach Based on Brovey and Wavelets Transforms ［C］. Proceedings of the Fifth International Conference on Innovations in Bio-Inspired Computing and Applications, 2014, 303:311-321.

［27］ Hyvarinen A, Oja E. Independent component analysis: algorithms and applications［J］. Neural Networks,2000, 13(4-5): 411-430.

［28］ King R.L. and Wang J.W. A wavelet based algorithm for pan sharpening landsat 7 imagery ［C］. IEEE International Symposium on Geoscience and Remote Sensing, 2001, 1-7: 849-851.

［29］ Kumar P, Gupta D K, Mishra V N, Prasad R. Comparison of support vector machine, artificial neural network, and spectral angle mapper algorithms for crop classification using LISS IV data［J］. International Journal of Remote Sensing, 2015,36(6):1604-1617.

［30］ Lavreau J. De-Hazing Landsat Thematic Mapper Images［J］. Photogrammetric Engineering and Remote Sensing, 1991, 57 (10): 1297-1302.

［31］ Liu Q S, Liu G H, Huang C, Xie C J.Comparison of tasselled cap transformations based on the selective bands of Landsat 8 OLI TOA reflectance images［J］.International Journal of Remote Sensing, 2015, 36(2):417-441.

［32］ Lopes A, Touzi R, Nezry E. Adaptive Speckle Filters and Scene Heterogeneity［J］. IEEE

Transactions on Geoscience and Remote Sensing, 1990, 28(6): 992-1000.

[33] Maurer T. How to Pan-Sharpen Images Using the Gram-Schmidt Pan-Sharpen Method - A Recipe[C]. International Archives of the Photogrammetry Remote Sensing and Spatial Information Sciences, 2013,40-1(W-1):239-244.

[34] Mazer A S, Martin M, Lee M, Solomon J E. Image Processing Software for Imaging Spectrometry Analysis[J]. Remote Sensing of the Environment, 1988, 24(1): 201-210.

[35] Narendra P M, Goldberg M. A non-parametric clustering scheme for landsat[J]. Pattern Recognition, 1977, 9(4):207-215.

[36] Richards J A. Remote Sensing Digital Image Analysis: An Introduction. Springer-Verlag, Berlin, Germany, 1999.

[37] Shi Z H, Fung K B.A comparison of digital speckle filters[C]. International Geoscience & Remote Sensing Symposium, 1994, 4:2129-2133.

[38] Su H, Wang Y P, Xiao J, Li L L. Improving MODIS sea ice detectability using gray level co-occurrence matrix texture analysis method: A case study in the Bohai Sea[J]. ISPRS Journal of Photogrammetry and Remote Sensing, 2013,85:13-20.

[39] Sunar F, Musaoglu N. Merging multiresolution SPOT P and landsat TM data: the effectsand advantages[J].International Journal of Remote Sensing, 1998, 19(2):219-224.

[40] Vrabel J, Doraiswamy P, McMurtrey J, Stern A. Demonstration of the accuracy of improved resolution hyperspectral imagery [C]. Proceedings of the Society of Photo-optical Instrumentation Engineers (SPIE),2002,4725:556-567.

[41] Yusuf Siddiqui. The Modified IHS Method for Fusing Satellite Imagery[C]. Proceedings of the ASPRS 2003 Annual Conference, 2003.

◎ 参考网页

[1] http://baike.baidu.com/link? url = KSTNtrdHfsiR9grtwe6-dMNMRnZw9Lzmgsg8NKYZ8C4 RTxBExp5KFl5Dmz1hpEF8hWafrRoNkSf5iEWC2ncDLK

[2] http://www.landview.cn/pro.asp? id = 27

[3] https://wenku.baidu.com/view/900aa282d4d8d15abe234e0f.html

[4] https://wenku.baidu.com/view/7d9c8dde50e2524de5187e83.html? from = search

[5] http://www.cnic.cn/zcfw/sjfw/gjkxsjjx/dxal_sdb05/201007/t20100729_2915158.html

[6] http://baike.baidu.com/link? url = zlb_7zj-JT0aq7RY_tX5hlnEiY9hFJRzGEBisG23kHm LREhtHx5ub0hvoiehCMs8xG2ATBB_VdMGCU0rtMgzMAXdM7yzdWHEPSRmV4xRpMK.

[7] http://baike.baidu.com/link? url = k1nux740AIfuF8BKSA9We0-GYlEopRhmEffd8a08SN YHlU2OC6GWkytFh0fHxf-vNQ_3BtgQMpBx1eKDL0XplfyFTd0wXjBQGXo8Lufm NvJjjI T1 uvTbcbdGjkRo-IM9.

[8] http://baike.baidu.com/link? url = sdS-irvydDXsWII4cXTa-NjlN2o_Pz0aSlnPtTBUAPef EE1HJD5tiXrUzk1WDZ6mFvjd5LXhomDGJX4DXYXFgYyDGi   _   TfoyGYVc6LY-yCSLm- hkQvxsLojcdlXV5Otbo.

［9］ http：//baike. baidu. com/item/WorldView% E5% 8D% AB% E6% 98% 9F/16831935 # view PageContent.

［10］ http：//baike. baidu. com/link？ url = c1fZeOH5GIyGrxV7nMGgRBJVJlvjNXL _ yelNs _ 5 QoTckXBlF_IsXxfvRvqg8uTXEPJRfSF5ZrTlv4442qteFqgL3can2cRPKgN7Q6HFTDT4aN90 1sMbDKdN8nJjcVLYuEm96osqoU39mVuaWZwSP4K.

［11］ http：//baike. baidu. com/link？ url = 9bmV2-ioq-aJgBJFxNdk9DBztVCMq3rsHj3 _ Pfjcxhr VJ7IDCNdrEPv3oUvzYdM-DsWGOXfRjY9VaM36Uz0M3OQSGzwSin-Rx-NylKxBhs1J4BH BhJb3zsQj66d6AIChGFoalBAI3niZeHErqRwIwK.

［12］ http：//baike. baidu. com/link？ url = 018Qun0oXSgVMwq _ CEmOFalgBTLFOBKlQ7X0k MWx-GLZXyMS2L-UpQOtlEpGoprfYDSuBsYfAZc5dPfwtFAgtzKMdUxBfLYBdxHg7s55-jnL 4P7I31hOhK50babyZnSzy-G3eM4-Q3nqoOcyHWTByq.

［13］ http：//baike. baidu. com/item/% E9% AB% 98% E5% 88% 86% E5% 9B% 9B% E5% 8F% B7%E5%8D%AB%E6%98%9F？ sefr=cr.

［14］ http：//baike. baidu. com/item/% E9% AB% 98% E5% 88% 86% E5% 85% AB% E5% 8F% B7%E5%8D%AB%E6%98%9F？ sefr=cr.

第五篇　实习案例

"数字图像处理实习"创新型实验教学示范

李刚，万幼川，刘继琳

武汉大学遥感信息工程学院，武汉 430079

摘要 本文以"数字图像处理实习"中的教学内容"raw 格式到 bmp 格式转换"为例，展示了"数字图像处理实习"创新型实验教学的特点。通过设置"基础验证型"、"综合设计型"和"探索开发型"三个相互联系、层次提升的教学环节，采取"任务驱动"、"引导提示"、"问题启发"教学方法，充分培养了学生对基础知识的综合应用能力和对算法设计的开发创新能力。"数字图像处理实习"创新型实验教学的建设对深化实验教学改革和创新具有一定的参考和示范作用。

关键词 基础验证型；综合设计型；探索开发型；任务驱动；引导提示；问题启发；创新型实验教学

Innovatory Experiment Teaching Demonstration of Digital Image Processing Practice

Li Gang, Wan Youchuan, Liu Jilin

School of Remote Sensing and Information Engineering, Wuhan University, Wuhan 430079, China

"数字图像处理实习"是为建设国家级精品课程"数字图像处理"而开设的实践教学课程[1]，随着"数字图像处理"课程的建设和改革，"数字图像处理实习"不断创新实践教学内容，逐渐从基础验证型向综合设计型以及探索创新型实践教学转换。创新实践教学体现在不仅要使学生掌握实际生产、工程应用中已发展成熟的技术，而且还要使学生在综合应用这些技术的基础上，创造性地解决实际中遇到的新问题和难点问题。通过创新型实践教学训练，培养学生的自主创新能力和研究开发能力。"数字图像处理实习"创新型实验教学的一个重要方面体现在，根据"坚实基础、强化设计、突出创新"这一要求，在教学内

基金项目：湖北省教学研究项目（2013016）

第一作者：李刚（1976— ），男，湖北孝感人，工程师，博士，从事遥感影像解译方面的教学与研究工作，武昌珞喻路 129 号。本文发表于：测绘通报，2012，（10）：101-103。

容上设置了基础验证型、综合设计型和探索开发型三个联系紧密而又逐层提升的实践教学环节，三个教学环节通过"任务驱动式"方法彼此衔接、而每个教学环节又通过"引导提示性"和"问题启发式"方法完成。下面以"数字图像处理实习"中"raw 格式到 bmp 格式转换"这一教学内容为例，展示基础验证型、综合设计型和探索开发型三个层次的创新型实验教学。

一、raw 格式到 bmp 格式转换原理

在数字图像处理中，图像的格式转换是经常遇到的一个问题[2]。图像格式很多，如 raw 格式是最原始的图像格式，bmp 格式是最常用的图像格式之一。raw 格式中只含有图像数据而不含图像属性信息，如图像高度、宽度、颜色表等，不能在显示设备上直接显示[3]。而 bmp 格式不只含有图像数据而且在其文件头、信息头和颜色表中含有图像属性信息，因而可以在不同的显示环境下显示一致的颜色[4]。为了实现对 raw 格式的显示，需要将其转换成含有属性信息和颜色信息的图像格式。针对 raw 格式和 bmp 格式存储方式上的差异，将 raw 格式转换成 bmp 格式需要做两方面的工作：其一是将图像的属性信息，如高度、宽度、颜色表等存储到 bmp 格式的文件头、信息头和颜色表中；其二是将 raw 格式的数据区转换存储到 bmp 格式的数据区。

二、基础验证型教学环节

在基础验证型教学环节，要求学生完成"用 Visual C++编程实现 raw 格式到 bmp 格式转换的最基本算法"这一任务。在这一教学环节，raw 格式图像的高度和宽度由教师直接给定，学生只需要将指定高、宽的 raw 格式转化为 bmp 格式。通过向学生提示 raw 格式和 bmp 格式存储方式的差异，启发学生在将 raw 格式转换为 bmp 格式时，要先分别建立文件头结构体、信息头结构体和颜色表结构体数组，并分别为其数据成员赋值；然后将 raw 格式数据区中的像素值取出存储到 bmp 格式数据区。这里还要注意二者在数据存储上的差异，raw 格式是按从上到下、从左到右的行列顺序依次存储像素值，而 bmp 格式是按显示的从下到上、从左到右的行列顺序依次存储像素值。raw 格式到 bmp 格式转换的基础验证型教学环节具体包括以下内容：

（1）创建文件头结构体

用 MFC 封装的结构体 BITMAPFILEHEADER 定义文件头变量 fileheader，再为其数据成员赋值，如：bftype 表示位图类型，取值为 0x4d42；bfsize 表示位图文件的大小，取值为位图文件各部分所占字节总和；bfoffbits 表示数据区相对于文件头的偏移字节数，取值为位图文件头、信息头和颜色表所占字节总和。

（2）创建信息头结构体

用结构体 BITMAPINFOHEADER 定义信息头变量 infoheader，再为其数据成员赋值，如：biSze 表示本结构字节数，对于所有位图文件其信息头所占字节数都固定为 40；biWidth 表示图像宽度也就是像素列数，biHeight 表示图像高度也就是像素行数，都是由

老师在提供实验数据时给定的；biBitCount 表示图像像素值所占位数，图像像素值所占位数与图像颜色数有关，对于 256 色图像 biBitCount 值为 8，对于真彩色图像 biBitCount 值为 24；biSizeImage 成员表示图像数据大小即数据区所占字节数，为图像数据的行数与每行字节数的乘积计算。这里教师有必要向学生指明，对于 bmp 图像格式每行字节数必须是 4 的整数倍，如果不是 4 的整数倍则需补 0 进行转化。

（3）创建颜色表

颜色表实际上是一个由颜色项构成的数组，每个颜色项由结构体 RGBQUAD 定义，在颜色结构体中规定了蓝、绿、红三个颜色分量，需要对其赋值。由于本实习所采用的 raw 影像是 8 位灰度图像，所以颜色表中每个颜色项代表一个灰度级，其蓝、绿、红三个分量值相等。采取一个 for 循环，为颜色表中每个颜色结构体赋值，其三个颜色分量分别赋颜色项索引值。

（4）创建数据区

教师首先要求学生根据图像的宽度计算正确的每行字节数后，再结合图像的高度计算图像数据区的字节数，以创建相应大小的数据区。在将 raw 文件数据区的像素值转存到 bmp 文件数据区时，提醒学生注意 raw 文件数据区和 bmp 文件数据区像素值存储顺序中行顺序相反、列顺序一致，即将 raw 文件数据区最后一行存储到 bmp 文件数据区第一行、raw 文件数据区倒数第二行存储到 bmp 文件数据区第二行，依次类推。

三、综合设计型教学环节

学生的求知欲是以问题开始的，学习过程可看做是一个不断发现问题、分析问题、解决问题的过程[5]。把问题作为教学的出发点，可以启发学生主动学习、积极思维[6]。基础验证型教学环节中学生根据老师给定的 raw 文件图像高度和宽度，验证了 raw 文件到 bmp 文件转换最基本的算法后，教师适时向学生提出问题"在没有给定 raw 文件图像高度和宽度或者不知道 raw 文件图像高度和宽度的情况下，如何实现 raw 文件到 bmp 文件的转换呢"，启发学生去认真思考这个问题。同时提示学生参照著名的图像处理软件 Photoshop 将 raw 文件转换成 bmp 文件的方式，去设计在未知高度和宽度情况下的转换方法，从而完成"通过穷举搜索高宽实现 raw 文件到 bmp 文件转换"的任务。

教师以所给 raw 文件为例，演示了 Photoshop 的转换功能，学生会发现 Photoshop 是以一个对话框的方式接收用户输入的高度和宽度值，或者默认一个根据 raw 文件大小估算出来的一对高宽值，来进行格式转换。通过 Photoshop 的转换实验，学生也会发现根据默认的高宽值转换出来的图像大多数出现乱纹，说明估算值并不正确，为验证下一对估算高宽值是否正确，则需要关闭当前文件后重新读取 raw 文件。由此启发学生是否可以设计一种方法，当根据一对高宽估计值转换所得的 bmp 格式图像不正确时，可连续根据多个高宽估计值转换成多个 bmp 格式图像，直至人眼判断转换所得的 bmp 格式图像正确为止，此时对应的高宽值即为所求的正确高度和宽度。根据这一思路，学生综合设计的 raw 格式到 bmp 格式转换方法如下：

① 首先定义一个对话框，分别接收高度、宽度以及高度增加量，在本实习中，高度

和宽度的初始估计值为 raw 文件大小的平方根、高度增加量设置为 2，以后每次单击对话框中的"确定"按钮，都会根据高度增加量得到一个新高度及其对应的新宽度；

② 在对话框单击确定后，由新生成的高度值和由 raw 文件大小计算出的宽度值作为参数，调用基础验证型教学环节中编写的 raw 文件到 bmp 文件的基本转换函数，获得转换后生成的 bmp 图像；

③ 人眼目视判断，如果生成的 bmp 图像显示不正确，则计算出来的高宽值就不是 raw 文件图像正确的高度和宽度，继续单击确定按钮更新高宽值，直至显示的 bmp 图像正确为止，则得到的高宽值就是 raw 文件图像的高度和宽度。

四、探索开发型教学环节

创新型实验教学的一个重要特点就是要实现学生在实验教学中的主体地位，充分激励学生的主动创新意识，提高学生自主创造性地解决实际问题的能力[7]。要实现学生在实验教学中的主体地位，则需要完成以下转换：由"教师主讲、学生主听"到"学生主导、教师辅导"的转换，以"以传授知识为主"到"以解决问题、完成任务为主"的转换，以"再现式教学"到"探究式学习"的转换，使学生始终处于积极的学习状态。数字图像处理实习创新型实验教学采取任务驱动式方法在不同的实验环节设置了不同层次的具体任务，对于这些不同层次的任务，教师首先不直接向学生公开完成任务的方法，而只是提供相关提示，驱动学生通过自主学习、相互交流、探索研究，在不断的"发现问题、分析问题、解决问题、总结提炼"的过程中培养实践应用能力、探索研究能力和设计开发能力。

在数字图像处理实习创新型实验教学的探索开发型教学环节，鉴于在基础验证型教学环节学生完成"通过给定高度、宽度实现 raw 文件到 bmp 文件的基本转换"任务和综合设计型教学环节学生完成"通过穷举搜索高度、宽度实现 raw 文件到 bmp 文件转换"任务的基础上，教师向学生设计了一个更高难度的任务"在未知高度和宽度时 raw 文件到 bmp 文件的自动转换方法"，将学生学习活动与更高层次的任务或问题相结合，以探索研究问题来引导和维持学习动机，使学生充分拥有学习的主动权。

探索开发型教学环节由三个阶段组成，分别是教师引导性提示、教师启发式提问、学生探索性开发。首先，在教师引导阶段，教师向学生做出一些引导性提示，如：虽然不知道 raw 文件的高度和宽度，但知道 raw 文件的大小，可以根据 raw 文件大小计算出高度和宽度的可能组合。虽然这种高宽组合的数量可能很大，但也是一个有限值，在这些有限组合的高宽里一定存在一个正确的高宽组合。因此，raw 文件到 bmp 文件的自动转换方法包括两个过程，其一是计算高宽的有限组合，其二是在有限的高宽组合里确定正确的高宽值。其次，在教师启发阶段，教师通过"问题启发式"的方法向学生提出一些有针对性的问题，启发学生正确思考，如："在有限的高宽组合中，正确的高宽组合具有唯一性，也就是说一定存在某种条件，正确的高宽组合符合这种条件，而其他的高宽组合不满足该条件。既然存在这种条件，那这种条件是什么呢？该如何去描述和定义呢？"；又如"在综合设计型教学环节，通过连续更新高宽值直至显示的 bmp 图像正确，得到的高宽值就是 raw 文件图像的高度和宽度，而显示的 bmp 图像正确显然是根据人眼目视判读得出的。那么，人眼目视判读是怎么认为转换的 bmp 图像是正确的？这种正确符合什么标准？是否可以设计某种条件，使之近似于或者能够模拟人眼目视判读的标准？这种条件是否和图像的纹理、灰度等特征相关呢"。通过这些有针对性的提示和问题，实际上也是向学生指明了关键步骤是什么，应从哪些方面寻找解决问题的途径，一步步启发引导学生进行正确的尝试和探索。最后，在学生探索性开发阶段，学生根据教师所提出的引导性提示和启发式提问进行积极思考，通过自主学习、主动交流、探索研究去独立地、创造性地分析解决问题。探索开发型教学环节三个阶段加深了学生对实际问题的掌握，提高了学习兴趣和创新动机，培养了学生综合运用知识、创新研究的能力。

本文以数字图像处理实习中"raw 格式到 bmp 格式转换"这一教学内容为例，展示了创新型实验教学过程，该创新型实验教学由基础验证型教学环节、综合设计型教学环节和探索开发型教学环节衔接而成，通过在三个不同教学环节设置三个不同层次、难度逐层提升的实际任务，采取任务驱动式、引导提示性、问题启发式的教学方式，充分培养了学生综合运用知识解决实际问题的能力以及探索研究与开发创新的能力。通过"数字图像处理实习"创新型实验课程建设，以期建立示范效应，从而深化实践教学的改革与创新。

◎ 参考文献

[1] 贾永红. 数字图像处理课程的建设与教学改革[J]. 高等理科教育，2007，1：96-98.

[2] 梁原. 基于 MATLAB 的数字图像处理系统研究[J]. 长春理工大学，2008.

[3] 李峰，印蔚蔚. 基于 Raw 格式图像的自动白平衡方法[J]. 计算机工程，2011，37（17）：21-213.

[4] 韩姣. 基于 VC++的 BMP 格式图像与 GIF 格式图像转换[J]. 武汉理工大学学报·信息与管理工程版，2007，29（12）：23-35.

[5] 孙英朋. 英语教学运用问题教学模式之探讨[J]. 长春理工大学学报（社会科学版），2012，25（2）：168-172.

[6] 袁修孝. 问题教学法在摄影测量学教学中的尝试[J]. 测绘通报，2010（10）：75-77.

[7] 段蓉，朱昌平，张亚新，许涛. 创新型实验教学体系的探索[J]. 实验技术与管理，2010，27（10）：156-158.

土地利用遥感变化检测综合实习课程的建设与创新

李刚，潘励，潘斌

（武汉大学遥感信息工程学院，湖北 武汉 430079）

摘要 实验课程创新在创新型人才培养中起着重要作用。本文介绍了武汉大学遥感科学与技术专业"土地利用遥感变化检测综合实习课程"的建设与创新。首先，在教学内容上的创新体现在将设计性、开发性、探索性与研究性实验环节相结合；其次，在考核机制的创新体现在将实习考核与实习总结相结合、科技论文撰写与成果验收答辩相结合。通过本实习课程创新，提高了学生的自主学习、探索研究与开发创新能力。

关键词 土地利用遥感变化检测；综合实习课程；教学内容创新；教学方式创新；考核方法创新

The construction and innovation on comprehensive practice course of land-use remote sensing change detection

LI Gang, PAN Li, PAN Bin

（School of Remote Sensing and Information Engineering, Wuhan University, Wuhan 430079, China）

Abstract：Practice course innovation plays an important role in innovative talents training. This paper describes the construction and innovation on comprehensive practice course of land-use remote sensing change detection of remote sensing science and technology specialty in Wuhan University. Firstly, the innovation in the teaching content is reflected on the combination of design-based practical link, exploitative practical link, exploratory practical link and research-based practical link. Secondly, the innovation in the assessment mechanism is reflected on the combination of practice examination and practice summarizing, and the combination of scientific paper writing and achievement acceptance rejoining. Through the practice course innovation,

---

国家教育部教学改革项目：遥感科学与技术专业综合改革

作者简介：李刚（1976—　），男，籍贯：湖北孝感，博士，工程师，研究方向：主要从事遥感影像解译的研究和教学工作。E-mail：whulg@163.com。本文发表于：测绘科学，2014，39（5）：161-164。

students' ability of independent learning and exploratory research is improved.

Key words: land-use remote sensing change detection; comprehensive practice course; innovation in the teaching content; innovation in the teaching methods; innovation in the assessment mechanism

1. 引言

土地利用遥感变化检测综合实习是遥感科学与技术本科专业开设的一门重要的实践课程，有别于传统的依附于理论课、作为理论课延伸与配套的普通实习课程，它是一门独立的综合性实践教学课程。该实践课程定位于满足国家建立中小比例尺地图数据库、开展土地资源调查的重大需求，培养学生能综合运用包括遥感在内的多学科理论知识和技术，解决实际的土地利用遥感变化检测应用问题的能力。作为遥感科学与技术创新型实践教学改革的直接体现，本课程在教学内容、考核方法等方面具有创新型实践教学的鲜明特色，其中，在创新教学内容上采取了设计性、开发性、探索性与研究性实验环节相结合，在创新考核机制上采取了科技论文撰写与成果验收答辩相结合，充分培养学生的自主学习、探索研究与开发创新能力。

2. 综合实习的教学目的

第二次全国土地调查于 2007 年 7 月 1 日全面启动，通过对农村用地调查、城镇用地调查，建立土地利用数据库和地籍信息系统，实现调查信息的互联共享[1]。土地调查要求运用航天航空遥感、地理信息系统、全球卫星定位和数据库及网络通讯等技术[2]，采用内外业相结合的调查方法，获取全国每一块土地的类型、面积、权属和分布信息，建立连通的"国家—省—市—县"四级土地调查数据库，在此基础上建立土地资源变化信息的统计、监测与快速更新机制。为配合第二次全国土地调查和遥感技术应用于经济建设的需求，武汉大学遥感科学与技术专业开设了土地利用遥感变化检测综合实习，以培养学生能综合运用包括遥感在内的多学科理论知识和技术，解决实际的土地利用遥感变化检测应用问题的能力。

3. 教学内容创新

创新实践教学首先要在教学内容上创新，教学内容的创新体现在不仅要使学生掌握实际生产、工程应用中已发展成熟的专业技术，而且还要随着学科专业的发展，将科学研究中的新技术、新方法引入到实践教学，使学生直接面对科研和生产中的热点问题、难点问题和新问题，通过探索研究性的实践教学训练，培养学生的自主创新能力和研究开发能力。影像是获取信息的有效手段之一，遥感影像能连续、可重复地提供对地表覆盖的动态、宏观观测，广泛应用于土地资源普查、城镇用地调查、地质环境评估等各个方面，其中一个重要的应用就是土地利用遥感变化检测[3]。土地利用遥感变化检测综合实习最初是针对低分辨率的多时相遥感影像如 TM 影像，在大尺度上进行宏观变化检测，在教学内容上设置了自主设计型、综合应用型教学环节。随着一系列遥感卫星的发射升空和遥感应用平台的建设，遥感影像空间分辨率越来越高，为适用遥感技术的新发展，本实习针对高分辨率的多时相遥感影像，如 QuickBird 影像，在小尺度上进行高分变化检测，因而在教学内容上新增了探索研究型与程序开发型实验教学环节。

3.1　中低分辨率遥感影像变化检测实习

1）实验数据和软件

在中低分辨率影像上进行变化检测，选用的实验数据为 LandSat TM 于 1983 年和 1987 年拍摄的武汉地区影像，大小为 1011×1024 像素，波段为 1、2、3、4、5、7，分辨率为 30 m，影像根据数据头文件经过大致辐射校正。实验软件采用美国 ERDAS IMAGE 遥感专业软件和可视化编程软件 Visual C++。

2）自主设计型实验环节

遥感变化检测是从不同时期的遥感数据中定量分析地物特征差异从而确定地表变化信息，要求学生综合运用所学的各种遥感理论知识和技术，如影像辐射校正、几何纠正、影像裁减、影像镶嵌、影像分类等，并结合特定的差异检测方法才能完成这一任务。在自主设计型实验环节，为充分发挥学生的主体作用，教师最初向学生明确的只是实验数据和实习任务，而对如何完成实习任务、由实验数据获得实习成果所需的方案方法以及过程步骤则事先不向学生公开，要求学生在明确实习数据和实习任务的基础上通过积极思考、自主设计完成。在自主设计任务方案阶段，学生仅是从整体上思考实际应用问题的解决方法，对一些具体的过程和步骤还没有深刻的认识，因此其设计的方案都或多或少存在欠缺、不完善甚至错误的地方，而在这一阶段并不要求学生设计的方案都完整正确，对于方案中欠缺、错误的地方，则在后续的方案实施阶段通过"发现问题、分析问题、解决问题"来自主修正。这种方法促使学生把本科阶段所学的理论知识和专业技术全面贯通起来，培养学生的专业思考能力。

3）综合应用型教学环节

综合应用型教学环节要求学生以自主设计的任务方案为基础，运用遥感专业软件、数字图像处理、计算机编程等技术并综合现有多种变化检测技术，从两时相遥感影像上提取变化区域，获得土地利用变化检测专题图。在这一环节，教师对变化检测方法做出概括性总结，使学生能在整体上把握该领域的技术现状，使他们认识到目前对中、低分辨率遥感影像的变化检测技术总体上可分为两类：一类是基于像素特征的变化监测[4]，对两时相影像的像素灰度变化进行比较或在灰度变化的基础上进行相关分析实现变化监测，这种方法需要消除不同时期影像之间由于成像条件不同而产生的差异；另一类是基于像素分类的变化监测[5]，即根据变化前后两时相影像的分类结果进行变化监测，这种方法对分类的精度要求较高。对于每一类检测技术，可由很多具体检测方法实现，每一种具体方法其实现过程又包含多个环节，而每个环节也都可由不同的处理手段完成，最终可产生不同的检测结果。因此在综合应用型阶段鼓励学生们尝试各种变化监测方法，比较各种方法间的异同并进行综合分析评价，找出对于给定实验数据变化检测效果最好的方法。

3.2 高分辨率遥感影像变化检测实习

随着我国高分辨率对地观测计划的启动，高分辨率遥感影像的需求和应用越来越大。在高分辨率遥感影像上，地物成像特征丰富、细节清晰，为在小尺度上进行精细变化检测提供了可能和便利，高分遥感影像变化检测在城镇用地调查、地震灾害评估等方面的应用将逐渐深入[6]。而现有的适合于中低分辨率的变化检测技术，无论是基于像素特征的方法还是基于像素分类的方法，在高分辨率影像上的变化检测效果都难以令人满意而不适合于高分辨率遥感影像，高分辨率遥感影像变化检测已成为遥感应用领域的一个研究难点和热点。大学生正处于人生精力比较充沛、求知欲比较强、学习思维比较活跃、创新意识比较丰富的阶段[7]，本实习创新实践教学内容，将高分辨率遥感影像变化检测引入实践教学，使学生直接面对这一研究难点和热点，将他们较早地带入到遥感应用领域的研究前沿，为创新性人才培养打下基础。

1）实验数据和软件

在高分辨率影像上进行变化检测，选用的实验数据为美国 QuickBird 卫星于 2002 年获取的武汉地区多光谱影像、分辨率为 2.44 m，美国 IKONOS 卫星于 2009 年获取的武汉地区全色波段影像、分辨率为 1 m，多光谱影像、分辨率为 4 m。实验软件采用德国 Definiens Image 公司所开发的 Definiens Developer 7.0 和可视化编程软件 Visual C++。

2）探索研究型教学环节

在这一教学环节，教师要积极引导学生进行探索研究。首先要求学生按照中低分辨率影像的基于像素特征和基于像素分类的方法对高分辨率影像进行变化检测，并对变化检测效果进行定性分析。学生根据简单的目视判读和定性比较就可以得出：适合中低分辨率影像变化检测的方法并不适合于高分辨率影像。其次，组织学生对这种现象进行分析、讨论和总结，探索出基于像素特征或分类的方法不适合于高分辨率影像变化检测的原因，在于影像分辨率的提高使同一地物内部出现特征变异或不同地物之间出现特征干扰。再次，教师精选出国内外关于高分辨率遥感影像变化检测这一方向有代表性的研究论文若干篇供学生研读。最后，在学生研读科技论文的基础上，组织学生研究、讨论，总结出适合高分辨率遥感影像变化检测的方法：面向对象分类的变化检测[8]，并对面向对象分类的变化检测方法展开研究，结合 Definiens Developer 7.0 所提供的多尺度分割和模糊逻辑分类工具实现高分辨率遥感影像的变化检测。

3）程序开发型教学环节

针对探索研究型教学环节使学生探索研究面向对象的变化检测方法并用 Definiens Developer 7.0 实现高分辨率遥感影像变化检测，程序开发型教学环节要求教师进一步引导学生进行面向对象的变化检测算法设计与程序开发，不仅使学生具有运用遥感软件解决实际问题的能力而且还培养学生自主设计算法、开发程序以创造性地解决问题的能力。首先要求学生对面向对象的变化检测方法展开更进一步的研究，将面向对象的变化检测过程归纳为影像预处理、影像分割、对象模糊逻辑分类及分类变化检测 4 个步骤。其次，根据这个 4 主要步骤将学生分为 4 个开发小组，分别负责相应模块的算法设计与程序开发。其中：影像预处理小组主要负责影像几何纠正、分辨率调整、镶嵌、融合、裁剪等方面的算法设计与程序开发；影像分割小组主要负责对影像进行分割的算法设计与程序开发，如区域增长、分水岭分割等，并形成对象、提取对象的光谱特征、形状特征和纹理特征。对象模糊逻辑分类小组主要负责模糊隶属度函数与逻辑分类规则的算法设计与程序开发。分类变化检测小组主要负责对两时相模糊逻辑分类结果进行类别变化检测与精度评定，并将4个模块组织起来形成一整套面向对象的高分辨率遥感影像变化检测程序。通过这一环节的训练，既锻炼了学生结合专业理论进行算法研究的专业素质，又提高了学生利用编程语言进行程序设计的专业技能，同时使学生意识到科学研究的进步离不开团队的配合与交流[9]，因而也培养了学生注重团队合作的科研精神，而这些也一起构成了创新性人才培养的主要特点[10]。

4. 考核方法创新

实习考核主要是对学生所设计的任务方案、采取的技术路线、使用的方法、解决问题的效果和获得的实验结果进行评价[11]。本实习创新考核方法，将考核不仅仅局限于对学生实习情况进行评价，而是采取科技论文撰写与成果验收答辩相结合的方法，将实习考核与实习总结相统一，以考促学。创新型实践教学的综合性、设计性、探索性与开发性特点，要求学生在老师指导下广泛地查阅文献资料，积极思考，深入交流，在老师引导下自主确定任务方案。通过独立分析问题、自主解决问题、验证并改进技术路线以及算法设计与开发，近似于一个科学研究的过程，培养了学生的综合运用知识、创新研究能力。通过科技论文撰写，要求学生及时总结和分析任务完成的全过程，将实践教学中遇到问题、分析问题、解决问题的方法和思路，上升到理论思考的高度，以科技论文的形式撰写设计报告，激发了学生的研究热情并培养了正确的学习方法和科学研究习惯。通过成果验收答辩，由学生对实习整个过程作出总结和汇报，包括设计方案、方法步骤、程序演示、效果评估以及回答问题等，促使学生对实习任务的完成进一步整理思路、归纳总结，而且提问、答辩、讨论、交流这种形式也加深了学生对实际问题的掌握，提高了学习兴趣和创新动机，对于提高实习质量的监控也起到较好的作用。

土地利用遥感变化检测综合实习是遥感科学与技术专业的核心课程，其课程建设和创新在遥感创新型人才培养中起着重要作用。通过对该课程教学内容、考核方法方面的创新实践，积累经验，以期建立示范效应，从而带动遥感类系列实践课程体系的改革与创新。

◎ 参考文献

[1] 张俊峰，费立凡，黄丽娜，刘一宁，蓝秋萍. 第二次全国土地调查成果的多比例尺缩编方法研究[J]. 测绘科学，2011，36(2)：121-123.

[2] 刘文超. 基于GIS与RS的辽西北地区土地利用覆盖变化分析及驱动机制研究[D]. 吉林大学，2007年.

[3] 佃袁勇. 基于遥感影像的变化检测研究[D]. 武汉大学，2005.

[4] 袁愈才，周晓光，杨小晴等. 基于ERDAS平台的NDVI植被覆盖变化检测[J]. 测绘信

息与工程, 2011, 36(5): 11-13.

[5] 李世明, 王志慧, 李增元. 基于邻近相关图像和决策树分类的森林景观变化检测[J]. 林业科学, 2011, 47(9): 69-74.

[6] 邢帅, 孙曼, 徐青, 耿讯. 变化检测技术及其在高分辨率卫星遥感影像中的应用[J]. 测绘科学技术学报, 2007, 24(S0): 53-58.

[7] 陈永琴. 大学生心理健康教育[M]. 哈尔滨工程大学出版社, 2008.

[8] 宋杨, 李长辉, 林鸿. 基于 eCognition 的绿地利用变化检测应用研究[J]. 城市勘测, 2011, 5: 81-83.

[9] 齐红倩. 建设创新型国家与高等教育创新人才培养[J]. 中国高等教育, 2011, 9: 53-54.

[10] 高捷, 杨西强, 印杰. 以创新实验计划促进高校人才培养模式改革[J]. 中国高等教育, 2008, 15: 12-14.

[11] 吕秀琴, 艾自兴. "地理信息系统课程设计"教学内容和模式探讨[J]. 实验技术与管理, 2012, 29(1): 165-167.

基于 CDIO 模式的"遥感原理与应用课程设计"创新型实验教学示范

李刚，万幼川

武汉大学遥感信息工程学院，湖北 武汉 430079

摘要 "遥感原理与应用课程设计"创新型实验课程建设是遥感系列实验课程改革与创新的一个重要组成部分，该创新型实验教学将国际先进的 CDIO 教育理念与遥感实验教学相结合，合理选择遥感工程应用中的实际项目内容"遥感专题信息提取"进行实验教学 CDIO 转化，给学生营造一种近似真实的项目环境，开展工程化、项目式教学改革。通过设置调研构思环节、自主设计环节、开发实现环节、运行应用环节，使学生能系统地经历一个完整项目的整体实践。通过项目和团队工作的实际训练，不仅使学生重视专业知识学习，而且也锻炼了学生的专业技能、培养了团队协作精神。"遥感原理与应用课程设计"创新型实验教学的建设对深化遥感系列实验课程的改革与创新具有一定的参考作用。

关键词 CDIO；创新型实验教学；遥感原理与应用；项目式教学；多层次教学环节

Innovatory Experiment Teaching Demonstration on Course Design of Remote Sensing Principles and Applications Based on CDIO

LI Gang, WAN Youchuan

一、引言

随着遥感科学与技术的迅速发展，遥感作为对地观测的综合性技术，已形成了从地面到空中，乃至空间，从信息获取、处理到分析、应用，从地表资源调查到全球探测、监测的多层次、多视角、多领域的立体观测体系，成为获取地球资源与环境信息的重要手

基金项目：湖北省教学改革研究项目(2013016)；武汉大学教学改革项目(JG2013048)

作者简介：李刚(1976—)男，湖北孝感人，博士，高级工程师，从事模式识别、遥感影像解译的研究和教学工作。E-mail：whulg@163.com。本文发表于：测绘通报，2015，(1)：134-136。

段[1]。作为当代空间信息科学的核心领域,遥感对地观测产业是事关国家战略和国家利益的高新技术产业,已广泛应用于农业、林业、地质、海洋、气象、水文、军事、环保等领域[2]。随着遥感应用领域的广泛深入,国家对遥感科学与技术创新型应用人才的需求不断增强。

武汉大学"遥感科学与技术"专业是国家特色专业、重点学科,承担着为国家培养遥感应用人才的任务。遥感实验教学是遥感本科教育教学的重要环节,创新型实验教学在创新型遥感应用人才培养中起着重要作用[3]。CDIO 教育模式是近年来国际工程教育改革的最新成果,麻省理工学院和瑞典皇家工学院等四所大学组成的跨国研究,在继承和发展欧美 20 多年来工程教育改革经验的基础上创立了 CDIO 理念,适合于工科教育各个环节的改革[4]。为适应国家对遥感创新型应用人才的需求,加强创新素质教育,武汉大学遥感科学与技术专业将国际先进的工程教育模式 CDIO 与遥感实验教学结合,开展基于 CDIO 模式的遥感系列实验课程改革与创新,以培养学生能综合运用包括遥感在内的多学科理论知识和技术解决遥感实际问题的应用研究与开发创新能力。本文以基于 CDIO 模式的"遥感原理与应用课程设计"创新型实验课程建设为例,展示 CDIO 教育模式下遥感系列实验课程的改革与创新。

二、CDIO 教育模式

CDIO 工程教育模式是近年来国际高等工程教育改革的研究热点,它以产品研发到产品运行的生命周期为载体,让学生以主动的、实践的、课程之间有机联系的方式学习工程[5]。CDIO 代表构思(Conceive)、设计(Design)、实现(Implement)和运作(Operate),是以工程项目设计为导向、创新能力培养为目标的教育模式,注重培养学生系统工程技术能力,尤其是项目的构思、设计、开发和实施能力,以及较强的自学能力、组织沟通能力和协调能力[5]。"构思"包括需求分析,技术、企业战略和规章制度设计,发展理念、技术程序和商业计划制订等;"设计"主要包括工程计划、图纸设计以及实施方案设计等;"实现"是将设计方案转化为产品的过程,包括制造、解码、测试以及设计方案的确认;"运行"则主要是通过投入实施的产品对前期程序进行评估的过程,包括对系统的修订、改进和淘汰等。CDIO 工程教育注重培养学生掌握扎实的工程基础理论和专业知识,并在此基础上将教育过程放到工程领域的具体情境中,通过贯穿整个人才培养过程的团队设计和创新实践训练,培养学生创新应用能力。在国际上,目前已有几十所世界著名大学加入了CDIO 组织,研究 CDIO 模式工程教育改革的具体措施,采用 CDIO 模式培养的学生深受社会与企业欢迎[6]。在国内,CDIO 教育模式逐渐引起重视。教育部高教司成立了"CDIO 教育模式研究与实践课题组",组织近 40 所高校开展 CDIO 教育试点,研究 CDIO 理念与中国高等教育结合与实践[7]。这涉及 CDIO 与当前教育现状、行业发展与专业特色三方面的结合,是一个复杂的系统工程,也是目前研究的热点和难点,迫切需要各高校各专业对此进行具体分析和深入研究。国内外的经验都表明 CDIO 模式适合工科教育教学过程各个环节的改革,可有效提高教学质量[8]。

三、基于 CDIO 模式的遥感原理与应用实验教学

遥感原理与应用课程设计是遥感科学与技术专业的核心课程，也是学生在本科阶段最早学习的遥感实验课程，作为培养学生遥感应用能力的主要课程，其课程建设是遥感系列实验课程改革的一个重要组成部分。基于 CDIO 模式的遥感原理与应用创新型实验教学，为在遥感系列实验课程中全面引入 CDIO 模式进行深层次改革和创新，开展了前期探索和试点研究。下面从实验教学项目设置、教学环节组织方面介绍基于 CDIO 模式的遥感原理与应用创新型实验教学过程。

1. CDIO 模式下的项目式教学内容

传统的实习课教学内容偏重于围绕验证理论课中的基本原理和方法来设置，训练学生对基本实验技能的掌握[9]，实验教学大多是以孤立的、分散的知识点的形式组织起来，不利于促使学生以主动、知识之间有机联系的方式去学习。CDIO 是一种以工程项目设计为导向、工程能力培养为目标的工程教育模式，通过精心规划项目的 CDIO，可以引导学生对课程产生浓厚的学习兴趣，从而达到能力培养、综合发展的目的[10]。遥感原理与应用课程设计选择工程应用项目内容"遥感影像专题信息提取"进行实验教学 CDIO 转化、开展项目式教学，所有需要学习和掌握的方法和技能都围绕项目设计这个核心而形成一个有机的整体。通过 CDIO 模式下的项目式教学，采取项目和团队工作的实际训练，使学生面临真实的问题情景、处于实际的项目环境，直接面对科研和工程中的热点问题、难点问题，而不再仅仅停留在模拟和验证层次。基于 CDIO 的遥感原理与应用实验教学驱动学生将所学的分散的相关知识以一个完整的工程项目形式串成一个整体，通过设计型、开发型与研究型的实验教学环节，使学生掌握遥感影像专题信息提取的全过程，培养学生的设计开发和系统应用能力。

2. CDIO 模式下的多层次教学环节

传统的实验教学以验证型环节为主，不利于培养学生的设计开发与创新应用能力[11]。CDIO 模式下的遥感原理与应用课程设计设置了"调研构思"、"自主设计"、"开发实现"、"运行应用"四个联系紧密而又逐层提升的实验教学环节，要求学生利用所学遥感知识，对"遥感专题信息提取"这一项目式教学完整地展开"构思、设计、实现、运用"的整体训练，系统地完成一个项目的实践经历，从而对主动学习能力、设计开发能力、系统应用能力以及团体合作能力进行整体培养。

（1）调研构思环节

基于 CDIO 的遥感原理与应用课程设计采取项目式教学，给学生营造一种近似真实的项目环境，使学生能系统地经历一个完整项目的整体训练。学生面临的第一个环节就是调研构思环节，在这一环节，要求学生根据"遥感专题信息提取"这一任务目标，模拟进行项目需求分析、应用调研和技术构思。通过项目需求分析使学生明确遥感专题信息提取的意义，使学生认识到在我国处于经济社会发展的重要战略机遇期，也是资源环境约束加剧的矛盾凸显期，及时准确地掌握土地利用规模和时空分布特征，对于国土资源监测、优化国土空间格局、推进城市化进程、实现可持续发展具有重要意义。通过应用调研，使学生

认识到无论对于科学研究还是对于生产应用，遥感信息提取都是当前乃至以后应用和研究的热点。借助遥感技术进行土地利用专题信息提取，可实施国土监测、资源调查、城市建设、灾害评估等，在测绘、资源、环境、农业、通讯、交通、旅游以及城市建设方面有着广泛的应用需求。通过技术构思，学生会对遥感专题信息提取所涉及的专业技术进行前期思考和可行性分析，构思专题信息提取的初步设计。

（2）自主设计环节

学生在完成对项目调研构思的基础上，面临的第二个环节就是项目方案设计环节。在这一环节，为充分发挥学生的主体作用，教师最初向学生明确的只是项目数据和项目任务，而对如何完成项目任务、由项目数据获得项目成果所需的方案方法以及过程步骤则事先不向学生公开，要求学生在明确项目数据和项目任务的基础上通过积极思考、自主设计完成。在自主设计任务方案环节，学生仅是从整体上思考项目任务中实际应用问题的解决方法，对一些具体的过程和步骤还没有深刻的认识，因此其设计的方案都或多或少存在欠缺、不完善甚至错误的地方。而在这一阶段并不要求学生设计的方案都完整正确，对于方案中欠缺、错误的地方，则在后续的开发实现环节在教师引导和提示下通过"发现问题、分析问题、解决问题"自主修正。这种方法促使学生从解决项目问题的角度将所学的遥感理论知识和专业技术全面贯通起来，培养学生的专业思考能力。

（3）开发实现环节

基于 CDIO 的项目式教学不仅要使学生从解决实际项目问题的角度去学习专业知识，而且还要使学生掌握工程思维的方法，同时也要培养学生的团队协作精神，使学生认识到任何一个项目，从设计、研发、实现，到运行的全过程都不是某一个人能够完成的，而是团队合作的成果。通过项目式教学的团队合作训练，培养学生的协同工作能力，使学生学会如何有效地与他人沟通，了解团队工作的方式和要求，互相学习、提高自身的工作能力。开发实现环节要求学生以自主设计的任务方案为基础，运用遥感专业软件、数字图像处理、计算机编程等工具并综合现有多种信息提取技术，从遥感影像上提取各种地类专题要素，获得土地利用专题图。在这一环节，将学生分成几个团队，以团队为单位进行项目的开发实现。每个团队内由一个成员负责项目开发实现的总体安排，将遥感专题信息提取的总任务分解为若干个小任务，如：格式转换、几何纠正、影像镶嵌、影像裁剪、影像融合、特征提取、特征变换、影像分割、分类规则设计、影像分类、专题制图等，每个成员结合自己的兴趣负责一个或几个小任务，分工合作完成项目的开发与实现。

（4）运行应用环节

运行应用环节是 CDIO 模式下项目式实验教学的最后一个环节，这一环节由三个阶段组成。第一个阶段是项目运行阶段，要求每个团队在团队负责成员的安排下，将各个成员所负责完成的小任务整合成一个完整的应用项目，并运行项目的全过程获得项目成果。第二阶段是应用分析阶段，在这个阶段教师指导各个团队开展集中讨论，教师参与讨论并对项目成果进行点评，学生在结合教师点评的基础上对取得的项目成果进行分析，归纳出影响成果质量的因素并找到改进成果质量的途径和方法。在此基础上对项目方案进行修正，经过再开发实现、再运行应用的全过程，从而进一步提高成果质量。第三个阶段，要求以团队为单位进行总结，团队每个成员分析和总结自己所承担工作完成的全过程，将实践教学中遇到问题、分析问题、解决问题的方法和思路，上升到理论思考的高度并进行汇报，找出自己在项目式训练过程中取得的收获和存在的不足以及改进的方向。

四、结束语

CDIO 教育模式是国际上工程教育改革的最新成果，适合工科教育教学各个环节的改革。本文以"遥感原理与应用课程设计"创新型实验课程建设为例，展示了将 CDIO 模式引入到遥感实验教学中开展工程化、项目式实验教学改革与创新的全过程。通过遥感实验教学中 CDIO 模式实施，使学生通过构思、设计、实施、运行（CDIO）的整体训练，将所学知识以完整的工程项目形式串成整体，培养学生系统工程技术能力。通过采取项目和团队工作的实际训练，培养学生个人能力和人际团队能力。本文"基于 CDIO 模式的遥感原理与应用课程设计"创新型实验课程建设，为深化遥感系列实验课程的 CDIO 改革与创新探索了新途径，通过本课程建设以期建立示范效应，以促进和推动 CDIO 模式下的遥感系列实验课程的深层次改革与创新。

◎ 参考文献

[1] 申世广. 3S 技术支持下的城市绿地系统规划研究[D]. 南京林业大学，2010.

[2] 于天超. 基于多尺度融合的遥感图像变化检测及其毁伤评估应用[D]. 电子科技大学，2010.

[3] 李刚，潘励，潘斌. 土地利用遥感变化检测综合实习课程的建设与创新[J]. 测绘科学，2013 年 7 月，网络出版.

[4] 温涛. 探索构建一体化 TOPCARES-CDIO 人才培养模式[J]. 中国高等教育，2011，7：41-43.

[5] 曹森孙，梁志星. 基于 CDIO 理念的工程专业教师角色转型[J]. 高等工程教育研究，2012，1：88-91.

[6] 何朝阳，曹祁，杜树旺，张英杰. 基于 C&P-CDIO 模式的电子信息工程专业人才培养[J]. 高等工程教育研究，2103，2：60-63.

[7] 郭华鸿，邓建军. 基于 CDIO 理念的思想政治理论课教学体系构建的探索与实践——以广东白云学院为例[J]. 学校党建与思想教育，2011，35：41-42.

[8] 查建中，徐文胜，顾学雍，朱晓敏，陆一平，鄂明成. 从能力大纲到集成化课程体系设计的 CDIO 模式——北京交通大学创新教育实验区系列报告之一[J]. 高等工程教育研究，2013，3：60-63.

[9] 刘德仿，王旭华，阳程. 以能力培养为中心的机械工程应用型人才培养教学体系探索与实践[J]. 中国高教研究，2009，11：85-87.

[10] 顾佩华，沈民奋，李升平，庄哲民，陆小华，熊光晶. 从 CDIO 到 EIP-CDIO——汕头大学工程教育与人才培养模式探索[J]. 高等工程教育研究，2008，1：12-19.

[11] 李刚，万幼川，刘继琳. "数字图像处理实习"创新型实验教学示范[J]. 测绘通报，2012，10：101-103.

"遥感应用模型实习"创新型实验教学示范

李刚，万幼川

（武汉大学遥感信息工程学院，武汉 430079）

摘要 "遥感应用模型实习"创新型实验课程建设是遥感系列实验课程改革与创新的一个重要组成部分，本文以"遥感应用模型实习"中"MODIS 影像气溶胶光学厚度反演"为例，展示遥感实验课程建设在教学内容上的创新。该创新型实验教学通过设置"遥感数据预处理"、"遥感模型分析"、"遥感模型应用"三个彼此衔接、逐级提升的环节，采取任务驱动式和问题启发式教学，培养学生自主学习、应用开发和创新研究的能力。"遥感应用模型实习"创新型实验课程建设和教学示范对深化遥感系列实践课程的改革与创新具有一定的参考作用。

关键词 遥感应用模型；创新型实验教学；教学示范；任务驱动；问题启发

Innovatory Experiment Teaching Demonstration of Remote Sensing Application Model Practice

LI Gang, WAN Youchuan

（School of Remote Sensing and Information Engineering, Wuhan University, Wuhan 430079）

Abstract：Innovatory practice course construction of remote sensing application model practice is an important part of reform and innovation in remote sensing series practice courses. This paper takes "aerosol optical thickness retrieving based on MODIS image" of remote sensing application model practice as an example to show innovation of teaching content in remote sensing series practice courses construction. The innovative experimental teaching sets three task links with mutual connection and gradual upgrade, which are data preprocessing, model analysis, and model application of remote sensing, and adopts task-driven method and problem-heuristic method

基金项目：湖北省教学改革研究项目（2013016）；武汉大学教学改革项目（JG2013048）

作者简介：李刚（1976—　）男，湖北孝感人，博士，高级工程师，从事模式识别、遥感影像解译的研究和教学工作。E-mail：whulg@ 163. com。本文发表于：测绘科学，2015，40（2）：165-168。

to cultivate abilities of autonomous learning, application development and innovation research for students. Innovatory practice course construction and teaching demonstration of remote sensing application model practice have some reference effects for deepening the reform and innovation of remote sensing series practice courses.

Key words：remote sensing application model；innovatory experiment teaching；teaching demonstration；task-driven；problem-heuristic

1. 引言

遥感应用模型作为一种多学科相互渗透、相互融合的新技术，通过非接触传感器获取目标的时空数据以提取客观世界的定性与定量信息，从整体对全球覆盖进行多尺度时空观测，已成为获取时空分布与变化信息的重要手段[1]。为适应遥感应用模型技术的发展、培养遥感应用人才，武汉大学遥感科学与技术专业开设了遥感应用模型理论课程及遥感应用模型实习课程。有别于传统的依附于理论课、作为理论课配套与延伸的普通实习课程，遥感应用模型实习是一门独立的综合性实验教学课程。作为遥感科学与技术创新型实践教学改革的直接体现，遥感应用模型实习在教学内容上具有创新型实践教学的鲜明特色，采取将遥感科学研究和遥感实际应用中的热点问题、难点问题与实践课程相结合，通过设置遥感数据预处理、遥感模型分析建立以及遥感模型应用环节，使学生从遥感基础、遥感模型以及模型应用几个方面形成遥感模型分析与应用的完整知识体系。不仅要培养学生软件应用能力，而且还要培养学生程序编写能力，在此基础上更要培养学生将软件应用与程序编写相结合自主解决问题的设计开发能力。本文以"遥感应用模型实习"中"MODIS 影像气溶胶光学厚度反演"为例，展示遥感实验课程建设在教学内容上的创新。

2. 创新型实验课程建设的目的

21 世纪科学技术迅猛发展、人才竞争日益激烈，人才和科技正成为国家可持续发展的关键动力[2]。为应对全球发展的新形势，"国家科教兴国战略"中提出"走中国特色新型工业化道路，建设创新型国家、建设人力资源强国"的战略部署。为落实这一战略部署，《国家中长期教育改革和发展规划纲要（2010—2020 年）》指出在新形势下高等教育的发展方向为大力加强创新素质教育，培养创新型应用人才。实验教学是创新型高等教育的重要环节，创新型实验教学在创新型应用人才培养中起着重要作用。随着遥感技术的迅速发展、遥感应用的广泛深入，国家对遥感科学与技术创新型应用人才的需求不断增强，武汉大学遥感科学与技术专业对遥感系列实验课程进行改革与创新，以培养学生能综合运用包括遥感在内的多学科理论知识和技术解决遥感实际问题的应用与开发创新能力。"遥感应用模型实习"创新型实验课程建设是遥感系列实验课程改革与创新的一个重要组成部分，是培养学生遥感应用能力的主要课程之一。

3. 创新型实验课程教学内容建设

传统的实习课教学内容偏重于围绕验证理论课中的基本原理和方法来设置，训练学生对基本实验技能的掌握[3]。遥感系列创新型实践课程以"工程化、研究型、创新性"人才培养为目标，通过设计型、开发型与研究型的实践教学训练，培养学生的遥感应用开发与研究创新能力。大气气溶胶对全球气候、地表温度、光学遥感成像等都具有很大的影响[4]，气溶胶光学厚度测量一直是遥感应用和科学研究中的重要问题，很多直接和间接的遥感技术被研究用于计算气溶胶光学厚度。遥感应用模型实习将这一实际应用和科学研究中的热点问题引入到实践教学，从而将学生较早地带入到遥感应用领域的研究前沿，在教学内容上具有前瞻性、综合性、应用性和研究性，体现了创新型实践教学培养学生创新性应用能力的特点。

影像是获取信息的有效手段之一，MODIS（中分辨率成像光谱仪）是 EOS AM-1（TERRA 卫星）和 PM-1（AQUA 卫星）上搭载的主要传感器，是美国对地观测系统 EOS 系列卫星中最为重要的传感器之一[5]。MODIS 影像能连续、可重复地提供对地表覆盖的动态、宏观观测，以其高时间分辨率、高光谱分辨率的优点，已经广泛应用于环境监测、海洋调查、气象预报等方面[6]，其中一个重要应用就是大气气溶胶光学厚度反演。"遥感应用模型实习"中"基于 MODIS 影像气溶胶光学厚度反演"通过在教学内容上设置遥感数据准备及预处理环节、遥感模型分析环节以及遥感模型应用环节，从遥感基础、遥感模型以及模型应用等方面培养学生全面、系统地运用遥感模型技术解决遥感实际问题的应用能力，其培养目标如图 1 所示。

3.1 遥感数据准备及预处理环节

遥感数据及预处理是遥感应用所面临的首要问题。随着传感器技术的发展，遥感数据获取能力得到极大地增强，正向高空间分辨率、高光谱分辨率、高时间分辨率、多极化、多角度的方向迅猛发展，具备准实时、全天候获取各种空间数据的能力[7]。在遥感实际应用中，首先要考虑的是采用的遥感数据是否可以方便、有效地解决应用问题以及怎样使遥感数据可以使用，这涉及遥感数据的选择和预处理。遥感数据准备及预处理作为"遥感应用模型实习"创新型实验课程的基础和重要环节，包括对实习所用的 MODIS 影像数据特点和数据预处理过程的介绍。在此环节着重加强学生对遥感基础知识的掌握，如传感器及其成像特点、遥感数据预处理方法和步骤。

（1）影像数据准备

实习数据准备是实习过程的第一步，对实习数据的正确认识有助于加深对实习原理、方法和过程的进一步理解。因此在影像数据准备阶段，需要使学生正确认识 MODIS 影像数据特点。Terra/MODIS 作为一种重要的新型卫星遥感器，可以每天一次的频率对地区进行覆盖，MODIS 影像具有获取快捷、成本低廉、运行周期短、产品多样的特点，利用MODIS 影像能快速、有效地反演大气气溶胶光学厚度。实习所用数据为 2002 年获取的武

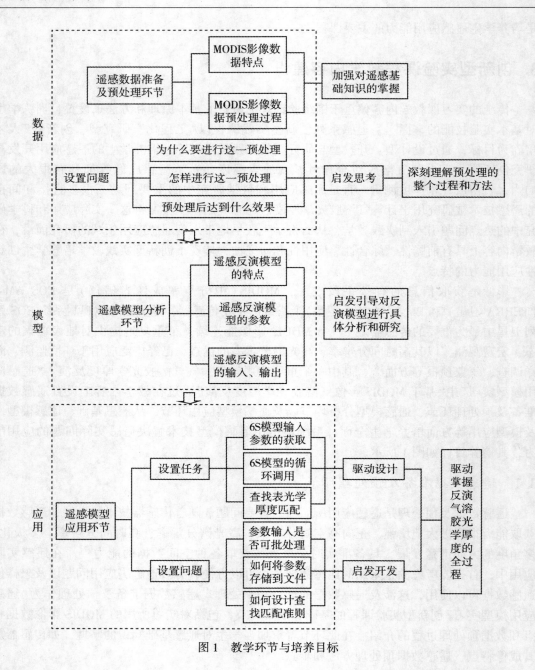

图 1 教学环节与培养目标

汉地区 MODIS 影像，实习所用软件包括编程工具 C++、美国 ERDAS IMAGE 遥感专业软件、ENVI 遥感图像处理软件。

（2）影像数据预处理

遥感影像数据在使用之前虽然经过定位和定标处理，但由于传感器的性能和成像特点的限制，仍然存在着影响数据质量的问题，必须进行预处理以改善影像质量才能实际使用[8]。在影像数据预处理阶段，不仅是要使学生掌握具体的预处理操作步骤，更重要的是要引导学生在掌握 MODIS 影像数据特点的基础上，结合实习任务需求去理解预处理所包含的过程和方法，如：去除条带噪声带来的干扰、去除"蝴蝶结"重叠现象、太阳天顶角订正[9]；另外，还需要进行几何校正以改正原始图像上的几何变形和符合地图投影。在这一环节通过问题启发式教学[10]，通过设置问题"为什么要进行这一预处理"、"怎样进行这一预处理"和"预处理后达到什么效果"，启发学生思考，使学生在充分了解影像特征和误差来源的基础上深刻理解预处理的整个过程和方法。

3.2 遥感模型分析环节

遥感模型是遥感数据与地表应用之间的关系模型，要进行遥感反演应用研究，所要解决的关键问题是遥感数据及对遥感数据精确、实用的地学描述模型。因此"遥感应用模型实习"在数据准备及预处理环节使学生掌握了 MODIS 影像数据特点及预处理方法的基础上，设置遥感模型分析环节启发引导学生对实习所选用的气溶胶光学厚度反演的具体模型进行分析和研究，重点引导学生解决三个方面的问题：反演模型的特点、反演模型的参数以及反演模型的输入、输出。

问题之一是对反演模型特点的认识，要求学生对实习所用具体遥感模型进行了解和掌握。实习所用的气溶胶光学厚度反演模型是 6S 辐射传递模型(Second Simulation of Satellite Signal in the Solar Spectrum)，6S 模型模拟了太阳的辐射能量通过大气传递到地表、再经地表反射通过大气传递到传感器的整个过程，适合于计算气溶胶光学厚度[11]。在 6S 模型里，卫星观测到的反射率是太阳天顶角、卫星天顶角、相对方位角、气溶胶光学厚度、下垫面反射率的函数。对于 MODIS 影像上每一固定像元，当气溶胶模式确定后，根据其相应的太阳天顶角、卫星天顶角、相对方位角、下垫面反射率，并假定气溶胶光学厚度，通过 6S 模型可以计算出大气上界的观测辐射。

问题之二是对反演模型参数的了解，要求学生在掌握 6S 模型特点的基础上对模型进行分析，理解模型中各个参数的具体含义以及参数取值。6S 模型中的参数主要有几何参数、大气模式、气溶胶模式、气溶胶浓度、地面高度、探测器高度、探测器的光谱响应、地表特性、表观反射率等。在 6S 模型中涉及的参数比较复杂，学生往往难以准确理解其含义并正确设置参数值。因此，在遥感模型分析环节需要对模型的各个参数含义进行详细介绍。

问题之三是对反演模型输入和输出的掌握，要求学生在了解 6S 模型参数的基础上掌握 6S 模型的输入和输出，这也是后续遥感模型应用环节的基础。为便于学生理解，可将 6S 模型的输入归为两类：一类是对影像上所有像素都固定的参数输入，可通过调查研究区域的实际情况和传感器参数获得；另一类是对影像上每一像素都有特定取值的参数输入，可通过 MODIS 影像数据逐像素获得。6S 模型的输出是大气上界的卫星接收到的观测辐射。

3.3 遥感模型应用环节

"遥感模型实习"创新型实验课程建设的一个特点是将任务驱动式教学贯穿于整个实

验教学的全过程，在教学内容上设置了层次衔接、逐级提升的教学任务环节。在前面两个环节分别解决了"数据"和"模型"的任务后，遥感模型应用环节是解决"模型应用"的任务，使学生掌握应用 6S 模型和 MODIS 影像进行影像区域气溶胶光学厚度计算的方法。在遥感模型应用环节，采取的是任务驱动式教学[12]，对模型的应用涉及三方面的任务，6S 模型输入参数获取，6S 模型循环调用，查找表光学厚度匹配，通过这三方面的任务驱动学生掌握应用 6S 模型反演气溶胶光学厚度的全过程。

任务之一是 6S 模型输入参数的获取，实现的是从影像数据到模型输入的转换，要求学生掌握从 MODIS 影像数据上逐像素获得输入参数的方法。MODIS 提供了 3 种分辨率、36 个波段的影像数据，而实际上利用 MODIS 影像和 6S 模型反演大气气溶胶光学厚度只用了其中部分波段。6S 模型中对于影像上每一像素都有特定取值的参数输入，可从这些影像波段文件获得。地表反射率的获取是这一环节的难点，学生只有在数据准备及预处理环节对 MODIS 影像数据特点全面了解的基础上才能正确地从影像数据中获得地表反射率。

任务之二是 6S 模型的循环调用，以生成气溶胶光学厚度反演的查找表，要求学生在提供 6S 程序的基础上运用 C++编程实现对 6S 模型的循环调用。学生运行 6S 程序发现需要逐一输入参数，那么对 6S 程序循环调用则需要循环逐一输入参数，需要大量的人机交互。在此情况下可进行问题启发式教学，启发学生思考"6S 程序的多个参数输入是否可实现批处理呢？"，学生在这一问题的引导提示下会自主探索解决方法，认识到需先建立一个批处理文件，其中 6S 程序的输入为一个文本文件，此时可进一步启发引导学生思考"如何实现将 6S 程序的输入参数存储到文本文件"。在这两个问题的启发引导下，学生对用 C++编程实现 6S 程序循环调用以生成查找表的算法设计和程序结构就比较清楚了。

任务之三是查找表光学厚度匹配，要求学生根据 MODIS 影像上每个暗目标点的特征值在循环调用 6S 模型生成的查找表中匹配出最符合的特征组合，从而得到与之对应的气溶胶光学厚度。学生比较暗目标点的一系列特征值和查找表记录，会发现在两者之间并不存在严格相等的匹配。此时可进行问题启发式教学，启发学生思考"按什么准则实现暗目标点的一系列特征值与查找表中的特征组合记录之间的最好匹配呢？"学生通过这一问题的启发引导，会认识到应根据最小距离准则用 C++编程实现暗目标点的光学厚度的查找。在此基础上进一步设置问题"最小距离准则中，角度与反射率量纲不一致，该如何有效处理？"启发引导学生在计算最小距离时应注意不同量纲单位之间的归一化。

4. 结束语

针对武汉大学遥感科学与技术专业 2005 级至 2009 级 300 余名学生开展的"遥感应用模型实习"教学实践来看，该实习课程的创新型实验教学培养了学生的应用开发与研究创新能力。学生普遍认为该课程既加深了对理论知识的理解，同时也提高了解决实际问题的能力；既锻炼了软件应用能力，也提高了程序开发能力；既巩固了对所学知识的总结，也驱动了对前沿技术的探索研究。

本文以遥感应用模型实习中"MODIS 影像气溶胶光学厚度反演"为例，展示了遥感实验课程建设在教学内容上的创新。该创新型实验教学通过设置遥感数据预处理、遥感模型分析建立以及遥感模型应用三个彼此衔接、逐级提升的任务环节，驱动学生自主学习，探索研究，发现问题，并在分析问题、解决问题的过程中培养学生应用开发和创新研究能力。通过"遥感应用模型实习"创新型实验课程建设，以期建立示范效应，从而深化遥感系列实践课程的改革与创新。

◎ 参考文献

[1] 陈晓玲，赵红梅，田礼乔．环境遥感模型与应用［M］．武汉大学出版社，2008.

[2] 中国工程院"创新人才"项目组．走向创新——创新型工程科技人才培养研究［J］．高等工程教育研究，2010，1：1-20.

[3] 刘德仿，王旭华，阳程．以能力培养为中心的机械工程应用型人才培养教学体系探索与实践［J］．中国高教研究，2009，11：85-87.

[4] 张小曳．中国大气气溶胶及其气候效应的研究［J］．地球科学进展，2007，22（1）：12-15.

[5] 梁志华．MODIS 影像的几何处理算法研究［J］．国土资源遥感，2012，1：8-12.

[6] 乔治，孙希华．MODIS 在我国陆地科学中的应用进展研究［J］．国土资源遥感，2011，2：1-8.

[7] 李德仁，童庆禧，李荣兴，龚健雅，张良培．高分辨率对地观测的若干前沿科学问题［J］．中国科学：地球科学，2012，42（6）：805-813.

[8] 刘蓉蓉，林子瑜．遥感图像的预处理［J］．吉林师范大学学报（自然科学版），2007，4：6-9.

[9] 杜启胜，刘志平，王新生，马娜．基于 ENVI 的 MODIS 数据预处理方法［J］．地理空间信息，2009，7（4）：98-100.

[10] 袁修孝．问题教学法在摄影测量学教学中的尝试［J］．测绘通报，2010，10：75-77.

[11] 卢士庆，陈渭民，高庆先．使用 6S 模型由 GMS5 卫星资料反演陆地大气气溶胶光学厚度［J］．南京气象学院学报，2010，29（5）：669-675.

[12] 李刚，万幼川，刘继琳．"数字图像处理实习"创新型实验教学示范［J］．测绘通报，2012，10：101-103.